油气井腐蚀防护与材质选择指南

赵章明 编

石 油 工 业 出 版 社

内 容 提 要

本书介绍了 H_2S、CO_2 腐蚀的影响因素、预测方法和防护技术，同时以大量的技术图表为基础，详细说明了 H_2S、CO_2 腐蚀环境下，油气井用石油管材、橡胶材料、塑料的选择方法，以及油气井用石油管材防完井液和酸化工作液腐蚀的能力。提供了油气井用石油管材选择流程图表（含注入井）、油管和套管扣型选择流程图、现场应用数据及相关油管、套管使用性能参数。

本书可供从事油气井完井工程、腐蚀与防护技术的工程技术人员参考。

图书在版编目（CIP）数据

油气井腐蚀防护与材质选择指南 / 赵章明编 .

北京：石油工业出版社，2011.1

ISBN 978-7-5021-8035-5

Ⅰ. 油…

Ⅱ. 赵…

Ⅲ. 油气井 – 防腐

Ⅳ. TE98

中国版本图书馆 CIP 数据核字（2010）第 181870 号

出版发行：石油工业出版社
　　　　　（北京安定门外安华里 2 区 1 号　100011）
　　　　　网　址：www.petropub.com.cn
　　　　　编辑部：（010）64523735　发行部：（010）64523620
经　　销：全国新华书店
印　　刷：石油工业出版社印刷厂

2011 年 1 月第 1 版　2011 年 1 月第 1 次印刷
787×1092 毫米　开本：1/16　印张：25.5
字数：650 千字

定价：80.00 元

前　言

在油气井的开发过程中，CO_2 常作为一种伴生气，存在于油气藏中。CO_2 遇水生成碳酸，对油管、套管和井下工具都具有很强的腐蚀性，特别是高压气井，由于 CO_2 的分压高，其腐蚀也更加严重，这不仅严重影响了油气井的井筒完整性，而且大大增加了现场的修井作业费用。近年来，随着含硫气田的开发，油管、套管面临着应力腐蚀开裂的风险，由于这种破坏现象的不可预见性，其危害性也越来越受到人们的重视。

编写本书的最初目的：一是通过相关技术资料和文献的调研、分析及归纳，为从事腐蚀与防腐的现场工程技术人员和研究人员提供一本实用的技术书籍，使读者能全面了解油管、套管及井下工具所要面对的主要腐蚀介质及其腐蚀机理，以及延缓油管、套管及井下工具腐蚀速度的措施和方法；二是希望本书的出版能为油气井腐蚀防护技术的发展尽一点绵薄之力。

有了上述想法后，逐渐开始调研国内外与油气井油管、套管和井下工具腐蚀与防护方面的技术资料和技术文献，特别是大量收集了国外相关方面的研究资料。通过对相关技术资料和技术文献的学习、思考，在此基础上，采用分析、对比、归纳的方法，力求确保技术资料和技术文献的新颖性、实用性和先进性，以便给读者提供尽可能多的信息量，使之成为一本资料翔实、全面、实用的工具书。经过长达三年的资料收集、整理和编写，最终成书。

本书在编写过程中，提供帮助和支持的有川东北高含硫项目部高级工程师雷震中、西南石油大学教授刘蜀知、钻采工艺技术研究院高级工程师罗俊渊以及中国石油勘探开发研究院工程师吕文峰，在此向他们表示由衷的感谢和敬意。

由于编者水平所限，本书难免存在不足之处，恳请广大读者不吝赐教，多提宝贵意见，以便在今后的修订中加以改进和完善。

编者

2010 年 7 月

目　录

第一章　油气井腐蚀机理与类型

　　油气井腐蚀主要是指油气井完井设备与油气井产出流体直接接触所引起的腐蚀现象。油气井完井设备从井口至井底，依次涉及井口装置和采油（气）树、建立油气井井下流体产出通道所需的油管、套管，以及其他有利于油气井井筒完整性和油气井安全生产所需的完井工具。油气井发生腐蚀的两个必要条件，一是油气井的产出流体中存在水，二是产出流体中存在 CO_2、H_2S、Cl^- 等腐蚀性介质，二者缺一不可。当油气井开始产凝析水时，一旦产出流体中含 CO_2、H_2S 等腐蚀性介质，则油管、套管的腐蚀将是不可避免的。由于大多数油气井都会产地层水，因此在油气田的开发过程中，不可避免地存在油管、套管的腐蚀现象。一方面腐蚀造成油管壁厚变薄，导致油管的拉伸强度下降，严重时会出现油管穿孔，甚至断裂；另一方面腐蚀又会导致套管壁厚减小，降低套管的抗挤毁强度，随着油气井开发时间的延长，油气井的井底压力会逐渐下降，使套管的内外压差增大。上述两种因素共同作用的结果，会导致套管出现挤毁变形，使油气井报废。图 1-1 是油管 H_2S 腐蚀情况示意图。

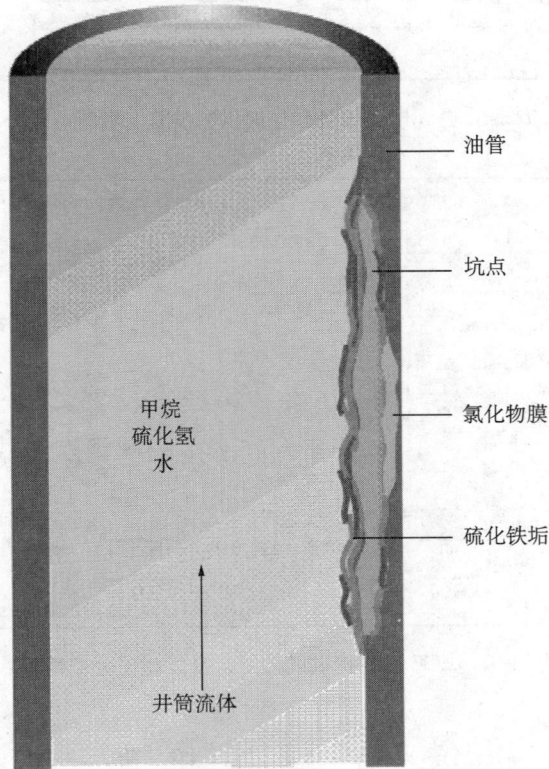

图 1-1　油管 H_2S 腐蚀情况示意图

　　另外，由于腐蚀的影响，也会造成井口装置和采油（气）树的承压能力降低，不利于油气井的安全生产。

针对油气井出现的腐蚀现象，国内外各科研院所和生产厂家进行了大量的研究工作，研制出了可用于 CO_2、H_2S 腐蚀环境的耐蚀合金，扩大了油管、套管材质的选择范围。图 1-2 是 Tenaris 公司防腐设计软件提供的油管、套管材质的分类情况，图 1-3 是 ECE 软件提供的油管、套管材质的分类情况。

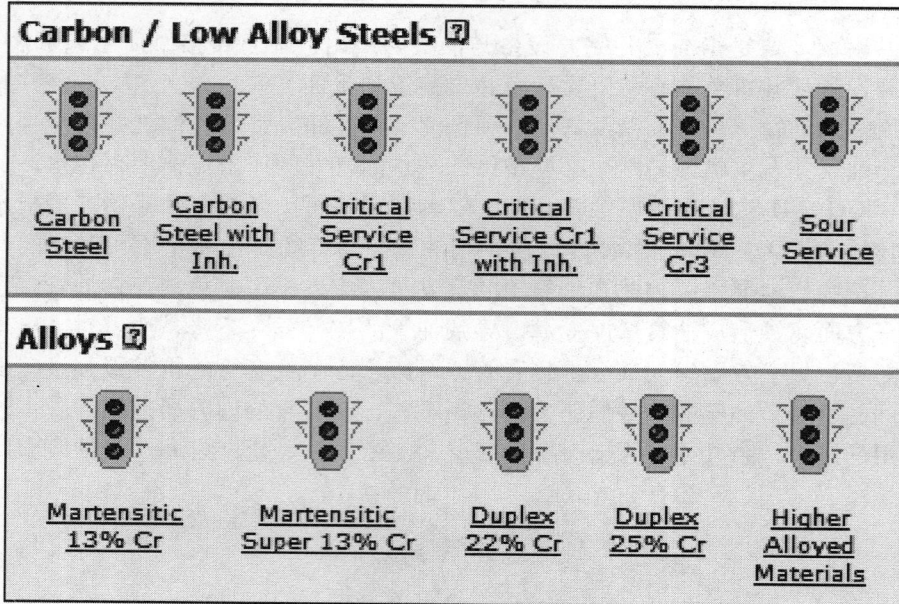

图 1-2　Tenaris 公司防腐设计软件提供的油管、套管材质分类情况

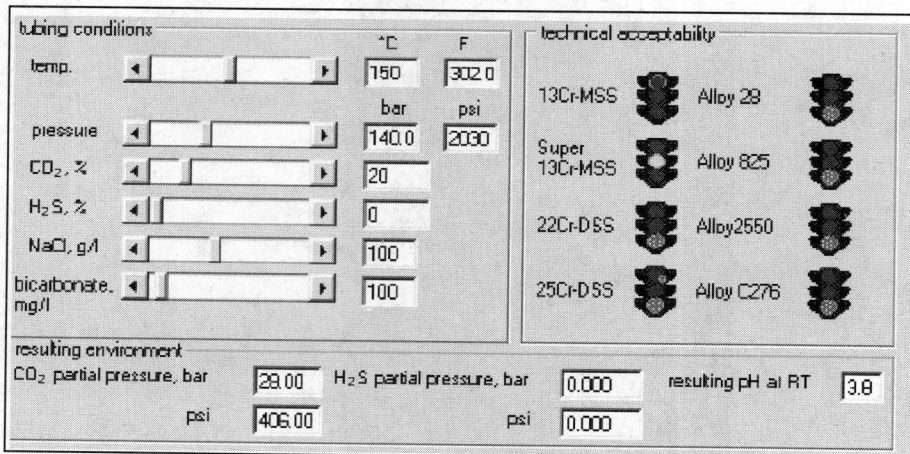

图 1-3　ECE 软件提供的油管、套管材质分类情况

第一节　腐　蚀　机　理

腐蚀是指由化学或电化学反应导致金属失重的一种现象。当金属同水接触形成腐蚀电池时，就会产生腐蚀现象。

对于钢铁的腐蚀电池（图1-4）可用如下离子反应来表示。

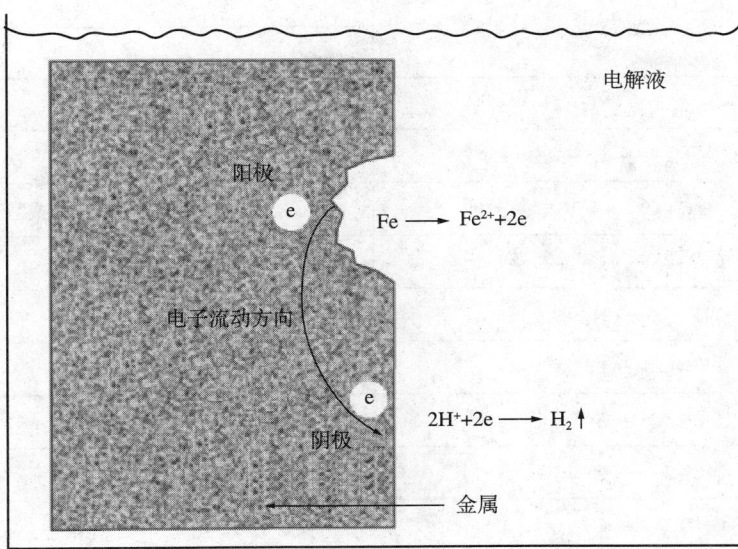

图1-4　铁和钢的腐蚀电池示意图

阳极反应：

$$Fe \longrightarrow Fe^{2+}+2e$$

阴极反应：

$$O_2+4H^++4e \longrightarrow 2H_2O$$（在酸性液体中，氧得到电子，发生氧化反应）

$$\frac{1}{2}O_2+H_2O+2e \longrightarrow 2OH^-$$（在中性或碱性溶液中，氧得到电子，发生氧化反应）

$$2H^++2e \longrightarrow H_2$$（在酸性溶液中，氢离子得到电子，发生还原反应）

$$2H_2O+2e \longrightarrow H_2+2OH^-$$（在中性溶液中，氢离子得到电子，发生还原反应）

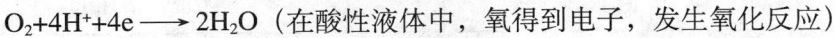

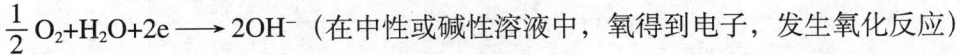

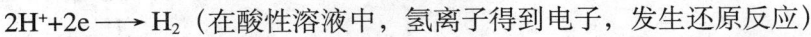

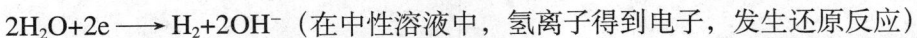

　　阳极失去电子而带正电荷，阴极则因得到电子而带负电荷，因此阳极和阴极之间便形成了一个标准的化学电池。如果整个电池的电位为正，则电化学反应将自发地进行下去。

　　每一种金属或合金在特定的环境条件下，都存在唯一的腐蚀电位。当把反应物和产物定义为标准状态，半个电池的电极电位则被定义为E^0。根据标准的氢电极，测量标准电位，得到半个电池的电极电位（表1-1）。

表1-1　标准电极电位

阴极反应	标准电位 E^0（V）[①]
$Au^{3+}+3e \longrightarrow Au$	+1.498（最不活泼）
$O_2+4H^++4e \longrightarrow 2H_2O$	+1.229（在酸性溶液中）
$Pt^{2+}+2e \longrightarrow Pt$	+1.118

阴极反应	标准电位 E^0（V）①
$NO_3^- + 4H^+ + 3e \longrightarrow NO + 2H_2O$	+0.957
$Ag^+ + e \longrightarrow Ag$	+0.799
$O_2 + 2H_2O + 4e \longrightarrow 4OH^-$	+0.401（在中性溶液或基液中）
$Cu^{2+} + 2e \longrightarrow Cu$	+0.337
$2H^+ + 2e \longrightarrow H_2$	0.000
$Pb^{2+} + 2e \longrightarrow Pb$	−0.126
$Sn^{2+} + 2e \longrightarrow Sn$	−0.138
$Ni^{2+} + 2e \longrightarrow Ni$	−0.250
$Co^{2+} + 2e \longrightarrow Co$	−0.277
$Cd^{2+} + 2e \longrightarrow Cd$	−0.403
$Fe^{2+} + 2e \longrightarrow Fe$	−0.447
$Cr^{3+} + 3e \longrightarrow Cr$	−0.744
$Zn^{2+} + 2e \longrightarrow Zn$	−0.762
$2H_2O + 2e \longrightarrow H_2 + 2OH^-$	−0.828　（pH=14）
$Al^{3+} + 3e \longrightarrow Al$	−1.662
$Mg^{2+} + 2e \longrightarrow Mg$	−2.372
$Na^+ + e \longrightarrow Na$	−2.71
$K^+ + e \longrightarrow K$	−2.931（最活泼）

注：标准状态是指溶液中含该种金属的离子活度为 1，温度为 25℃，压力为 101325Pa。
①根据标准氢电极（SHE）的测量值。

从标准电极电位表 1−1 中可知，标准电位越负的金属，越容易被氧化。当两种不同的金属出现在溶液中时，标准电位越负的金属，在给定的阴极反应中，其阳极反应将自发进行下去，同时另一种金属则不会发生阳极反应。

例如，阴极反应：

$$2H^+ + 2e \longrightarrow H_2（氢还原）$$

阳极存在两种可能的反应：

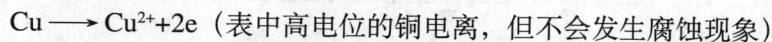

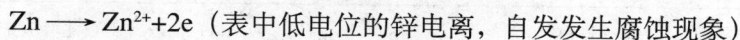

$$Cu \longrightarrow Cu^{2+} + 2e（表中高电位的铜电离，但不会发生腐蚀现象）$$

$$Zn \longrightarrow Zn^{2+} + 2e（表中低电位的锌电离，自发发生腐蚀现象）$$

这样，在氢离子出现的条件下，锌会被腐蚀，而铜则不会被腐蚀。

一、CO_2腐蚀机理

石油天然气的开发生产过程中，CO_2腐蚀是最常见的腐蚀现象之一。CO_2气体遇到水会生成一种弱酸，即通常所说的碳酸。CO_2在水中的溶解度见表1-2。同时由于CO_2会参与腐蚀反应，因此CO_2的出现会加剧油管、套管腐蚀，导致其腐蚀速度大于只有碳酸存在时的腐蚀速度。

表1-2 CO_2在水中的溶解度

温度	（℃）	0	10	20	30	40	50
溶解度	（cm³/L）	1713	1194	878	665	530	436
	（g/L）	3.36	2.35	1.72	1.31	1.04	0.86
温度	（℃）	60	70	80	90	100	—
溶解度	（cm³/L）	359	—	—	—	—	—
	（g/L）	0.71	—	—	—	—	—

注：CO_2分压为1atm。

钢铁在CO_2水溶液中的腐蚀过程可用如下的化学反应方程式来表示：

$$CO_2 + H_2O \longrightarrow H_2CO_3$$

$$H_2CO_3 \longrightarrow H^+ + HCO_3^-$$

$$HCO_3^- \longrightarrow H^+ + CO_3^{2-}$$

$$2H^+ + Fe \longrightarrow Fe^{2+} + H_2$$

$$Fe^{2+} + CO_3^{2-} \longrightarrow FeCO_3$$

总反应方程为：$CO_2 + H_2O + Fe \longrightarrow FeCO_3 + H_2$

在CO_2系统中，其腐蚀速度可以达到很高，年腐蚀速度可达几千密尔，因此有必要采取相应的防腐措施，有效降低CO_2的腐蚀速度。在CO_2腐蚀系统中，流体的流动速度是一个重要的考量因素。流体是否处于紊流状态常是确定CO_2腐蚀系统腐蚀程度的关键因素。原因在于：紊流的出现一方面会导致无法形成具有保护作用的$FeCO_3$保护膜，同时又会加速对已形成的$FeCO_3$保护膜的冲刷作用，最终冲掉已形成的碳酸亚铁保护膜。基于上述两个原因，紊流只会加剧腐蚀现象。

在实际环境中，可通过提高流体的温度、增加溶液的pH值和尽量使流体在流动时避开紊流流态等技术措施，促进具有保护作用的$FeCO_3$保护膜的形成，改善油管、套管的使用环境，降低油管、套管的CO_2腐蚀速度。

当流体中存在水时，CO_2的出现将产生如下类型的腐蚀，即：全面腐蚀、点蚀、蛀孔腐蚀、电化学腐蚀、台面腐蚀、热腐蚀、水滴腐蚀、冲蚀和疲劳腐蚀。但CO_2腐蚀不会导致油管、套管出现氢脆现象。

二、H₂S 腐蚀机理

通常情况下，H₂S 的浓度大于或等于 $10mL/m^3$ 的油气井被称为酸性油气井。一旦 H₂S 的分压大于 0.05psi，就可能产生 H₂S 腐蚀。在 H₂S 存在的前提下，油管、套管出现的主要问题是氢穿透金属的氢脆现象。

H₂S 能溶解于水，H₂S 在水中的溶解度见表1-3。

表1-3 H₂S 在水中的溶解度

温度	（℃）	0	10	20	30	40	50
溶解度	（cm³/L）	4670	3399	2582	2037	1660	1392
	（g/L）	7.09	5.16	3.92	3.09	2.52	2.11
温度	（℃）	60	70	80	90	100	—
溶解度	（cm³/L）	1190	1022	917	840	810	—
	（g/L）	1.81	1.55	1.39	1.28	1.23	—

注：H₂S 分压为 1atm。

当 H₂S 溶解于水时，生成一种弱酸——氢硫酸。当氢原子吸附在金属表面时，会对金属的结构产生致命的破坏作用，对于高强度金属，则会出现硫化物应力开裂现象。

钢铁在 H₂S 水溶液中的腐蚀过程可用如下的化学反应方程式来表示：

$$H_2S \longrightarrow HS^- + H^+$$

$$HS^- \longrightarrow H^+ + S^{2-}$$

$$Fe + H_2S + H_2O \longrightarrow FeHS^-_{吸附} + H_3O^+$$

$$FeHS^-_{吸附} \longrightarrow FeHS^+ + 2e$$

$$FeHS^+ + H_3O^+ \longrightarrow Fe^{2+} + H_2S + H_2O$$

$$Fe^{2+} + HS^- \longrightarrow FeS + H^+$$

在腐蚀反应中，常会生成硫离子，硫离子在腐蚀控制中的作用非常重要，特别是在低温和 H₂S 分压不高的情况下，尤其如此。这是因为在这种情况下，通常会形成阻止腐蚀继续进行下去的 FeS 保护膜。为了确保保护膜的形成，要求除去溶液中的氧气和钠盐。

H₂S 腐蚀最常见的腐蚀类型有：全面腐蚀、点蚀、疲劳腐蚀、硫化物应力开裂、氢鼓泡、氢脆和阶梯式破裂。

三、CO₂/H₂S/O₂ 腐蚀速度比较

在石油行业中有许多环境经常发生各种腐蚀。最常见的是 CO₂ 腐蚀和 H₂S 腐蚀。CO₂ 和 H₂S 气体与水接触会溶解于水，形成弱酸，即碳酸和氢硫酸，从而对井下油管、套管形成腐蚀。

CO₂、H₂S 与 O₂ 对钢的腐蚀机理示意图如图1-5 所示。

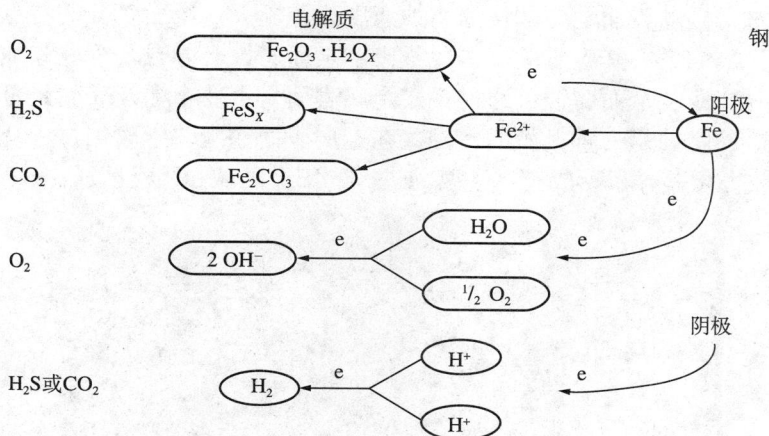

图 1-5 CO_2、H_2S 与 O_2 对钢的腐蚀机理示意图

由于三种腐蚀介质对碳钢腐蚀机理的差异，导致其对碳钢的腐蚀速度也随之不同，图 1-6 反映了 H_2S、CO_2 和 O_2 的碳钢腐蚀速度。图 1-6 中的试验条件为：试验温度 25℃，试验时间 5～7d，溶液中氯化钠含量 2～5g/L，碳酸氢根浓度小于 50μg/g。

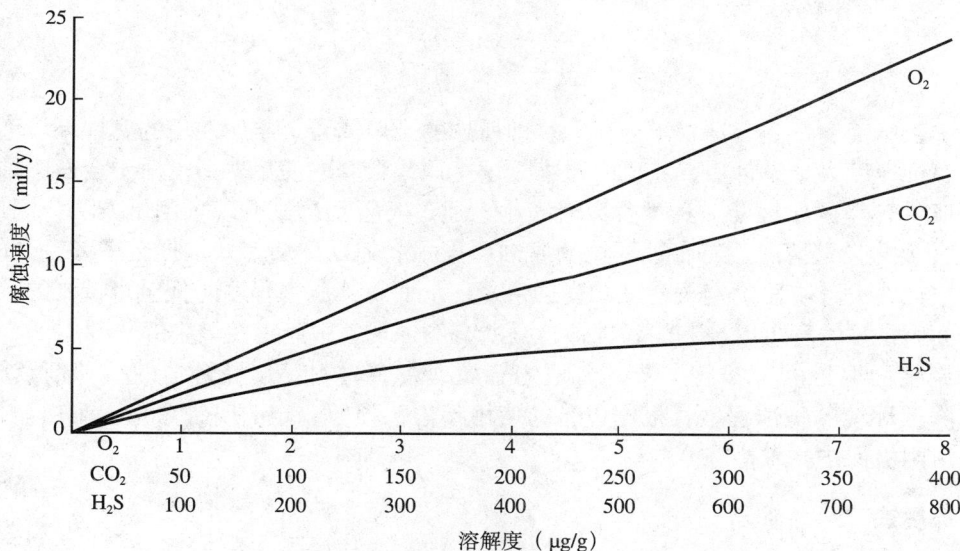

图 1-6 H_2S、CO_2 和 O_2 的碳钢腐蚀速度

从图 1-6 中可知，三种腐蚀介质在溶解度相同的条件下，其腐蚀速度存在如下关系，即：O_2 腐蚀速度 > CO_2 腐蚀速度 > H_2S 腐蚀速度

第二节 腐 蚀 类 型

一、全面腐蚀

全面腐蚀（图 1-7）也称作"均匀腐蚀"，腐蚀发生在金属与腐蚀介质接触的整个接触

界面上，且在整个接触界面上各部位的腐蚀速度相差不大。全面腐蚀的特点是使整个金属表面逐渐变薄，最终失去其应有的功能而报废。全面腐蚀会导致套管柱和油管的内壁或外壁或内外壁同时变薄。全面腐蚀可通过观察金属表面是否变粗糙及表面是否存在腐蚀产物来加以判断。这种腐蚀是一种典型的，发生在金属表面的电化学腐蚀过程。金属表面不同部位会因组分或方位差异，形成有利于腐蚀进行的阳极区域和阴极区域。

图 1-7　全面腐蚀

　　大多数全面腐蚀是因选材不当所致，即所选的金属或合金与所使用的腐蚀环境不兼容，导致其腐蚀速度大于设计值，从而严重缩短了金属或合金的使用寿命。对于全面腐蚀来说，可根据腐蚀环境的腐蚀介质种类及数量大小，通过实验室测试或现场测试方法，测量待选金属或合金的失重情况，对腐蚀环境的腐蚀严重程度加以评估，并根据金属或合金的设计使用年限，在设计阶段确定一合理的腐蚀余量，从而将其危害程度降低至可接受的范围内。因而全面腐蚀是一种可以控制的腐蚀，也是所有腐蚀现象中危害性最小的一种。

　　控制全面腐蚀的方法有：选择合适的金属或合金材料；选择合适的缓蚀剂及缓蚀剂浓度，降低环境的腐蚀程度；根据设备的使用年限，预留一定的腐蚀余量；采用防护性涂层；采用阴极保护技术措施。

二、局部腐蚀

　　局部腐蚀和全面腐蚀不同，局部腐蚀在金属表面表现为各腐蚀部位是不连续的、孤立的。局部腐蚀存在不同的腐蚀形式，如点蚀就是局部腐蚀的一种常见形式，应针对不同的局部腐蚀形式，采取不同的控制技术措施。

　　（一）点蚀

　　点蚀是一种腐蚀深度深、腐蚀范围小的腐蚀现象，能导致金属快速穿孔（图 1-8），同时点蚀形成的点蚀坑往往被腐蚀产物所覆盖，从外观上无法判断点蚀坑的大小和深度。点蚀的腐蚀特征为呈虫孔状，各点蚀坑相互交叉连接，周围的区域未出现腐蚀或只存在轻微的腐蚀。点蚀会破坏已形成的保护膜或钝化膜。点蚀是由坑点内的阳极区和周围阴极区之间的电位差引起的，阳极区通常含有呈酸性的水解盐。

　　点蚀的防止方法有：根据合金的点蚀当量指数选择合适的合金材料；采用涂保护层的

方法，尽量减少被保护金属或合金与腐蚀环境的接触程度；根据腐蚀环境中所含腐蚀介质的种类和数量大小，选择合适的缓蚀剂及缓蚀剂浓度，降低腐蚀环境对金属或合金的腐蚀能力，延长金属或合金的使用寿命；同时采用或单独采用阴极保护措施。

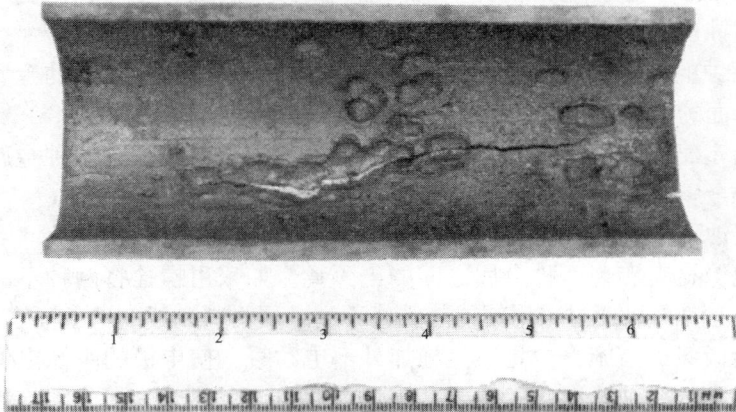

图 1-8　点蚀

（二）缝隙腐蚀

缝隙腐蚀发生在局部区域，如金属与金属或金属与非金属之间形成的间隙（缝隙），因而其腐蚀程度及位置受到周围环境的限制。沉积的碎屑或腐蚀产物也会导致发生腐蚀的间隙（缝隙）生成。缝隙腐蚀也被称作浓差电池腐蚀。产生缝隙腐蚀的机理有两种：氧浓差电池腐蚀和金属离子浓差电池腐蚀。氧浓差电池腐蚀的机理是由裂缝内外区域的氧浓度差异产生的电位差所致，相对于裂缝外面的区域，裂缝内面的区域呈阳性，裂缝外的区域由于氧含量较高，产生阴极氧化反应，导致缝隙腐蚀的腐蚀深度加深。对于金属离子浓差电池腐蚀而言，裂缝内外区域的电位差则是由金属离子的浓度差引起的。出现金属离子浓差电池腐蚀的情况时，腐蚀通常发生在裂缝的入口处。

由于很难观察到裂缝内部的腐蚀情况，从而使缝隙腐蚀的控制变得十分复杂。

控制缝隙腐蚀的主要途径有：选择合适的材料，如采用高 Cr 和高 Ni 不锈钢，以及垫圈采用聚四氟乙烯等塑料材料；完善设计方案，在设计中尽量减少或消除缝隙存在的条件，少用螺栓和铆接的连接方式，尽可能采用焊接方式；根据腐蚀环境的腐蚀类型及腐蚀严重程度，选择合适的缓蚀剂和缓蚀剂用量，降低腐蚀环境对金属或合金的腐蚀能力；采用涂层密封缝隙的方法，消除两种金属或合金之间的缝隙；可能的话，定期清除缝隙之间的沉积物；采用化学保护措施。

三、电偶腐蚀

当不同金属之间存在电连接或作为电极时，因电位差的存在，就会产生电偶腐蚀现象。金属和导电的非金属材料（如石墨）之间也可能存在电偶腐蚀。电位差造成的电偶腐蚀通常会造成金属或合金被腐蚀的速度加快，而其他物质的腐蚀速度则会减小。不同的物质相互接触时，电偶腐蚀现象通常会很明显。电偶腐蚀是一种典型的电化学电池的电子通过金属导体从阳极流向阴极的过程，同时离子（带电粒子）则向电极移动。阳离子是溶解在阳极附近的金属离子，这些金属离子的消失会导致阳极的腐蚀。阴极反应则产生阴离子。因此，阳极被腐蚀，而阴极却不会被腐蚀，也就是说阴极能防止腐蚀现象的发生，实现阴极防腐的目的。

两种不同金属在电偶腐蚀的腐蚀倾向和电偶极性，可通过查看两种金属在给定腐蚀环境中的电偶序来加以识别。通常情况下，在电偶腐蚀中，两种金属在电偶序中的位置相隔越远，其电偶腐蚀也越严重。

控制电偶腐蚀的方法主要是根据金属材料的使用环境，选择合适的金属材料。除此之外，还可选择下面的方法对电偶腐蚀进行控制。

（1）根据给定腐蚀环境的电偶序，选择在电偶序中位置相近的两种金属材料。但同时还应考虑合金中金属是否存在极化倾向的影响。

（2）根据腐蚀环境的腐蚀类型，选择合适的缓蚀剂。

（3）使用绝缘材料实现两种金属之间的电隔离。如采用螺栓将两种不同金属材料制成的法兰连接在一起时，可通过采用塑料垫圈将不同金属材料制成的法兰隔离开来。

（4）采用阴极保护措施：一是通过施加外部电动势，使电极的腐蚀电位向更小的氧化电位方向移动，降低腐蚀速度；二是要么施加电偶电流，要么施加外部电流，通过使之成为阴极的方法，部分或完全避免金属的腐蚀。

（5）当阳极面积与阴极面积之比等于 1 时，阳极的腐蚀速度将是阴极腐蚀速度的 100 ~ 1000 倍。因此，在选择金属材料时，应尽可能使阳极的面积大于阴极的面积。

四、环境开裂

环境开裂和其他形式的腐蚀不同，其他形式的腐蚀过程会持续很长一段时间，而环境开裂则会在很短的时间内完成。由于环境开裂具有不可预见性，因此其造成的破坏往往是灾难性的。环境开裂是在腐蚀和拉伸应力的共同作用下，延性材料发生的脆性破裂。环境开裂可通过是否存在与最大拉伸应力方向垂直的微裂纹来加以鉴别。环境开裂的类型有应力腐蚀开裂、氢应力开裂和疲劳腐蚀等破坏方式。

发生环境开裂破坏的三要素是拉伸应力、腐蚀环境和敏感的合金，只有在三者共同作用的条件下，才会发生环境开裂破坏（图 1-9 中的阴影区域）。

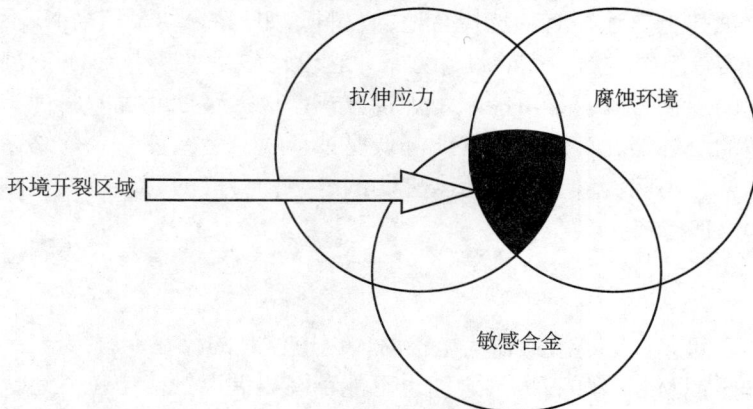

图 1-9　环境开裂的前提条件

（一）应力腐蚀开裂

在发生应力腐蚀的情况下，应力最高的区域会成为阳极，同时应力较低的区域则成为阴极（图1-10）。

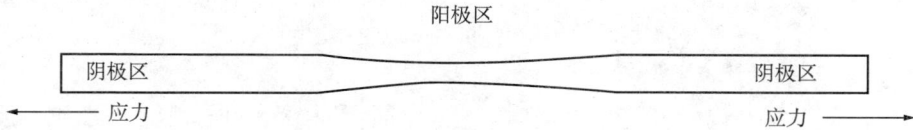

图1-10　应力腐蚀开裂示意图

应力腐蚀开裂是一种金属的阳极化现象，其载体为暴露在环境中的金属。若减小施加在金属上的拉伸应力或完全消除施加在金属上的拉伸应力，则不会出现应力腐蚀开裂现象。促进特殊合金钢发生应力腐蚀开裂破坏的介质有：苛性碱对碳钢、氯化物对不锈钢和氨对铜合金等。

图1-11是应力腐蚀开裂——晶间腐蚀，图1-12为应力腐蚀开裂——穿晶腐蚀。

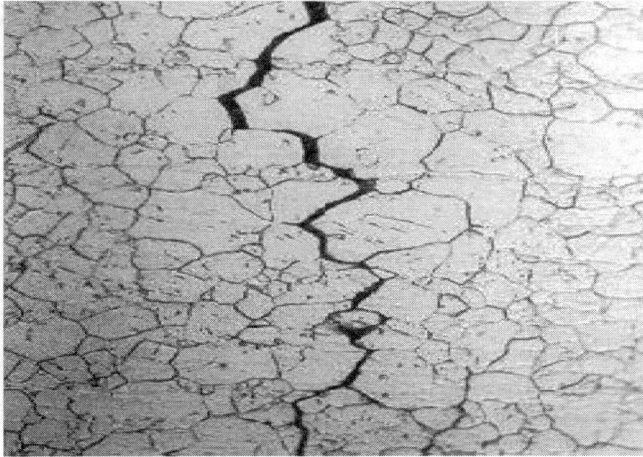

图1-11　应力腐蚀开裂——晶间腐蚀

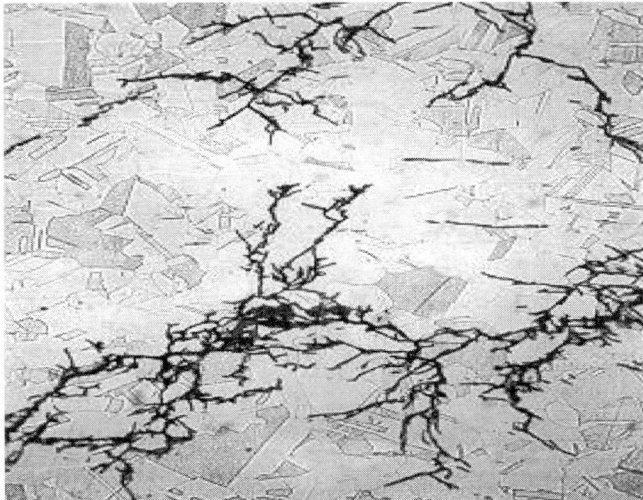

图1-12　应力腐蚀开裂——穿晶腐蚀

通常应力腐蚀开裂需经过一定的时间才会发生，在这段时间内首先会形成一些显微级的裂纹，随后这些显微裂纹再不断扩大，最终产生应力腐蚀开裂破坏。在应力腐蚀开裂发生的过程中，一般不会有金属失重或者全面腐蚀现象的发生。

（二）氢应力开裂

当延性材料暴露在腐蚀环境中，同时有氢渗入金属内部，则即使无外加拉伸应力，也会发生延性材料的脆性破坏，即氢脆开裂（图1-13）。

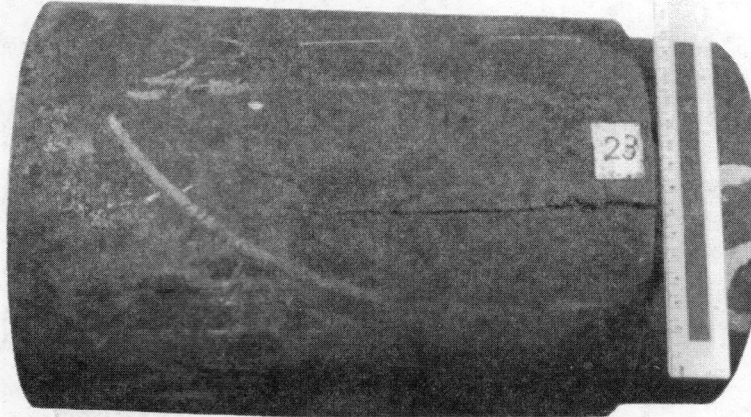

图1-13　氢脆开裂

氢脆不会因阴极保护措施的使用而削弱，相反，还会增大发生氢脆的可能性。产生这种情况的原因是氢脆现象的出现是因氢原子进入到金属结构的内部所致。氢脆开裂与应力腐蚀开裂之间的区别见图1-14。

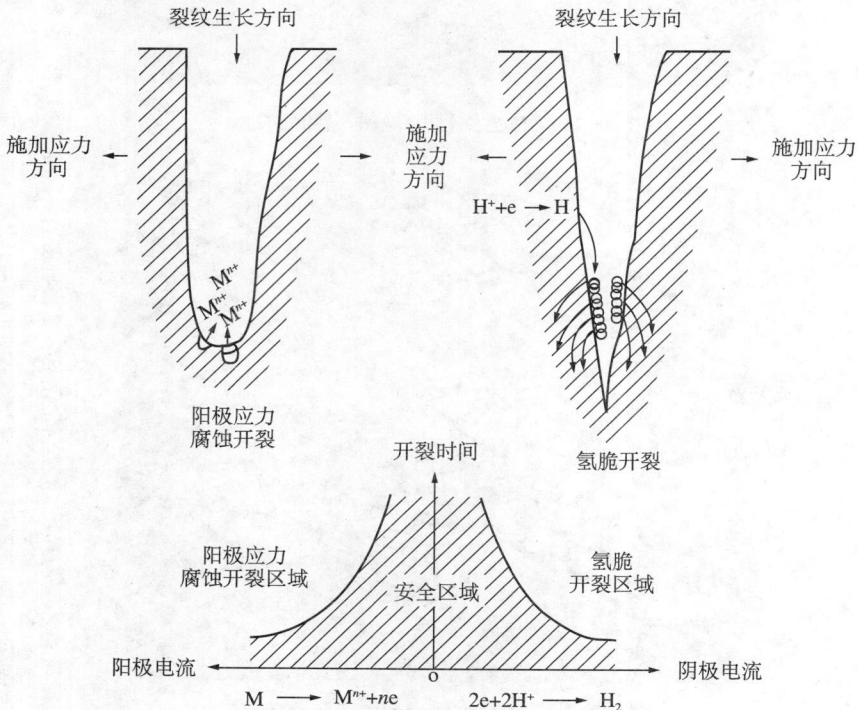

图1-14　SCC和HE产生裂纹的可能机理

氢应力开裂则是拉伸应力和氢共同作用的结果。氢应力开裂是一种金属的阴极化现象，当氢气的形成在阴极区受到抑制时，阴极还原反应过程中生成的氢原子会渗入金属内部，若同时存在拉伸应力，则会导致金属出现氢应力开裂。高强度合金（屈服强度大于或等于1034MPa 的合金）比低强度合金更容易产生氢应力开裂破坏现象。硫化物应力开裂（SSC）是氢应力开裂（HSC）的一种特殊形式，硫化物阻止了氢原子合成氢分子的过程。硫化物应力开裂常发生在含硫井施工作业和生产过程中。氢应力开裂与应力腐蚀开裂的区别在于其产生的机理不同。

（三）疲劳腐蚀

疲劳腐蚀是交变拉伸应力和腐蚀性环境共同作用的结果。承受交变载荷的部件过早失效是疲劳腐蚀的特征，这也是未能投入大量维修经费进行维修的主要原因。采油过程中会遇到疲劳腐蚀的问题。暴露在盐水和酸性原油中的钻杆和抽油杆，会因疲劳腐蚀而过早失效，并造成相应的产量损失（图 1-15）。

图 1-15　钻杆的疲劳腐蚀

控制环境开裂的方法有许多，这些方法包括：材质的选择、环境的改善、保护性涂层、阴极保护、减小残余的表面应力、改变设计来降低拉伸应力。

五、流体流动腐蚀

流体流动腐蚀是腐蚀和流体流动共同作用引起的腐蚀现象。流体流动腐蚀包括冲蚀腐蚀、冲击腐蚀和气蚀。

（一）冲蚀腐蚀

无论是否存在固体颗粒，流动的液体或气体都会产生冲蚀腐蚀。流体流速足以将金属体表面黏附不牢的腐蚀产物冲走，或者破坏已形成的保护性氧化膜。固体颗粒撞击金属表面会引起机械冲蚀，致使金属体表面形成多道凹坑。如果可以明确确定是冲蚀腐蚀，且无颗粒冲击的证据，则可通过减小流速或者消除扰流面来控制冲蚀腐蚀（图 1-16）。

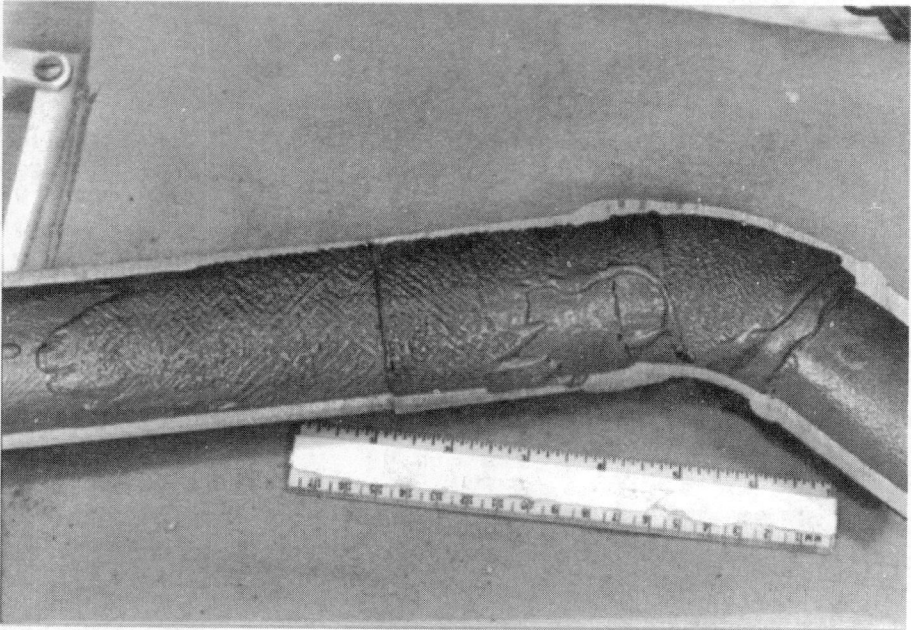

图 1-16　冲蚀腐蚀

（二）冲击腐蚀

冲击腐蚀是由湍流或冲击流造成的（流体沿垂直方向冲向被冲击的物体）。流体中夹带的气泡和悬浮的固体颗粒会加速冲击腐蚀的进程。通常出现这种腐蚀现象的地方有：泵、阀门和孔板，以及管道的肘管和 T 形接头处。冲击腐蚀通常是一种带方向性的局部腐蚀。流体流经金属体表面时，若流体流速低于发生冲击腐蚀的临界流速，则不会发生冲击腐蚀，否则会加速冲击腐蚀的进程。如针对高压、高产气井，采用 Y 形采气树，也是降低气流冲击腐蚀的一种技术措施。

（三）气蚀

气蚀是因流动流体中的气泡破裂所引起的一种机械性损害过程，同时会在湍流区域形成较深的、一致排列的气蚀坑。气泡或蒸汽泡破裂产生的高压导致金属表面的保护膜脱落，即气蚀。一般情况下，高强度合金防气蚀的能力优于低强度合金。若保护膜脱落后，造成气蚀损坏的主要原因是腐蚀，则其腐蚀程度是可以控制的。在极端的气蚀条件下，气蚀本身能直接导致金属的质量损失，此时可不考虑腐蚀的影响。

总之，就各种各样的流体流动腐蚀而言，根据具体环境选择合适的材质是预防流体流动腐蚀的关键。除此之外，其他预防流体流动腐蚀的方法有：改善应用环境、保护性涂层、阴极保护、通过设计控制流体的流速和流态。

第二章　油气井腐蚀影响因素与预测方法

油气井产出流体的复杂性，导致了 CO_2、H_2S 对油管、套管的腐蚀不仅存在单一的 CO_2、H_2S 腐蚀，而且还存在 CO_2 和 H_2S 混合腐蚀。CO_2、H_2S 的腐蚀速度受到诸多井筒环境因素的影响，这些影响因素包括井筒温度剖面、压力剖面变化的影响，地层水含盐量的影响，地层水中其他有机物质，如醋酸等的影响，井筒流体流速的影响等。因此，在分析 CO_2、H_2S 对油管、套管的腐蚀速度时，应充分考虑地层水中其他腐蚀介质的影响，以便对油管、套管的 CO_2、H_2S 腐蚀有一全面的认识，制定出切实可行的油气井腐蚀防护技术措施，降低油管、套管的腐蚀风险，确保井筒的完整性，实现油气井的安全生产。

第一节　油气井腐蚀影响因素

一、CO_2 腐蚀

干的 CO_2 气体，即使温度高达 400℃，也不会发生 CO_2 腐蚀。但是 CO_2 遇水后即会产生 CO_2 腐蚀，即无硫气腐蚀。由于 CO_2 溶解于水会生成一种弱酸——碳酸，从而降低了水的 pH 值。溶液的 pH 值最终取决于溶液的温度和 CO_2 的分压。

在 pH 值维持不变的情况下，饱和 CO_2 溶液的腐蚀性远远高于其他的酸性溶液，这是 CO_2 直接参与腐蚀的结果。影响 CO_2 腐蚀速度的主要因素：CO_2 分压（或油井泡点压力的最大值）、地层水 pH 值、流体温度、有机酸、流速（只针对碳钢和低合金钢）。

油气井中 CO_2 腐蚀评价指标见表 2-1。

表 2-1　CO_2 腐蚀评价指标

NACE	API	是否存在腐蚀现象
< 3psi	< 7psi	不存在腐蚀
3 ~ 30psi	7 ~ 30psi	也许存在腐蚀现象
> 30psi	> 30psi	存在腐蚀

Crolet 对 CO_2 腐蚀的腐蚀程度进行了如下补充说明：

(1) p_{CO_2} < 7psi，不太可能存在 CO_2 腐蚀，意味着 CO_2 的腐蚀速度小于 0.1mm/y；

(2) p_{CO_2}=7 ~ 30psi，可能存在 CO_2 腐蚀，意味着 CO_2 的腐蚀速度在 0.1 ~ 1mm/y；

(3) p_{CO_2} > 30psi，存在 CO_2 腐蚀，意味着 CO_2 的腐蚀速度大于 1mm/y。

针对 CO_2 腐蚀，表 2-2 提供了国内 CO_2 腐蚀事故分析调查情况。

(一) 温度的影响

在实验室进行的相同研究表明（图 2-1），可能由于质量转移和电荷转移量的增加，一直到温度增大到 70℃ 时，CO_2 的腐蚀速度都处于不断增大的状态；当温度超过 70℃ 后，

CO_2 的腐蚀速度开始降低，这说明由于 $FeCO_3$ 溶解度的降低，生成了更多的具有保护作用的 $FeCO_3$ 保护膜；当温度超过 70℃后，扩散因素成了决定 CO_2 腐蚀速度的关键因素。

表 2-2　国内 CO_2 腐蚀事故分析调查情况

地区	钢级	壁厚 (mm)	穿孔时间 (月)	腐蚀段温度 (℃)	p_{CO_2} (MPa)	Ca^{2+}/HCO_3^-	腐蚀速度 (mm/y)
川合 100	P105 油管	5.51	22	60	0.43	—	3.0
留 58	N80 油管	5.51	18	60	0.50	—	3.6
磨 70	NT80SS 油管	5.51	25	39	0.10	971	2.65
洛河层	J55、K55 套管	7.72	83	35	0.05～0.1	0.62	1.12[①]
花园区块	J55、K55 套管	7.72	48～180	37	—	3.27	0.52～1.68[①]
任丘留路	G105 钻杆	9.19	—	35	3.4[②]		穿孔

①地层水通 CO_2 后挂片试验。
②按施工泵压和 CO_2 含量计算得出。

从图 2-1 中可看出，当流体的温度大于 70℃时，随着流体温度的进一步提高，CO_2 的腐蚀速度呈现逐渐下降的趋势，与低于 70℃时的情况恰恰相反。即：低于 70℃时，CO_2 腐蚀速度与温度呈正相关关系；大于 70℃时，CO_2 腐蚀速度与温度呈负相关关系。

（二）压力的影响

CO_2 分压对 CO_2 腐蚀速度具有决定性的影响，随着 CO_2 分压的增大，CO_2 的腐蚀速度也随之增大（图 2-2）。CO_2 的分压是系统的总压力与 CO_2 摩尔分数的乘积，这也就是为什么系统压力的增加会加剧 CO_2 腐蚀速度的原因。

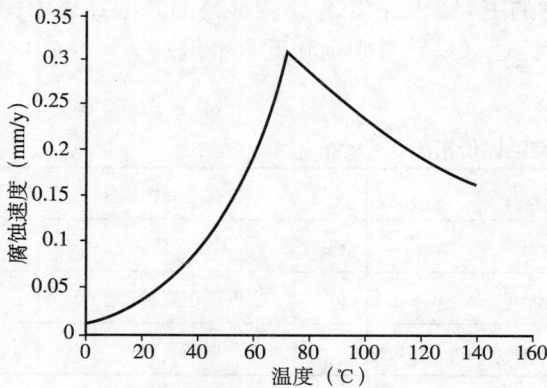

图 2-1　温度对碳钢 CO_2 腐蚀速度的影响

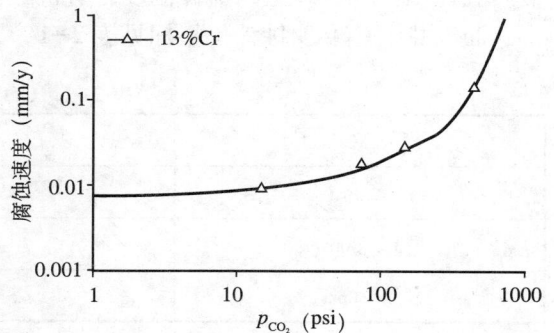

图 2-2　压力对 CO_2 腐蚀速度的影响
测试条件：152000 $\mu g/gCl^-$，180℃，0.15psi H_2S

（三）产水量的影响

CO_2 的腐蚀速度不仅受到含水率的影响，而且也受到水相与钢表面接触时间的影响，接触时间越长，腐蚀越严重。

就气井、凝析气井而言，一旦气井开始产水就面临着 CO_2 腐蚀的风险。CO_2 的水溶液是一种弱酸，对井下油管、套管有腐蚀作用。研究发现，当气井的日产水量在 $0.5m^3$ 以下时，随着气井产水量的增加，其 CO_2 腐蚀速度也随之增大；且产水量在 $0.5～2.3m^3$ 时，所形成的 CO_2 腐蚀最严重；一旦气井的产水量大于 $2.3m^3$，CO_2 腐蚀速度就会出现下降的趋势。

对于油井来说，在油水系统中，会产生油水乳化现象。若产生油包水乳化现象，则钢的水湿性会明显降低，甚至消除，从而降低钢的 CO_2 腐蚀速度。反之，将加速钢的 CO_2 腐蚀速度。从油包水到水包油的过渡阶段大概发生在含水率为 30% ~ 40% 的生产阶段，其特征是 CO_2 的腐蚀速度会出现急剧变化。因此，一个可以利用的经验法则是，当含水率小于30% 时，虽然也有例外，但总的来说，CO_2 腐蚀速度会明显减小。

（四）凝析水的影响

随着井筒温度的降低，原来处于饱和状态的水蒸气，因平衡条件受到破坏，部分水蒸气凝析出来，形成一定数量的液态水，腐蚀最有可能发生在液态水与油管内壁的接触界面。但由于这些液态水是不流动的，因而有利于垢的沉积和吸附，最终降低了油管的CO_2 腐蚀速度。室内实验和现场经验表明，在浸入和冷凝条件下，尽管采用诺模图获得的预测值相同，但因凝析水的影响，腐蚀速度的降低值最大可达 0.3mm/y，且与 CO_2 的分压无关。

（五）pH 值的影响

随着溶液 pH 值的增大，CO_2 的腐蚀速度会出现下降的趋势（图 2-3），其原因在于pH 值的增大促进了 $FeCO_3$ 保护膜的生成。

pH 值的影响作用具体表现在如下两个方面：一是 pH 值的增大改变了水的相平衡状态，使之更有利于 $FeCO_3$ 保护膜的形成；二是 pH 值的增大改善了 $FeCO_3$ 保护膜的保护特性，使其保护作用增强。

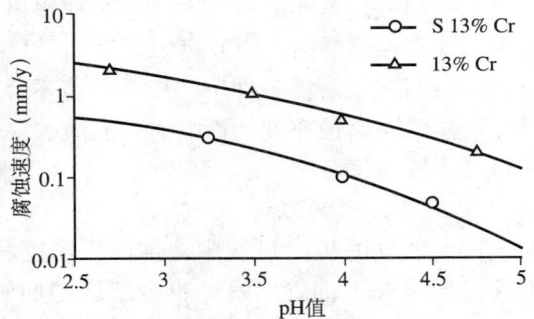

图 2-3   pH 值对 CO_2 腐蚀速度的影响

测试条件：200℃，121000 μg/g 氯化物，1015psi CO_2

pH 值的大小变化又受到系统中 CO_2 和 H_2S 含量的影响和制约（图 2-4）。

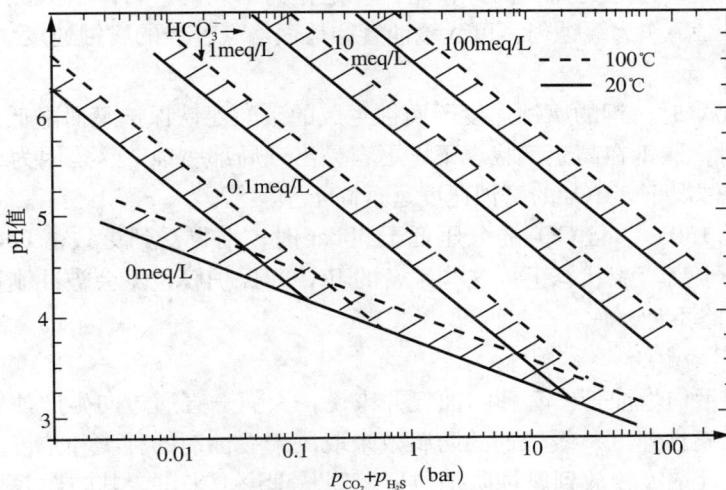

图 2-4   酸性系统中 pH 值与酸气分压的关系

（六）Cl^- 的影响

产出流体的腐蚀作用取决于流体中是否存在游离水，这些游离水是来自地层的地层水

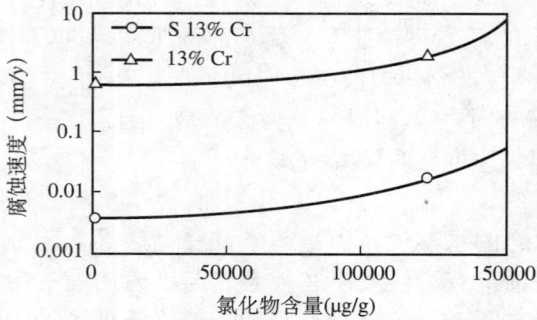

图 2-5　氯化物含量对 CO_2 腐蚀速度的影响

测试条件：人工合成海水，150℃，450psi CO_2

和 / 或凝析水。这两种类型水的组分对腐蚀的影响程度差别很大。

由于 Cl^- 会进入并穿透腐蚀保护膜，从而导致腐蚀保护膜的稳定性变差，最终导致 CO_2 的腐蚀速度增大。Cl^- 对 CO_2 腐蚀速度的影响，会随着 Cl^- 含量和环境温度的升高而加剧。

图 2-5 反映了实验室条件下，氯化物含量对 CO_2 腐蚀速度的影响。

（七）醋酸的影响

天然气中含有少量的有机酸蒸气，最常见的是醋酸。若醋酸蒸气大量溶解在水里，将形成一定的醋酸浓度，并加剧 CO_2 的腐蚀速度。即存在醋酸时，CO_2 腐蚀速度高于只有 CO_2 时的腐蚀速度，这在管线的上部尤其明显，其原因在于凝析条件下，局部环境不会受到碱性物质的影响，如溶解的碳酸盐。在定量分析醋酸对腐蚀速度的影响时，醋酸的单位通常采用浓度单位，这与 CO_2 采用压力单位（CO_2 分压）不同。

（八）乙二醇的影响

在天然气的生产过程中，常由于温度和压力的变化，导致天然气水合物的形成，这不仅会导致井下油管堵塞，也会造成地面管线堵塞，减小天然气的过流面积，限制气井的生产能力和管线的输气能力，严重时，还会导致气井停产和输气管线停输。为防止上述情况的发生，常向油管或输气管线注入乙二醇。通过将乙二醇注入到气流中，使其冰点下移来防止水合物生成。同时，乙二醇的存在也起到了缓蚀剂的作用，导致其腐蚀速度下降。

乙二醇的注入，可起到如下两种作用：一是作为干燥剂，可降低天然气中水的露点和纯水的凝析量；二是作为缓蚀剂，可延缓油管和地面输气管线的腐蚀速度。

（九）垢的影响

温度高于 70℃ 时，钢的腐蚀速度因腐蚀生成的碳酸亚铁保护膜而降低。当流体的温度在 70 ～ 150℃ 时，碳钢在高紊流状态下，更容易出现局部腐蚀，这是因为 $FeCO_3$ 保护膜失效所致，在这种情况下，CO_2 的腐蚀速度远远高于预测值。

当温度高于 150℃，且 CO_2 的分压低于 50bar 时，钢将受到更致密 $FeCO_3$ 保护膜的保护。即使流体处于高紊流状态下，这些致密的 $FeCO_3$ 保护膜也不会被冲刷掉，此时的腐蚀速度几乎可以忽略不计。

（十）缓蚀剂的影响

对于采用碳钢作为油管、套管的油气井来说，人们一直通过向生产油管注入缓蚀剂来延缓碳钢的 CO_2 腐蚀速度。缓蚀剂的防腐效果取决于缓蚀剂的种类和浓度。若能将所选类型的缓蚀剂按设计浓度投放到腐蚀防护位置，则从理论上来讲，其防腐效果可达到 100%。但在实际操作过程中，由于受到加注方式选择是否恰当、到达缓蚀剂加注位置时缓蚀剂的浓度是否符合设计要求、井筒产出流体的流速、井筒温度等诸多因素的限制和制约，注入缓蚀剂的缓蚀效果很难超过 70% ～ 80%。同时，在使用缓蚀剂防腐的过程中应切记：缓蚀剂用量不足，不但起不到延缓腐蚀的作用，反而会加剧油管、套管的腐蚀。

（十一）原油的影响

流体中原油的出现通常被认为是可延缓腐蚀的有利条件，原因在于原油具有缓蚀剂的作用。实际原因却是原油在钢的表面上形成了一层厚度足够大的油膜，阻止了水与钢表面的接触（图 2-6）。与之相反，天然气和凝析油不会产生这样的有利效果，因此也就无法起到缓蚀剂的作用，现场的实际情况也证明了这一点。

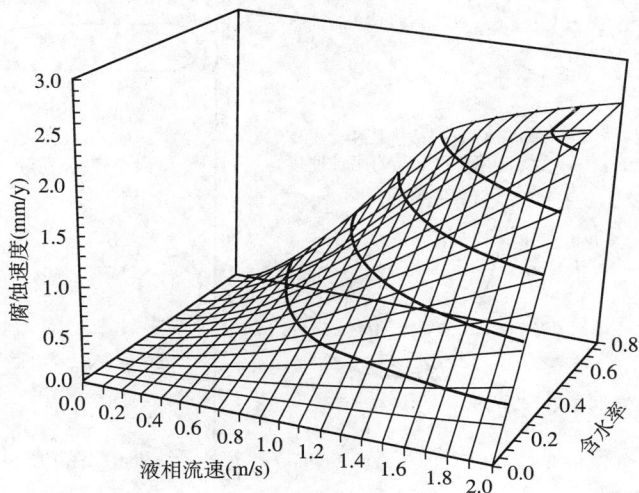

（a）API=45

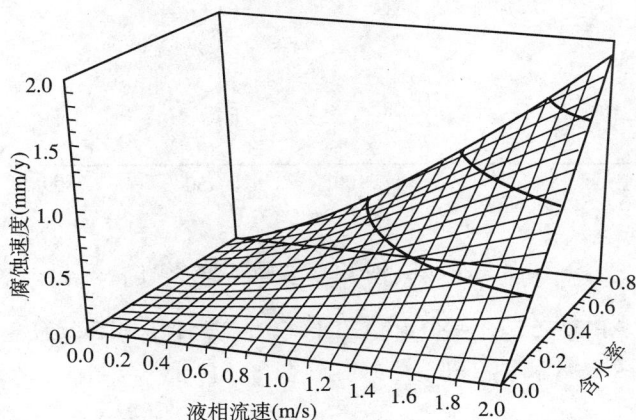

（b）API=38

图 2-6　原油对 CO_2 腐蚀速度的影响

测试条件：角度 45°，40℃，100bar，CO_2 1%（mol），$NaHCO_3$ 0.001639mol/L，管径 0.1m

（十二）蜡的影响

对于油井来说，结蜡可加速或延缓 CO_2 的腐蚀速度，这取决于蜡的性质、流体流态、温度和其他物理参数。在存在 CO_2 腐蚀的环境条件下，沉积在碳钢表面的蜡会引起严重的点蚀现象，原因在于 CO_2 通过结蜡层的扩散过程中，会增大阴极面积，从而加速阳极金属的溶解。但总的来说，蜡对防止金属的 CO_2 腐蚀是有利的，即使蜡的保护作用并不是很可靠。

（十三）H₂S 对 CO₂ 腐蚀速度的影响

在 CO₂ 腐蚀环境中，加入少量的 H₂S 会明显影响 CO₂ 的腐蚀速度（图 2-7）。

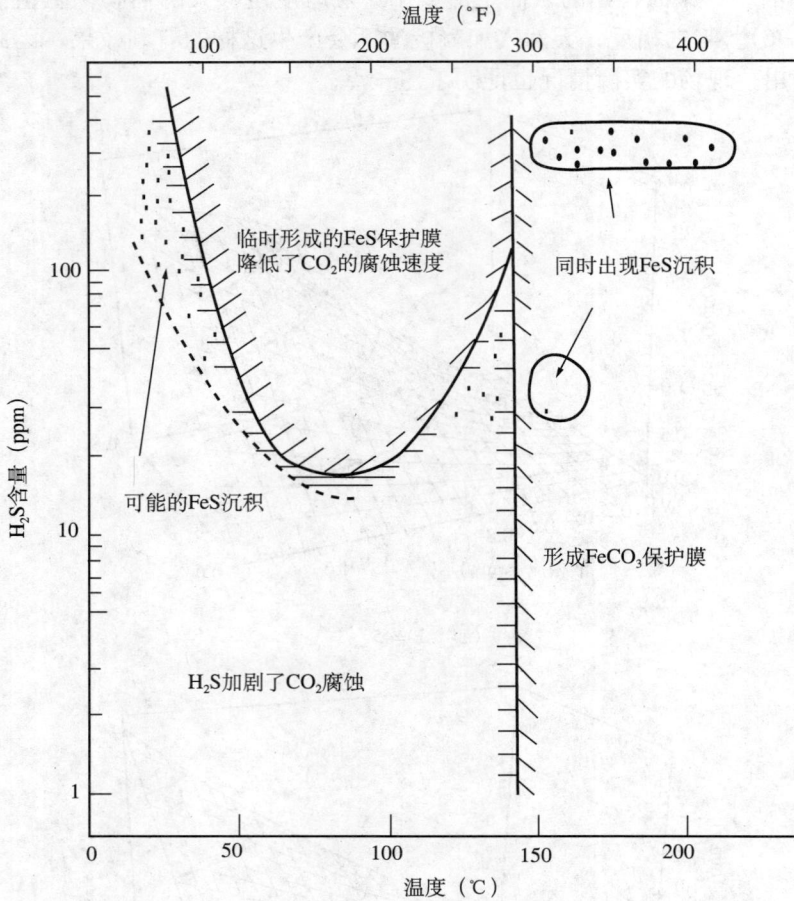

图 2-7　H₂S 对 CO₂ 腐蚀速度的影响

碳钢 APIX-52、APIX-55、L-80 和 APIX-60 在含 H₂S 与不含 H₂S 两种情况下的 CO₂ 腐蚀速度测试结果见图 2-8 和图 2-9。

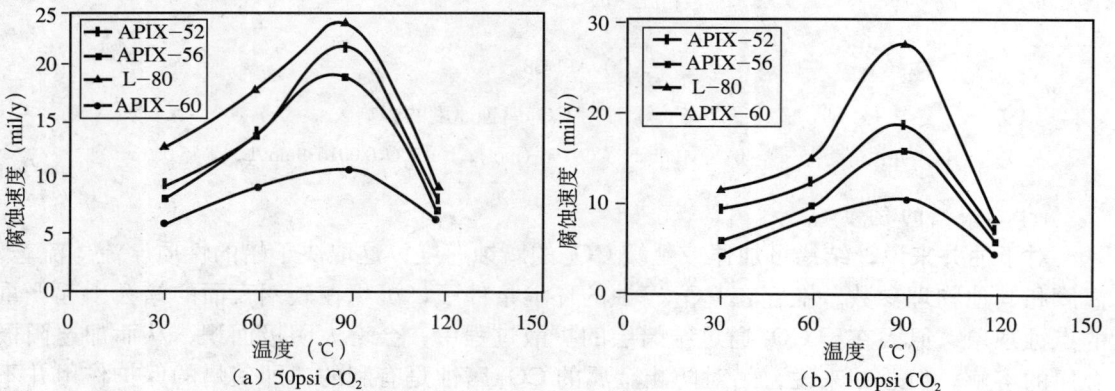

（a）50psi CO₂　　　　　　　　　（b）100psi CO₂

图 2-8

（c）200psi CO_2 （d）300psi CO_2

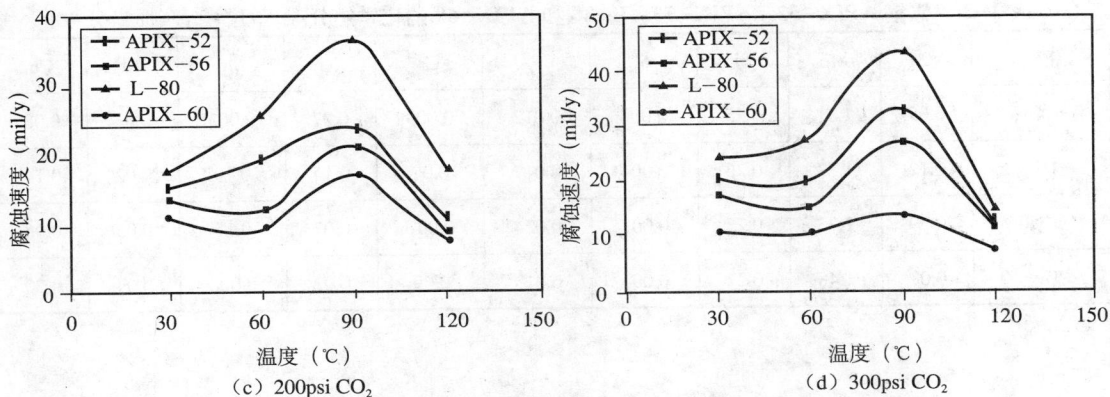

图 2-8 温度对 CO_2 腐蚀速度的影响

测试条件：3.5%NaCl 溶液，2.5m/s，24h

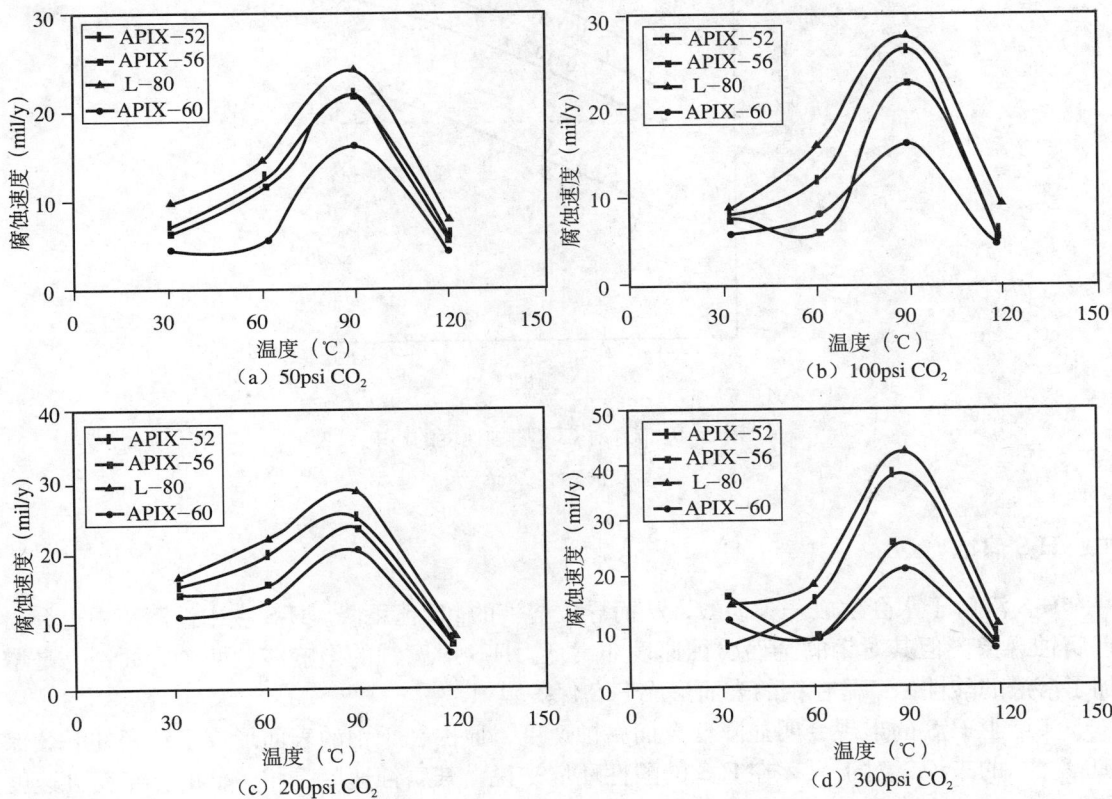

（a）50psi CO_2 （b）100psi CO_2

（c）200psi CO_2 （d）300psi CO_2

图 2-9 H_2S 对 CO_2 腐蚀速度的影响

测试条件：3.5%NaCl 溶液，2.5m/s，24h，0.4mL/m³H_2S

碳钢 APIX-52、APIX-55、L-80 和 APIX-60 的化学组分见表 2-3。

（十四）氧的影响

氧作为一种强氧化剂，它的出现会明显影响 CO_2 的腐蚀速度。研究表明，随着溶液中含氧量的增大，CO_2 腐蚀速度也随之增大。O_2 对 CO_2 腐蚀速度的影响如图 2-10 所示。

表 2-3　碳钢 APIX-52、APIX-55、L-80 和 APIX-60 的化学组分　单位：%（质量分数）

钢级	C	Mn	Si	S	P	Cr	Ni	Mo	Al	Cu
APIX-52	0.09	1.31	0.25	0.006	0.012	0.009	0.07	0.003	0.03	0.08
APIX-55	0.12	1.27	0.26	0.004	0.017	0.07	0.14	0.19	0.02	0.14
L-80	0.39	1.73	0.25	0.007	0.024	0.001	0.07	0.15	0.03	0.06
APIX-60	0.07	1.48	0.27	0.004	0.013	0.09	0.09	0.008	0.04	0.20

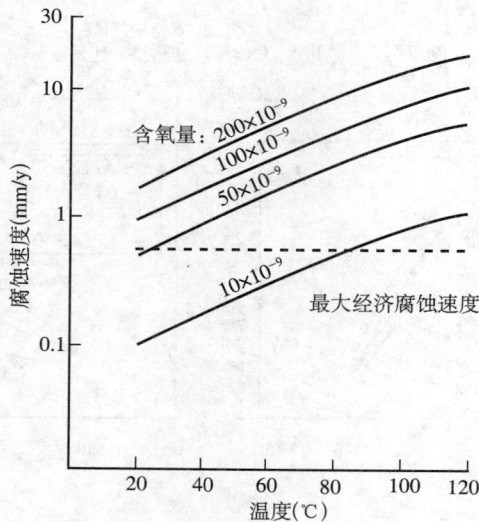

图 2-10　O_2 对 CO_2 腐蚀速度的影响

测试条件：2m/s

二、H_2S 腐蚀

H_2S 溶解于水会生成一种弱酸，从而导致溶液的 pH 值下降。H_2S 在中性溶液中也会出现腐蚀现象，但其对钢的全面腐蚀速度非常低。H_2S 对腐蚀的影响涉及两个方面：一是增加了溶液的酸性；二是在钢的表面形成 FeS 保护膜。

实际上 H_2S 的出现会明显降低全面腐蚀速度，原因在于钢的表面形成了致密的 FeS 保护膜。总的来说，对于只存在 H_2S 的酸性环境来说，其腐蚀速度是相当低的，年腐蚀速度仅 0.5mm 或更低。

来自 Shoesmith 的研究发现，当 H_2S 的分压为 1bar，pH 值等于 4 时，其腐蚀速度是 0.31mm/y；pH 值等于 5 时，其腐蚀速度是 0.11mm/y。这与 Cheng 等的研究结果相一致（pH 值相同）。

Thomason 发现，H_2S 对钢的腐蚀速度绝不会超过 0.8mm/y。Lino 等的研究工作也得到了类似的结果，即在 pH 值分别为 5.2 和 4 的条件下，其腐蚀速度分别为 0.46mm/y 和 0.65mm/y。

Shannon 和 Boggs 则进行了 H_2S/N_2 混合物的腐蚀试验。通过试验发现，保护膜的类型

会随着 H_2S 的浓度变化而变化，且随着时间的延长，其腐蚀速度会逐渐降低。当溶液由蒸馏水逐渐过渡为含氯化物的水溶液（约为 1% 的氯化钠溶液）时，其腐蚀速度与之成正相关关系。当氯化钠溶液的浓度超过 1% 时，腐蚀速度开始下降。当氯化钠溶液的浓度处于 6% ~ 20% 时，其腐蚀速度约为蒸馏水的 80%。当加入的氯化物离子能反映出氯化物离子对氯化物保护膜的影响时，首先将观察到腐蚀速度开始加快的现象。溶液中氯化物离子浓度增大会使酸气的溶解度下降，从而明显影响气体的活性。

对于油气井是否存在 H_2S 腐蚀，可根据 H_2S 分压的大小来加以判别，即：当 H_2S 分压超过 0.05psi 时，必须考虑 H_2S 腐蚀。

若含硫气井的 pH 值小于或等于 6.5，H_2S 的浓度大于或等于 $250mL/m^3$ 时，也必须考虑 H_2S 腐蚀。

四川川东地区井下油管受 H_2S 腐蚀的现状调查结果见表 2-4。

表 2-4   井下油管受 H_2S 腐蚀的现状调查结果

腐蚀位置		腐蚀特征	破坏形式
上部油管	内壁	点蚀严重	穿孔、拉断
	外壁	基本无腐蚀	
下部油管	内壁	点蚀、下部有堵塞	挤扁、堵塞
	外壁	全面腐蚀、结垢严重	
气液界面	内壁	点蚀、结垢	穿孔、堵塞
	外壁	结垢垢块破损的地方点蚀严重	

（一）压力的影响

H_2S 分压对钢的腐蚀速度的影响见图 2-11。

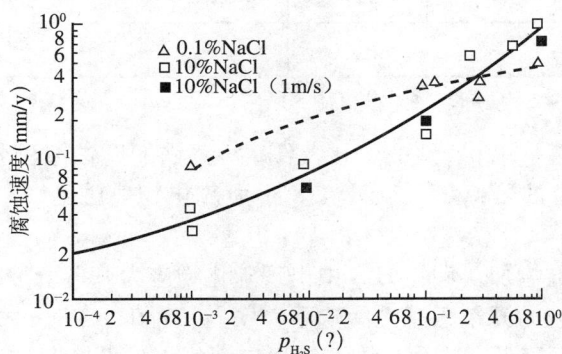

图 2-11 H_2S 分压对钢的腐蚀速度的影响

（二）温度的影响

在低温范围内，钢在硫化氢水溶液中的腐蚀速度随温度的上升而加快，当温度上升至 100℃ 左右时，其腐蚀速度达到最大值。若温度继续升高，腐蚀速度反而下降（图 2-12）。

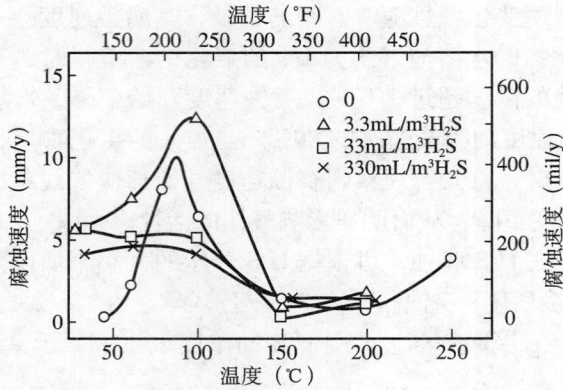

图 2−12　H_2S 和温度对纯铁 CO_2 腐蚀速度的影响

测试条件：5%NaCl 溶液，3.0MPa CO_2+H_2S，25℃，96h，2.5m/s，25cc/cm²

（三）Cl^- 的影响

Danald 等的研究认为：由于 Cl^- 能削弱金属与腐蚀产物膜之间的相互作用力，并且能同时阻止附着力强的硫化物生成。因此，Cl^- 可通过弱化腐蚀产物膜与金属之间的附着力，使腐蚀产物膜易于脱落，从而加剧钢的腐蚀。若 Cl^- 的浓度过高，Cl^- 会因很强的附着力而大量吸附在金属的表面，进而完全取代吸附在金属表面的 H_2S、HS^-，最终导致金属表面的 H_2S 浓度下降，H_2S 对金属的腐蚀速度下降。

（四）pH 值的影响

不同的 pH 值条件下溶解在水中的 H_2S 离解成 HS^- 和 S^{2-} 的百分比是不同的（表2−5）。

表 2−5　不同 pH 值下 H_2S、HS^-、S^{2-} 在 H_2S+H_2O 溶液中的百分比

pH 值	4	5	6	7	8	9	10
H_2S	99.9%	98.9%	91.8%	52.9%	10.1%	1.1%	0.1%
HS^-	0.1%	1.1%	8.2%	47.1%	89.9%	98.89%	99.8%
S^{2-}	—	—	—	—	—	0.01%	0.1%

注：计算时电离常数 $k_1=8.9\times10^{-8}$，$k_2=1.3\times10^{-13}$。

Guazeit 研究认为随系统 pH 值的变化，H_2S 对钢铁的腐蚀过程分为三个不同的区间：$0<pH<4.5$ 时为酸腐蚀区；$4.5<pH<8$ 时为硫化物腐蚀区；$8<pH<14$ 时为非腐蚀区。

随腐蚀介质 pH 值的增加，钢在 H_2S 中出现硫化物应力开裂所需时间延长。当 pH 值 < 3 时，对材料的硫化物应力开裂敏感性影响不大；当 pH 值 > 3 时，材料的硫化物应力开裂敏感性会随 pH 值增大而降低，产生破裂的临界应力值也随之增大。

（五）硫的影响

在酸性环境下，通过正确的操作可优化和稳定硫化物保护膜。但必须尽量避免空气进入，这会使形成的 FeS 保护膜被氧化，释放出单质硫，而单质硫更具有腐蚀性。硫的产生及腐蚀机理如下。

在存在 O_2 的环境中，FeS 同 O_2 发生化学反应，反应产物中出现单质硫，其反应方

程为：

$$4FeS+3O_2 \Longrightarrow 2Fe_2O_3+4S$$

或

$$3FeS+2O_2 \Longrightarrow Fe_3O_4+3S$$

另外，即使不存在 O_2 的环境，高浓度的 H_2S 也会产生单质硫，其反应方程为：

$$H_2S \Longrightarrow H_2+S$$

硫引起局部腐蚀的原因，一是直接与钢中的铁发生化学反应，生成 FeS，其反应方程为：

$$S+Fe \Longrightarrow FeS$$

二是首先与水反应生成硫酸，其反应方程为：

$$4S+4H_2O \Longrightarrow 3H_2S+H_2SO_4$$

上述反应生成的反应产物会对钢产生腐蚀作用。

硫对钢 SM2550 腐蚀速度的影响见图 2-13。

从图 2-13 中可以看出，随着硫含量的增加，SM2550 的腐蚀速度也随之增加。同时，硫对 SM2550 腐蚀速度的影响还受到 SM2550 表面光洁度的影响，硫对 SM2550 的腐蚀速度随其表面光洁度的提高而降低。

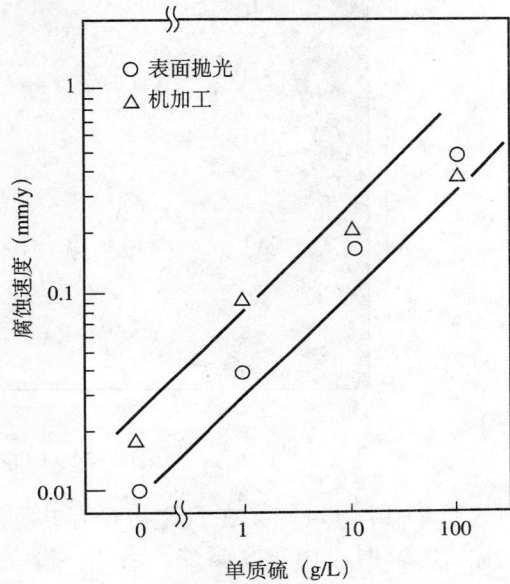

图 2-13 硫对钢 SM2550 腐蚀速度的影响
测试条件：25%NaCl 溶液，1MPa H_2S，1MPa CO_2，177℃

（六）氧的影响

在含 H_2S 的酸性溶液中，通入少量的氧气就会导致其腐蚀速度明显上升。室内实验表明，在 1mmol/L 的 H_2S 溶液中，若有氧存在，其腐蚀速度与无氧状态的腐蚀速度相比高 15 倍。

（七）暴露时间的影响

碳钢和低合金钢在含 H_2S 的酸性溶液中，其初始腐蚀速度很大，约为 0.7mm/y，但随着时间的延长，由于硫化物腐蚀产物逐渐沉积在碳钢或低合金钢的表面，其腐蚀速度会逐渐下降，200h 后其腐蚀速度会趋于平稳，随后腐蚀速度的波动很小，接近一稳定值，其大小约为 0.01mm/y。

（八）CO_2 对 H_2S 腐蚀速度的影响

在 H_2S 酸性环境中加入 CO_2 会对 H_2S 的腐蚀速度产生很大的影响。碳酸盐和硫化物垢的关系如下：

$$K_{FeS/FeCO_3}=C(p_{CO_2}/p_{H_2S}) \tag{2-1}$$

在分析 H_2S 和 CO_2 共存环境条件下的腐蚀类型时，通过 p_{CO_2}/p_{H_2S} 的值来确定腐蚀转化情况的一个实用经验法则是：当其值低于某一特定数值时，在钢表面形成的垢会从碳酸盐转化为硫化物。Rhodes 认为比值小于 500：1 时，有利于硫化物保护膜的形成，并且与流体的流速无关。Simon-Thomas 和 Loyless 则认为该数值偏大，应向下调整，并提出如下结论：$p_{CO_2}/p_{H_2S} > 200$ 时，主要发生 CO_2 腐蚀（流体的流态对腐蚀速度具有重要的影响）；$p_{CO_2}/p_{H_2S} < 200$ 时，主要发生 H_2S 腐蚀（流体的流态对垢的稳定性影响很小，即对腐蚀速度影响很小）。并建议将 p_{CO_2}/p_{H_2S} 的值由 200 下调至 50 ~ 100。

Pots 等则绘制了更详细的 CO_2/H_2S 腐蚀状态图（图 2-14），图中的虚线来自新的试验结果。

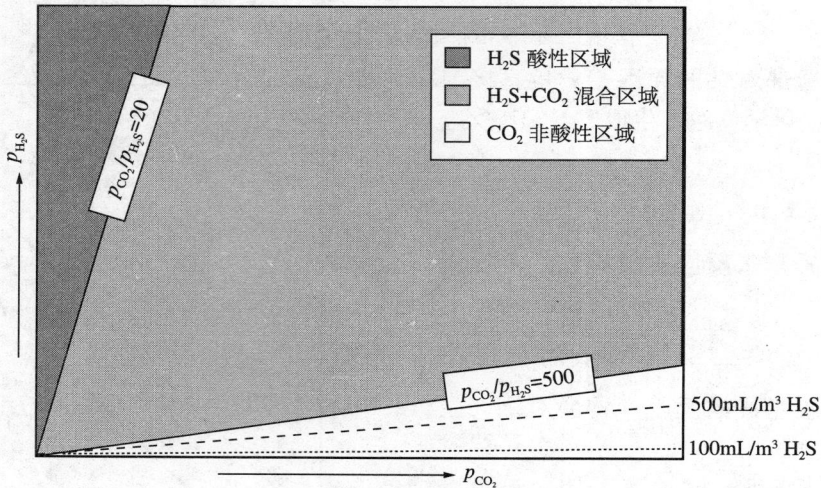

图 2-14 CO_2/H_2S 腐蚀状态图

从图 2-14 中可知，在 H_2S 和 CO_2 共存环境条件下的腐蚀类型可分为三种，即：当 $p_{CO_2}/p_{H_2S} < 20$ 时，为 H_2S 腐蚀；当 $20 < p_{CO_2}/p_{H_2S} < 500$ 时，同时存在 H_2S 腐蚀和 CO_2 腐蚀；当 $p_{CO_2}/p_{H_2S} > 500$ 时，为 CO_2 腐蚀。

Srinivasan 和 Kane 的研究认为：当 H_2S 的分压低于 0.01psia 时，H_2S 对腐蚀速度的影响很小，甚至无影响，其腐蚀速度主要受 CO_2 控制。当含少量的 H_2S（$p_{CO_2}/p_{H_2S} > 200$）时，形成具有保护作用的 FeS 保护膜，导致其腐蚀速度下降。当其温度低于 120℃ 时，形成的保护膜主要是 $FeS_{(1-x)}$，它的形成取决于环境的温度和 pH 值。当 H_2S 是主要的酸性气体（$p_{CO_2}/p_{H_2S} < 200$）时，且温度在 60 ~ 240℃，则亚稳态的 FeS 保护膜先于 $FeCO_3$ 保护膜形成。初期形成的保护膜是 $FeS_{(1-x)}$，在更高的 H_2S 分压和温度下，则会形成保护作用更好的 $Fe_{(1-x)}S$ 保护膜。当温度超出这一区间范围时，H_2S 的出现将对腐蚀起促进作用，原因在于 H_2S 的出现阻止了 $FeCO_3$ 保护膜的形成，同时形成的 FeS 保护膜也是不稳定且多孔的。

（九）缓蚀剂的影响

对于酸性系统来说，缓蚀剂的注入有利于降低出现孤立点蚀的概率。但不管怎样，若在酸性系统中已发生孤立点蚀，那么缓蚀剂也无法降低孤立点蚀的腐蚀速度。这与现场实际观察到的情况是一致的，即：若酸性系统中已出现孤立点蚀现象，即使再注入缓蚀剂，其孤立点蚀速度也是很高的，甚至在数周或数月内导致设备报废。

在硫化物保护膜表面形成点蚀的影响因素有以下几个方面：p_{CO_2}/p_{H_2S} 值高，如二者之比大于 200；氯离子浓度大于 50000 μg/g；钢的表面已存在腐蚀，特别是过早暴露于含氯化物的液体，如完井液（盐水）或盐酸处理后的残酸；低 pH 值，如酸处理形成的残酸；未注入缓蚀剂或缓蚀剂注入的时间间隔过长；存在流体的冲蚀作用；在注入化学剂或进行清管操作的过程中，随空气一道进入的氧气，导致所形成的硫化物保护层被氧化，失去保护作用；进行井下检查所使用的检查工具，如多臂井径仪，导致硫化物保护膜受损。

加入缓蚀剂有助于稳定 FeS 保护膜，使其保护能力更强，不易破裂和引起孤立点蚀，因此缓蚀剂的注入会降低全面腐蚀的速度。

三、冲蚀腐蚀

(一) 流速的影响

流体流速的大小对腐蚀速度的影响不容忽视。随着流体流速的增大，导致溶液与其接触的金属表面存在较高的质量转移，从而增加了腐蚀的类型和腐蚀产物的动能。饱和 CO_2 溶液条件下流速对碳钢腐蚀速度的影响如图 2-15 所示。

从图 2-15 中可以看出，流体的流速越高，碳钢的腐蚀速度越大。当流体的流速等于 1m/s 时，利用 de Warrd 和 Milliams 方法计算出的腐蚀速度达到 4.6mm/y。

(二) 流速和 pH 值的影响

受流体流速影响的腐蚀速度会随着 pH 值的增大而减小（图 2-16）。这与产生腐蚀的实际环境有关，溶解的 $FeCO_3$ 会导致溶液的 pH 值急剧增大。

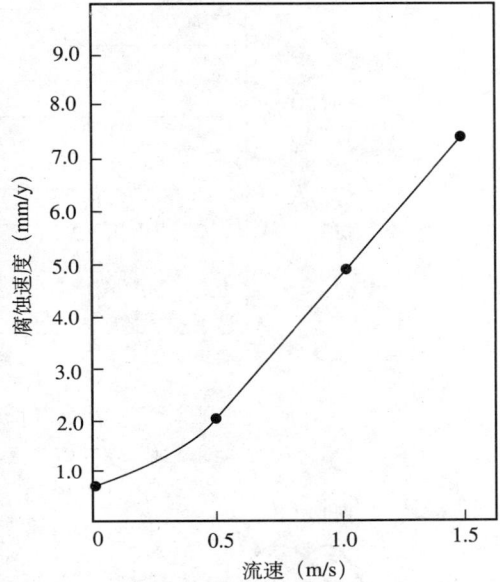

图 2-15 　饱和 CO_2 溶液条件下流速对碳钢腐蚀速度的影响

测试条件：0.1%NaCl 溶液，1barCO_2，60℃

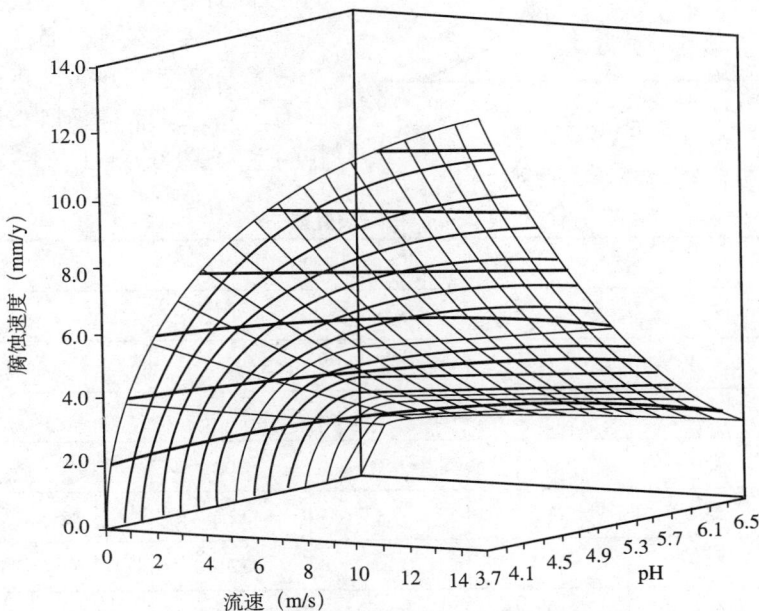

图 2-16 　流速和 pH 值对腐蚀速度的影响

测试条件：1bar CO_2，40℃

（三）温度的影响

随着温度的升高，流体对金属的冲蚀作用和冲蚀腐蚀作用增强，因此在进行设计时，除了应考虑流速的影响外，还需考虑温度升高所带来的负面影响。温度对 13Cr 的冲蚀和冲蚀腐蚀性能的影响见图 2-17。

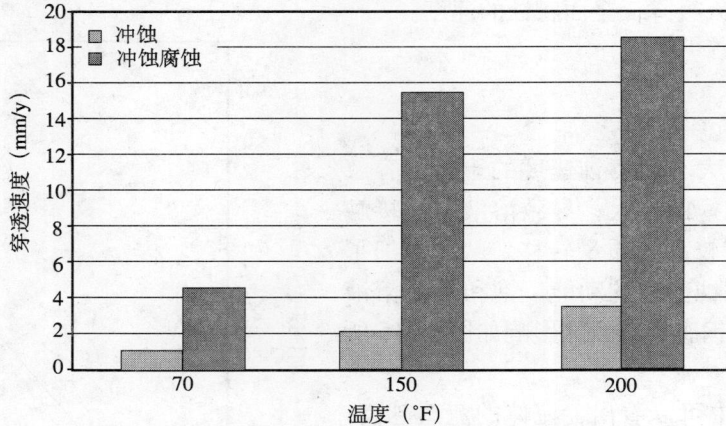

图 2-17　温度对 13Cr 冲蚀和冲蚀腐蚀性能的影响

测试条件：冲蚀腐蚀，3%NaCl 溶液，50psi CO_2，pH4.5；冲蚀，蒸馏水，50psig N_2

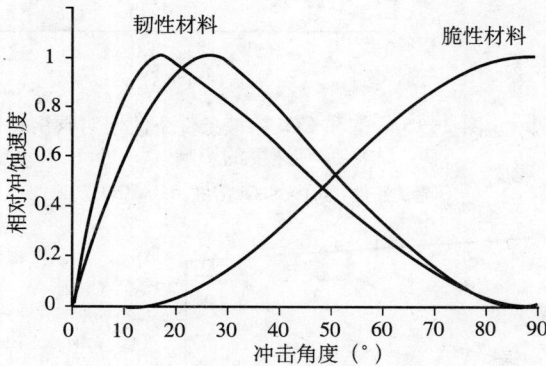

图 2-18　金属材质性能对冲蚀的影响

（四）材质及冲击角度的影响

流体对金属的冲蚀作用不仅与流体的冲击角度有关，而且也与被冲击金属的材质有关。研究表明，在较低冲击速度的情况下，其相对冲蚀速度与 Jordan 的冲蚀图相一致（图 2-18）。

（五）温度及冲击角度的影响

随着温度的升高，不锈钢耐冲蚀的能力下降。下面是采用马氏体不锈钢进行的室内试验结果（表 2-6，图 2-19）。

表 2-6　相对质量损失

测试温度 （℃）	防砂浆磨损能力					
	试片材质					
	AISI 420		AISI 410N		AISI 410SN	
	回火温度（℃）					
	450	200	450	200	450	200
0	15.3	13.2	9.8	12.6	7.8	2.6
25	34.9	36.3	12.1	12.9	8.9	6.4
70	45.8	49.0	27.0	24.3	20.0	10.5

注：测试时间为 96h。

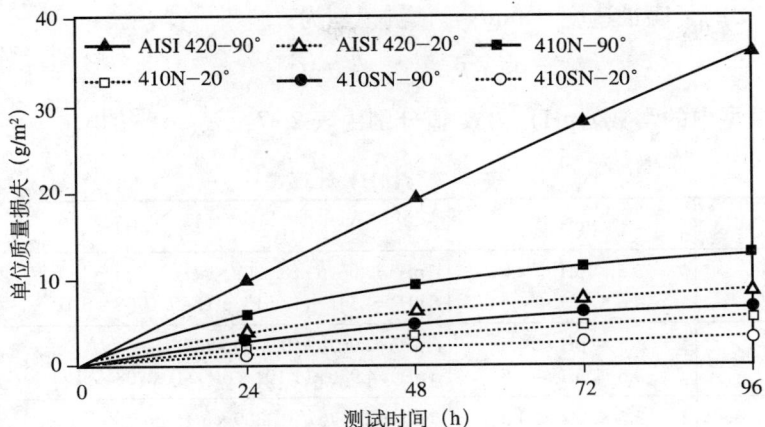

图 2-19 测试时间与相对质量损失的关系

流体冲击角度分别为 20°、90°；测试条件：25℃，回火温度 200℃

室内试验表明：随着测试温度的升高，会导致马氏体不锈钢耐砂浆冲蚀和电化学腐蚀的能力降低。当测试温度为 0℃时，未观察到明显的砂浆冲蚀现象。当测试温度上升到 70℃时，导致不锈钢质量损失的主要原因是点蚀和晶间腐蚀。

温度为 70℃时，电化学腐蚀测试说明所有试片的防点蚀和全面腐蚀的能力下降，并且其点蚀电位低于腐蚀电位。

（六）临界冲蚀流速计算

在产出流体不产砂，以及未加入缓蚀剂的情况下，可按 API RP 14E 提供的冲蚀临界流速计算公式进行计算，即：

$$v = \frac{327.88}{\rho^{0.5}} \tag{2-2}$$

式中　v——临界冲蚀流速，大于该流速，将会因高速而加剧碳钢的腐蚀速度，m/s；

　　　ρ——流体的密度，kg/m³。

第二节　腐蚀预测模型

一、CO_2 腐蚀预测模型

（一）NORSOK 标准模型

具体预测模型如下。

当温度 t=20℃，40℃，60℃，80℃，90℃，120℃和 150℃时，腐蚀速度（mm/y）预测模型为：

$$CR_t = K f_{CO_2}{}^{0.62} (S/19)^{0.146+0.0324 \lg(f_{CO_2})} f(\mathrm{pH})_t \tag{2-3}$$

当温度 t=15℃时，腐蚀速度（mm/y）预测模型为：

$$CR_t = K f_{CO_2}{}^{0.36} (S/19)^{0.146+0.0324 \lg(f_{CO_2})} f(\mathrm{pH})_t \tag{2-4}$$

当温度 t=5℃时，腐蚀速度（mm/y）预测模型为：

$$CR_t=K_t f_{CO_2}^{0.36} f(pH)_t \qquad (2-5)$$

上述计算模型中的常数 $f(pH)_t$ 和 K_t 值分别由表 2-7、表 2-8 给出。

表 2-7　$f(pH)_t$ 计算式

温度（℃）	pH	$f(pH)$
5	$3.5 \leqslant pH < 4.6$ $4.6 \leqslant pH \leqslant 6.5$	$f(pH)=2.0676-(0.2309 \times pH)$ $f(pH)=4.342-(1.051 \times pH)+(0.0708 \times pH^2)$
15	$3.5 \leqslant pH < 4.6$ $4.6 \leqslant pH \leqslant 6.5$	$f(pH)=2.0676-(0.2309 \times pH)$ $f(pH)=4.986-(1.191 \times pH)+(0.0708 \times pH^2)$
20	$3.5 \leqslant pH < 4.6$ $4.6 \leqslant pH \leqslant 6.5$	$f(pH)=2.0676-(0.2309 \times pH)$ $f(pH)=5.1885-(1.2353 \times pH)+(0.0708 \times pH^2)$
40	$3.5 \leqslant pH < 4.6$ $4.6 \leqslant pH \leqslant 6.5$	$f(pH)=2.0676-(0.2309 \times pH)$ $f(pH)=5.1885-(1.2353 \times pH)+(0.0708 \times pH^2)$
60	$3.5 \leqslant pH < 4.6$ $4.6 \leqslant pH \leqslant 6.5$	$f(pH)=1.836-(0.1818 \times pH)$ $f(pH)=15.444-(6.1291 \times pH)+(0.8204 \times pH^2)-(0.0371 \times pH^3)$
80	$3.5 \leqslant pH < 4.6$ $4.6 \leqslant pH \leqslant 6.5$	$f(pH)=2.6727-(0.3636 \times pH)$ $f(pH)=331.68 \times e^{(-1.2618 \times pH)}$
90	$3.5 \leqslant pH < 4.57$ $4.57 \leqslant pH < 5.62$ $5.62 \leqslant pH \leqslant 6.5$	$f(pH)=3.1355-(0.4673 \times pH)$ $f(pH)=21254 \times e^{(-2.1811 \times pH)}$ $f(pH)=0.4014-(0.0538 \times pH)$
120	$3.5 \leqslant pH < 4.3$ $4.3 \leqslant pH < 5$ $5 \leqslant pH \leqslant 6.5$	$f(pH)=1.5375-(0.125 \times pH)$ $f(pH)=5.9757-(1.157 \times pH)$ $f(pH)=0.546125-(0.071225 \times pH)$
150	$3.5 \leqslant pH < 3.8$ $3.8 \leqslant pH < 5$ $5 \leqslant pH \leqslant 6.5$	$f(pH)=1$ $f(pH)=17.634-(7.0945 \times pH)+(0.715 \times pH^2)$ $f(pH)=0.037$

表 2-8　常数 K_t

温度（℃）	K_t
5	0.42
15	1.59
20	4.762
40	8.927
60	10.695
80	9.949
90	6.250
120	7.770
150	5.203

乙二醇影响系数（$F_{乙二醇}$）计算：

当乙二醇质量分数小于 95% 时

$$F_{乙二醇}=10^{1.6[\lg(100-乙二醇质量分数)-2]} \tag{2-6}$$

当乙二醇质量分数大于 95% 时

$$F_{乙二醇}=0.008 \tag{2-7}$$

CO_2 的逸度 f_{CO_2} 计算：

$$f_{CO_2}=ap_{CO_2} \tag{2-8}$$

式中　　p_{CO_2}——CO_2 分压。

$p_{CO_2}=$ 气相中 CO_2 摩尔分数（%）× 系统总压力，或

$p_{CO_2}=$ 气相中 CO_2 的质量流量（kmol/h）× 系统总压力 / 气相的总质量流量（kmol/h）

$$a=10^{p\times(0.0031-1.4/T)} \quad (p\leqslant 250\text{bar}) \tag{2-9}$$

$$a=10^{250\times(0.0031-1.4/T)} \quad (p>250\text{bar}) \tag{2-10}$$

若总压力超过 250bar，计算时，总压力仍按 250bar 计算。

pH 值计算：

$$CO_{2(g)}=CO_{2(aq)} \qquad\qquad K_H=\frac{c_{CO_2}}{p_{CO_2}}$$

$$CO_{2(g)}+H_2O=H_2CO_3 \qquad\qquad K_0=\frac{c_{H_2CO_3}}{c_{CO_2}}$$

$$H_2CO_3=H^++HCO_3^- \qquad\qquad K_1=\frac{c_{HCO_3^-}c_{H^+}}{c_{H_2CO_3}}$$

$$HCO_3^-=H^++CO_3^{2-} \qquad\qquad K_2=\frac{c_{CO_3^{2-}}c_{H^+}}{c_{H_2CO_3}}$$

$$H_2O=H^++OH^- \qquad\qquad K_{H^+}=c_{H^+}+c_{OH^-}$$

若系统呈电中性，则存在如下平衡方程：

$$c_{Na^+}+c_{H^+}=c_{HCO_3^-}+2c_{CO_3^{2-}}+c_{OH^-}+c_{Cl^-}$$

和

$$c_{o,Bicarb}=c_{Na^+}+c_{Cl^-}$$

式中　　$c_{o,Bicarb}$——碳酸氢钠的初始浓度。

通过将有关带电中性平衡常数的方程与碳酸氢根的质量平衡方程，求得如下方程来计算氢离子的离子浓度：

$$c_{H^+}^3 + c_{o,\text{Bicarb}}c_{H^+}^2 - \left(K_H K_0 K_1 p_{CO_2} + K_W\right) \times c_{H^+} - 2K_0 K_1 K_2 p_{CO_2} = 0$$

该方程可采用牛顿方法进行求解。

含饱和 $FeCO_3$ 凝析水系统的 pH 值也可以通过计算求得。基于与上面类似的推导，其计算方程如下：

$$\left[\frac{2K_{SP}}{K_H K_0 K_1 K_2 p_{CO_2}}\right]c_{H^+}^4 + c_{H^+}^3 + c_{o,\text{Bicarb}}c_{H^+}^2 - \left(K_H K_0 K_1 p_{CO_2} + K_W\right) \times c_{H^+} - 2K_0 K_1 K_2 p_{CO_2} = 0$$

平衡常数计算：

$$K_0 = 0.00258$$

$$K_{SP} = 10^{-10.13+0.0182T_c-2.44I^{0.5}+0.72I} \quad (\text{mol}^2) \tag{2-11}$$

$0 \sim 80℃$ 时：

$$K_H = 55.5048e^{-\left(4.8+\frac{3934.4}{T_K}-\frac{941290.2}{T_K^2}\right)}10^{-\left(1.790\times10^{-4}p+0.107I\right)} \quad (\text{mol/bar}) \tag{2-12}$$

$80 \sim 200℃$ 时：

$$K_H = 55.5048e^{-\left(1713.53\left(1-\frac{T_K}{647}\right)^{1/3}+3.875+\frac{3680.09}{T_K}-\frac{1198506.1}{T_K^2}\right)}10^{-\left(1.790\times10^{-4}p+0.107I\right)} \quad (\text{mol/bar}) \tag{2-13}$$

$$K_1 = 10^{-\left(356.3094+0.060911964T_K-\frac{21834.37}{T_K}-126.8339\lg(T_K)+\frac{168491.5}{T_K^2}-2.564\times10^{-5}p-0.491I^{0.5}+0.379I-0.06506I^{1.5}-1.458\times10^{-3}IT_f\right)} \tag{2-14}$$

$$K_1 = 10^{-\left(107.8871+0.03252849T_K-\frac{5151.79}{T_K}-38.92561\lg(T_K)+\frac{563713.9}{T_K^2}-2.118\times10^{-5}p-1.255I^{0.5}+0.867I-0.174I^{1.5}-1.588\times10^{-3}IT_f\right)} \tag{2-15}$$

式中，p——压力，psi。

$$K_W = 10^{-\left(29.3868-0.0737549T+7.47881\times10^{-5}T^2\right)} \quad (\text{mol}^2) \tag{2-16}$$

湿度计算（无乙二醇）：

$$湿度 = \left[(pF_{H_2O})/(p_{H_2O}F_{tot})\right] \times 100\% \tag{2-17}$$

（注：露点温度是湿度为 100% 时的温度。）

管壁的剪应力计算：

$$S = 0.5\rho_m f u_m^2 \quad (\text{Pa}) \tag{2-18}$$

式中

$$f = 0.001375\left[1+\left(20000\times\frac{k}{D}+10^6\times\frac{\mu_m}{\rho_m u_m D}\right)^{0.33}\right] \tag{2-19}$$

摩擦系数计算方程中的各相关参数计算如下：

$$\rho_m = \rho_L \lambda + \rho_G (1-\lambda) \tag{2-20}$$

$$\rho_L = \phi \rho_w + \rho_O (1-\lambda) \tag{2-21}$$

$$\rho_G = 2.7 \times 14.5 \times 16.018 p \times 相对密度 / \left[Z(460 + T_f) \right] \tag{2-22}$$

$$u_m = u_L^S + u_G^S \tag{2-23}$$

$$u_L^S = Q_L / A \tag{2-24}$$

$$u_G^S = (Q_G / A) ZT / T_{std} \tag{2-25}$$

$$\mu_m = \mu_L \lambda + \mu_G (1-\lambda) \tag{2-26}$$

$$\lambda = \frac{Q_L}{Q_L + Q_G} \tag{2-27}$$

$$\mu_L (Pa \cdot s) = \mu_O \left[1 + \frac{\dfrac{\phi}{B_O}}{1.187 - \dfrac{\phi}{B_O}} \right]^{2.5} \tag{2-28}$$

$$B_O = \frac{\phi_C}{1.187 \left[1 - \left(\dfrac{1}{\mu_{rel,max}} \right)^{0.4} \right]} \tag{2-29}$$

若中等黏度的油/水扩散系数未知，则当含水率为 0.5 时，可取相对黏度为 7.06 时的最大值。温度为 60℃时，油的黏度为 0.0011Pa·s，水的黏度为 0.00046Pa·s。

与上面的情况相反，若已知扩散系数，则黏度可由下式求出：

$$\mu_L (Pa \cdot s) = \mu_w \left[1 + \frac{\dfrac{1-\phi}{B_w}}{1.187 - \dfrac{1-\phi}{B_w}} \right]^{2.5} \tag{2-30}$$

$$B_w = \frac{1-\phi_C}{1.187 \left[1 - \left(\dfrac{R}{\mu_{rel,max}} \right)^{0.4} \right]} \tag{2-31}$$

水的黏度计算：

当温度 =0 ~ 20℃时，

$$\mu_W \left(Pa \cdot s \right) = 10^{1301/\left[998.333+8.1855\left(T_c - 20\right)+0.00585\left(T_c - 20\right)^2 \right]-1.30233} \times 10^{-3} \qquad (2-32)$$

当温度 =20 ～ 150℃时，

$$\mu_W \left(Pa \cdot s \right) = 1.002 \left(10^{\left(1.3272\left(20-T_c\right)-0.001053\left(T_c-20\right)^2 /\left(T+105\right) \right)} \right) \times 10^{-3} \qquad (2-33)$$

当温度为 60℃时，对于中等黏度的原油，则 R 取 0.42。

NORSOK 标准模型中各参数的物理意义见表 2-9。

表 2-9　NORSOK 标准模型中各参数的物理意义

参　　　数	物理意义	参　　　数	物理意义
A	管子的截面积，m^2	$f(pH)_t$	温度为 t 时的 pH 系数
B	黏度计算常数	K	管子粗糙度，m
c_{index}	溶质浓度	l	离子浓度，mol/L
CR_t	温度为 t 时的腐蚀速度，mm/y	p_{CO_2}	CO_2 分压，bar
D	管子直径，mm	p_{H_2O}	H_2O 的蒸汽压，bar
F_{H_2O}	湿度计算过程中水的质量流量	t_s	20℃，40℃，60℃，80℃，90℃，120℃ 或 150℃
F_{tot}	湿度计算过程中总的质量流量	u_G	气体表观速度，m/s
K_{index}	计算 pH 值时的平衡常数	u_L	液体表观速度，m/s
K_{SP}	碳酸亚铁的平衡常数	u_m	混合速度，m/s
K_t	温度为 t 时，用于计算腐蚀速度时的常数	λ	液体分数
p	系统总压力，bar	μ_o	油的黏度，Pa·s
Q_G	气体的体积流量，Mm^3/d	μ_G	气体的黏度，Pa·s
Q_L	液体的体积流量，m^3/d	μ_L	液体的黏度，Pa·s
R	μ_w / μ_o	μ_m	混合物黏度，Pa·s
Re	雷诺数	$\mu_{rel,max}$	最大相对黏度（相对于油来说）
S	管壁剪切应力，Pa	μ_w	水的黏度，Pa·s
T	温度，K	ρ_G	气体密度，kg/m^3
T_c	温度，℃	ρ_L	液体密度，kg/m^3
T_f	温度，℉	ρ_m	混合物密度，kg/m^3
T_{std}	标准温度，K（60℉/15.55℃）	ρ_o	油的密度，kg/m^3
Z	气体压缩因子	ρ_w	水的密度，kg/m^3
a	逸度系数	ϕ	含水率
f	摩擦系数	ϕ_c	转化点的含水率
f_{CO_2}	CO_2 的逸度，bar		

（二）ECE 预测模型

具体预测模型如下。

对于普通钢材，预测 CO_2 腐蚀速度的模型中采用了如下基本计算公式：

$$\lg v_r = 4.84 - \frac{1119}{t+273} + 0.58\lg(f_{CO_2}) - 0.34(pH_{实际} - pH_{CO_2}) \tag{2-34}$$

和

$$v_m = 2.8\frac{U^{0.8}}{d^{0.2}}f_{CO_2} \tag{2-35}$$

式中　v_r——腐蚀速度；

　　　t——系统的温度；

　　　f_{CO_2}——CO_2 的逸度系数；

　　　$pH_{实际}$——溶液的 pH 值；

　　　pH_{CO_2}——在实际温度和压力下，饱和 CO_2 水溶液的 pH 值；

　　　U——液体的流速；

　　　d——管线的直径。

$$\lg(f_{CO_2}) = \lg(p_{CO_2}) + \left(0.0031 - \frac{1.4}{t+273}\right)p \tag{2-36}$$

式中　p_{CO2}——CO_2 的分压（等于 CO_2 的摩尔分数乘以系统的总压力）；

　　　t——系统的温度；

　　　p——系统的总压力。

对于回火钢来说，其计算方程略有不同。其腐蚀速度可由下式计算：

$$\frac{1}{v_{cor}} = \frac{1}{v_r} + \frac{1}{v_m} \tag{2-37}$$

方程中的 v_r 主要由还原反应过程中的反应能决定，v_m 则由碳酸与金属表面的质量转移数量大小（如液体的流速）来决定。

这些方程基于 Norway 的 IFE 环流测试数据，测试条件受到严格的控制。测试数据的回归分析表明，其标准差为 25%。

对上述结果，并考虑到保护膜、H_2S、原油或凝析油、乙二醇和缓蚀剂的影响，将总腐蚀速度表述如下：

$$腐蚀速度 = v_{腐蚀} \times F_{垢} \times F_{H_2S} \times F_{凝析油} \times F_{原油} \times F_{抑制剂} \times F_{乙二醇} \tag{2-38}$$

$FeCO_3$ 影响程度的定量分析如下。

$FeCO_3$ 在 CO_2 腐蚀过程中具有重要的作用，它是腐蚀初期的产物。其反应方程为：

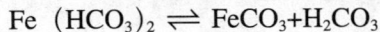

$$Fe(HCO_3)_2 \rightleftharpoons FeCO_3 + H_2CO_3$$

虽然 $FeCO_3$ 的溶解度非常小，但随着二价铁离子的溶解，会产生过饱和现象。这样会导致溶液的实际 pH 值增大，使其腐蚀速度减缓。$Fe(HCO_3)_2$ 的过饱和现象取决于溶液的温度，原因在于温度越低，$Fe(HCO_3)_2$ 的溶解度越小，越容易出现过饱和现象。在温度低于

60℃时，情况更为明显。

FeCO$_3$ 的析出量计算：

$$\left[Fe^{2+}\right]_{沉积} = K_r \frac{A}{V} K_{SP}(S-1)(1-S^{-1}) \tag{2-39}$$

$$S = \frac{\left[Fe^{2+}\right]\left[CO_3^{2-}\right]}{K_{SP}} \tag{2-40}$$

式中　K_r——FeCO$_3$ 的析出常数；

　　　K_{SP}——FeCO$_3$ 的溶解度；

　　　A/V——表面积与体积之比；

　　　S——过饱和度。

对于通过如管道这样的系统时，Fe^{2+} 浓度分布情况是不会发生变化的。

高温碳酸盐保护膜影响程度的定量分析：

$$\lg F_{垢} = \frac{2400}{t+273} - 0.6\lg f_{CO_2} - 6.7 \tag{2-41}$$

H$_2$S 影响程度的定量分析：

$$F_{H_2S} = \frac{1}{1+1800\dfrac{p_{H_2S}}{p_{CO_2}}} \tag{2-42}$$

原油或凝析油影响程度的定量分析：

$$F_{油} = 0.059\frac{W}{W_{break}}U_{溶液} + \frac{1.1\times10^{-4}}{W_{break}^2}\frac{a}{90} + 0.059\frac{W}{W_{break}}U_{溶液}\frac{a}{90} \tag{2-43}$$

$$W_{break} = -0.0166 \times API + 0.83$$

醋酸影响程度的定量分析：

$$v_{m(HAc)} = k_m\left[HAc\right]_{undiss} \tag{2-44}$$

$$\left[HAc\right]_{undiss} = \frac{\left[HAc\right]_{total}}{1+\dfrac{K_{diss}}{\left[H^+\right]}} \tag{2-45}$$

$$k_m = \frac{D_{HAc}^{0.7}}{v^{0.5}}\frac{U^{0.8}}{d^{0.2}} \tag{2-46}$$

$$\frac{1}{v_{腐蚀}} = \frac{1}{v_r} + \frac{1}{v_{m(H_2CO_3)}+v_{m(HAc)}} \tag{2-47}$$

式中　[HAc]$_{undiss}$——未电离 HAc 的浓度；

K_{diss}——HAc 的电离常数；

[HAc]$_{total}$——HAc 的总浓度；

D_{HAc}——HAc 在水中的扩散系数；

v ——水的运动黏度。

乙二醇影响程度的定量分析：

$$\lg F_{乙二醇} = 1.6 \left[\lg (乙二醇质量分数) - 2 \right] \tag{2-48}$$

[注：公式中的所有单位采用国际单位制（kg、m、s 等）。]

（三）De Waard 和 Lotz 模型

普适化的腐蚀方程：

$$v_{cor} = \frac{1}{\dfrac{1}{cv_{mass}} + \dfrac{1}{v_{react}}} \tag{2-49}$$

$$c = Re^2 + 2.62 \times 10^6 \tag{2-50}$$

$$\lg(v_{react}) = \left[5.8 - \frac{1710}{173+t} + 0.67 \lg\left(f_g p_{CO_2}\right) \right] \times F_{pH} \tag{2-51}$$

$$v_{mass} = 0.023 \frac{D^{0.7} U^{0.8}}{v^{0.5} d^{0.2}} [H_2CO_3] \tag{2-52}$$

$$\lg F_{pH} = 0.31 \left(pH_{sat} - pH_{act} \right) \tag{2-53}$$

$$pH_{sat} = 5.4 - 0.66 \lg\left(f_g p_{CO_2}\right) \tag{2-54}$$

$$\lg v = \frac{1.3272(20-t) - 0.001053(t-20)^2}{(t+105)\rho_f} - 6 \tag{2-55}$$

$$v = 1 \times 10^6 \upsilon \rho_f (0.0625) \rho_W \tag{2-56}$$

$$\upsilon_{corrected} = \frac{v}{1 \times 10^6 \rho_f} \tag{2-57}$$

$$D \cong \frac{T}{\upsilon} \times 10^{-17} \tag{2-58}$$

$$[H_2CO_3] = K_H f_g p_{CO_2} \tag{2-59}$$

式中　v_{mass}——通过边界层的质量传质速率，mm/y；

v_{react}——相边界反应速率，mm/y；

Re——雷诺数；

t——温度，℃；

f_g——逸度系数；

p_{CO_2}——CO_2 的分压，bar；

F_{pH}——pH 校正系数；

D——扩散系数；

T——温度，K；

ν——运动黏度，m²/s；

U——液体流速，m/s；

d——水力直径，m；

V——动力黏度，mPa·s；

[H_2CO_3]——CO_2 水溶液和碳酸的总浓度，mol/L；

pH_{sat}——溶液中 $FeCO_3$ 或 Fe_3O_4 饱和状态下的 pH 值；

pH_{act}——溶液实际的 pH 值；

ρ_f——流体密度；

ρ_w——地层水密度。

（四）DeWaard & Milliams 模型

$$\lg(v_{cor}) = 5.8 - \frac{1710}{t+273} + 0.67\lg(p_{CO_2}) \tag{2-60}$$

式中　　v_{cor}——腐蚀速度，mm/y；

t——温度，℃；

p_{CO_2}——CO_2 的分压，bar。

当系统压力大于 100bar 时，CO_2 的分压将采用逸度系数来代替，从而避免计算出的腐蚀速度偏大。一旦计算出基础腐蚀速度，再采用校正系数进行修正，从而求得更准确的腐蚀速度。

（五）CS 腐蚀预测图

针对碳钢的 CO_2 腐蚀速度预测，De Warrd 和 U.Lotz 给出了简单实用的预测诺模图（图 2-20）。例如，CO_2 分压 0.2bar、温度 120℃，可查得腐蚀速度为 10mm/y。

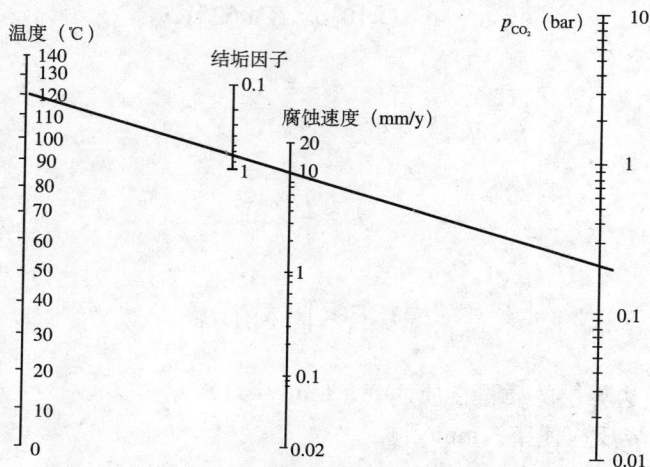

图 2-20　CO_2 腐蚀预测诺模图

二、H₂S 腐蚀预测模型

Wei Sun & Srdjan Nesic 给出的软钢 H₂S 腐蚀预测模型假定钢的表面存在如下反应，即：

$$Fe(s) + H_2S \longrightarrow FeS(s) + H_2$$

在钢表面存在很薄（远小于 1μm）但很致密的 FeS$_{(1-x)}$ 保护膜，它作为一种参与腐蚀反应的硫化物固态扩散层；形成的保护膜存在周期性的生长、破裂和分层现象，从而产生外层 FeS$_{(1-x)}$ 保护膜；经过一定的时间，外层 FeS$_{(1-x)}$ 保护膜的厚度增大，典型值大于 1μm，也作为扩散阻挡层；外层保护膜成层状，孔隙大且相当疏松，经过一段时间，它会脱落，并因流速的影响而加速外层保护膜的脱落。

由于存在内层 FeS$_{(1-x)}$ 保护膜和可能出现的外层保护膜，因此假定钢在 H₂S 环境下的腐蚀速度总是处于一定的受控状态。

H₂S 腐蚀机理见图 2-21。

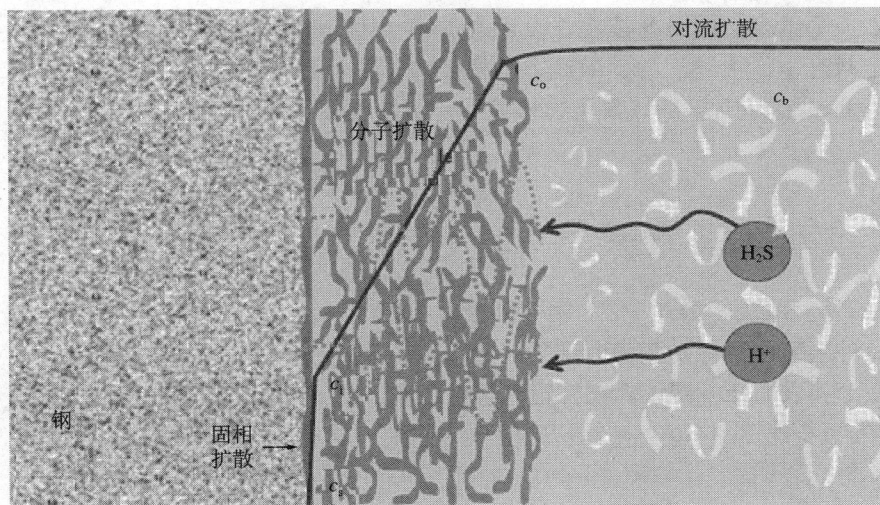

图 2-21　H₂S 腐蚀机理

硫化物的扩散方式基于如下三种方式。

通过质量传质边界层的对流扩散速率：

$$Flux_{H_2S} = k_{m,H_2S} \left(c_{b,H_2S} - c_{o,H_2S} \right) \tag{2-61}$$

对于孔隙型的外层保护膜，分子通过液体的扩散速率：

$$Flux_{H_2S} = \frac{D_{H_2S} \varepsilon \psi}{\delta_{os}} \left(c_{o,H_2S} - c_{i,H_2S} \right) \tag{2-62}$$

通过内层 FeS$_{(1-x)}$ 保护膜的固体颗粒扩散速率：

$$Flux_{H_2S} = A_{H_2S} e^{\frac{B_{H_2S}}{RT_K}} \ln \left(\frac{c_{i,H_2S}}{c_{s,H_2S}} \right) \tag{2-63}$$

式中　　$Flux_{H_2S}$——扩散速率，mol/(m²·s)；

k_{m,H_2S}——在水动力边界层，H_2S 的质量传质系数，对于近似停滞的环境条件，$k_{m,H_2S}=1.00 \times 10^{-4}$ m/s；

c_{b,H_2S}——液相中 H_2S 的体积浓度，mol/m³；

c_{o,H_2S}——在外层保护膜/溶液界面处的 H_2S 界面浓度，mol/m³；

D_{H_2S}——水中溶解 H_2S 的扩散系数，$D_{H_2S}=2.00 \times 10^{-9}$ m²/s；

ε——外层 $FeS_{(1-x)}$ 保护膜的孔隙度；

ψ——外层 $FeS_{(1-x)}$ 保护膜扭曲系数；

c_{i,H_2S}——在内层保护膜/保护膜界面处的 H_2S 界面浓度，mol/m³；

δ_{os}——$FeS_{(1-x)}$ 保护膜厚度，$\delta_{os}=m_{os}/(\rho_{FeS}A)$，m；

m_{os}——$FeS_{(1-x)}$ 保护膜质量，kg；

A——钢的表面积，m²；

A_{H_2S}，B_{H_2S}——Arrhenius 常数，$A_{H_2S}=1.30 \times 10^{-4}$ mol/(m²·s)，$B_{H_2S}=15500$ J/mol；

T_k——温度，K；

c_{s,H_2S}——钢表面的 H_2S 浓度，设定为 1.00×10^{-7} mol/m³。

在稳定状态下，上述三种扩散速率是相等的，且等于腐蚀速度 CR_{H_2S}。消去未知的界面浓度 c_{o,H_2S} 和 c_{i,H_2S}，则求得 H_2S 腐蚀环境下，钢的腐蚀速度计算方程：

$$CR_{H_2S} = A_{H_2S}e^{-\frac{B_{H_2S}}{RT_K}} \ln \frac{c_{b,H_2S} - CR_{H_2S}\left(\frac{\delta_{0.5}}{D_{H_2S}\varepsilon\psi} + \frac{1}{k_{m,H_2S}}\right)}{c_{s,H_2S}} \qquad (2-64)$$

CR_{H_2S} 的计算取决于公式中的一系列常数，部分可从相关手册中查到，也可通过计算或实验求得。外层硫化物保护膜随时间的变化关系，则通过下面的方法求得。

假定在金属表面任一部位，在特定时间内金属表面保护膜的数量取决于如下平衡方程：

保护膜的沉积速度（SRR）= 保护膜的形成速度（SFR）－ 保护膜的消失速度（SDR）

同时，研究表明：

保护膜的形成速度（SFR）= 腐蚀速度（CR）

保护膜的消失速度（SDR）= 机械原因导致的保护膜消失速度（SDR_m）

$$SDR_m = 0.5 (1+Cv^a) CR \qquad (2-65)$$

对于旋转流态，$C \approx 0.55$，$a \approx 0.2$，则

$$SDR_m = 0.5 (1+0.55v^{0.2}) CR \qquad (2-66)$$

外层保护膜的质量可计算如下：

$$\Delta m_{os} = SRR \times M_{FeS}A \Delta t \qquad (2-67)$$

式中　M_{FeS}——FeS 的摩尔质量，kg/mol；

　　　Δt——时间周期，s。

另外，外层 $FeS_{(1-x)}$ 保护膜的孔隙度约为 0.9，扭曲系数则很低，可取 0.003。因此存在如下关系。

（1）在不存在硫化物保护膜的条件下，假定 $\delta_{os}=0$，则可利用计算 CR_{H_2S} 的方程计算出腐蚀速度 CR_{H_2S}。

（2）可利用 $\Delta m_{os}=SRR \times M_{FeS} A \Delta t$，计算在特定时间间隔 Δt 内形成的硫化物保护膜的数量 Δm_{os}。

（3）硫化物保护膜出现后的新腐蚀速度 CR_{H_2S}，可利用同样的方程进行计算、求解。

（4）在新的时间间隔内，重复（2）、（3）步即可。

实际问题则要复杂得多，在 H_2S 气体浓度很低的条件下（$\mu g/g$ 级），FeS 仍然能生成，并控制其腐蚀速度；腐蚀过程主要取决于质子数量的减少。采用前面的方法，可求得通过质量传质边界层的质子对流扩散速率为：

$$Flux_{H^+} = k_{m,H^+} \left(c_{b,H^+} - c_{o,H^+} \right) \tag{2-68}$$

式中　$Flux_{H^+}$——扩散速率，$mol/(m^2 \cdot s)$；

　　　k_{m,H^+}——在水动力边界层，H^+ 的质量传质系数，对于近似停滞的环境条件，$k_{m,H^+}=3.00 \times 10^{-4} m/s$；

　　　c_{b,H^+}——液相中 H^+ 的体积浓度，mol/m^3；

　　　c_{o,H^+}——在外部保护膜/溶液界面处的 H^+ 界面浓度，mol/m^3。

在稳定状态下，它等于通过 FeS 保护膜孔隙的扩散速度：

$$Flux_{H^+} = \frac{D_{H^+} \varepsilon \psi}{\delta_{oc}} \left(c_{o,H^+} - c_{i,H^+} \right) \tag{2-69}$$

式中　D_{H^+}——水中溶解 H^+ 的扩散系数，$D_{H^+}=2.80 \times 10^{-8} m^2/s$；

　　　c_{i,H^+}——在内层保护膜/保护膜界面处的 H^+ 界面浓度，mol/m^3。

它也等于通过薄薄一层 $FeS_{(1-x)}$ 保护膜的固态扩散速率：

$$Flux_{H^+} = A_{H^+} e^{\frac{-B_{H^+}}{RT_K}} \ln \left(\frac{c_{i,H^+}}{c_{s,H^+}} \right) \tag{2-70}$$

它同时等于质子的腐蚀速度 CR_{H^+}。消去未知的界面浓度 c_{o,H^+} 和 c_{i,H^+}，求得 H^+ 腐蚀环境下钢的腐蚀速度，其腐蚀速度受到 FeS 保护膜的制约。其计算方程为：

$$CR_{H^+} = A_{H^+} e^{\frac{B_{H^+}}{RT_K}} \ln \frac{c_{b,H^+} - CR_{H^+} \left(\dfrac{\delta_{0.5}}{D_{H^+} \varepsilon \psi} + \dfrac{1}{k_{m,H^+}} \right)}{c_{s,H^+}} \tag{2-71}$$

式中　A_{H^+}, B_{H^+}——Arrhenius 常数，$A_{H^+}=3.90 \times 10^{-4} mol/(m^2 \cdot s)$，$B_{H^+}=15500 J/mol$；

　　　c_{s,H^+}——钢表面的 H^+ 浓度，设定为 $1.00 \times 10^{-7} mol/m^3$。

H_2S 环境下的总腐蚀速度由 H_2S 和 H^+ 各自引起的腐蚀速度叠加而成，即：

$$CR = CR_{H_2S} + CR_{H^+} \tag{2-72}$$

该方程是 H_2S 腐蚀环境下，软钢腐蚀的基本数学模型。该模型不涉及如下因素的影响：CO_2、有机酸等存在时的腐蚀情况；由于 FeS、$FeCO_3$ 沉积，导致保护膜形态变化等；低 pH 值导致的外层保护膜和内层保护膜的溶解情况；局部腐蚀情况。

三、H_2S+CO_2 腐蚀预测模型

Li Quan'an 等给出了 H_2S 和 CO_2 共存条件下的腐蚀速度预测模型，即：

$$\ln r_{cor} = c - \frac{Ea}{RT} + \ln F_{scale} - 3.06\text{pH} + 0.67\left[1 - \exp\left(\frac{E}{p_{H_2S}}\right)\right]\ln p_{CO_2} + a(\ln p_{H_2S})^2 + b\ln p_{H_2S} + c\ln p_{CO_2}$$

$$(2-73)$$

当 $T > T_{scale}$ 时， $\ln F_{scale} = \alpha\left(\frac{1}{T} - \frac{1}{T_{scale}}\right)$ （2-74）

当 $T \leqslant T_{scale}$ 时，$\ln F_{scale} = 0$ （2-75）

$$T_{scale}\ (\text{K}) = \frac{\alpha}{\beta\ln p_{CO_2} + \gamma\ln p_{H_2S} - \delta}$$ （2-76）

式中　　r_{cor}——腐蚀速度，mm/y；

p_{H_2S}——H_2S 分压，Pa；

p_{CO_2}——CO_2 分压，Pa；

T——系统热力学温度，K；

T_{scale}——保护膜开始形成温度，K；

pH——系统的 pH 值；

Ea——腐蚀反应的活化能，J/mol；

E、α、β、γ、δ——通过实验确定的常数。

在计算模型中，有关溶液的流速、Cl^-、Mg^{2+}、Ca^{2+} 等影响因素对腐蚀速度的影响，通常在确定模型的常数和系数时，加以考虑。

下面以 N80 油管钢为例，计算上述模型中的相关系数，求得 N80 油管钢的 H_2S 和 CO_2 共存条件下的腐蚀速度计算方法如下：

$$\ln r_{cor} = c - \frac{27548}{RT} + \ln F_{scale} - 3.06\text{pH} + 0.67\left[1 - \exp\left(\frac{5728}{p_{H_2S}}\right)\right]\ln p_{CO_2}$$

$$+ 0.5632\left(\ln p_{H_2S}\right)^2 + 10.0907\ln p_{H_2S} + 3.1001\ln p_{CO_2}$$ （2-77）

当 $T > T_{scale}$ 时，$\ln F_{scale} = 16010\left(\frac{1}{T} - \frac{1}{T_{scale}}\right)$ （2-78）

当 $T \leqslant T_{scale}$ 时， $\ln F_{scae} = 0$

$$T_{scale}(\text{K}) = \frac{16010}{0.6p_{CO_2} + 5p_{H_2S} - 12.3}$$ （2-79）

第三章 油气井腐蚀防护

对于油气井来说，当 CO_2 分压超过 30psi 时，就必须考虑 CO_2 的腐蚀问题；当 H_2S 分压超过 0.05psi 时，则须考虑 H_2S 腐蚀的问题。目前，通常采用的 CO_2、H_2S 腐蚀防护技术措施见图 3-1。

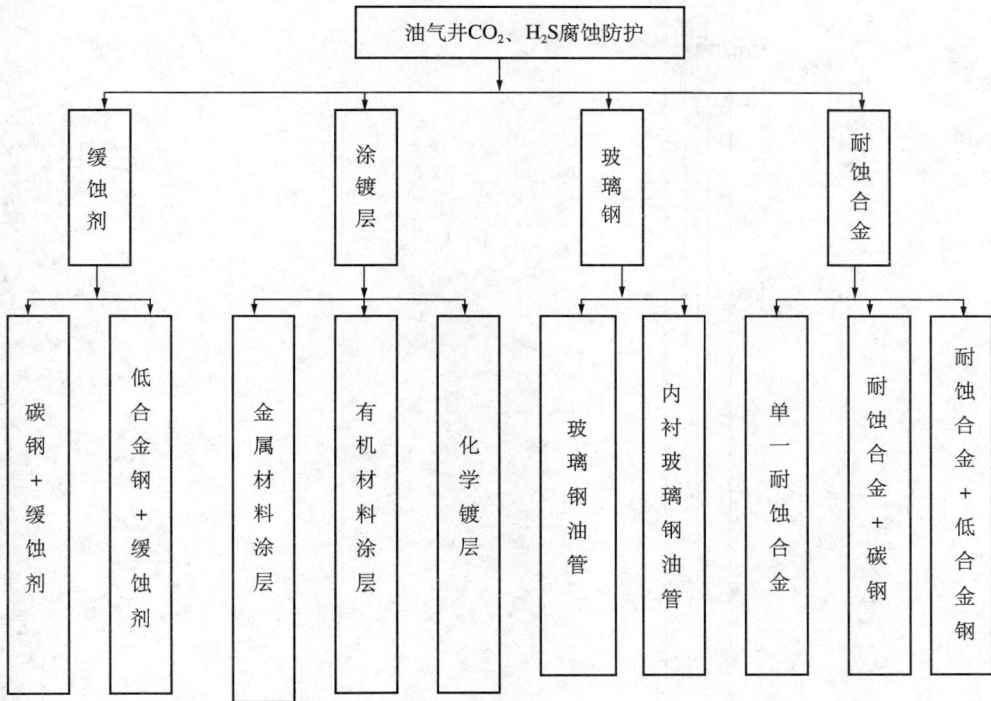

图 3-1 油气井 CO_2、H_2S 腐蚀防护技术措施

第一节 缓蚀剂防护

当在存在腐蚀介质的油气井中使用碳钢管材时，通常都采用向井内注入缓蚀剂的方法来降低油管的腐蚀速度。正常情况下，可采用两种缓蚀剂的加注方法，一种是沿处理管柱连续向下挤注，另一种是采取定期关井沿油管向下加注的间歇注入方式。连续加注方法在实际使用过程中，对于抑制油管、套管的腐蚀速度更有效，且特别适用于深井、高温高压井和生产条件恶劣的生产井。

虽然加注缓蚀剂能有效降低油管的腐蚀速度，但也带来了一些不容忽视的问题。一个主要问题是，在温度下降值未达到一定程度的情况下，缓蚀剂无法凝结在油管的管壁上。Shell 公司在实际使用过程中也曾遇到这样的问题，其选择的是用于高温井的 P105 油管，在使用 6 个月后，因腐蚀而无法再用。另一个问题是缓蚀剂的地面处理问题。

对于井温大于 150℃ 的油气井，一般不推荐使用有机缓蚀剂，但经过特定工作条件下的性能测试后，有机缓蚀剂在某些情况下可用于井温高达 170℃ 的井。另外，采用毛细管加注方式，由于可实现缓蚀剂的定点加注（图 3-2），其缓蚀效果更好。

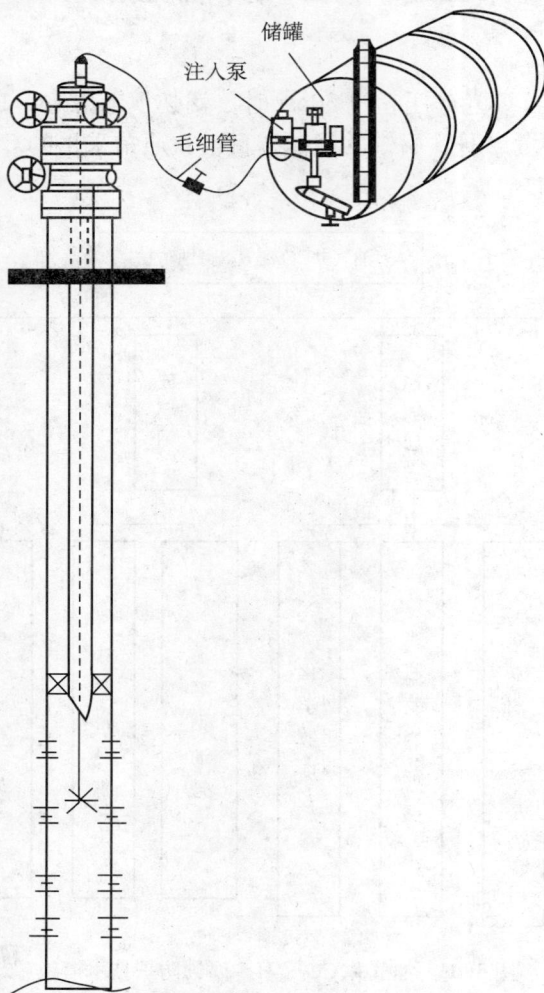

图 3-2　毛细管注入系统

缓蚀剂缓蚀效果的好坏还受到井筒流体流速的影响，图 3-3 给出了井筒流体流速对缓蚀剂缓蚀速度的影响情况。

缓蚀剂的间歇注入方法对于高温井来说效果并不理想，且采用间歇注入方式会遇到如下问题：产水导致井筒结垢的概率增大；增大了井筒对地层的回压，间接降低了井的产能；泡沫，以及由此带来的地面泡沫消泡问题，从而必须增加相应的地面处理设施，加大投资费用；产出液的乳化问题。上述这些问题，对于井深、高温的生产井来说，尤其如此，需引起特别的注意。

生产环境恶劣的生产井不推荐采用此种防腐方法，其原因如下。

（1）对于高温高压井来说，进行长期的防腐跟踪记录非常困难。

（2）缓蚀剂虽然能在修井作业期间延缓油管的腐蚀速度，延长其使用寿命，但对于高温高压井来说，这几乎是不可能实现的。

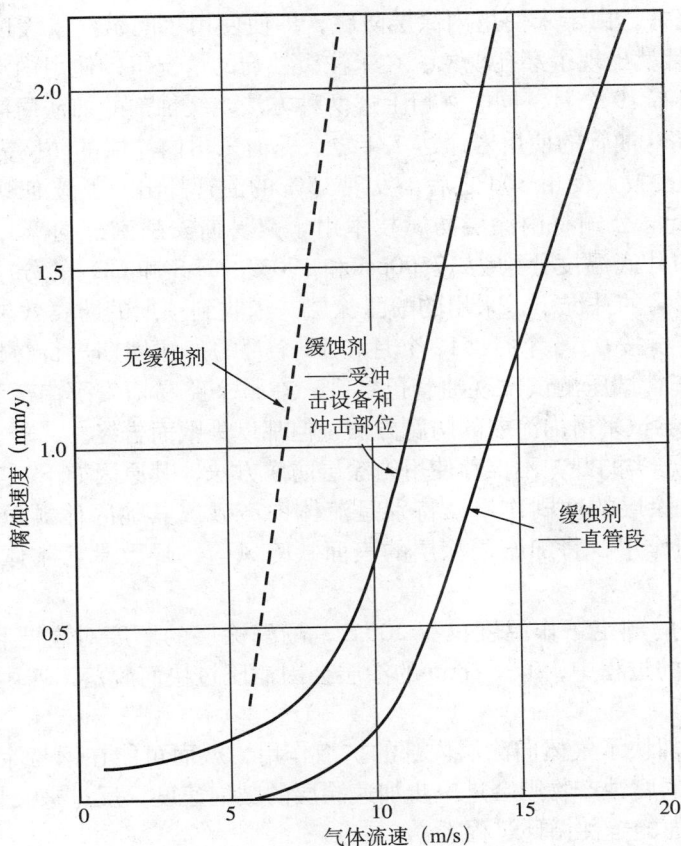

图 3-3　井筒流体流速对缓蚀剂腐蚀速度的影响

（3）在整个油气田的开发过程中，采用缓蚀剂防腐的费用非常高。总费用包括两个部分：一部分是缓蚀剂的成本和操作费用；另一部分来自频繁的修井作业费用。

若在完井时下入了生产封隔器，将加大加药工艺实施的难度，因而实施起来非常困难。但采用生产封隔器后，可在封隔器上部的油套环空加注缓蚀剂，其好处在于：实现封隔器上部套管与井筒产出流体的隔离，保护套管不受产出流体中腐蚀介质（如 H_2S、CO_2、Cl^- 等）的腐蚀，确保气井井筒的完整性；实现油管外壁与井筒产出流体的隔离，确保油管的腐蚀为单面腐蚀，即油管的腐蚀面为油管的内表面，同时通过采用毛细管防腐技术，从油套环空下入毛细管，从油管的底部注入缓蚀剂，可大大降低油管的腐蚀速度。

对于采用缓蚀剂的情况，其防腐蚀效果会受到井筒流体流速的影响。一般认为，当流体的流速超过 10m/s 时，缓蚀剂就不能起到缓蚀的效果。

第二节　涂镀层防护

一、有机材料涂层

内涂层防腐技术虽在现场得到广泛的应用，但对于环境恶劣的井况，使用寿命都不长。Phillips Ekofish 的井含少量的 H_2S，CO_2 的分压为 90psi，氯化物含量 30000 μg/g，采用

N80 钢级的油管完井。由于未使用内涂层防腐，即使使用了间歇注入缓蚀剂的方法，油管也只使用了 19 个月就出现了穿孔现象。在未注缓蚀剂的情况下，使用内涂层防腐方法，油管的使用寿命也仅有 19 个月。同时采用上述两种方法，缓蚀剂的加注周期为每月一次，结果采用内涂层的 N80 油管的使用寿命达 7 年之久。但采用内涂层的防腐方法并非总是能起到预期的防腐效果，投入使用 30d 之后，发现 15% 的油管都出现了鼓泡现象。

Mitchell Energy 公司将内涂层防腐技术用于路易斯安那南部的深井高压气井。气井的关井井底压力和井底温度分别为 17500psi 和 190℃，H_2S 和 CO_2 的分压分别为 3.5psi 和 1000psi。在这种恶劣的井况下，采用的酚醛涂层并未收到预期的防腐效果。对采用内涂层防腐技术的碳钢，再按 0、6 个月、12 个月和 18 个月的加注周期进行缓蚀剂的间歇加注，18 个月后，进行套管试压测试发现油管已穿孔。在整个路易斯安那南部和得克萨斯东部，对高温高压井一直尝试采用内涂层的防腐方法，但都以失败而告终。

对于完井条件恶劣的井，不推荐使用内涂层防腐方法，其原因如下。

（1）流体对内涂层的冲刷作用，特别是流体中产砂或其他固体颗粒时，流体中砂砾和固体颗粒的冲刷作用，将加剧内涂层的表面缺陷风险，导致基管本体出现严重的点蚀现象。

（2）酚醛涂层的额定工作温度仅有 200℃，酚醛涂层的厚度对高温和压力非常敏感。特别是在快速泄压的过程中，0 ~ 2mm 的涂层会因泄压过快而脱落，产生很大的涂层表面缺陷风险。

（3）高压环境加快了气体向涂层内部的扩散作用，从而可能在钢与涂层的接触界面出现腐蚀现象，形成的腐蚀产物则会进一步加速涂层的鼓泡速度，反过来又加速腐蚀的进程，导致有利于腐蚀加速的恶性循环过程。

（4）由于很难对内涂层的损坏情况进行跟踪调查和分析，从而失去了采取技术补救措施的最佳时期，导致其腐蚀情况无法得到有效的控制。

（5）对内涂层油管来说，进行钢丝作业和进行油管内径检查的过程中出现的撞击、刮擦现象，均会造成内涂层的机械性损伤，影响其防腐性能。

（6）由于内涂层对增产处理液和洗井液非常敏感，而完井过程中的增产技术措施又是改善油气井产能的最常用技术措施，因此在一定程度上，缩小了内涂层防腐蚀技术措施的应用范围。

（7）内涂层与基管的受热变化差异，会导致内涂层和基管表面之间的紧密程度下降，影响其防腐效果。

（8）最后，内涂层油管的连接也是限制其应用的重要原因之一。

二、金属材料涂层

通过对金属涂层的选择，使得在腐蚀环境中金属涂层的腐蚀电位低于基管的腐蚀电位，这样金属涂层则作为腐蚀电池的阳极，而基管则作为腐蚀电池的阴极，从而实现对基管的腐蚀保护。

表 3-1 为部分金属的标准电极电位，作为腐蚀电池的阳极金属材料通常可根据表 3-1 进行选择。从表 3-1 可知，位于铁下方的金属，其标准电极电位与铁的标准电极电位之差皆为负值，因此都可作为阳极金属材料的备选金属。同理可知，位于铁上方的金属，在与铁形成的腐蚀电池中，铁会成为腐蚀电池的阳极，从而不可避免地在腐蚀过程中出现失重现象。

表 3-1　部分金属的标准电极电位

阴极反应	标准电位 $E^9(V)$ [①]	与 Fe 的电极电位之差（V）
$Ni^{2+}+2e \longrightarrow Ni$	−0.250	+0.197
$Co^{2+}+2e \longrightarrow Co$	−0.277	+0.170
$Fe^{2+}+2e \longrightarrow Fe$	−0.447	—
$Cr^{3+}+3e \longrightarrow Cr$	−0.744	−0.297
$Zn^{2+}+2e \longrightarrow Zn$	−0.762	−0.315
$2H_2O+2e \longrightarrow H_2+2OH^-$	−0.828　（pH = 14）	−0.381
$Al^{3+}+3e \longrightarrow Al$	−1.662	−1.215
$Mg^{2+}+2e \longrightarrow Mg$	−2.372	−1.925
$Na^++e \longrightarrow Na$	−2.71	−2.263
$K^++e \longrightarrow K$	−2.931（最活泼）	−2.484

注：标准状态指溶液中含该种金属的离子活度为 1，温度为 25℃，压力为 101325Pa。
① 根据标准氢电极测定。

三、化学镀层

1．镍磷合金镀管

选择镍磷合金作为油管镀层的主要原因是非晶态镍磷（Ni-P）合金镀层具有优异的防盐水、H_2S 和 CO_2 腐蚀的能力。1994 年以来，胜利油田镍磷镀油管的年使用量逐步增加。截至 2005 年底，起出的镍磷镀油管总数还不多，但从起出管的情况来看，管柱本体腐蚀均较轻。如 1997 年 8 月河口采油厂对 1995 年 3 月渤南义 4-6-11 井下入的镍磷镀油管进行了检查，发现该井管柱完好，基本无腐蚀。此外，采用了镍磷镀层的井下工具的防腐性能也大幅度提高。如胜利采油厂胜一区块对工具采用了镍磷镀防腐处理后，3 ～ 4 年工具本体腐蚀均不严重。

下面是针对 J55 油管的未镀镍磷试片和镀镍磷试片的静态高压釜试验测试结果（表 3-2）。

表 3-2　静态高压釜腐蚀速度计算结果

试片材质	原质量（g）	现质量（g）	质量变化量（g）	试片面积（mm²）	腐蚀速度（mm/y）
裸样	5.4348	5.3668	0.0680	200.00	5.3034
镀镍磷	5.6271	5.6168	0.0103	347.47	0.4624

注：测试条件为 2MPa CO_2，60℃。

从表 3-2 中可以看出，裸样腐蚀速率为 5.30mm/y，而镀镍磷试样为 0.46mm/y，其腐蚀速度仅为裸样的 1/10，这说明镀镍磷试样的耐蚀性能明显好于未镀镍磷镀层的试样。

2．双层镀管

双层镀管是利用两种镀层的电位差异，实现对基管的腐蚀保护。由于不同磷含量的 Ni-P 镀层在腐蚀环境中具有不同的腐蚀电位，这样高磷 Ni-P 镀层底层为阴极，低磷 Ni-P 镀层外层为阳极，双层镀层本身构成一对腐蚀电池（电位差大于 125mV），从而实现了对基管的腐蚀保护。

对于采取金属材料保护基管的防腐技术措施，通常采用两种不同的保护方式，一是阴极保护，二是阳极保护。但在实际工作中，最常用的保护措施则是阴极保护。阴极保护与阳极保护作为两种不同的防腐技术措施，其应用环境、投入成本等是不同的。阴极保护与阳极保护对比情况见表 3-3。

表 3-3   阴极保护与阳极保护对比

项　　目		阳极保护	阴极保护
特点		在一定的条件下，通过钝化处理使阳极的电极电位进入并维持在钝化区域，从而降低金属表面腐蚀速度的技术。通过施加外加电位可避免金属受到腐蚀攻击	（1）通过施加外部电动势，使电极的腐蚀电位向更小的氧化电位方向移动，降低腐蚀速度 （2）要么施加电偶电流，要么施加外部电流，通过使之成为阴极的方法，部分或完全避免金属的腐蚀
应用环境	金属	仅用于活化－钝化金属	所有金属
	腐蚀	弱—强	弱—中
相对成本	安装	高	低
	操作	很低	中—高
人力成本		很高	低
应用情况		常可直接测量被保护金属的腐蚀速度	复杂，不能直接反映被保护金属的腐蚀速度
操作条件		可通过采用电化学测量方法，精确、快速地确定被保护金属的腐蚀速度	通常，必须利用经验测试方法来确定被保护金属的腐蚀速度

阴极保护和阳极保护技术措施，由于其工作原理不同，因而在金属保护层出现问题时，被保护基管的点蚀现象也是不一样的。钢表面的金属保护层缺陷导致的点蚀形状见图 3-4。

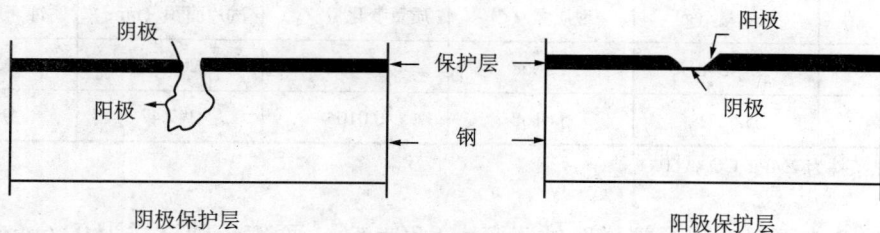

图 3-4   钢表面的金属保护层缺陷导致的点蚀形状

第三节　玻璃钢防护

一、玻璃钢油管

BP Amoco 曾经在美国大约 3000 口井采用了玻璃钢油管。因为其独特的防腐性能，玻璃钢作为一种石油管材，越来越受到人们的重视。玻璃钢油管通常作为线管使用，原因在于管线的内压力低于 1000psi。

在高压条件下，玻璃钢油管容易弯曲变形，从而导致油管的下入深度小于设计深度。对于气井来说，玻璃钢油管的下入深度小于设计深度，将造成油管鞋至产层的距离过大，不利于气井的连续携液，同时随着气井生产时间的延长，气井的井底压力下降，将使气井过早出现井筒积液，恶化气井的生产条件。另外，玻璃钢的弯曲变形，使玻璃钢油管无法达到其设计使用寿命。由于玻璃钢油管的弯曲程度与井温成正比例关系，因此对于高温井来说，这种情况更容易发生。Saudi Aramco 试图将玻璃钢管作为浅层套管或尾管来使用，但因 H_2S 对树脂的腐蚀问题，导致其使用环境受到了相应的限制。

玻璃钢管的使用在一定程度上也受到了恶劣环境的制约，致使其应用环境受到限制，即：玻璃钢管主要用于腐蚀情况轻微、温度低于 120℃、压力低于 5000psi 的井；连接问题、与其他材料的兼容性问题和防扭曲变形的问题，也是制约其使用的重要原因之一。

二、内衬玻璃钢油管

内衬玻璃钢油管是指在普通油管内安装玻璃钢内衬管，通过安装的玻璃钢内衬管实现油管内壁与井筒流体的相互隔离，从而避免井筒流体对油管内壁的腐蚀，延长油管的使用寿命。玻璃钢内衬管的抗内压能力取决于自身的环向强度和与油管内壁的接触程度。

图 3-5 是英国 MAXTUBE 公司内衬玻璃钢油管接头示意图，图 3-6 为 MAXTUBE 公

图 3-5　MAXTUBE 公司内衬玻璃钢油管接头示意图

司内衬玻璃钢油管结构示意图。玻璃强化防腐蚀隔离环（PTFE 环）用于特殊螺纹连接。DUOLINE 技术提供用于 API 螺纹连接的橡胶环。

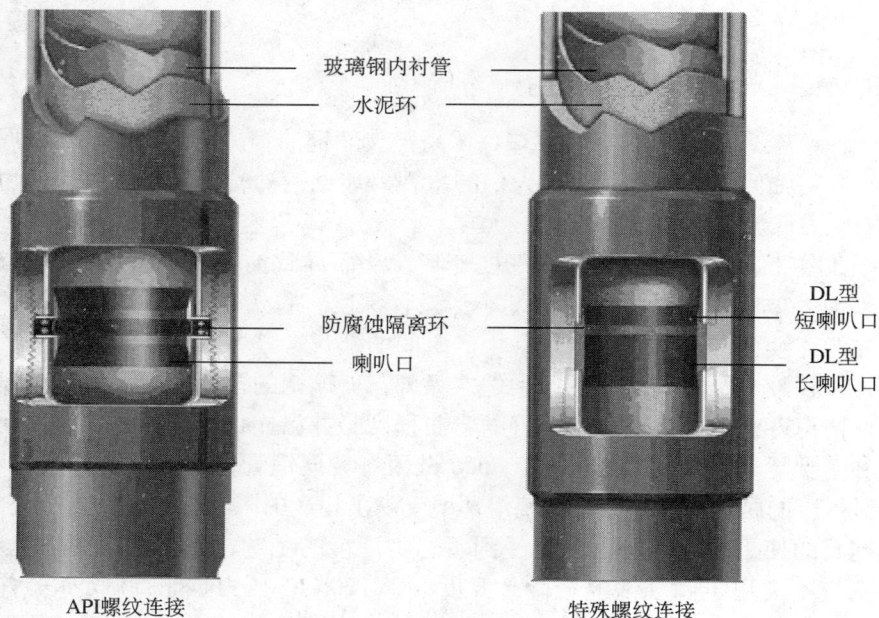

图 3-6　MAXTUBE 公司内衬玻璃钢油管结构示意图

英国 MAXTUBE 公司内衬玻璃钢油管 DUOLINE20，在注水井和气井中使用时，其工作温度可达 121℃，且 DUOLINE20 还成功应用于温度高达 144℃的气井中。

第四节　耐蚀合金防护

一、单一耐蚀合金

使用最多的耐蚀合金钢是 AISI410，即通常所说的 13Cr 合金钢。其他类型的耐蚀合金钢有 22Cr 和 25Cr 双相不锈钢，以合金 28 为代表的超级奥氏体合金钢，以合金 825、2550 和 C-276 为代表的镍基合金钢。对于合金材料的选择可根据油气井的实际情况，以及设计使用年限和经济性进行全面的分析对比，选择合适材质的耐蚀合金油管、套管。

耐蚀合金的选择，确定其是否合理的标准是：只存在轻微的全面腐蚀；不会出现局部腐蚀，特别是点蚀；无开裂现象。

综上所述，若能根据油气井的实际情况设计、选择合适的耐蚀合金，则在井况恶劣的油气井采用耐蚀合金进行防腐是一种不错的选择。其原因如下。

（1）可避免腐蚀的发生，其腐蚀类型涉及全面腐蚀、局部腐蚀和腐蚀开裂。

（2）可减少因腐蚀破坏产生的修井工作量，减少修井作业费用，延长油气井的有效生产时间。

（3）采用碳钢/低合金钢+缓蚀剂的防腐方法，缓蚀剂的缓蚀效果不仅受到加注方式、地面处理条件的制约，而且还受到油气井生产条件（如产出流体流速、完井方式等）的限制，很难达到设计的防腐效果。采用耐蚀合金钢油管、套管则不存在这些问题，从而取消了这部分投资费用。这些费用包括：缓蚀剂费用、缓蚀剂加注设备费用及维护费用、投入的人工费用。

表 3-4 给出了 CO_2、H_2S 腐蚀环境下所使用的耐蚀合金的应用环境条件推荐情况。

表 3-4　耐蚀合金的应用环境条件推荐

应用环境	耐蚀合金
$H_2O+Cl^-+CO_2$ 腐蚀环境	13Cr、S13Cr、15Cr、22Cr、25Cr
$H_2O+Cl^-+CO_2+H_2S$ 腐蚀环境	合金 28、合金 825、合金 G-3、合金 050、合金 925、合金 718、合金 725、合金 625、合金 C-276

二、耐蚀合金 + 碳钢 / 低合金钢

总的来说，任何镀层或衬里的管子都可以作为井下生产油管。但不管怎样，在实际应用过程中都会受到一定的限制，这涉及如何根据衬底所用钢材的性能选择合适的耐蚀合金。另一个关键的问题是油管的连接必须采用螺纹连接，并且连接处要保证具有良好的密封性能，不能有漏失的现象发生。油管的机械连接方式必须是标准设计，同时又能兼容镀层或衬里，使之不会因连接而受到机械损伤。

耐蚀合金 + 碳钢 / 低合金钢的双金属复合油管，采用普通的碳钢 / 低合金钢油管作为基管，同时将选定的耐蚀合金作为内防腐层，然后采用机械方法或冶金方法制作双金属复合油管，并按制作方法的不同，分别称为冶金复合管和机械复合管。如将选定的碳钢 / 低合金钢作为基管，将选定的耐蚀合金薄壁管插入基管内腔，然后利用爆燃撑胀工艺，使耐蚀合金薄壁管紧紧贴于基管内壁，利用紧贴于基管内壁的耐蚀合金，将井筒流体与基管隔离开来，实现防止基管腐蚀的目的（图 3-7）。

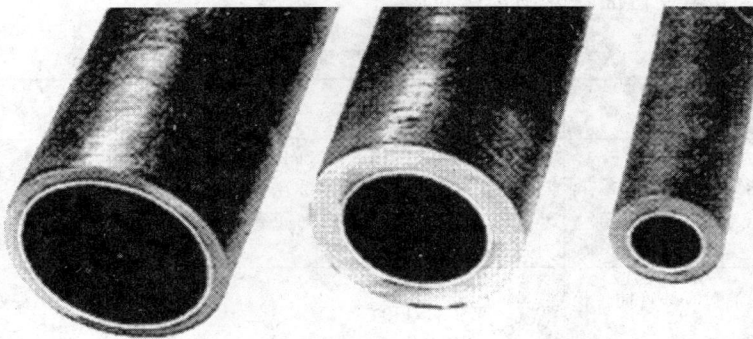

图 3-7　采用爆燃撑胀工艺制作的双金属复合油管

基管的作用是提供油管柱所必需的强度，耐蚀合金薄壁管的作用则是防止油管柱内壁与井筒流体接触，从而起到防止油管柱内壁腐蚀的作用。

耐蚀合金层的厚度在 2～3mm 之间，常用的耐蚀合金材料包括：合金 405、合金 410、合金 304L、合金 316L、22Cr 和 25Cr 双相不锈钢、合金 904L、合金 28、合金 825、合金 625、合金 C-22、合金 C-276、合金 686、合金 400、90/10Cu Ni 和 70/30Cu Ni。

机械复合管（tight fit pipe 和 tight fit tube）和冶金复合管（clad pipe）的防腐蚀性能

对比情况见图 3—8。

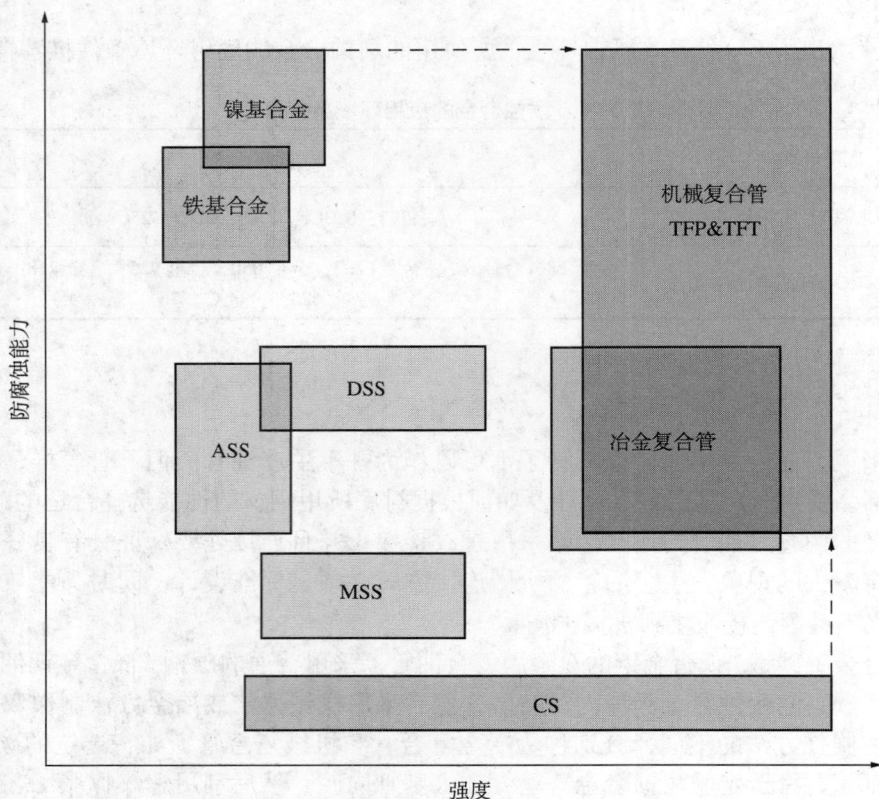

图 3—8　机械复合管和冶金复合管的防腐性能对比

耐蚀合金双金属复合油管应用情况见表 3—5。

表 3—5　耐蚀合金双金属复合油管应用情况

复合油管内型	应用环境	备注
13Cr（1.9mm）+L80（5mm）的 $2^7/_8$in 油管，3 个接头，位于油管柱的顶部	有杆泵抽油井，产油量 50bbl/d，产水量 250bbl/d，1.4%H_2S，2.2%CO_2，43℃，35psi，缓蚀剂加注方式为间歇加注方式	20 个月后检查，靠近外螺纹处出现严重点蚀现象，点蚀深度 3mm。前期使用的 J55 油管，使用期限为 3 个月
$3^1/_2$in 合金 625 内覆油管完井管柱，长度 3400m	酸气　9%H_2S，130℃	2 年后检查，接头处无腐蚀，一切正常。更换的油管仍可使用
22Cr 内覆油管完井管柱	油井，产油量 20m³/d，产水量 160m³/d。30mL/m³ H_2S，1.2%CO_2，83g/L NaCl，43℃，自喷油压 5.5bar，井底压力 90bar	2 年后，该油田废弃。起出油管并进行检查

第五节　防腐技术对比

上面介绍了四种不同的防腐方法，但是在实际应用过程中，由于受到油气井井下环境因素（如井筒产出流体组分、井筒温度变化情况、井筒压力变化情况等）的影响，因此必须有针对性地选择合适的腐蚀防护技术，最大限度地延长油管、套管和完井工具的使用寿命，确保油气井井筒的完整性。

下面是对采用 CRA 和 CS+ 缓蚀剂的成本费用进行的对比分析。

对存在严重腐蚀、深 3962.3m 的井，采用碳钢 + 缓蚀剂与 CRA 之间的经济性比较。

该井采用的油管材质分别是：CRA（$3\frac{1}{2}$in9.2# SM 2535−110）、碳钢（$4\frac{1}{2}$in12.6# L−80）。

碳钢 + 缓蚀剂与 CRA 的经济性比较见图 3−9。

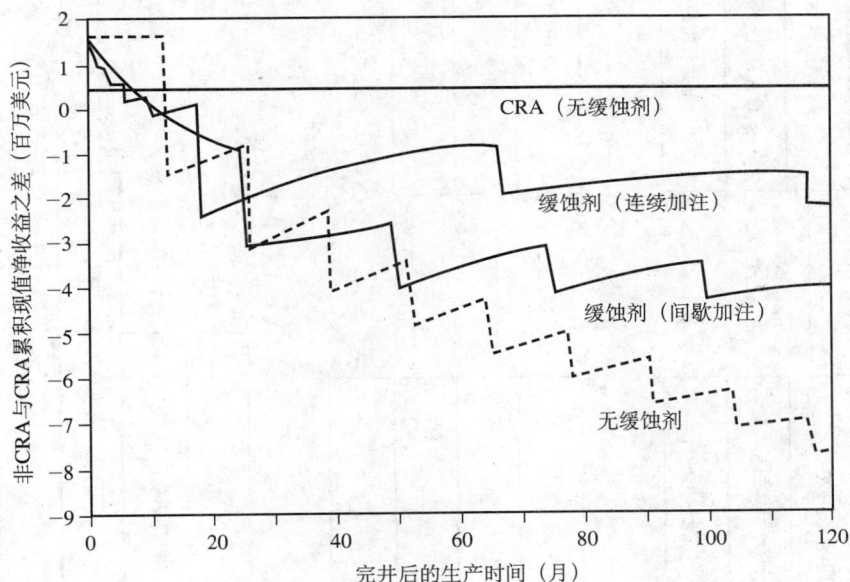

图 3−9　碳钢 + 缓蚀剂与 CRA 的经济性比较

从图 3−9 中可以看出，投产两年后，说明采用 CRA 油管是最好的选择。

图 3−10 给出缓蚀剂、塑料防护层和耐蚀合金三种防腐方法的对比分析。

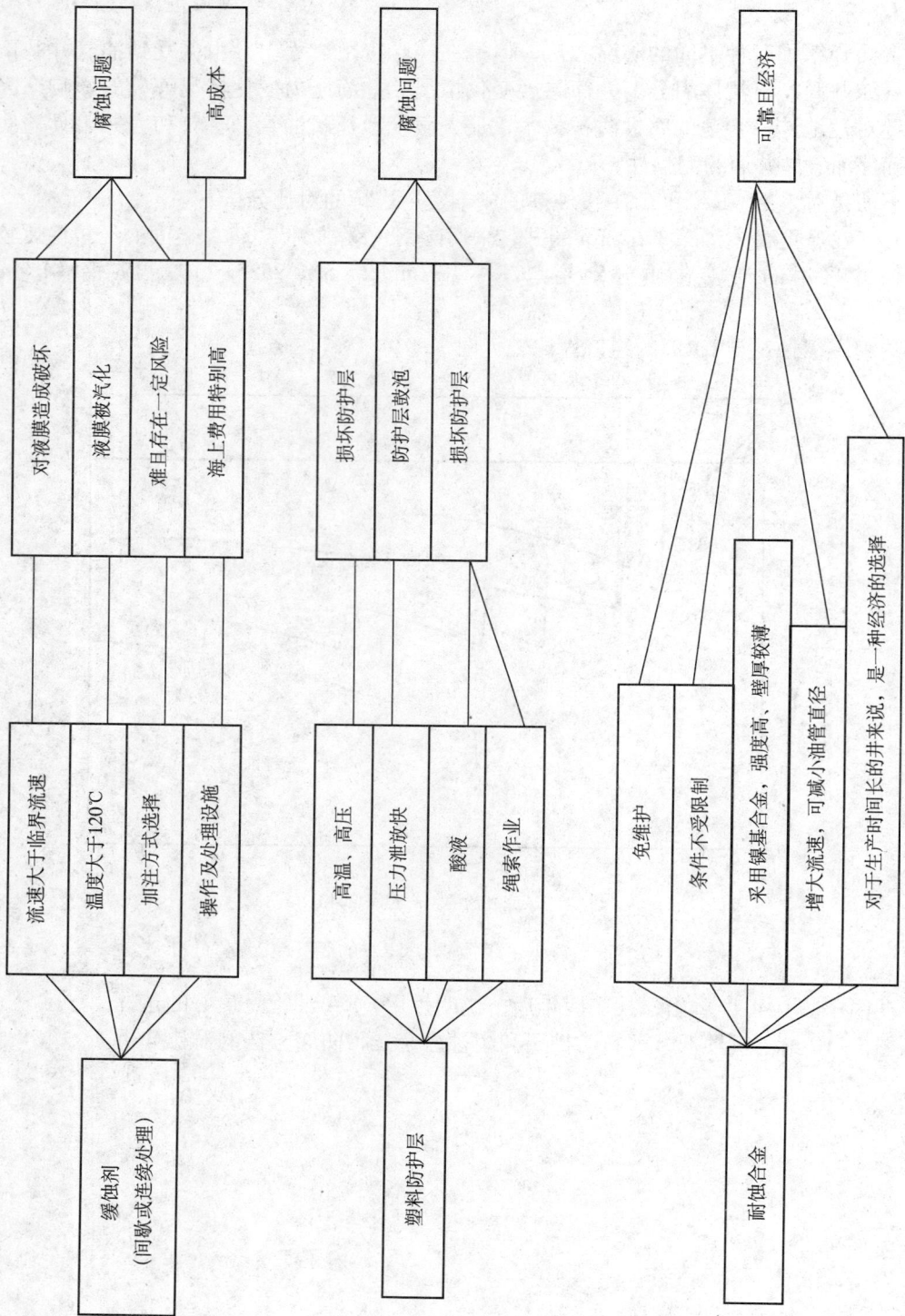

图 3—10　缓蚀剂、塑料防护层和耐蚀合金三种防腐方法的对比分析

第四章 耐蚀合金性能影响因素

井筒产出流体的多样性，使油管、套管的使用环境异常恶劣，选择油管、套管时除了应考虑井筒腐蚀介质对 CO_2、H_2S 腐蚀速度的影响外，油管、套管本身的化学组分也是一个重要的考量因素，其不同的化学组分对降低 CO_2、H_2S 的腐蚀速度具有重要的作用。通过加入不同的合金添加元素，可改善油管、套管的耐腐蚀能力，如增加油管、套管材质中的 Cr 含量，可改善油管、套管防 CO_2 腐蚀的能力，Cr 含量越高，其耐 CO_2 腐蚀的能力越强；增加油管、套管材质中的 Ni 含量，不仅可改善油管、套管防应力腐蚀开裂的能力，而且还能改善其防点蚀的能力。

耐蚀合金中各种合金添加元素的名称及其功能如下。

铬（Cr）

最基本的合金元素，它能强化合金的惰性。Cr 含量越高，则防腐蚀能力越强，特别是在存在 CO_2 腐蚀的场合尤其如此。在高温环境中，Cr 也能提高合金的强度。铬是改善合金防点蚀能力的重要添加元素之一。

碳（C）

降低含碳量（低于 0.03%），可减少铬碳化物的出现，增强其防晶间腐蚀的能力；高含碳量（0.04% ~ 0.10%）则可提高合金的蠕变阻力，提高合金在高温下的力学性能。但应注意的是，随着 C 含量的增加，合金的腐蚀速度会增大，耐蚀能力下降。

镍（Ni）

奥氏体合金的基本元素。其最重要的特性是使合金具有良好的延展性，即使在低温环境下也是如此。当 Ni 含量超过 20% 时，可获得很好的防应力腐蚀开裂的能力。特别是在存在 H_2S 腐蚀的环境中，增加 Ni 的含量，可改善合金防硫化物应力开裂和氢脆的能力。Ni 也是一种奥氏体稳定剂。

钼（Mo）

加入 Mo 可强化金属的惰性和防点蚀和缝隙腐蚀的能力。它是用于海水腐蚀环境下的合金所必需的合金添加元素。Mo 可提高合金的高温强度，使合金易于硬化，且在热处理期间，能维持其硬度不变。

钛（Ti）

Ti 的加入可降低铬碳化物的析出，降低对晶间腐蚀的敏感性。因此，可不必降低合金中的 C 含量，加入 Ti 也可改善合金的力学性能。加入 Ti 的奥氏体合金在焊接时无需进行热处理，并且可用于建筑行业或高温环境。同时加入 Al、Ti，在改善合金耐热性能的同时，会产生沉淀物。

铌（Nb）

其作用与 Ti 类似。

铜（Cu）

可改善合金在特定酸性环境下的防腐性能。

锰（Mn）

可避免硫的出现，同时也能提高合金的硬度。

氮（N）

N 的加入一方面可改善合金的力学性能，另一方面又能改善其防局部腐蚀的能力，特别是含 Mo 合金。但 N 含量增加，将削弱高 Cr 马氏体不锈钢防全面腐蚀的能力。

硅（Si）

Si 的加入，可改善合金防氧化和防高温氧化性气体腐蚀的能力。

铝（Al）

通过加入 Al 可改善合金耐硫化的高温性能。若同时加入 Ti，则在提高合金蠕变阻力的同时，还能产生硬化相。

钨（W）

可改善防局部腐蚀的能力。

硫（S）

添加 S 元素后，合金对点蚀更敏感，且更脆。它的唯一优点是可强化合金的力学性能，这种合金既可能是碳钢，也可能是奥氏体合金。

第一节　合金添加元素在特定合金中的作用

一、不锈钢

不锈钢是 Cr 含量至少为 12% 的铁基合金。一般情况下，Cr 含量越高（大约可高达 30%），防腐性能越强。不锈钢的防腐性能不仅与其组分有关，而且还和热处理、表面条件、加工工艺有关，上述因素都可能改变不锈钢表面的热力学活性，进而严重影响其防腐性能。无需通过化学处理来强化不锈钢的钝态特性，只要有氧气存在，便会自发形成钝态膜。通常不锈钢在钝化过程中，可通过浸酸去除表面污渍，促使新的钝态膜在空气中迅速形成。

影响不锈钢防腐性能的主要合金元素及作用如下。

铬（Cr）

Cr 是形成钝态膜或形成高温、耐腐蚀氧化铬的关键合金添加元素之一。在钝态膜形成或稳定的过程中，其他元素会对 Cr 的有效性能产生一定的影响，但是除了 Cr 以外，其他任何元素都不具有使不锈钢不生锈的作用。在 Cr 含量约为 10.5% 时，可观察到钝态膜，不过却只能在大气环境中起到有限的防腐蚀作用。随着 Cr 含量的不断增加，合金的防腐性能也随之不断增强。Cr 含量达到 25% ~ 30% 时，保护膜的钝化性非常高，耐高温氧化能力也最强。

镍（Ni）

Ni 含量达到一定程度，可稳定铁的奥氏体结构，进而形成奥氏体不锈钢。Ni 的添加也能增强合金的防腐性能，原因在于 Ni 能有效促进钝态膜的再钝化，在还原条件下尤其如此。Ni 尤其有助于提高不锈钢防无机酸腐蚀的能力。当 Ni 含量增加到 8% ~ 10% 时（确保 Cr 含量约为 18% 的不锈钢具有奥氏体结构所需的 Ni 含量），防应力腐蚀开裂的能力有所下降。不过，当 Ni 含量超过 8% ~ 10% 这一区间范围时，防应力腐蚀开裂的能力会随着 Ni 含量的增加而增强。

锰（Mn）

奥氏体稳定剂，在 Ni 含量低于规定的含镍量时加入一定量的 Mn，在固溶处理的过程中，所起的作用和 Ni 相仿。众所周知，Mn 和 S 发生反应会生成硫化物。这些硫化物的形态和组分会严重影响不锈钢的防腐蚀性能，尤其是防点蚀能力。

钼（Mo）

适量的 Mo 和 Cr 混合，能在存在氯化物的环境中有效地稳定钝化膜。Mo 尤其有助于提高不锈钢的防点蚀和缝隙腐蚀的能力。

碳（C）

对不锈钢的防腐性能，C 似乎没有起到什么实质性的作用。不过，在促进碳化物形成的过程中，C 具有重要的作用，它能引起可能导致不锈钢防腐性能下降的基质或晶界组分发生改变。

氮（N）

N 有利于奥氏体不锈钢的形成，它能增强不锈钢的防点蚀能力，延缓 σ 相的形成，同时有助于降低双相不锈钢中 Cr 和 Mo 的离析作用。

不锈钢的发展过程示意图见图 4-1，不锈钢家族构成情况见图 4-2。

铁素体不锈钢、马氏体不锈钢、奥氏体不锈钢、双相不锈钢和沉淀硬化不锈钢的部分性能对比见表 4-1。

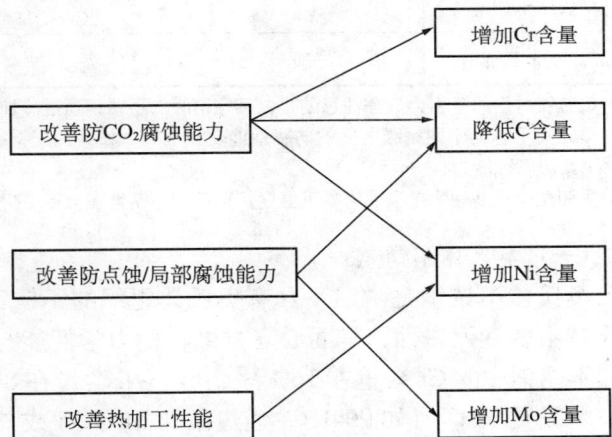

图 4-1　不锈钢的发展过程示意图

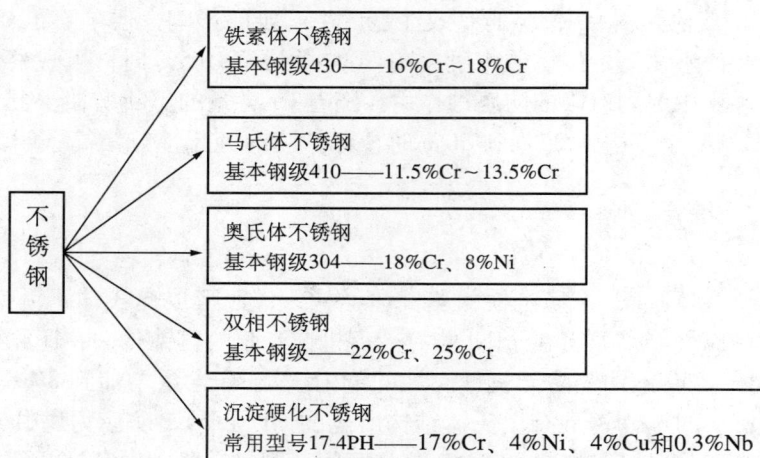

```
                    ┌─────────────────────────────────────────────┐
                    │ 铁素体不锈钢                                  │
                    │ 基本钢级430——16%Cr~18%Cr                      │
                    └─────────────────────────────────────────────┘
                    ┌─────────────────────────────────────────────┐
                    │ 马氏体不锈钢                                  │
                    │ 基本钢级410——11.5%Cr~13.5%Cr                  │
        ┌───┐       └─────────────────────────────────────────────┘
        │不 │       ┌─────────────────────────────────────────────┐
        │锈 │──────▶│ 奥氏体不锈钢                                  │
        │钢 │       │ 基本钢级304——18%Cr、8%Ni                      │
        └───┘       └─────────────────────────────────────────────┘
                    ┌─────────────────────────────────────────────┐
                    │ 双相不锈钢                                    │
                    │ 基本钢级——22%Cr、25%Cr                        │
                    └─────────────────────────────────────────────┘
                    ┌─────────────────────────────────────────────┐
                    │ 沉淀硬化不锈钢                                │
                    │ 常用型号17-4PH——17%Cr、4%Ni、4%Cu和0.3%Nb      │
                    └─────────────────────────────────────────────┘
```

图 4-2　不锈钢家族构成情况

表 4-1　不锈钢部分性能对比

类别	磁性[1]	加工硬化率	防腐性能[2]	硬化
奥氏体不锈钢	无（通常情况）	很高	高	冷加工
双相不锈钢	有	一般	很高	无
铁素体不锈钢	有	一般	一般	无
马氏体不锈钢	有	一般	一般	淬火和回火
沉淀硬化不锈钢	有	一般	一般	时效硬化
类别	延展性	耐高温性能	耐低温性能[3]	焊接性能
奥氏体不锈钢	很好	很好	很好	很好
双相不锈钢	一般	差	一般	好
铁素体不锈钢	一般	好	差	差
马氏体不锈钢	差	差	差	差
沉淀硬化不锈钢	一般	差	差	好

①磁铁对钢的吸引力。需注意的是，某些钢级的不锈钢通过冷加工，可使其能被磁铁吸引。

②同类不锈钢不同钢级之间的防腐性能变化很大。如易加工钢级的防腐蚀能力差，但通过提高 Mo 含量，可改善其防腐蚀能力。

③韧性或延展性测量温度为零下温度，奥氏体不锈钢在低温下仍保持了很好的延展性。

（一）奥氏体不锈钢

奥氏体不锈钢是常温下具有奥氏体组织的不锈钢，是所有不锈钢中应用范围最广的。奥氏体不锈钢无磁性，呈面心立方结构，力学性能与低碳钢类似，但其成型性能更好。奥氏体不锈钢中的 Cr 含量在 16% ~ 30%，Ni 含量在 8% ~ 10%，通过增加 Ni 的含量，可形成"超级奥氏体"（如 904L）。通过添加 Mo、Ti 或其他合金元素可进一步改善或提高奥氏体不锈钢的防腐性能，使之可应用于温度更高的腐蚀环境。奥氏体不锈钢也适用于低温环境，其原因在于 Ni 的加入可防止低温脆化现象的发生，其他类型的不锈钢则存在低温脆化现象。奥氏体不锈钢的防腐蚀能力优于铁素体不锈钢和马氏体不锈钢。

（二）铁素体不锈钢

铁素体不锈钢具有磁性，原子结构为体心立方结构，因而其力学性能与碳钢类似，但延展性较差。随着 Cr 含量的增加，铁素体不锈钢的防腐蚀能力也相应提高。

铁素体不锈钢的 Cr 含量在 11% ~ 30%，如 430 和 409。铁素体不锈钢一般不含 Ni，含 C 量极低，并且不能采用热处理方式来提高其硬度。

与马氏体不锈钢相比，铁素体不锈钢具有耐蚀性好，可加工性、冷成型性和焊接性等性能优良的特点。

与奥氏体不锈钢相比，铁素体不锈钢具有优良的耐点蚀、缝隙腐蚀、应力腐蚀开裂等局部腐蚀的性能，其耐全面腐蚀的性能与钢中 Cr、Mo 元素合金化程度相同的奥氏体不锈钢相近。

（三）马氏体不锈钢

马氏体不锈钢的主要添加元素也是 Cr，其含量范围在 11% ~ 18%，但其含 C 量（0.1% ~ 1.0%）比铁素体不锈钢高，Cr 含量普遍低于铁素体不锈钢。如 410 和 416 的 Cr 含量为 12%，413 的 Cr 含量约为 16%。由于其含有 2% 的 Ni，因此其显微结构仍然是马氏体结构。

马氏体不锈钢具有如下特点：在所有不锈钢中，马氏体不锈钢的屈服强度是最高的，可达 275ksi，但是这样高的屈服强度会降低其延展性；通过适当的热处理，可使其具有优良的抗疲劳特性；在不锈钢家族中，马氏体不锈钢的防腐能力一般。

（四）双相不锈钢

双相不锈钢的 Cr 含量在 18% ~ 28%，Ni 含量在 3% ~ 10%，具有包含奥氏体和铁素体混合结构的显微结构。在双相不锈钢中加入 Mo，可降低其对点蚀、缝隙腐蚀和应力腐蚀开裂的敏感性。

双相不锈钢具有如下特点：低周期寿命成本；具有很好的防应力腐蚀开裂能力，但防应力腐蚀开裂能力不及铁素体不锈钢；在多数腐蚀环境中，具有极好的防冲蚀能力；防全面腐蚀的能力与 304 和 316 不锈钢相当或优于二者；防点蚀能力优于 316 不锈钢，部分双相不锈钢的防点蚀能力甚至优于合金 904L；防缝隙腐蚀的能力优于 300 系列的奥氏体不锈钢；极高的机械强度，其屈服强度优于奥氏体不锈钢；热膨胀系数低；韧性优于铁素体不锈钢，但不及奥氏体不锈钢；成型性能优于铁素体不锈钢，但延展性不及奥氏体不锈钢；良好的焊接性能。

虽然，双相不锈钢的防腐蚀能力很好，但与奥氏体不锈钢相比，其防腐蚀能力优劣的界限更清晰。因此，当使用环境条件接近其使用极限条件时，建议不要选用双相不锈钢。双相不锈钢的使用环境温度区间为 −50 ~ 300℃，超过这一温度区间，双相不锈钢的韧性会劣化，并存在 475℃ 脆化敏感现象。

双相不锈钢分为 22Cr 双相不锈钢和 25Cr 超级双相不锈钢两类，后者的防点蚀能力优于前者，其原因在于前者的点蚀当量指数小于 40，后者的点蚀当量指数大于 40。

（五）沉淀硬化不锈钢

沉淀硬化不锈钢可分为三种类型，即马氏体、奥氏体和半奥氏体。马氏体和奥氏体沉淀硬化不锈钢可直接通过热处理措施来强化其硬度，而半奥氏体沉淀硬化不锈钢的奥氏体结构是不稳定的，必须在进行时效处理前，将其转化为马氏体结构。

三种沉淀硬化不锈钢之间的相互关系见图4-3。

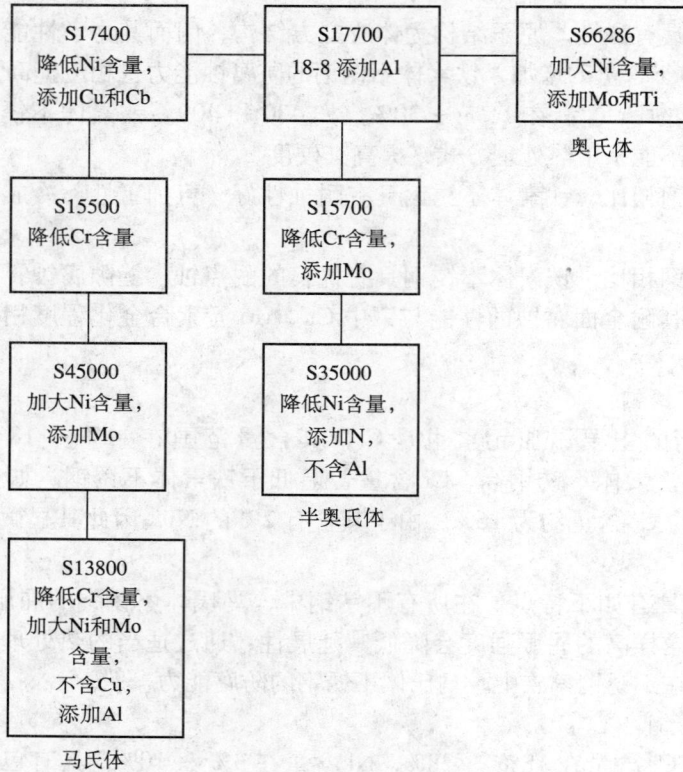

S17400
降低Ni含量，
添加Cu和Cb

S17700
18-8 添加Al

S66286
加大Ni含量，
添加Mo和Ti

奥氏体

S15500
降低Cr含量

S15700
降低Cr含量，
添加Mo

S45000
加大Ni含量，
添加Mo

S35000
降低Ni含量，
添加N，
不含Al

半奥氏体

S13800
降低Cr含量，
加大Ni和Mo
含量，
不含Cu，
添加Al

马氏体

图4-3 三种沉淀硬化不锈钢之间的相互关系

沉淀硬化不锈钢含 Cr 和 Ni，因而具有很高的拉伸强度（可达260ksi），很好的延展性和高温防腐能力。通常情况下，沉淀硬化不锈钢的防腐蚀能力不及304不锈钢，但也有部分沉淀硬化不锈钢的防腐蚀能力接近316不锈钢。马氏体和半奥氏体级的沉淀硬化不锈钢则具有防氯化物应力腐蚀开裂的能力。

沉淀硬化不锈钢最常用的型号是17-4 PH，也称为630，化学组分为：17%Cr、4%Ni、4%Cu 和 0.3%Nb。沉淀硬化不锈钢的最大优点是进行了"固溶处理"，经"固溶处理"后的钢可进行机械加工处理。在进行切削、成型等处理后，可进行单独硬化处理。在温度相当低的条件下，进行低温"时效"热处理不会引起钢材变形扭曲。

二、镍及镍基合金

通常，镍基合金以其应用环境恶劣而著称，是在零下温度到高温作业环境下耐腐蚀性能最好的材料，其应用范围是所有合金中最广的。镍基合金可应用于存在液体或气体的作业环境、高应力作业环境以及几种情况同时存在的作业环境。Ni 在还原环境中具有良好的耐氧化性能，Ni 也用于氧化环境中，促进钝化膜、防腐氧化膜的形成。

镍基合金的主要元素是 Cu、Cr 及 Al。Cr 和 Al 的加入可提高合金的耐高温氧化性能，而 Cr 和 Ti 的加入则可提高合金耐高温腐蚀的性能。在改善上述性能方面也可采用其他合金元素。在温度较低的条件下，Cr 是防某些液体腐蚀的主要合金添加元素，不过其他合金元素的作用也不容忽视。这里所指的其他合金元素主要是 Cu、Mo 和 W。镍基合金中其他添加元素的加入并非基于防腐蚀（或耐氧化）这一目的。尤其要注意的是，超级合金中可控制加入的合金元素达 12 种之多。

影响 Ni 及镍基合金防腐性能的主要合金元素及作用如下。

铬（Cr）

添加 Cr 可改善 Ni 耐氧化酸腐蚀的能力，如硝酸、铬酸。Cr 含量超过 5% 时，还有助于改善二元合金耐高温氧化的性能。实际上，Cr 被用作主要的耐氧化元素时，其含量等于或大于 20% 时其防腐蚀性能最佳。

Cr 在超级合金中的主要作用是改善合金的耐高温腐蚀性能。耐高温腐蚀镍基合金中的 Cr 含量不能少于 14%，并且大多数耐蚀合金中的 Cr 含量为 22%。

铜（Cu）

Cu 和 Ni 一直是主要的合金元素，原因在于两者能互溶。两者都具有良好的延展性和防腐性能，同时都具备硬化能力。Cu 的加入有助于加强 Ni 耐非氧化酸腐蚀的能力。实际上，含 Cu 30% ~ 40% 的合金能有效防止来自非充气硫酸溶液的腐蚀，同时对于所有非充气氢氟酸的腐蚀，其防腐蚀效果极佳。蒙乃尔合金含 70% 的 Ni 和 30% 的 Cu，因此被广泛用于海运、化工、石油和加工业。

Cu 除了作为重要的合金元素外，在 Ni–Cr–Mo–Fe 合金中加入 2% ~ 3% 的 Cu 可以改善其防盐酸和磷酸腐蚀的性能。

钼（Mo）

镍基合金中的 Mo 能明显增强合金防非氧化酸腐蚀的能力。在常温下，Mo 含量高达 28% 的合金，可用于存在盐酸、磷酸、氢氟酸和硫酸的恶劣的非氧化溶液腐蚀环境。另外，Mo 会明显削弱高温强度镍基合金的耐高温腐蚀性能。镍基合金中 Mo 的含量很少超过 6%。但是，合金 625 中则含 9% 的 Mo、21.5% 的 Cr、3.5% 的 Nb 和少量其他元素。合金 625 是一种非时效硬化耐蚀合金，在还原或氧化环境下的防腐蚀效果极佳。

钨（W）

W 和 Mo 的作用相仿，它会削弱超级镍基合金的耐高温腐蚀性能，不过却可以改善防非氧化酸腐蚀和局部腐蚀的能力。

铁（Fe）

Fe 的加入不是为了改善其防腐蚀性能，而是为了节约成本。当硫酸的浓度超过 50% 时，Fe 的加入可改善合金防硫酸腐蚀的性能。

硅（Si）

一般情况下 Si 是以残余元素的身份少量存在于合金中。通常，Si 的用量被严格限制在很低的水平上，目的是为了减少加工问题和出现脆化的可能性。在某些情况下，有目的地添加一定量的 Si，可改善超级镍基合金防高温氧化腐蚀的能力，但却可能导致由 Cr 或 Al 形成的具有保护作用的氧化膜的厚度减小。

铝（Al）

镍基合金中加入 Al，主要是为了通过 Ni-Cr 基质中的 σ 相沉析，改善合金高温环境下的强度。Al 的含量约大于 4% 时，添加 Al 的一个意外好处是会形成一层耐氧化的氧化铝保护膜。实际上，Al 的加入不利于改善超级镍基合金的耐高温腐蚀性能，但这取决于合金中 Cr 和 Al 的含量，以及高温腐蚀产物所处的环境温度。

钛（Ti）

在低温条件下，镍基合金中不能添加过多的 Ti。若合金中存在 Ti，Ti 会阻碍 C、N 或 O 在合金中的作用，而 C、N 或 O 在一定的应力强化腐蚀条件下，对镍基合金是有利的。Ti 是超级镍基合金的组分之一，作用和 Al 类似，Ti 和 Al 共同作用，通过 σ 相硬化来提高合金的强度。

镍基合金分为三类，即：Ni-Cr-Fe 合金、Ni-Cr-Mo 合金、Ni-Cr-Fe-Mo 合金。Ni-Cr-Fe 合金 G-30 具有极好的防硝酸、硫酸、磷酸及其他氧化酸腐蚀的能力。

Ni-Cr-Mo 合金 625 具有在高温、高腐蚀性环境下的防点蚀、缝隙腐蚀和耐氧化的性能，同时具有防卤化物腐蚀的能力，以及防渗碳的能力。合金 C-276 和合金 C-4 具有防局部腐蚀和 SCC 的能力。合金 625 和合金 C-276 甚至在存在氧化剂的环境中，也具有防盐酸腐蚀的能力。

Ni-Cr-Fe-Mo 合金 825 具有极好的防硫酸和磷酸腐蚀的能力，防盐酸腐蚀的能力则次之，但对碱腐蚀和卤素腐蚀敏感。合金 825 能防 SCC，防点蚀和晶间腐蚀。合金 G 和合金 G-3 可用于存在硫酸和磷酸的环境。合金 G-30 则能防磷酸、硫酸、硝酸、氟化物及其他氧化酸的腐蚀。绝大多数 Ni-Cr-Fe-Mo 合金具有防大气腐蚀的能力。

将镍基合金用于油气井的腐蚀防护时，可按其不同的用途进行分类选择。如用于井下油管、套管和接头的耐蚀合金选择镍基合金 825、G-3、G050 和 C-276；用于封隔器和悬挂器的耐蚀合金选择镍基合金 625、825、925、718、725 和 725HS；用于井口闸阀的耐蚀合金选择镍基合金 825、925、625、718、725、400、R-405 和 K-500。

第二节　全面腐蚀性能影响因素

全面腐蚀也称为均匀腐蚀，是一种最常见的腐蚀形式，也是危害性最小的一种腐蚀形式。腐蚀过程在整个金属的表面上均匀进行，最终使金属的整个表面逐渐变薄，整个金属表面的腐蚀深度接近一致，相互之间的差别很小（图 4-4）。在金属表面形成的腐蚀电池，

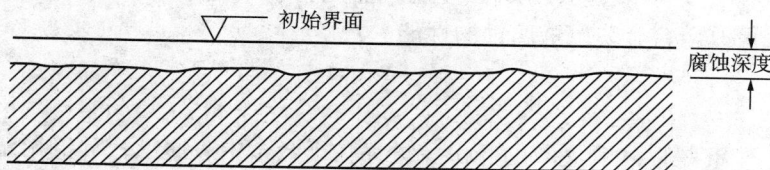

图 4-4　全面（均匀）腐蚀示意图

其阴极和阳极面积很小，而且其微阴极、微阳极的位置也是变化不定的，整个金属与腐蚀介质接触的表面都处于活化状态，同时微阳极或微阴极在一定条件下可以相互转化。

全面腐蚀的腐蚀速度是可以预测的，并可通过在设计过程中，考虑一定的腐蚀余量来满足设备使用寿命要求，确保设备在整个设备的使用周期内，不会因全面腐蚀，导致设备过早失效和报废。

全面腐蚀的腐蚀速度遵循如下指数关系，即：

$$CR = at^{-b} \tag{4-1}$$

式中　CR——腐蚀速度；

　　t——暴露时间；

　　a、b——与金属材质和环境因素有关的常数。

全面腐蚀速度既可采用失重测量法，也可采用电化学方法来加以测量计算。

失重测量法计算全面腐蚀速度：

$$CR = \frac{8.76 \times 10^4 W}{\rho At} \tag{4-2}$$

式中　CR——全面腐蚀速度，mm/y；

　　W——金属的质量损失，g；

　　A——金属与腐蚀介质的接触面积，cm²；

　　t——暴露时间，h；

　　ρ——金属的密度，g/cm³。

电化学方法计算全面腐蚀速度：

$$CR = \frac{3.27 \times 10^{-3} MI}{n\rho} \tag{4-3}$$

式中　CR——全面腐蚀速度，mm/y；

　　M——金属的相对原子质量；

　　I——电流密度，μA/cm²；

　　n——金属失去的电子数；

　　ρ——金属的密度，g/cm³。

部分合金密度见表4-2。

表4-2　部分合金密度

UNS	通用名	密度（g/cm³）	K 值
A91100	Al 1100	2.72	2.89
A93003	Al 3003	2.74	2.87
A95052	Al 5052	2.68	2.93
A96061	Al 6061	2.70	2.91
A97075	Al 7075	2.80	2.81
C11000	ETP 铜	8.94	0.88

UNS	通用名	密度（g/cm³）	K 值
C22000	商业级青铜	8.89	0.88
C23000	红黄铜	8.75	0.90
C26000	弹壳黄铜	8.53	0.92
C27000	黄铜	8.39	0.94
C28000	Muntz 金属	8.39	0.94
C44300	海事黄铜，As	8.52	0.92
C46500	海军黄铜，As	8.41	0.93
C51000	磷青铜 A	8.86	0.89
C52400	磷青铜 D	8.78	0.90
C61300	铝青铜，7%	7.89	1.00
C61400	铝青铜 D	7.78	1.01
C63000	镍－铝青铜	7.58	1.04
C65500	高硅青铜	8.52	0.92
C67500	锰青铜 A	8.36	0.94
C68700	铝黄铜，As	8.33	0.94
C70600	9–10 铜－镍	8.94	0.88
C71500	70–30 铜－镍	8.94	0.88
C75200	镍－银	8.73	0.90
C83600	高铜黄铜	8.80	0.89
C86500	锰青铜	8.3	0.95
C90500	炮铜	8.72	0.90
C92200	M 青铜	8.64	0.91
C95700	铸造锰－镍－铝青铜	7.53	1.04
C95800	铸造镍－铝青铜	7.64	1.03
F10006	灰铸铁	7.20	1.09
F20000	韧性铸铁	7.27	1.08
F32800	球墨铸铁	7.1	1.11
F41002	镍抗 2 型	7.3	1.08
F43006	韧性镍抗型，D5	7.68	1.02
F47003	杜里龙（Duriron）	7.0	1.12
G10200	1021 碳钢	7.86	1.00
G41300	4130 钢	7.86	1.00
J91150	CA-15 铸造不锈钢	7.61	1.03
J91151	CA-15M 铸造不锈钢	7.61	1.03

UNS	通用名	密度（g/cm³）	K 值
J91540	CA-6NM 铸造不锈钢	7.7	1.02
J92600	CF-8 铸造不锈钢	7.75	1.01
J92800	CF-3MN 铸造不锈钢	7.75	1.01
J92900	CF-8M 铸造不锈钢	7.75	1.01
J94204	HK-40 铸造不锈钢	7.75	1.01
J95150	CN-7M 铸造不锈钢	8.00	0.98
K11597	1.25Cr-0.5Mo 钢	7.85	1.00
K81340	9Ni 钢	7.86	1.00
L51120	化学铅	11.3	0.70
M11311	Mg AZ31B	1.77	4.44
N02200	Nickel 200	8.89	0.88
N04400	合金 400	8.80	0.89
N05500	合金 K-500	8.44	0.93
N06002	合金 X	8.23	0.96
N06007	合金 G	8.34	0.94
N06022	合金 C-22	8.69	0.90
N06030	合金 G-30	8.22	0.96
N06455	合金 C-4	8.64	0.91
N06600	合金 600	8.47	0.93
N06601	合金 601	8.11	0.97
N06625	合金 625	8.44	0.93
N06985	合金 G-3	8.30	0.95
N07001	Waspaloy	8.19	0.96
N07041	Rene 41	8.25	0.95
N07718	合金 718	8.19	0.96
N07750	合金 X-750	8.28	0.95
N08020	20Cb-3	8.08	0.97
N08024	20Mo-4	8.11	0.97
N08026	20Mo-6	8.13	0.97
N08028	Sanicro 28	8.0	0.98
N08366	AL-6X	8.0	0.98
N08800	合金 800	7.94	0.99
N08825	合金 825	8.14	0.97
N08904	合金 904L	8.0	0.98

UNS	通用名	密度（g/cm³）	K 值
N08925	25−6Mo	8.1	0.97
N09925	合金 925	8.05	0.98
N10003	合金 N	8.79	0.89
N10004	合金 W	9.03	0.87
N10276	合金 C−276	8.89	0.88
N10665	合金 B−2	9.22	0.85
R03600	Mo	10.22	0.77
R04210	Nb	8.57	0.92
R05200	Ta	16.60	0.47
R50250	Ti，Gr1	4.54	1.73
R50400	Ti，Gr2	4.54	1.73
R53400	Ti，Gr12	4.52	1.74
R56400	Ti，Gr5	4.43	1.77
R60702	Zr702	6.53	1.20
S20100	201 不锈钢	7.94	0.99
S20200	202 不锈钢	7.94	0.99
S30400	304 不锈钢	7.94	0.99
S30403	304L 不锈钢	7.94	0.99
S30900	309 不锈钢	7.98	0.98
S31000	310 不锈钢	7.98	0.98
S41254	254SMO	8.0	0.98
S31500	3RE60	7.75	1.01
S31600	316 不锈钢	7.98	0.98
S31603	316L 不锈钢	7.98	0.98
S31700	317 不锈钢	7.98	0.98
S32100	321 不锈钢	7.94	0.99
S32550	Ferralium 255	7.81	1.01
S32950	7Mo⁺	7.75	1.01
S34700	347 不锈钢	8.03	0.98
S41000	410 不锈钢	7.70	1.02
S43000	430 不锈钢	7.72	1.02
S44600	446 不锈钢	7.65	1.03
S50100	5Cr−0.5Mo 钢	7.82	1.01
S50400	9Cr−1Mo 钢	7.67	1.02

注：K 值 = 碳钢密度 / 合金密度。

一、合金添加元素的影响

合金添加元素对耐蚀合金防全面腐蚀能力的影响图表索引见表4-3。

表4-3　合金添加元素对耐蚀合金防全面腐蚀能力的影响图表索引

合金添加元素	图号／表号
铬（Cr）	图4-5　商业级管材 Cr 含量对 CO_2 腐蚀速度的影响
	图4-6　Cr 含量对 M13Cr 腐蚀速度的影响
	图4-7　Cr 含量对腐蚀速度的影响
	图4-8　Cr 含量对耐蚀合金腐蚀速度的影响
钼（Mo）	图4-9　Mo 含量对 SM13CRS 腐蚀速度和 SCC 的影响
镍（Ni）	图4-10　Ni 含量对腐蚀速度的影响
铬（Cr）、镍（Ni）	图4-11　Cr+Ni 含量对耐蚀合金腐蚀速度的影响
铬（Cr）、钼（Mo）、镍（Ni）、铜（Cu）	图4-12　Cr、Mo、Ni 和 Cu 含量对耐蚀合金腐蚀速度的影响
碳（C）	图4-13　C 含量对 SUS420 腐蚀速度的影响

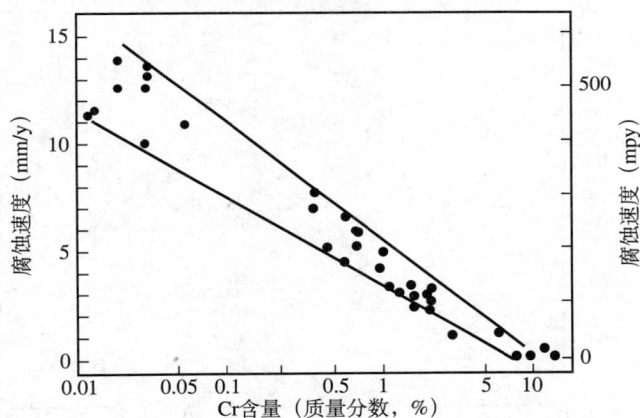

图4-5　商业级管材 Cr 含量对 CO_2 腐蚀速度的影响

测试条件：C 环测试，合成海水，0.1MPa CO_2，60℃，150h，2.5m/s，800cc/cm²

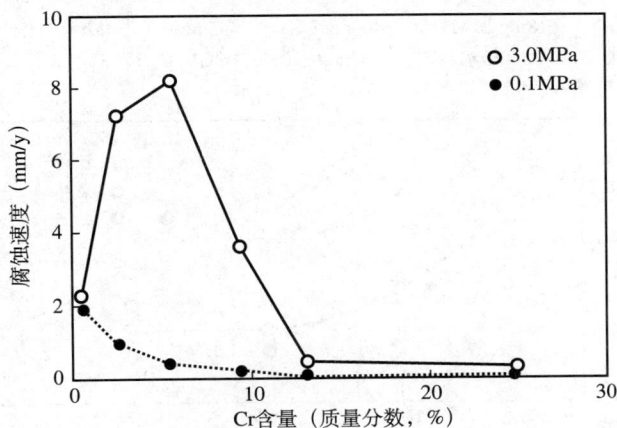

图4-6　Cr 含量对 M13Cr 腐蚀速度的影响

测试条件：5%NaCl 溶液，150℃，96h

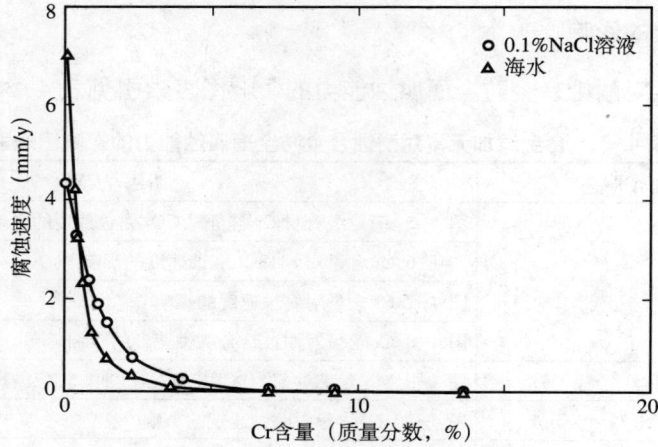

图 4-7 Cr 含量对腐蚀速度的影响

测试条件：50℃，0.1MPa CO_2，1m/s

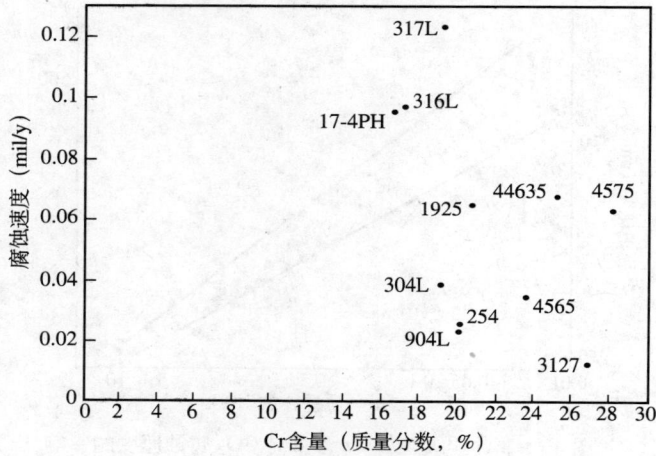

图 4-8 Cr 含量对耐蚀合金腐蚀速度的影响

海水：508mg/L Ca^{2+}，1618mg/L Mg^{2+}，13440mg/L Na^+，483mg/L K^+，17mg/L Sr^{2+}，176mg/L HCO_3^-，24090mg/L Cl^-，3384mg/L SO_4^{2-}，83mg/L Br^-，1mg/L F^-，溶解固体总量 43800mg/L

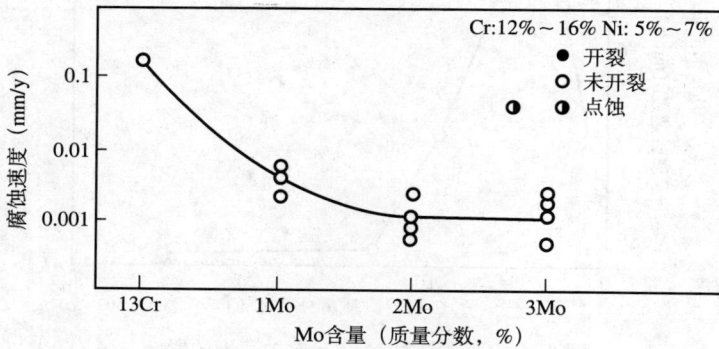

(a) 120℃

图 4-9

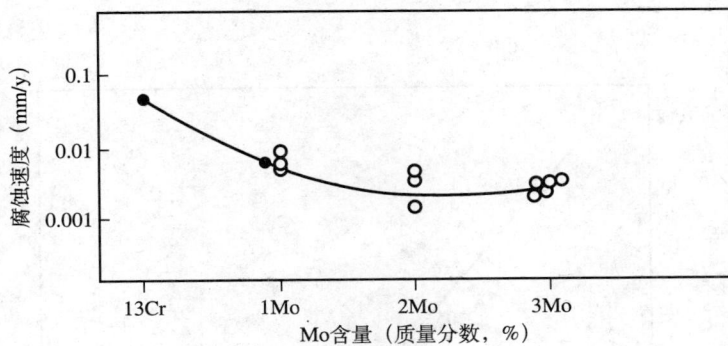

(b) 60℃

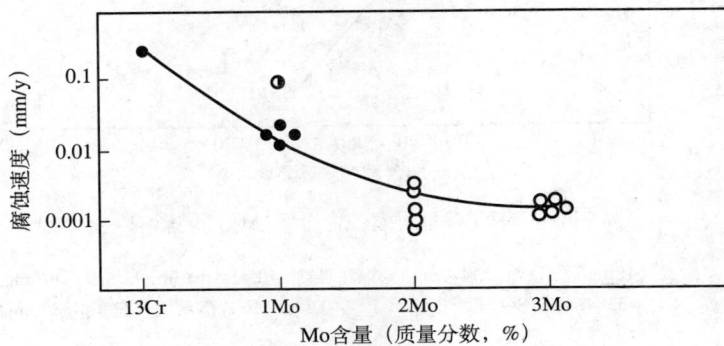

(c) 25℃

图 4-9　Mo 含量对 SM13CRS 腐蚀速度和 SCC 的影响

测试条件：5%NaCl 溶液，3.0MPa CO$_2$，0.001MPa H$_2$S，连续 4 点弯梁测试，1σ_y，336h

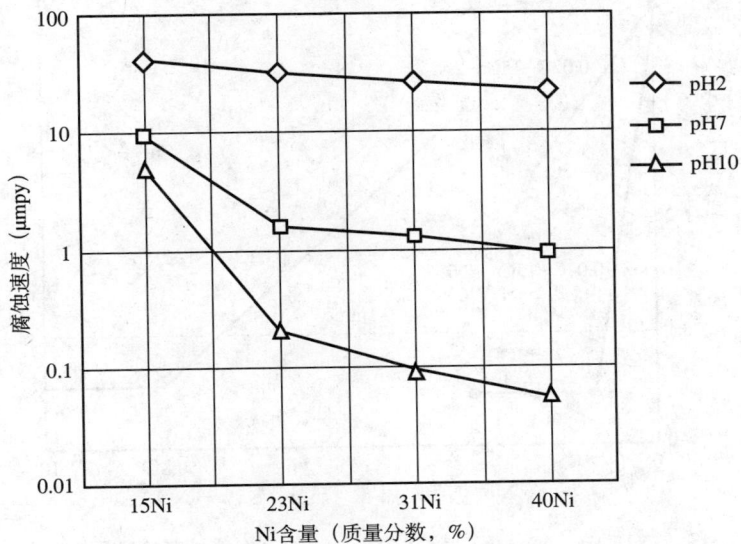

图 4-10　Ni 含量对腐蚀速度的影响

测试条件：3.5%NaCl 溶液，25℃

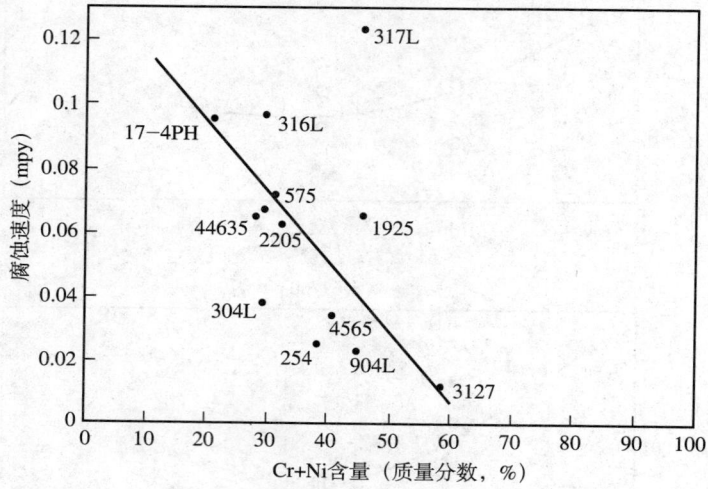

图 4-11 Cr+Ni 含量对耐蚀合金腐蚀速度的影响

海水：508mg/L Ca^{2+}，1618mg/L Mg^{2+}，13440mg/L Na^+，483mg/L K^+，17mg/L Sr^{2+}，176mg/L HCO_3^-，24090mg/L Cl^-，3384mg/L SO_4^{2-}，83mg/L Br^-，1mg/L F^-，溶解固体总量 43800mg/L

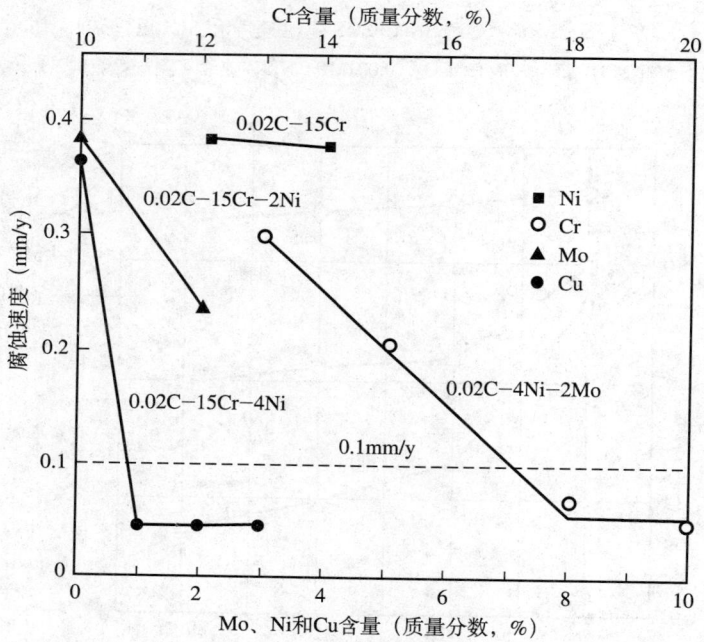

图 4-12 Cr、Mo、Ni 和 Cu 含量对耐蚀合金腐蚀速度的影响

测试条件：合成海水，4MPa CO_2，180℃，96h

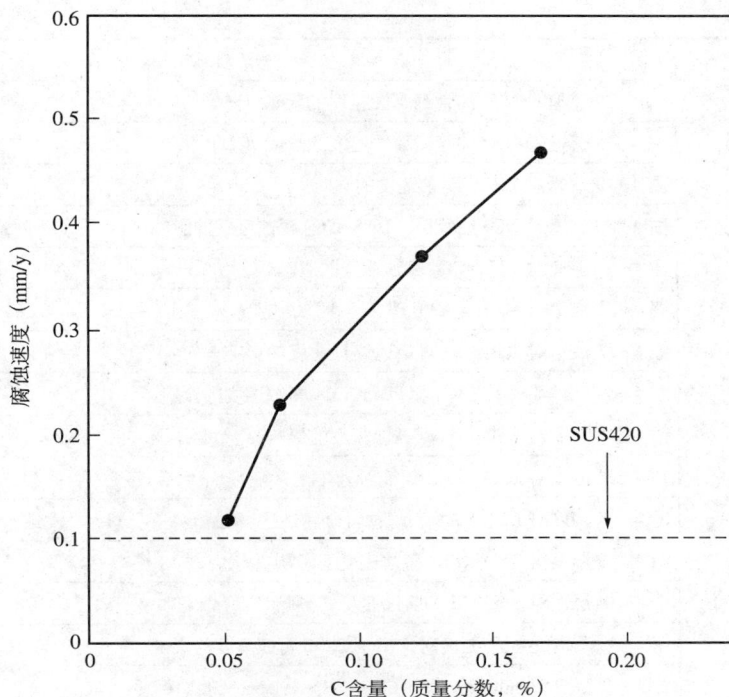

图 4-13　C 含量对 SUS420 腐蚀速度的影响

测试条件：13%Cr-0.12%N，合成海水，4MPa CO_2，120℃，96h

二、环境因素的影响

环境因素对耐蚀合金防全面腐蚀能力的影响图表索引见表 4-4。

表 4-4　环境因素对耐蚀合金防全面腐蚀能力的影响图表索引

环境因素	图号/表号
CO_2 分压	图 4-14 CO_2 分压对 N80 油管钢腐蚀速度的影响
	图 4-15 CO_2 分压对 CS、耐蚀合金腐蚀速度的影响
	图 4-16 CO_2 分压对 CS 腐蚀速度的影响
	图 4-17 CO_2 分压和温度对 UHP-15CR-125 腐蚀速度的影响
Cl^- 含量	图 4-18 Cl^- 含量对 N80 钢腐蚀速度的影响
	图 4-19 低 Cl^- 含量对 Cr 钢腐蚀速度的影响
	图 4-20 NaCl 浓度（含单质硫）对合金 825 和 625 防腐蚀及开裂能力的影响
氯化物、pH 值	图 4-21 氯化物、pH 值对钢腐蚀速度的影响（含单质硫）
pH 值	图 4-22 pH 值对钢腐蚀速度的影响
	图 4-23 pH 值对 N80 油管钢腐蚀速度的影响
H_2S 分压	图 4-24 Cr 含量和温度对 CS、Cr 钢腐蚀速度的影响
	图 4-25 H_2S 分压对 CS、Cr 钢腐蚀速度的影响
	表 4-5 H_2S 腐蚀环境下部分镍基合金的失重测试结果
O_2 含量	图 4-26 氧含量对 13Cr 腐蚀速度的影响

环境因素	图号/表号
流速	图 4-27 流速对 N80 油管钢腐蚀速度的影响（一）
	图 4-28 流速对 N80 油管钢腐蚀速度的影响（二）
	图 4-29 流速对 13Cr 腐蚀速度的影响
	图 4-30 流速对 N80 油管钢、LAS CO_2 腐蚀速度的影响
	图 4-31 流速对 13Cr CO_2 腐蚀速度的影响
	图 4-32 流速对 M13Cr CO_2 腐蚀速度的影响
	图 4-33 流速对双相不锈钢 CO_2 腐蚀速度的影响
	图 4-34 气体流速对 13Cr 和 22Cr CO_2 腐蚀速度的影响
环境温度	图 4-35 温度对 N80 油管钢腐蚀速度的影响
	图 4-36 温度对 13Cr、S13Cr 腐蚀速度的影响
	图 4-37 温度对 CS、LAS 和耐蚀合金腐蚀速度的影响
	图 4-38 温度对 SM13CRS 腐蚀速度的影响（一）
	图 4-39 温度对 SM13CRS 腐蚀速度的影响（二）
	图 4-40 CO_2 分压和温度对 13Cr、25Cr 腐蚀速度的影响
	图 4-41 温度和 NaCl 含量对 420、CRS 腐蚀速度的影响
	图 4-42 温度对 M13Cr 和 New15Cr 腐蚀速度的影响
	图 4-43 温度和 pH 值对 13Cr、M13Cr-1 腐蚀速度的影响
	图 4-44 温度对 L80-13Cr 腐蚀速度的影响
	图 4-45 温度对 L80-13Cr 腐蚀速度的影响（塔里木油田）
	图 4-46 温度对 L80-13Cr 腐蚀速度的影响（长庆油田）
	图 4-47 温度对 L80-13Cr 腐蚀速度的影响（西南分公司油田）
硫	图 4-48 酸性环境（含单质硫）条件下部分耐蚀合金的腐蚀速度
	表 4-6 酸性环境（含单质硫）条件下部分镍基合金的失重测试结果

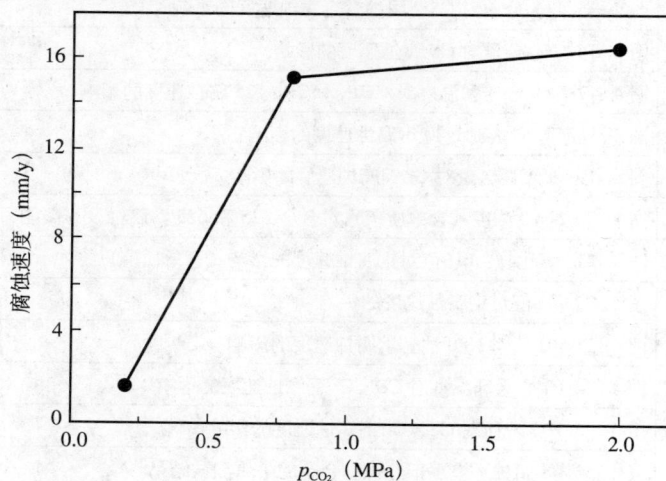

图 4-14　CO_2 分压对 N80 油管钢腐蚀速度的影响

测试条件：80℃，2.5m/s，pH 6.5

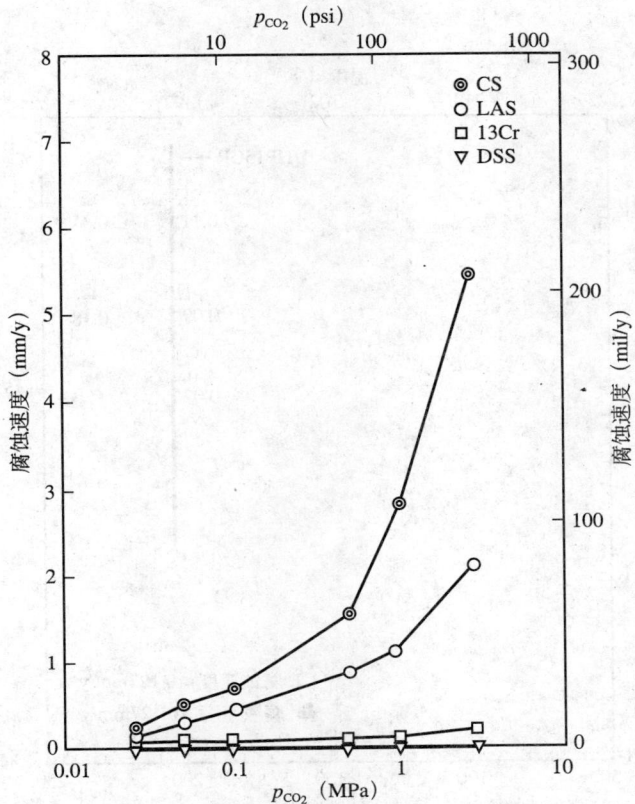

图 4-15 CO₂ 分压对 CS、耐蚀合金腐蚀速度的影响
测试条件：25℃，3.5%NaCl 溶液

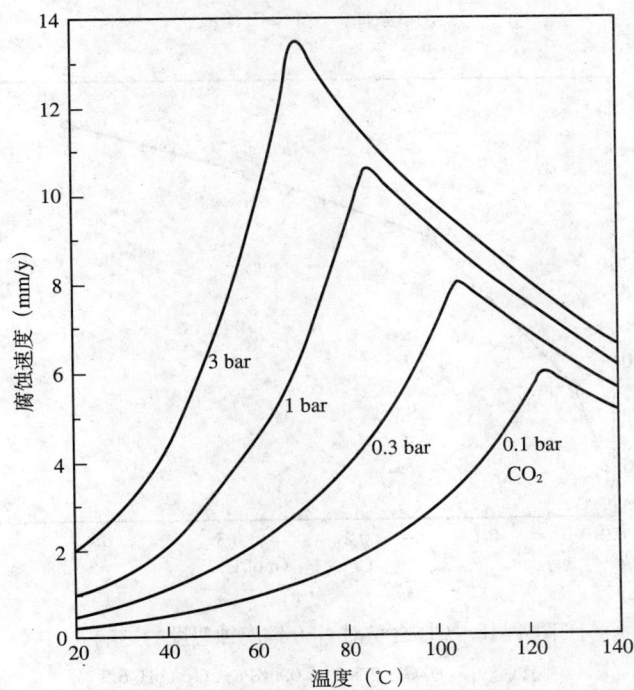

图 4-16 CO₂ 分压对 CS 腐蚀速度的影响

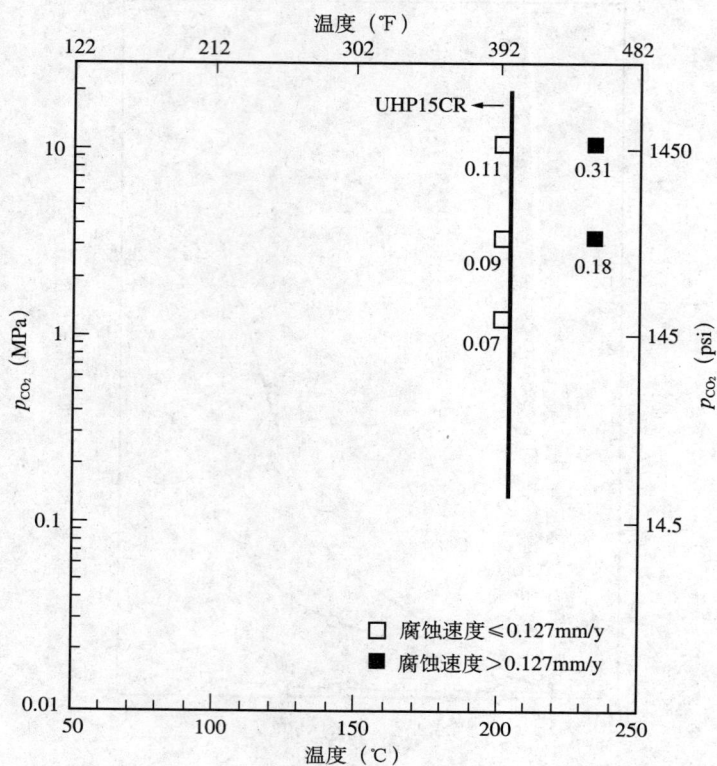

图 4—17　CO$_2$ 分压和温度对 UHP—15CR—125 腐蚀速度的影响

测试条件：20%NaCl 溶液

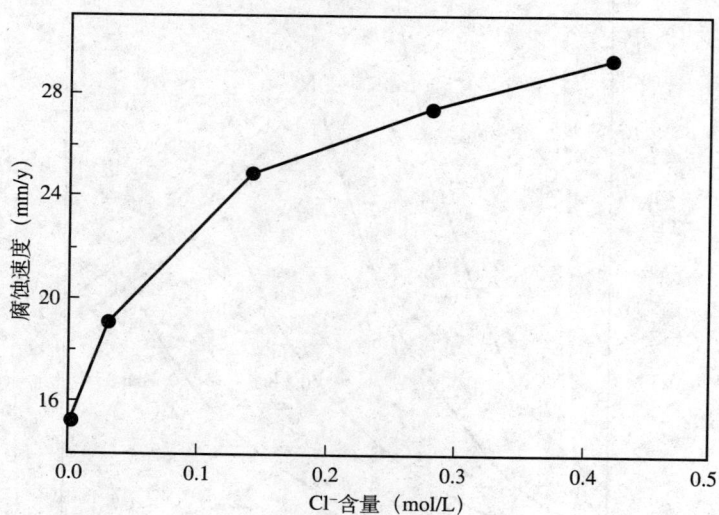

图 4—18　Cl$^-$ 含量对 N80 钢腐蚀速度的影响

测试条件：80℃，2.5m/s，0.8MPa CO$_2$，pH 6.5

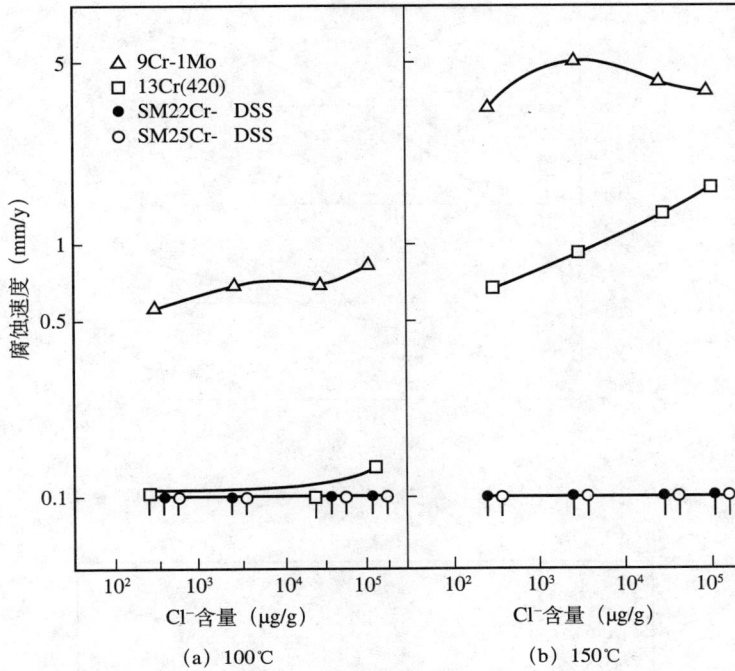

图 4-19　低 Cl^- 含量对 Cr 钢腐蚀速度的影响

测试条件：采用高压釜，150℃，3.0MPa CO_2（25℃），96h，2.5m/s

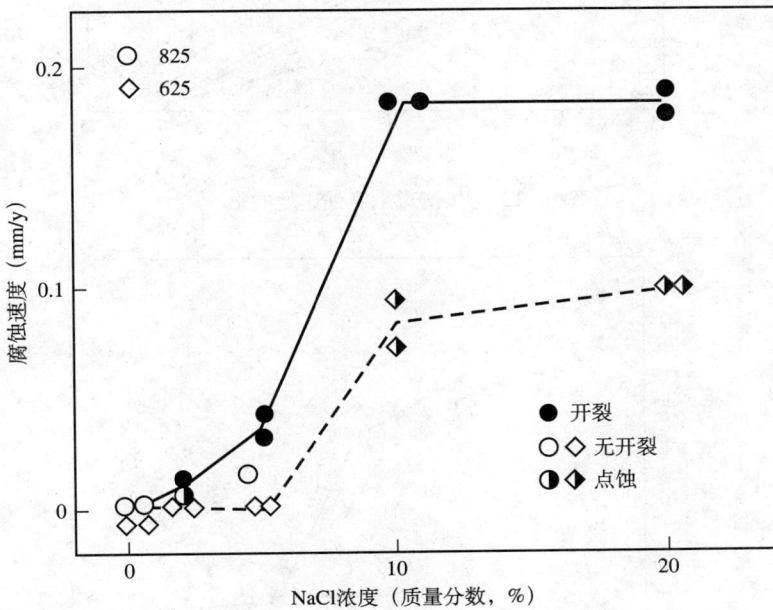

图 4-20　NaCl 浓度（含单质硫）对合金 825 和 625 防腐蚀及开裂能力的影响

测试条件：1MPa H_2S，0MPa CO_2，1g/L 单质硫，250℃

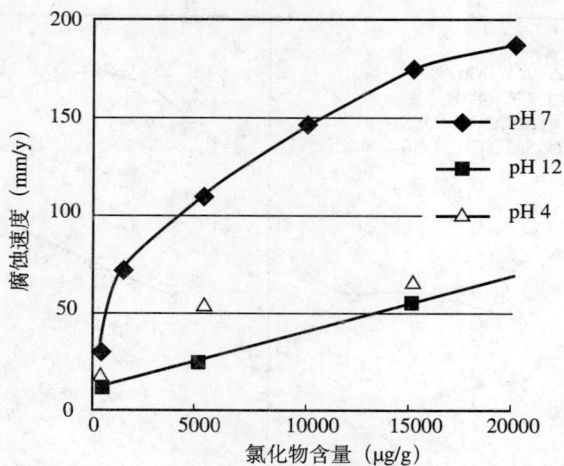

图 4-21　氯化物、pH 值对钢腐蚀速度的影响（含单质硫）

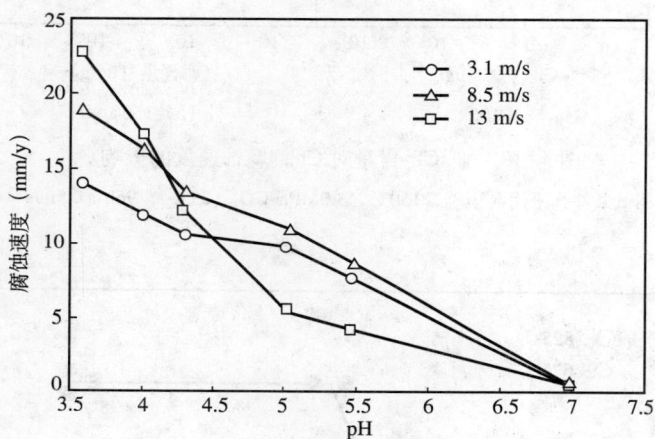

图 4-22　pH 值对钢腐蚀速度的影响

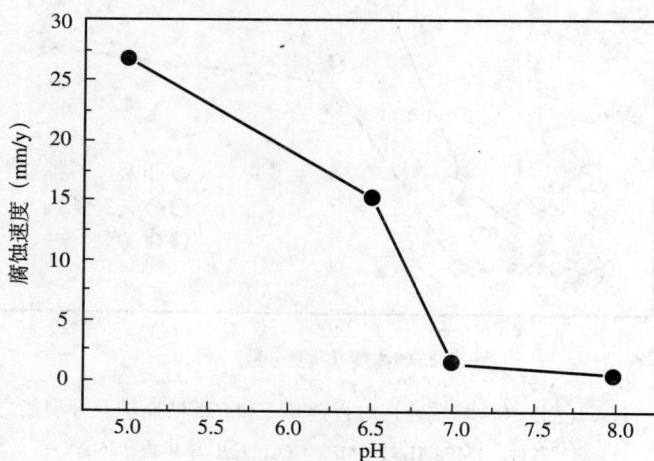

图 4-23　pH 值对 N80 油管钢腐蚀速度的影响

测试条件：80℃，2.5m/s，0.8MPa CO_2

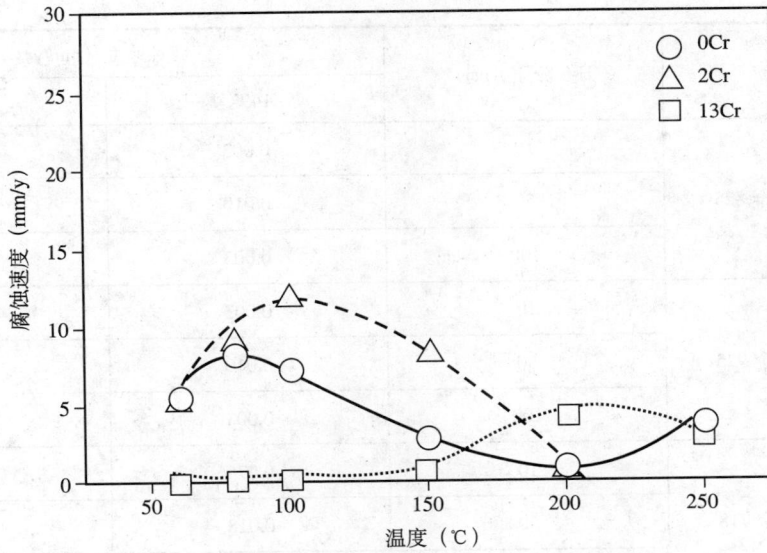

图 4-24 Cr 含量和温度对 CS、Cr 钢腐蚀速度的影响

测试条件：3.0MPa CO₂，5%NaCl 溶液，96h，2.5 m/s

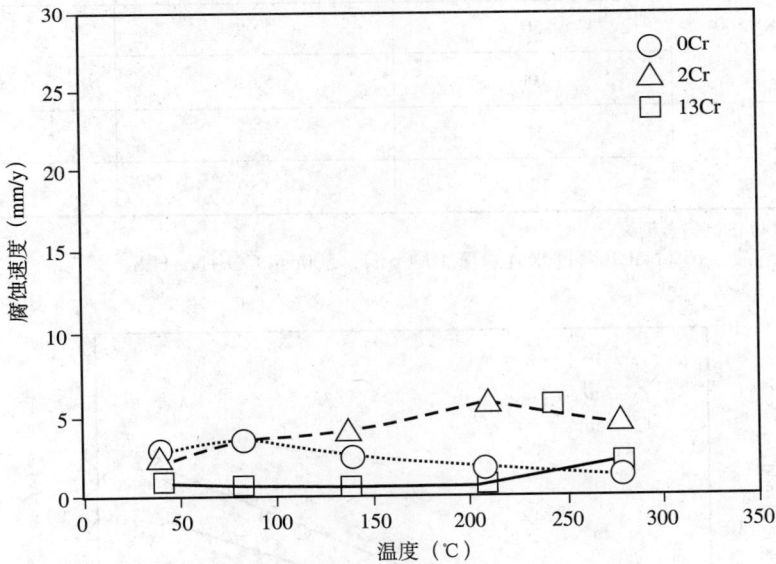

图 4-25 H₂S 分压对 CS、Cr 钢腐蚀速度的影响

测试条件：3.0MPa CO₂+0.001MPa H₂S，5%NaCl 溶液，96h，2.5m/s

表 4-5 H₂S 腐蚀环境下部分镍基合金的失重测试结果

合　　金	H₂S 分压（psi）	腐蚀速度（mm/y）	
		149℃	204℃
INCONEL 合金 625	10	0.000	0.003
	50	0.008	0.010
	100	0.003	0.005

合 金	H₂S 分压（psi）	腐蚀速度（mm/y）	
		149℃	204℃
INCONEL 合金 825	10	0.003	0.003
	50	0.010	0.013
	100	0.003	0.013
INCONEL 合金 925	10	0.003	0.003
	50	0.010	0.013
	100	0.003	0.010
INCONEL 合金 718	10	0.076	0.008
	50	0.018	0.058
	100	0.003	0.030
MONEL 合金 K-500	10	0.69	0.28
	50	1.98	2.87
	100	5.61	4.29
9Cr/1Mo 钢	50	5.23	7.06
	100	7.59	4.37

注：1. 进行 14d 的高压釜测试。
　　2. 测试溶液：15%NaCl/ 蒸馏水（总压 1000psi），500psi CO₂+N₂+H₂S。

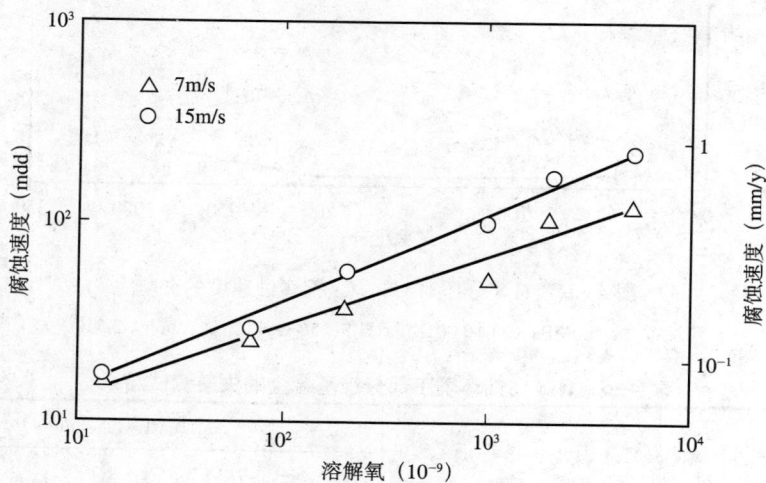

图 4-26　氧含量对 13Cr 腐蚀速度的影响

测试条件：3%NaCl 溶液，4MPa CO₂，80℃

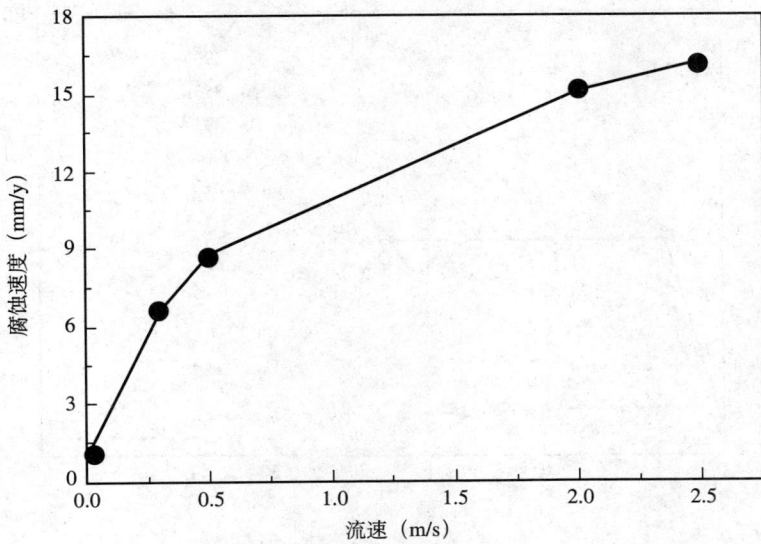

图 4-27　流速对 N80 油管钢腐蚀速度的影响（一）

测试条件：80℃，0.8MPa CO_2，pH6.5

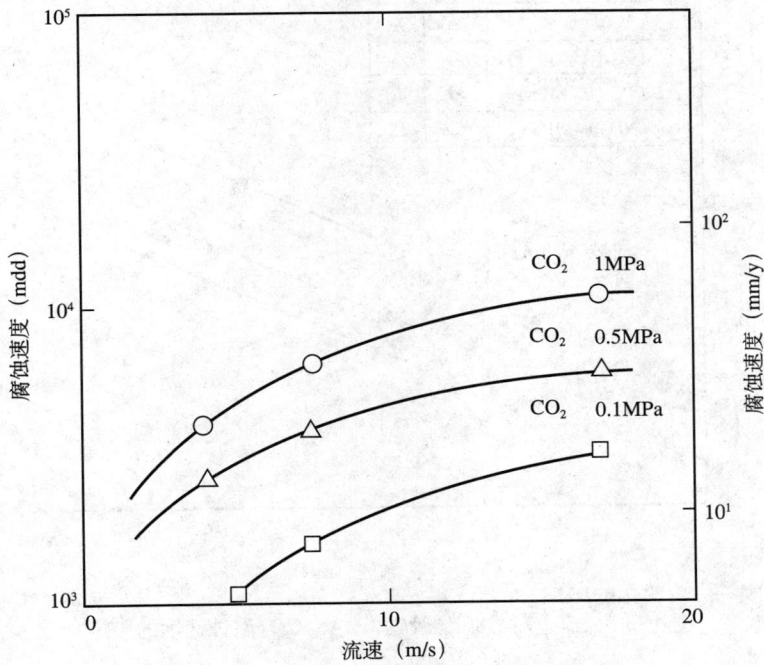

图 4-28　流速对 N80 油管钢腐蚀速度的影响（二）

测试条件：3%NaCl 溶液，80℃，10×10^{-9} O_2

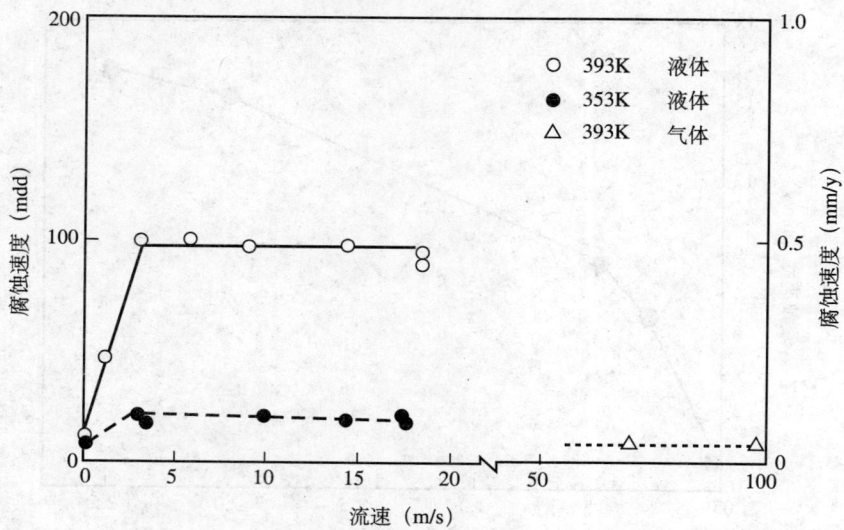

图 4—29 流速对 13Cr 腐蚀速度的影响

测试条件：3%NaCl 溶液，4MPa CO_2，10×10^{-9} O_2

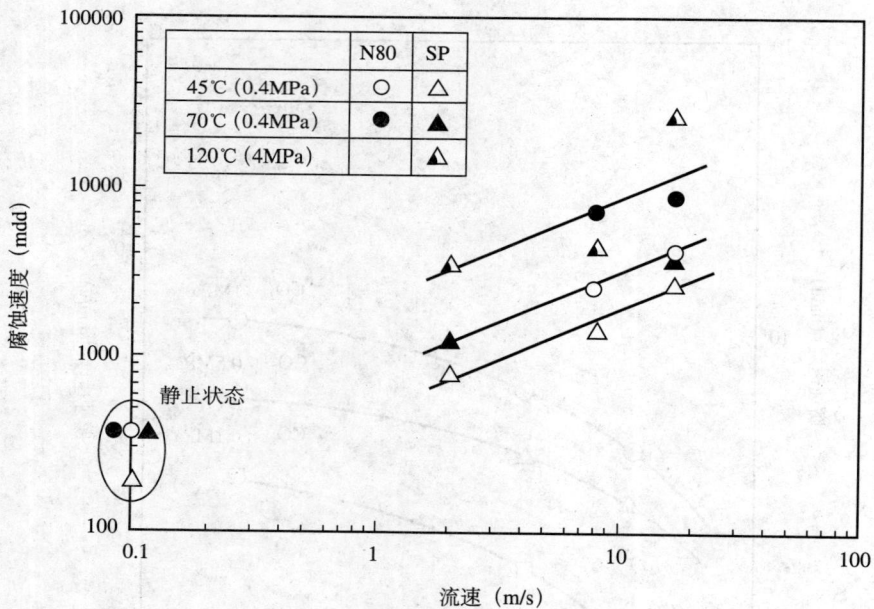

图 4—30 流速对 N80 油管钢、LAS CO_2 腐蚀速度的影响

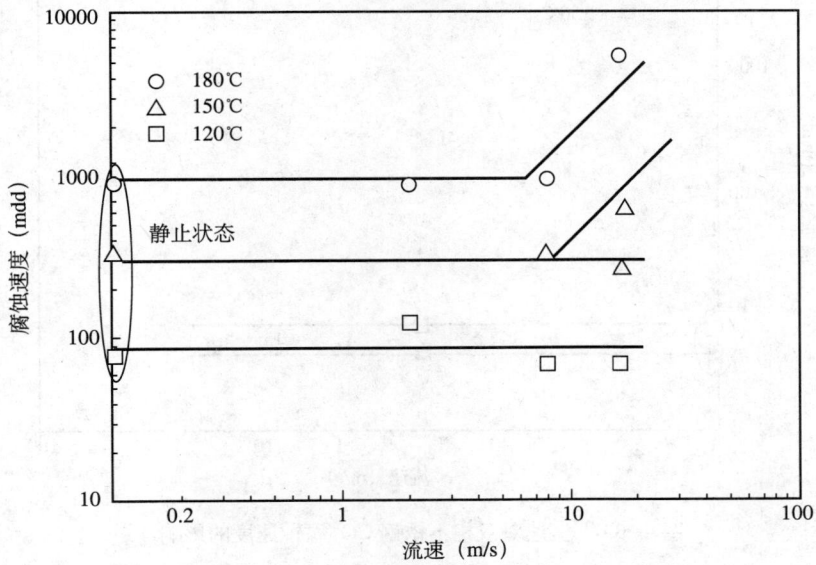

图 4—31 流速对 13Cr CO$_2$ 腐蚀速度的影响

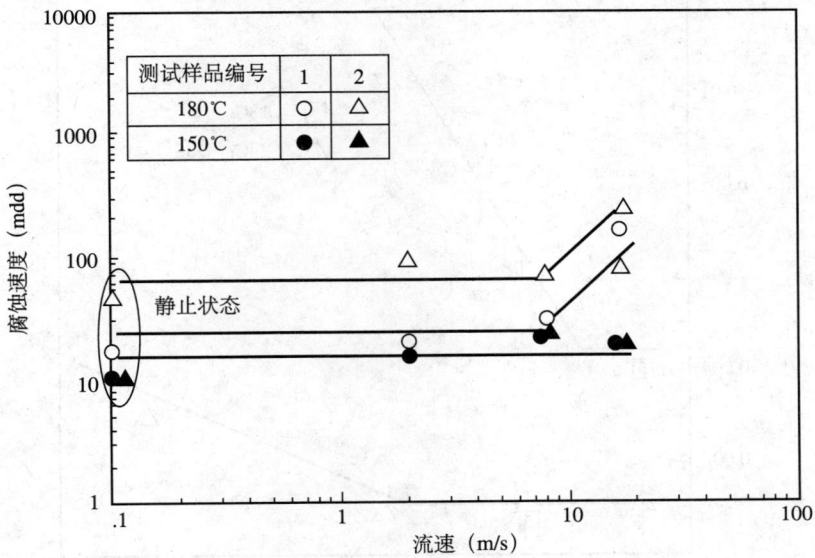

图 4—32 流速对 M13Cr CO$_2$ 腐蚀速度的影响

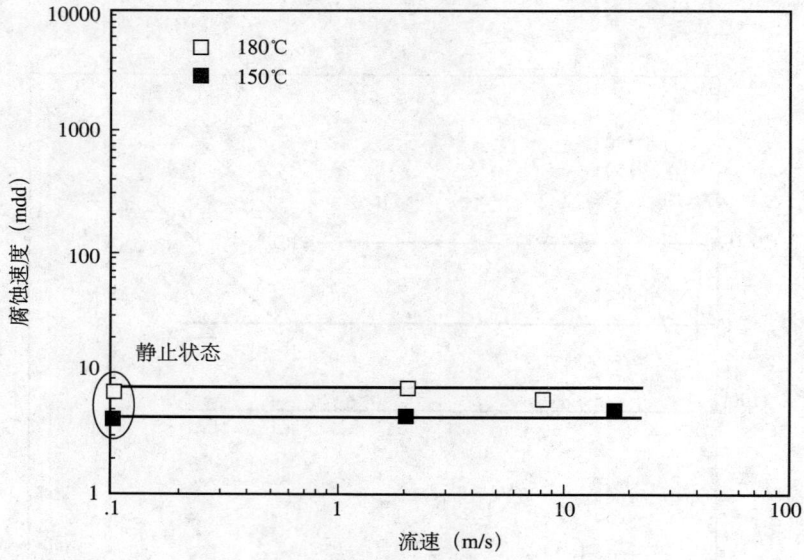

图 4-33　流速对双相不锈钢 CO_2 腐蚀速度的影响

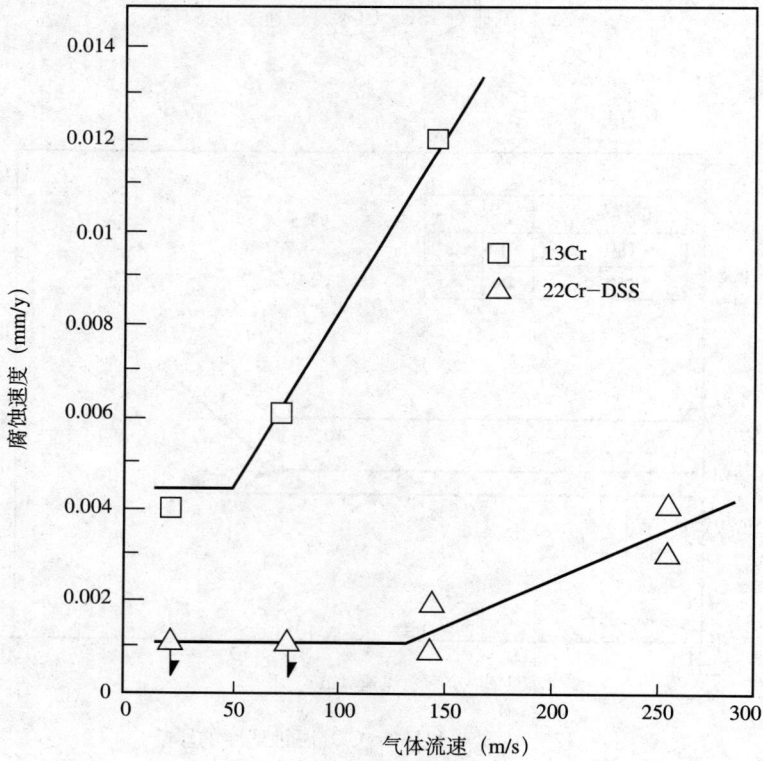

图 4-34　气体流速对 13Cr 和 22Cr CO_2 腐蚀速度的影响

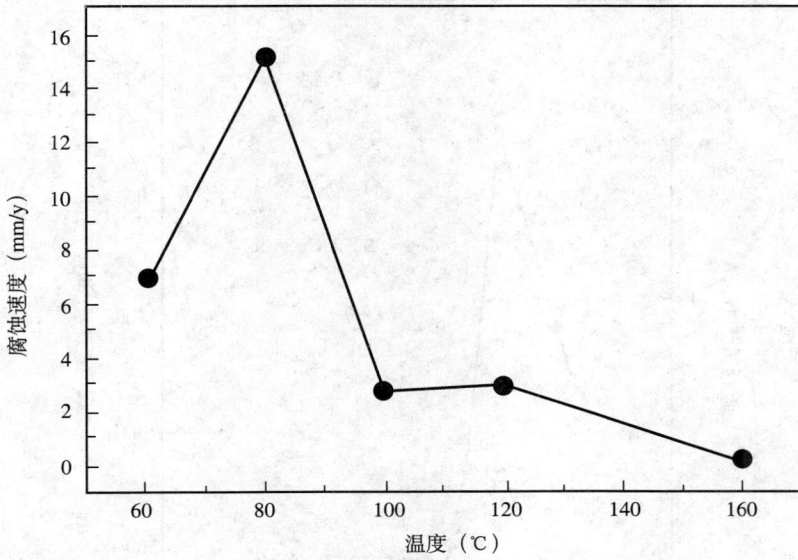

图 4-35　温度对 N80 油管钢腐蚀速度的影响

测试条件：0.8MPa CO_2，2.5m/s，pH6.5

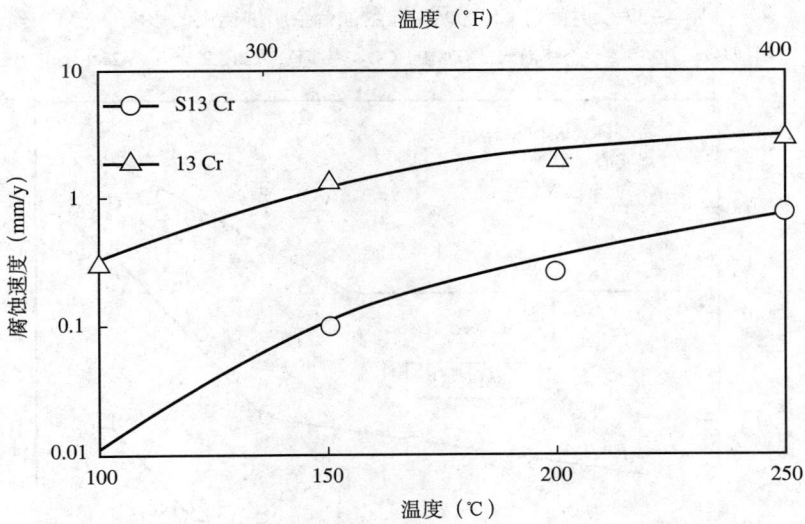

图 4-36　温度对 13Cr、S13Cr 腐蚀速度的影响（一）

测试条件：合成海水，450psi CO_2

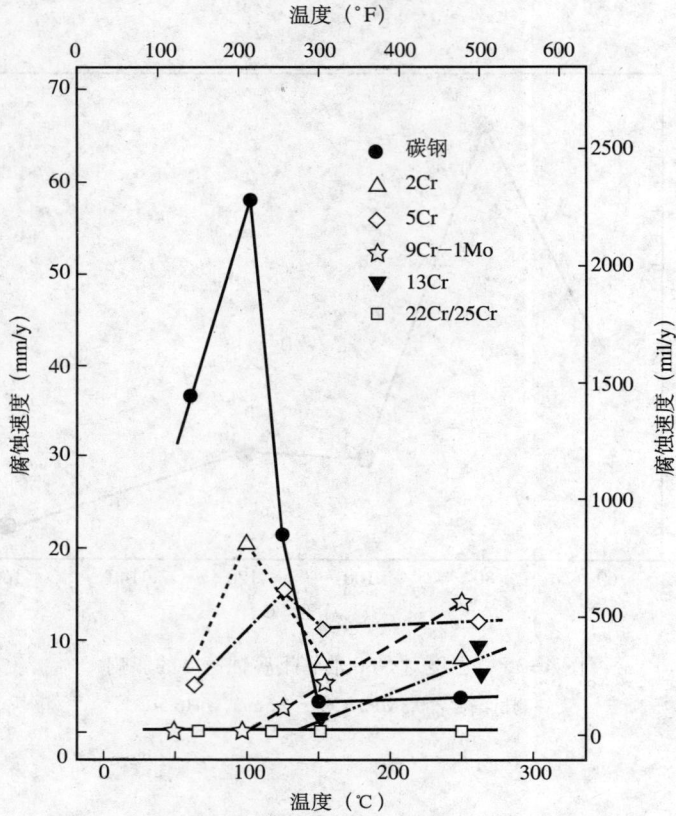

图 4-37 温度对 CS、LAS 和耐蚀合金腐蚀速度的影响

测试条件：高压釜，合成海水，3.0MPa CO_2（室温），72h，2.5m/s，42cc/cm²

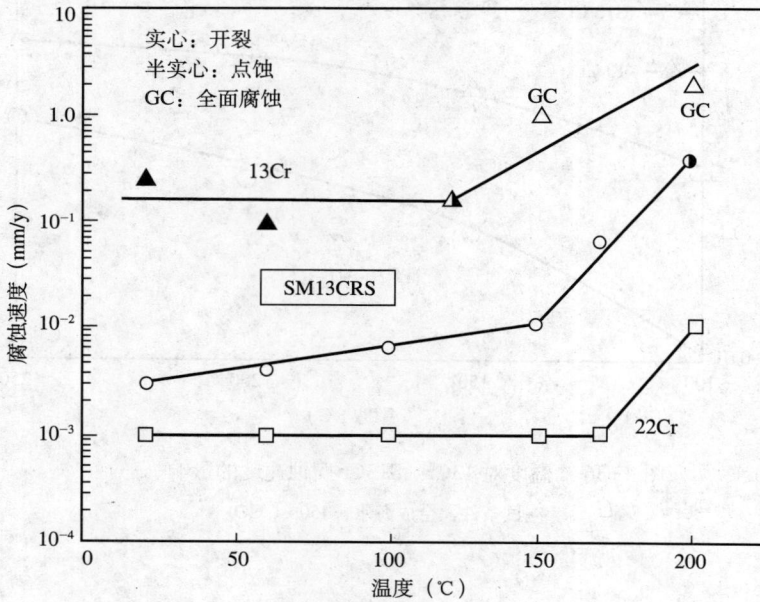

图 4-38 温度对 SM13CRS 腐蚀速度的影响（一）

测试条件：5%NaCl 溶液，3.0MPa CO_2，0.001MPa H_2S

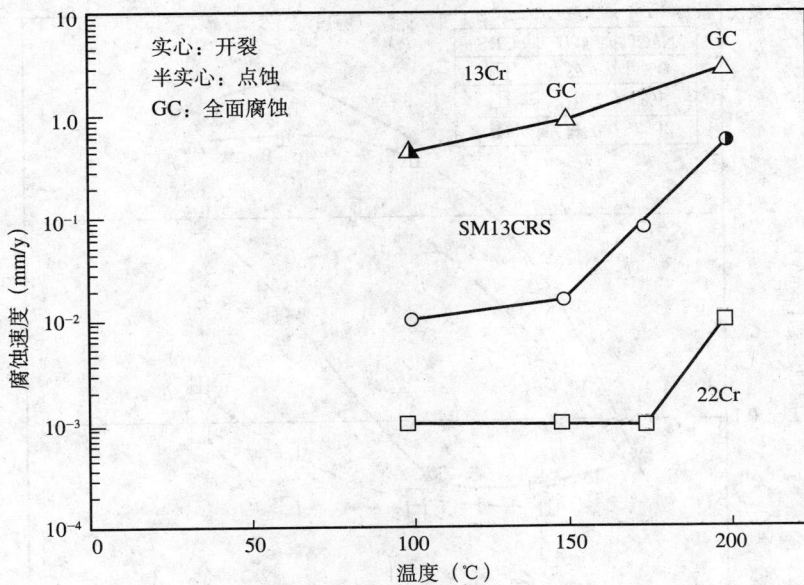

图 4-39　温度对 SM13CRS 腐蚀速度的影响（二）

测试条件：25%NaCl 溶液，3.0MPa CO₂

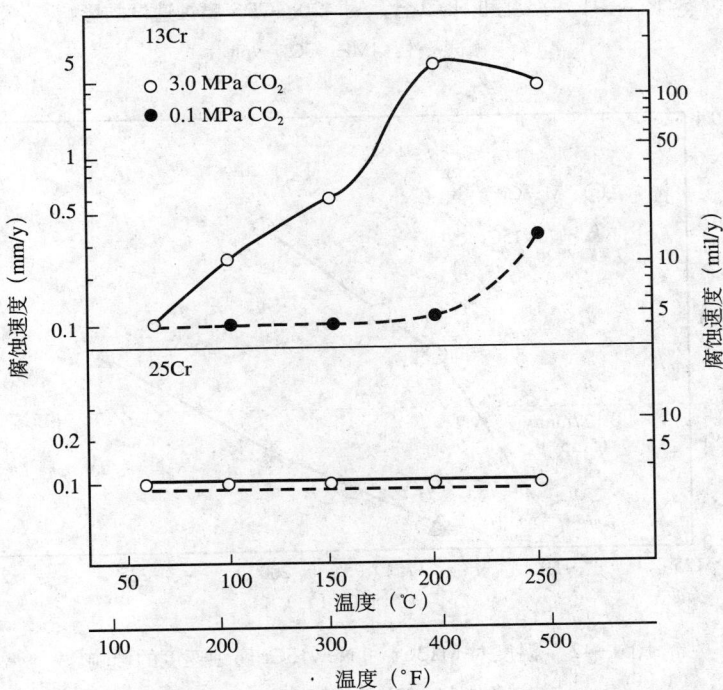

图 4-40　CO₂ 分压和温度对 13Cr、25Cr 腐蚀速度的影响

测试条件：5%NaCl 溶液，3.0MPa/0.1MPa CO₂（25℃），96h，2.5m/s

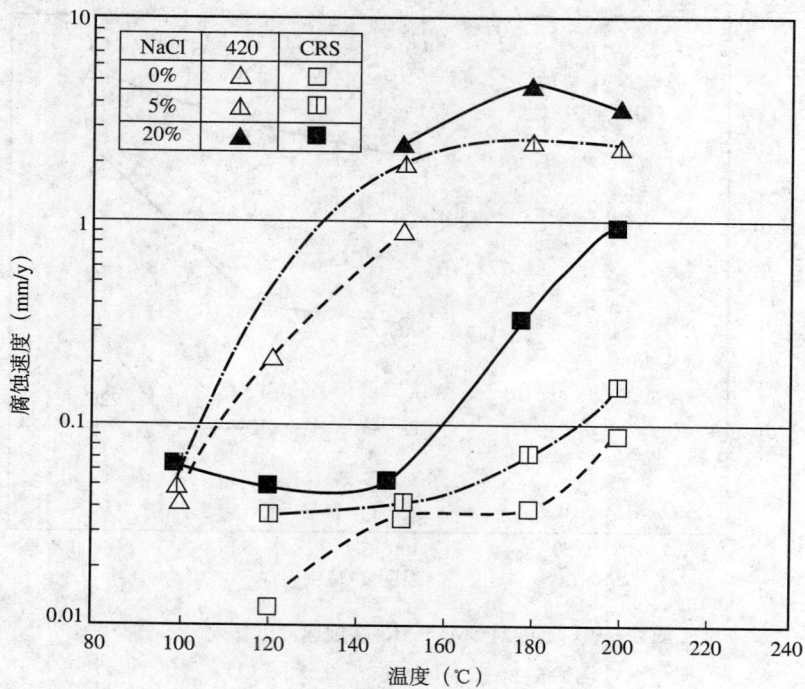

图 4-41 温度和 NaCl 含量对 420、CRS 腐蚀速度的影响

测试条件：4MPa CO_2，96h

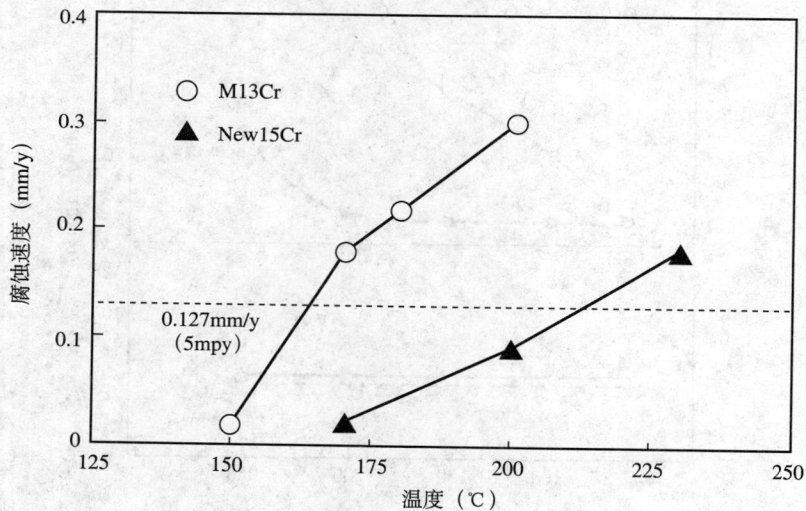

图 4-42 温度对 M13Cr 和 New15Cr 腐蚀速度的影响

测试条件：20%NaCl 溶液，3MPa H_2S

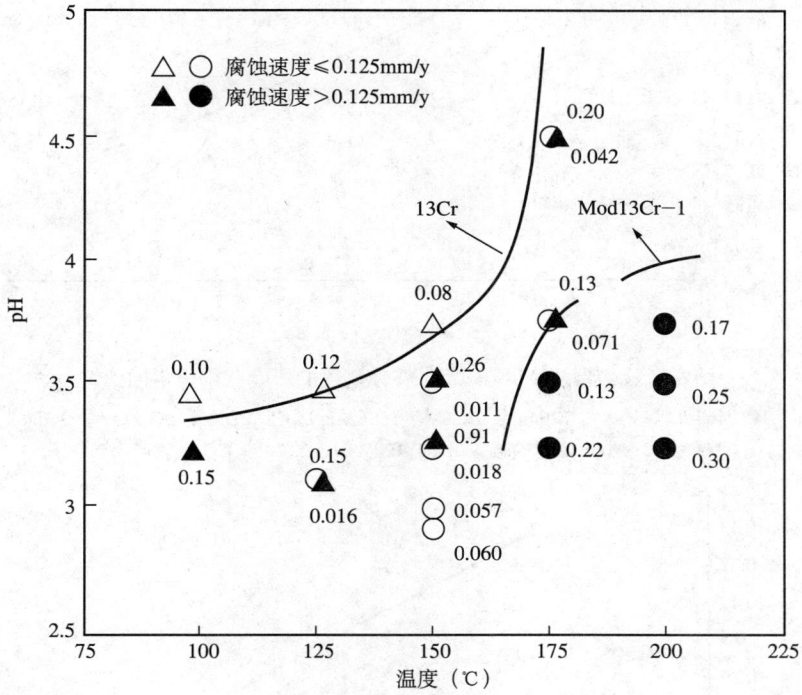

图 4-43　温度和 pH 值对 13Cr、M13Cr-1 腐蚀速度的影响

测试条件：20%NaCl 溶液

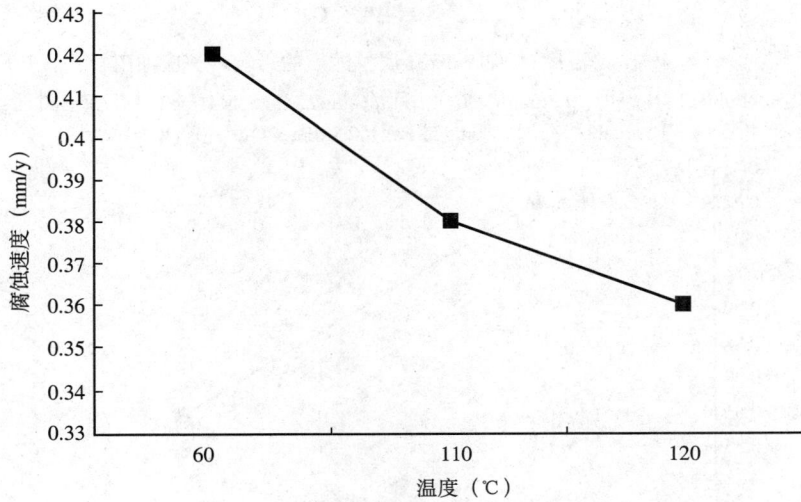

图 4-44　温度对 L80-13Cr 腐蚀速度的影响

测试条件：2.5MPa CO_2，流速 2m/s

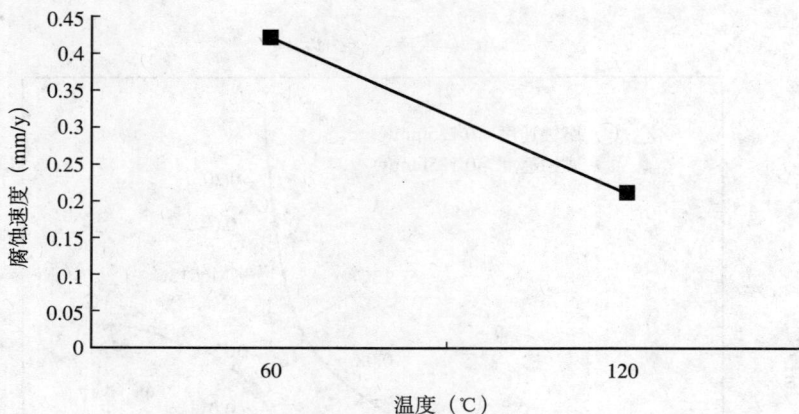

图 4—45　温度对 L80—13Cr 腐蚀速度的影响（塔里木油田）

测试条件：11194mg/L $Na^+ + K^+$，726mg/L HCO_3^-，16862mg/L Cl^-，8000mg/L SO_4^{2-}，25mg/L CO_3^{2-}。60℃时，2.5MPa CO_2，流速 2m/s；120℃时，2.0MPa CO_2，流速 1.5m/s

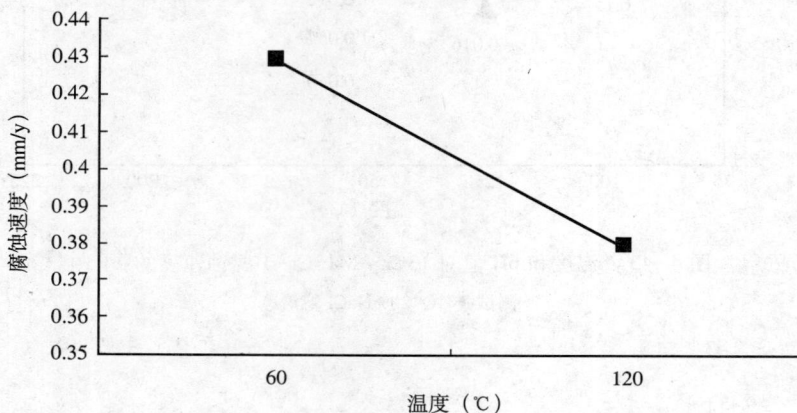

图 4—46　温度对 L80—13Cr 腐蚀速度的影响（长庆油田）

测试条件：17184mg/L $Na^+ + K^+$，122mg/L HCO_3^-，18864mg/L Cl^-，1441mg/L SO_4^{2-}，3000mg/L Ca^{2+}，1200mg/L Mg^{2+}，100mg/L Fe^{3+}。2.5MPa CO_2，流速 2m/s

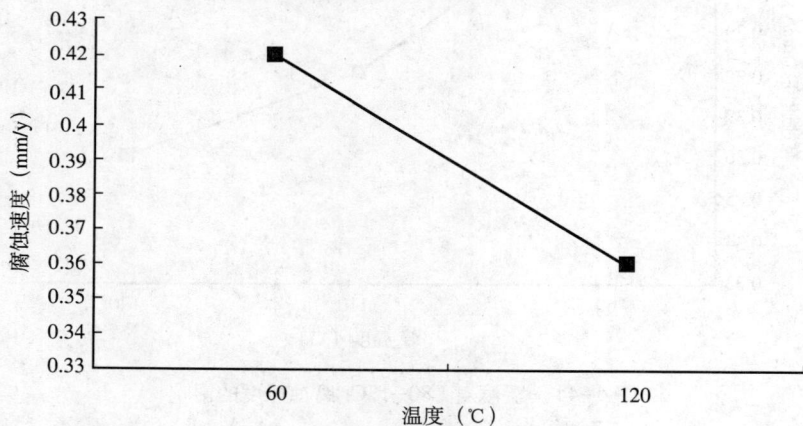

图 4—47　温度对 L80—13Cr 腐蚀速度的影响（西南分公司油田）

测试条件：9633mg/L $Na^+ + K^+$，726mg/L HCO_3^-，18864mg/L Cl^-，1633mg/L SO_4^{2-}，1633mg/L Ca^{2+}，1200mg/L Mg^{2+}。2.5MPa CO_2，流速 2m/s

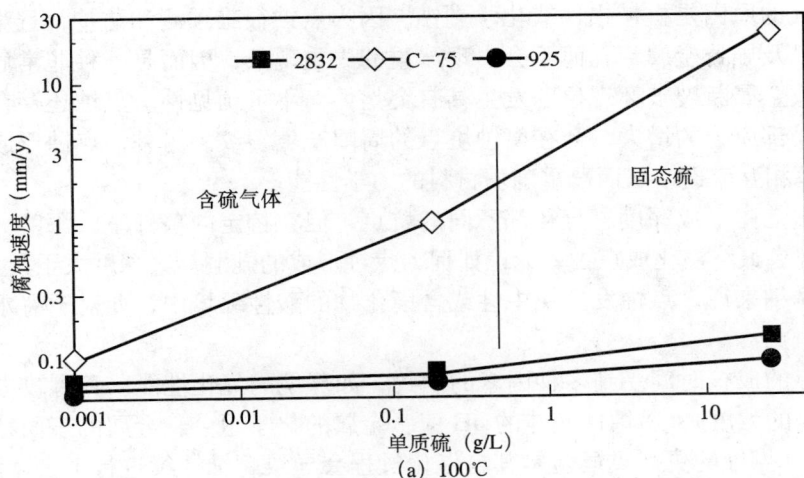

(a) 100℃

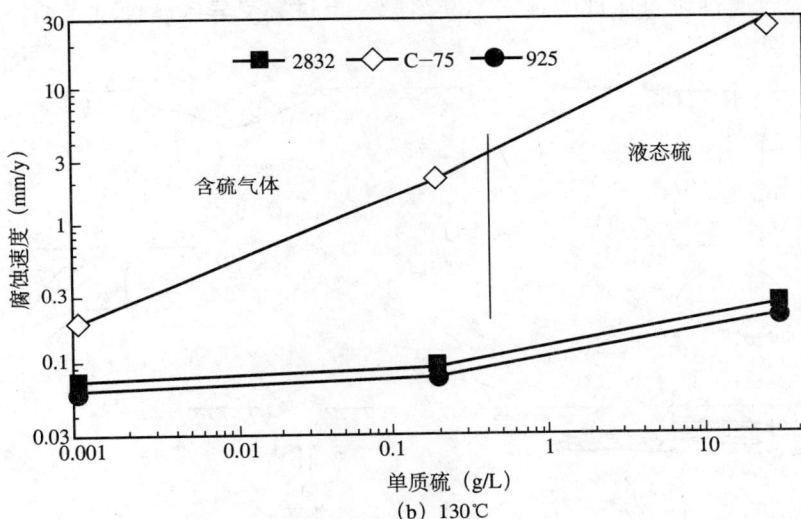

(b) 130℃

图 4—48 酸性环境（含单质硫）条件下部分耐蚀合金的腐蚀速度

测试条件：100bar，酸气，盐水，1 周

表 4—6 酸性环境（含单质硫）条件下部分镍基合金的失重测试结果

项 目	INCONEL 合金 C−276		INCONEL 合金 625		INCONEL 合金 925		INCONEL 合金 825		AISI TYPE 316	
测试方法	A	B	A	B	A	B	A	B	A	B
腐蚀速度 （mm/y）	0.005	0.003	0.018	0.005	0.028	0.030	0.028	0.041	0.099	0.114

注：1. 未施加应力的情况下，进行 15d 的高压釜测试。

2. 溶液 A，15%NaCl 溶液，200psi H_2S+100psi CO_2，1g/L 单质硫，测试温度 232℃。

3. 溶液 B，25%NaCl 溶液，200psi H_2S+100psi CO_2，1g/L 单质硫，测试温度 204℃。

第三节　点蚀性能影响因素

点蚀是局部腐蚀的一种极端形式，它是指腐蚀介质在金属表面的特殊点位形成小孔或坑点。点蚀通常发生在金属的保护膜或氧化膜出现破裂穿孔的位置，造成保护膜或氧化膜出现破裂穿孔的原因是机械损伤或化学剥蚀。因为点蚀很难预测和防护，且难以检测，腐蚀速度快，以及导致金属穿孔而不会出现严重的失重现象，因而是一种非常危险的腐蚀形式。点蚀导致金属断裂破坏现象的发生具有突然性、不可预见性。点蚀还存在一些负面影响，如由于局部应力的增大，会在腐蚀坑点的周围产生裂纹。另外，点蚀形成的孔洞会在金属的表面下相互串通，从而严重削弱材料的力学性能。

点蚀通常会先形成深度、直径都不同的坑点，但在特定的条件下，深度、直径都不同的坑点并非都会最终演化成点蚀。无论如何，点蚀形成的孔洞，其深度大于其直径。

对于不锈钢来说，点蚀发生在中性或含卤化物的酸性环境中，如对于海水，则主要是指氯化物。

点蚀坑点的成核时间受到多种因素的制约，如环境的氧化性能、具有攻击性离子的浓度（如氯化物的浓度）、腐蚀性液体的 pH 值、金属的化学组分、金属的表面特性（如表面缺陷或杂质）。点蚀的更严重危险是其自催化过程会导致腐蚀持续进行下去，而不会中断。这样的过程导致腐蚀坑点底部的金属不断溶解，反过来又导致腐蚀坑点加深。图 4-49 是点蚀形状示意图。

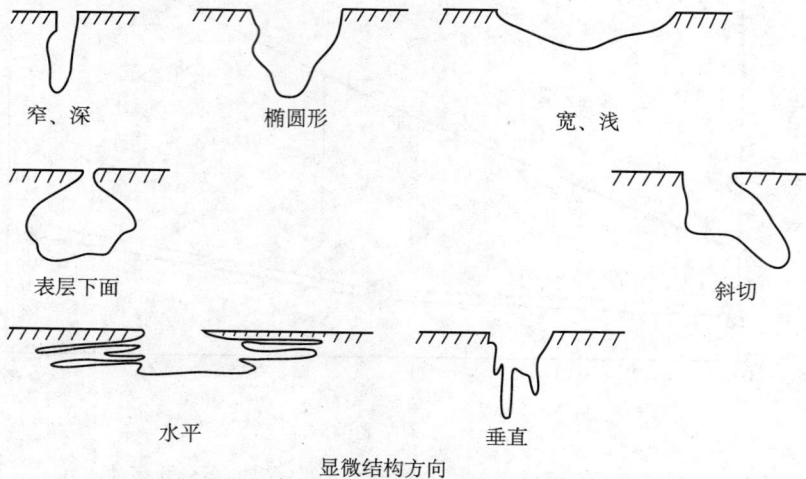

窄、深　　　椭圆形　　　宽、浅

表层下面　　　　　　　斜切

水平　　　垂直

显微结构方向

图 4-49　点蚀形状示意图

点蚀的腐蚀机理可用下面的化学反应方程式来表示：

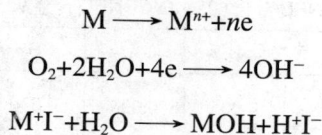

$$M \longrightarrow M^{n+}+ne$$

$$O_2+2H_2O+4e \longrightarrow 4OH^-$$

$$M^+I^-+H_2O \longrightarrow MOH+H^+I^-$$

式中　　M——金属；

M$^+$——金属离子；

e——电子；

I$^-$——阴离子（如 Cl$^-$）。

通常认为靠近腐蚀坑点底部的区域呈严重的酸性环境，从而加剧了金属的溶解。为了使溶液保持中性，来自电解液的阴离子向腐蚀坑点转移，在坑点形成过多的正电荷和金属离子。这些物质溶解在水中产生氢氧化铁和酸，进而降低坑点底部的 pH 值。这意味着出现过多的带负电荷的氢氧根离子和其他阴离子，进一步导致坑点底部的金属溶解速度加快。

针对金属的点蚀现象，可采取必要的防点蚀技术措施。在进行油管、套管材质选择时，应采取如下步骤：首先决定所选的油管、套管材质是否符合油气井的环境条件；其次是改善油气井的环境条件（如氯化物浓度、溶液的 pH 值等）；再次，通过加注缓蚀剂来防止点蚀现象的发生。

由于点蚀在实际环境中的危害性及其难以预测的特点，因此有必要采取一切必要的技术措施，尽可能防止点蚀现象的发生。在实际工作中，通常采取两种方法来预防点蚀现象的发生，一是通过添加不同的合金添加元素来改善合金的防点蚀能力；二是改善合金材料的实际应用环境来防止点蚀的发生。影响点蚀的环境因素包括：Cl^- 含量、温度、CO_2 含量等。

耐蚀合金的防点蚀能力，不仅受到合金材料中添加的 Cr、Mo、Ni 等合金元素的影响，而且也受到外部应用环境的影响，因此在考虑耐蚀合金的选择时，应从计算的点蚀当量指数的数值大小和应用环境两个方面加以考虑。在酸性盐水环境中 CRA 对点蚀和缝隙腐蚀的敏感性如图 4-50 所示。

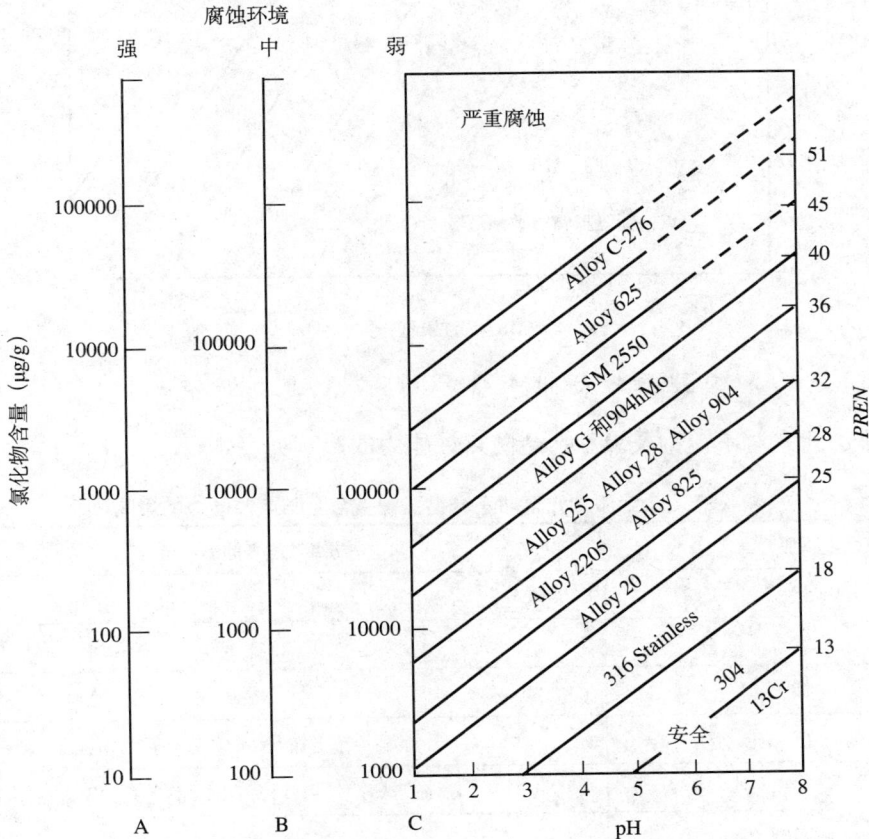

图 4-50　在酸性盐水环境中 CRA 对点蚀和缝隙腐蚀的敏感性

在使用图 4-50 的过程中，有如下三点需要加以说明。

（1）图中的 A 刻度线应用于强腐蚀环境条件，即：存在氧或硫、工作温度 175 ~ 260℃、H_2S 和 CO_2 分压高。

（2）图中的 B 刻度线应用于中等强度腐蚀环境条件，即：无氧或硫、工作温度 110 ~ 200℃、H_2S 和 CO_2 分压高。

（3）图中的 C 刻度线应用于弱腐蚀环境条件，即：无氧、CO_2 分压高、H_2S 分压低、工作温度中等。

针对点蚀的危害性，以及合金添加元素对不锈钢、镍基合金防点蚀能力的影响趋势（是增强还是削弱不锈钢、镍基合金防点蚀能力），根据对比、分析研究，增加合金添加元素 Cr、Ni 和 Mo 的质量分数，对增强不锈钢、镍基合金防点蚀能力，具有决定性的作用。图 4-51 提供了 Cr 和 Mo 含量对合金防点蚀能力的影响情况。

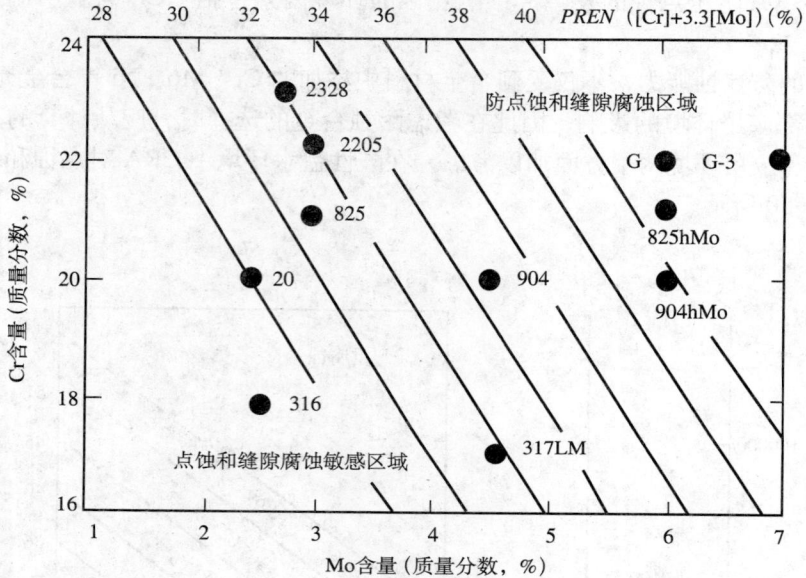

图 4-51　Cr 和 Mo 含量对合金防点蚀能力的影响

合金添加元素对不锈钢及镍基合金防点蚀能力的影响见表 4-7。

表 4-7　合金添加元素对不锈钢及镍基合金防点蚀能力的影响

合金添加元素	防点蚀能力的影响趋势
铬	增强
镍	增强
钼	增强
硅	削弱；但当加入钼时，则表现为增强
钛和铌	存在 $FeCl_3$ 时，表现为削弱；其他介质无影响
硫和硒	削弱
碳	削弱，特别是处于敏感状态，尤其明显
氮	增强
钨	增强

一、合金添加元素的影响

合金添加元素对耐蚀合金防点蚀能力的影响图表索引见表4-8。

表4-8　合金添加元素对耐蚀合金防点蚀能力的影响图表索引

合金添加元素	图号/表号
铬（Cr）	图4-52　Cr含量对耐蚀合金点蚀电位的影响
镍（Ni）	图4-53　Ni含量对镍基合金点蚀电位的影响
钼（Mo）	图4-54　Mo含量对Fe-18Cr-Mo点蚀电位的影响
	图4-55　Mo含量对M13Cr腐蚀速度和点蚀的影响
氮（N）	表4-9　不锈钢310的化学组分
	图4-56　50℃时N含量对不锈钢310点蚀电位的影响
	图4-57　80℃时N含量对不锈钢310点蚀电位的影响
铬（Cr）、镍（Ni）	图4-58　Cr+Ni含量对耐蚀合金点蚀电位的影响

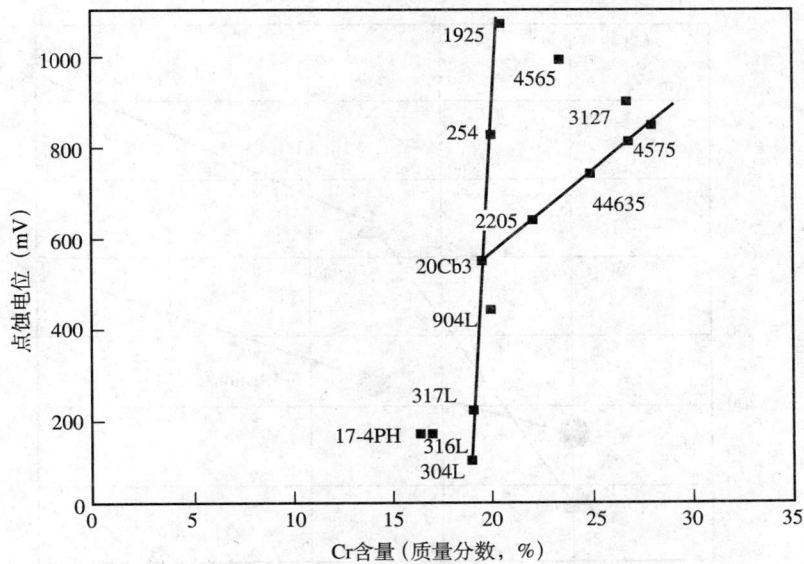

图4-52　Cr含量对耐蚀合金点蚀电位的影响

海水：508mg/L Ca^{2+}，1618mg/L Mg^{2+}，13440mg/L Na$^+$，483mg/L K$^+$，17mg/L Sr^{2+}，176mg/L HCO$_3^-$，24090mg/L Cl$^-$，3384mg/L SO$_4^{2-}$，83mg/L Br$^-$，1mg/L F$^-$，溶解固体总量43800mg/L

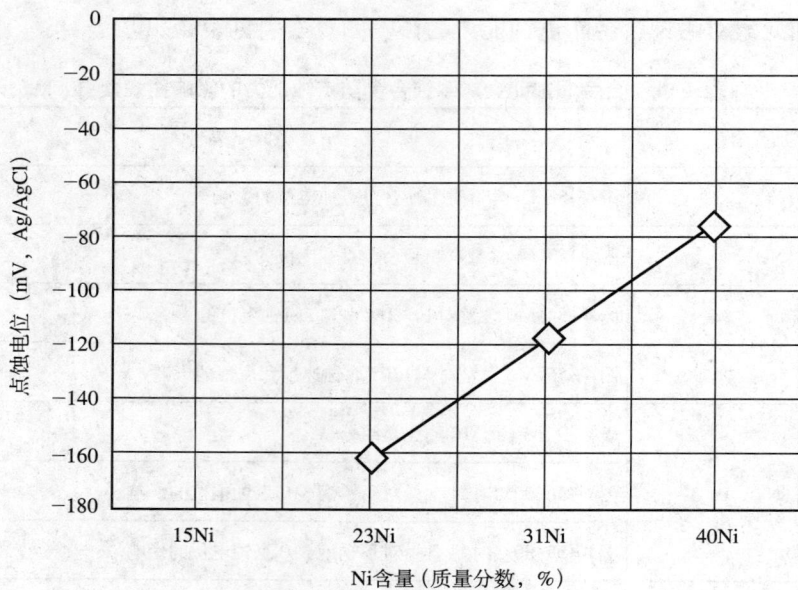

图 4-53　Ni 含量对镍基合金点蚀电位的影响

测试条件：3.5%NaCl 溶液，pH 10，25℃

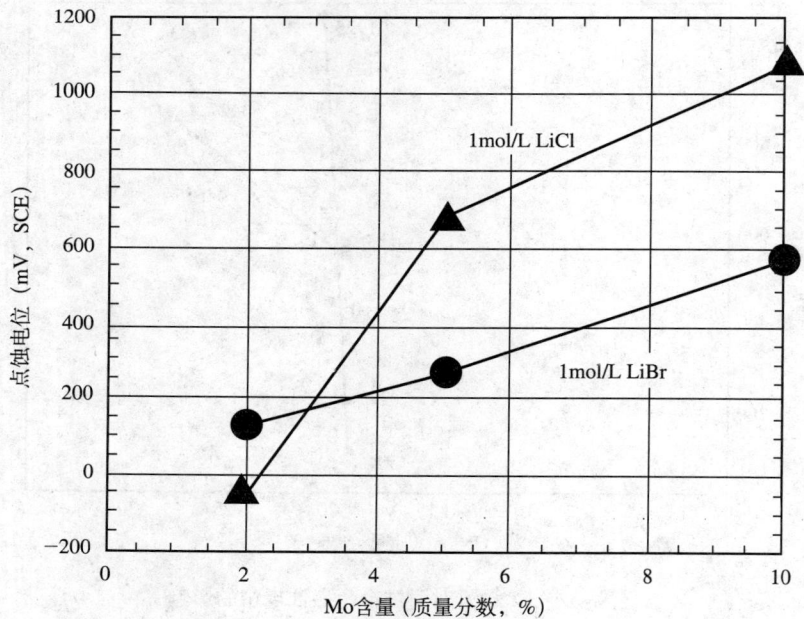

图 4-54　Mo 含量对 Fe-18Cr-Mo 点蚀电位的影响

测试条件：1mol/L LiCl 和 1mol/L LiBr，电位扫描速度 1mV/s，稳定点蚀标准为 100μA

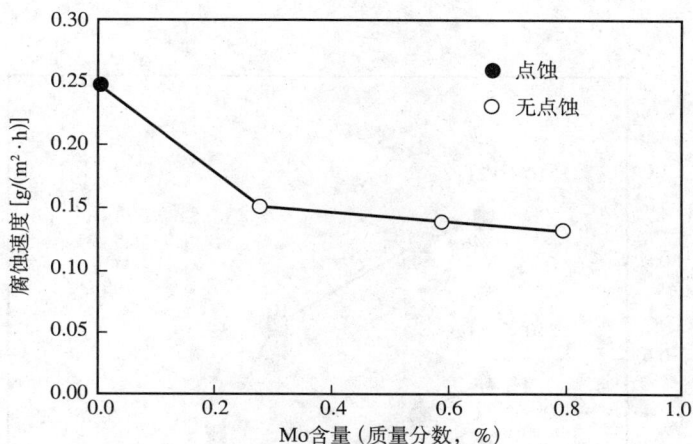

图 4-55　Mo 含量对 M13Cr 腐蚀速度和点蚀的影响

测试条件：25%NaCl 溶液，3.0MPa CO$_2$，175℃，336h

表 4-9　　不锈钢 310 的化学组分　　　　　单位：%（质量分数）

不锈钢类型	C	Si	Mn	P	S
310	0.048	0.33	0.80	0.024	0.0010
310N（1）	0.048	0.32	0.80	0.024	0.0009
310N（2）	0.048	0.31	0.84	0.024	0.0010
不锈钢类型	Ni	Cr	Al	N	O
310	19.8	25.1	0.005	0.023	0.0105
310N（1）	19.9	25.1	0.007	0.194	0.0084
310N（2）	20.1	25.0	0.008	0.325	0.0057

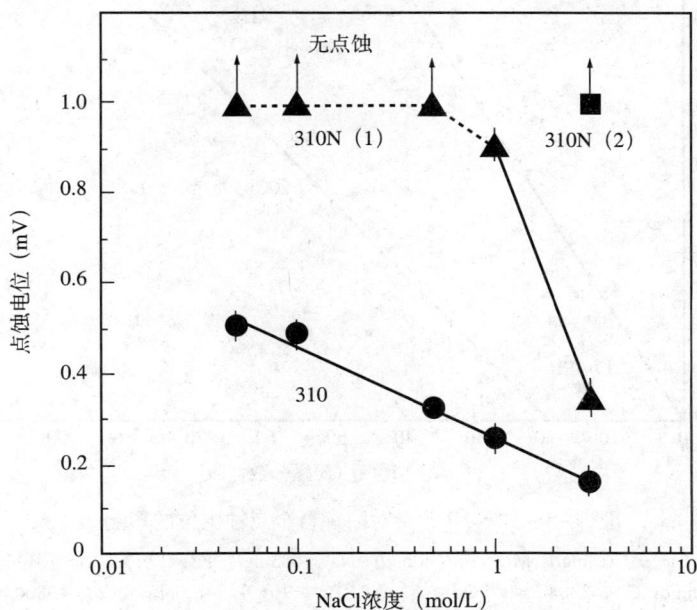

图 4-56　50℃时 N 含量对不锈钢 310 点蚀电位的影响

测试条件：Ag/AgCl/KCl（2mol/L），323K

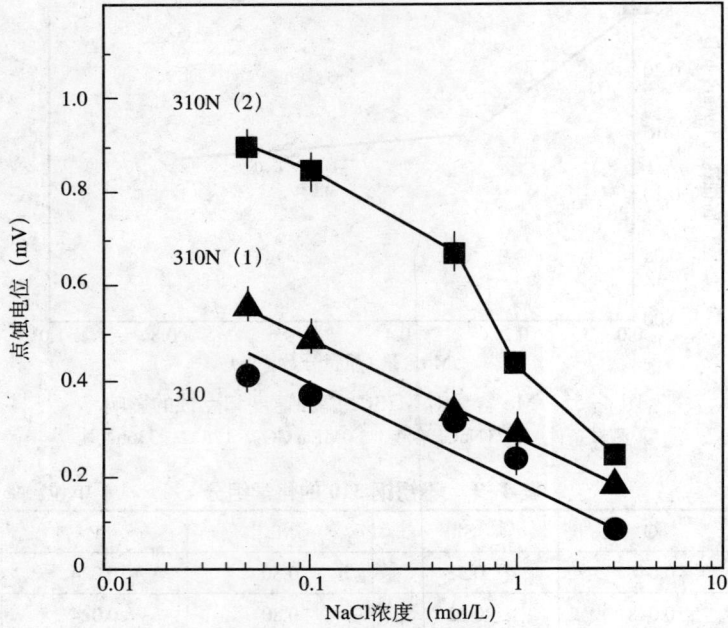

图 4—57　80℃时 N 含量对不锈钢 310 点蚀电位的影响

测试条件：Ag/AgCl/KCl（2mol/L），353K

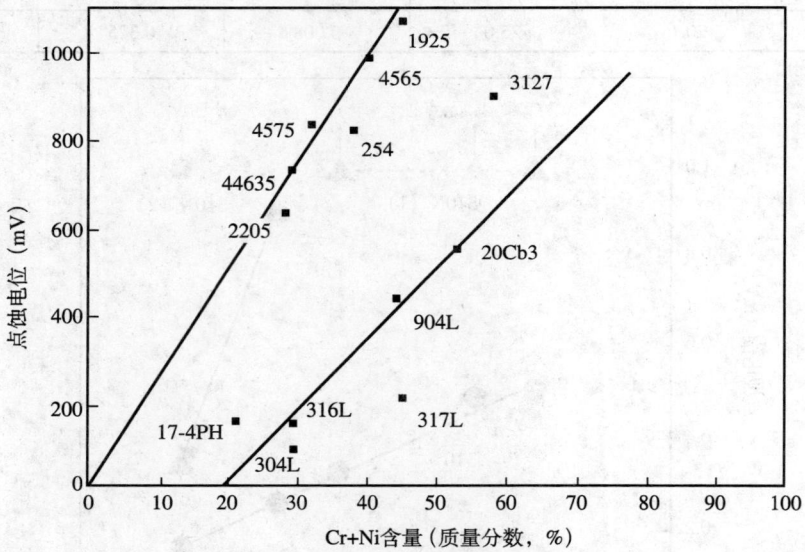

图 4—58　Cr+Ni 含量对耐蚀合金点蚀电位的影响

海水：508mg/L Ca²⁺，1618mg/L Mg²⁺，13440mg/L Na⁺，483mg/L K⁺，17mg/L Sr²⁺，176mg/L HCO₃⁻，24090mg/L Cl⁻，3384mg/L SO₄²⁻，83mg/L Br⁻，1mg/L F⁻，固溶物含量 43800mg/L

二、环境因素的影响

环境因素对耐蚀合金防点蚀能力的影响图表索引见表 4-10。

表 4-10 环境因素对耐蚀合金防点蚀能力的影响图表索引

环境影响因素	图号 / 表号
Cl⁻ 含量	图 4-59 NaCl 含量对 316L 点蚀电位的影响
	图 4-60 Cl⁻ 含量对耐蚀合金点蚀电位的影响
	图 4-61 氯化物含量对镍基合金点蚀电位的影响
	图 4-62 NaCl 含量对 M13Cr 和 New15Cr 点蚀电位的影响
pH 值	图 4-63 pH 值对耐蚀合金点蚀温度的影响
	图 4-64 pH 值对镍基合金点蚀电位的影响
环境温度	图 4-65 温度对耐蚀合金点蚀电位的影响

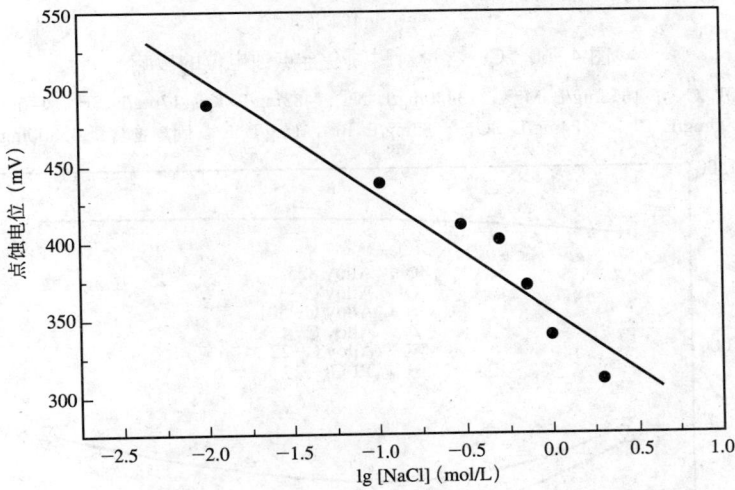

图 4-59 NaCl 含量对 316L 点蚀电位的影响

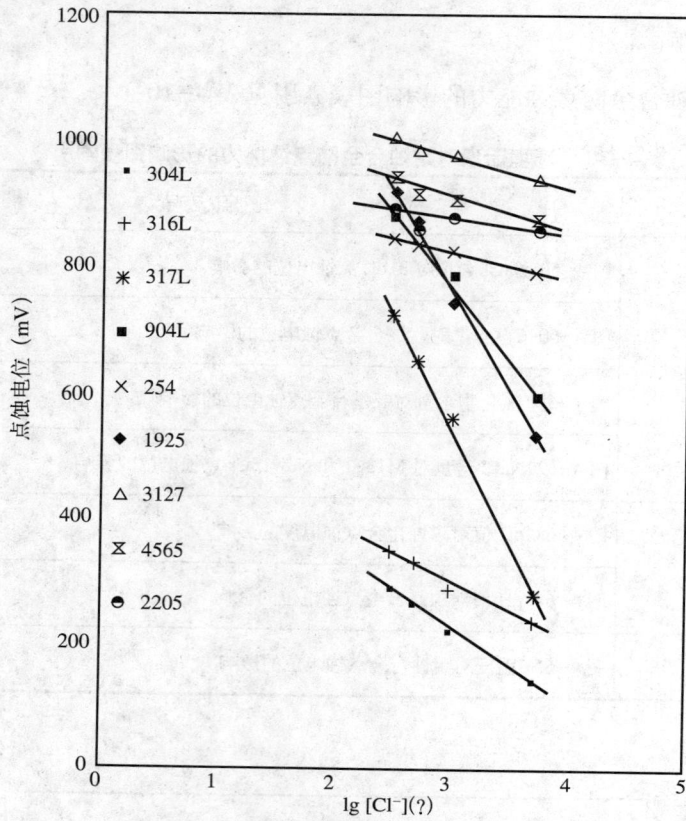

图 4-60 Cl⁻ 含量对耐蚀合金点蚀电位的影响

海水：508mg/L Ca^{2+}，1618mg/L Mg^{2+}，13440mg/L Na^+，483mg/L K^+，17mg/L Sr^{2+}，176mg/L HCO_3^-，24090mg/L Cl^-，3384mg/L SO_4^{2-}，83mg/L Br^-，1mg/L F^-，固溶物含量 43800mg/L

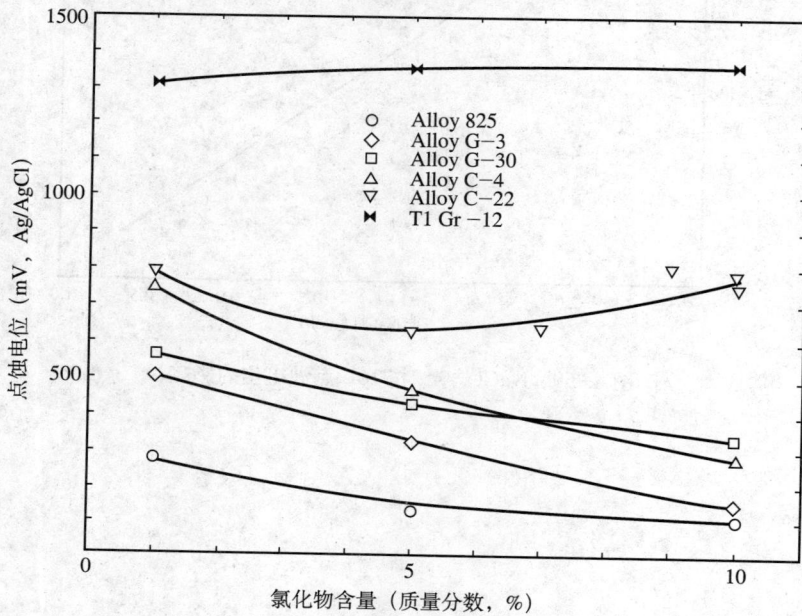

图 4-61 氯化物含量对镍基合金点蚀电位的影响

测试条件：90℃，酸性盐水，pH2.25 ~ 2.85

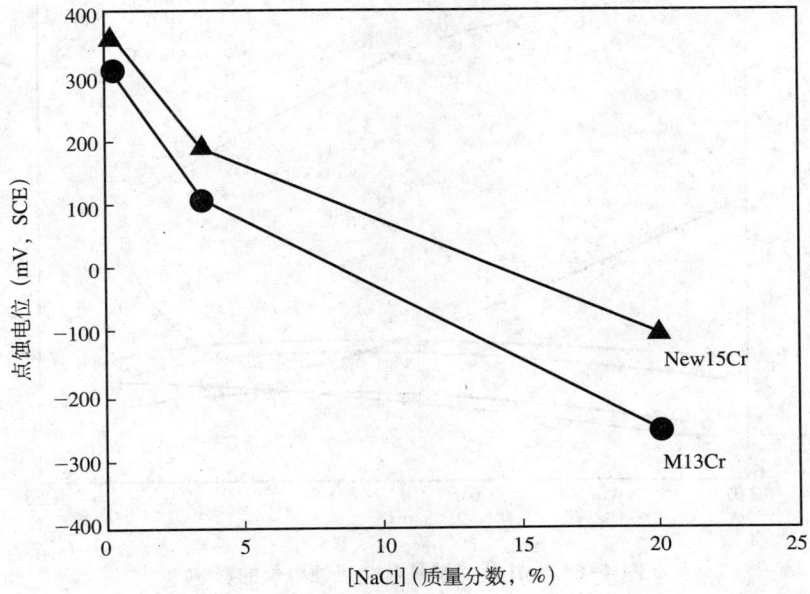

图 4-62 NaCl 含量对 M13Cr 和 New15Cr 点蚀电位的影响

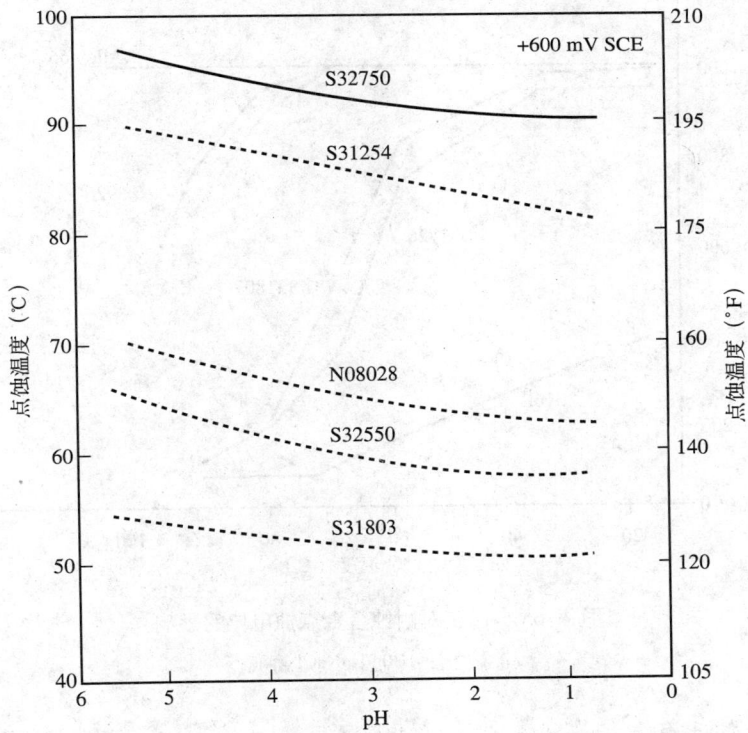

图 4-63 pH 值对耐蚀合金点蚀温度的影响

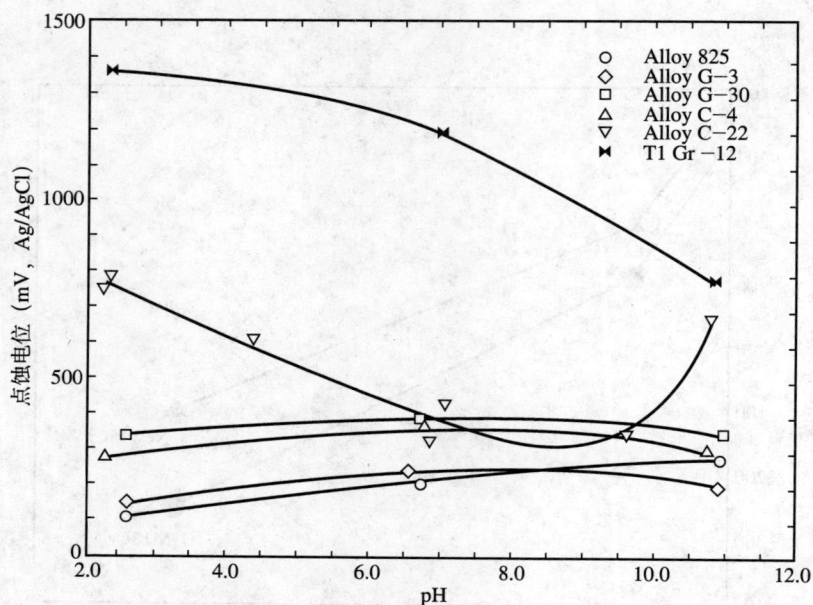

图 4-64　pH 值对镍基合金点蚀电位的影响

测试条件：90℃，10%NaCl 溶液

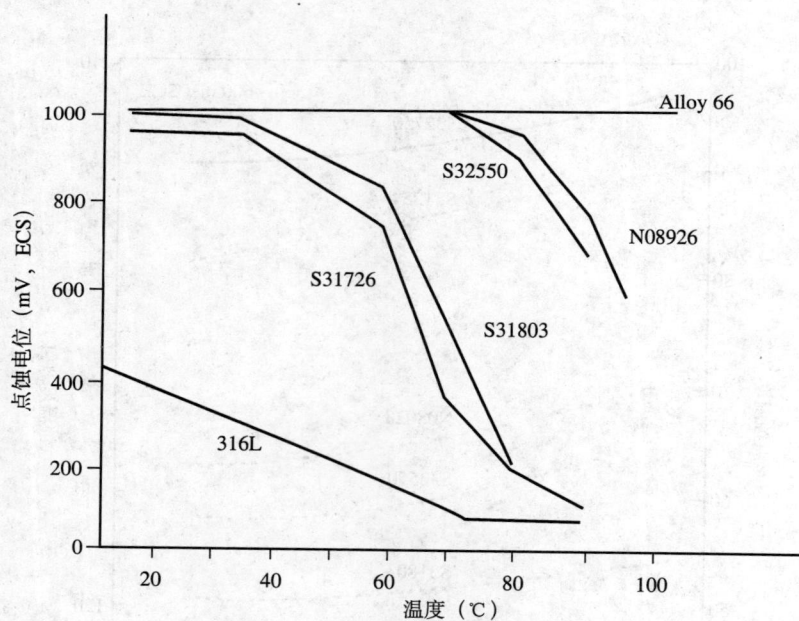

图 4-65　温度对耐蚀合金点蚀电位的影响

测试条件：30g/L　NaCl 溶液

三、点蚀当量指数计算

点蚀当量指数的计算，可按铁素体不锈钢、双相不锈钢、奥氏体不锈钢和镍基合金的组分不同，分别采取不同的计算方法，这样计算的结果在一定范围内具有可比性，可确保合金的防点蚀能力与点蚀当量指数呈正相关关系。下面分别针对不同的合金材质，列出相应的点蚀当量指数 *PREN* 计算公式。

铁素体不锈钢：

$$PREN=[Cr]+3.3[Mo]$$

双相不锈钢：

$$PREN=[Cr]+3.3[Mo]+16[N]$$

奥氏体不锈钢：

$$PREN=[Cr]+3.3[Mo]+30[N]$$

镍基合金：

$$PREN=[Cr]+3.3[Mo]+11[N]+1.5([W]+[Nb])$$

式中　　[Cr]——合金中的 Cr 含量，%；

[Mo]——合金中的 Mo 含量，%；

[N]——合金中的 N 含量，%；

[W]——合金中的 W 含量，%；

[Nb]——合金中的 Nb 含量，%。

但对于镍基合金，Ni 含量的多少比 *PREN* 的大小更重要。如合金 028 和合金 825，前者的点蚀当量指数是 41，后者的点蚀当量指数是 32，但后者的防点蚀能力却优于前者，原因在于后者的 Ni 含量高达 42%。

合金 028 和合金 825 的防点蚀测试数据见表 4-11。

表 4-11　合金 028 和合金 825 的防点蚀测试数据

合金类型	点蚀密度（点 /cm²）	最大点蚀深度（mm）	腐蚀速度（mm/y）
合金 825	1.0	0.013	<0.003
	0.2	0.013	<0.003
合金 028	1.1	0.038	<0.003
	0.8	0.038	<0.003

注：测试条件为 100000 μg/g Cl⁻，0.690MPa H_2S+2.76MPa CO_2，204℃、30d。

铁素体不锈钢、马氏体不锈钢、双相不锈钢、奥氏体不锈钢，以及镍基合金、钴基合金、锆合金和钛合金等的化学组分及点蚀当量指数见表 4-12 ～表 4-25。

表 4-12　铁素体不锈钢化学组分及点蚀当量指数　　单位：%（质量分数）

UNS 编号	通用名	Fe	Mn	Cr	Ni	Co	Mo	W	N	Cb	点蚀当量指数
S44400	18-2	75.50	1.00	18.50	1.00	0.00	2.125	0.00	0.025	0.80	26.99
S50100	AISI 501	92.25	1.00	5.00	0.00	0.00	0.55	0.00	0.00	0.00	6.81
S44800	29-4-2	64.18	0.30	29.00	2.25	0.00	3.825	0.00	0.02	0.00	41.84

UNS 编号	通用名	Fe	Mn	Cr	Ni	Co	Mo	W	N	Cb	点蚀当量指数
S44735	29−4C	63.25	1.00	29.00	1.00	0.00	3.90	0.00	0.05	0.00	42.37
S44700	29−4	66.30	0.30	29.00	0.15	0.00	3.825	0.00	0.02	0.00	41.84
S44660	SC−1	64.80	1.00	26.50	2.25	0.00	3.50	0.00	0.04	0.80	39.69
S44635	26−4−4	64.30	1.00	25.13	4.00	0.00	4.00	0.00	0.04	0.70	39.77
S44627	26−1−Cb	71.20	0.40	26.00	0.50	0.00	1.13	0.00	0.02	0.13	30.09
S44500	ASTM A240	76.10	1.00	20.00	0.60	0.00	0.00	0.00	0.03	0.65	21.30
S44600	446	72.00	1.50	25.00	0.00	0.00	0.00	0.00	0.25	0.00	27.75
S40500	405	84.65	1.00	13.00	0.00	0.00	0.00	0.00	0.00	0.00	13.00
S44200	442	77.23	1.00	20.50	0.00	0.00	0.00	0.00	0.00	0.00	20.50
S43600	436	79.20	1.00	17.00	0.00	0.00	1.00	0.00	0.00	0.00	20.75
S43400	434	79.80	1.00	17.00	0.00	0.00	1.00	0.00	0.00	0.00	20.30
S43000	430	80.80	1.00	17.00	0.00	0.00	0.00	0.00	0.00	0.00	17.00
S42900	429	82.81	1.00	15.00	0.00	0.00	0.00	0.00	0.00	0.30	15.00
S40900	409	85.50	1.00	11.13	0.50	0.00	0.00	0.00	0.00	0.00	11.13
S44626	21−1−Ti	69.20	0.75	26.00	0.50	0.00	1.13	0.00	0.04	0.00	30.17

表 4−13　马氏体不锈钢化学组分及点蚀当量指数　　　　单位：%（质量分数）

UNS 编号	通用名	Fe	Mn	Cr	Ni	Co	Mo	W	N	Cb	点蚀当量指数
S42000	420/13Cr	84.40	1.00	13.00	0.00	0.00	0.00	0.00	0.00	0.00	13.00
S41426	13CrS	77.50	0.00	12.50	5.50	0.00	2.30	0.00	0.00	0.00	20.10
S42000−4	HP2−13Cr		0.60	13.00	5.00	0.00	2.15	0.00	0.00	0.00	20.09
S42000−3	HP1−13Cr		0.60	13.00	4.00	0.00	1.15	0.00	0.00	0.00	16.80
S41425	AF913	71.50	0.75	13.50	5.50	0.00	1.75	0.00	0.09	0.00	20.30
S50400	9Cr−1Mo−1	88.60	0.45	9.00	0.00	0.00	1.00	0.00	0.00	0.00	12.30
S42500	15Cr	80.63	1.00	15.00	1.10	0.00	0.50	0.00	0.20	0.00	18.85
S41427	None	76.50	0.00	12.00	5.25	0.00	2.00	0.00	0.00	0.00	18.60
S42000−2	SUPER−13−Cr	84.80	1.00	13.00	0.00	0.00	0.00	0.00	0.00	0.00	19.60
J91150	CA−15	83.02	1.00	12.75	1.00	0.00	0.50	0.00	0.00	0.00	14.40

UNS 编号	通用名	Fe	Mn	Cr	Ni	Co	Mo	W	N	Cb	点蚀当量指数
S41500	F6NM-2	80.54	0.75	12.75	4.50	0.00	0.75	0.00	0.00	0.00	15.23
S41000	410	85.20	1.00	12.50	0.00	0.00	0.00	0.00	0.00	0.00	12.50
K90941	9Cr-1Mo-2	88.60	0.45	9.00	0.00	0.00	1.00	0.00	0.00	0.00	12.30
J91540	CA-6NM	81.42	1.00	12.75	4.00	0.00	0.70	0.00	0.00	0.00	15.06
J91151	CA-15M	83.02	1.00	12.75	1.00	0.00	0.50	0.00	0.00	0.00	14.40
S42400	F6NM-1	81.20	0.75	13.00	4.00	0.00	0.50	0.00	0.00	0.00	14.65

表 4-14　双相不锈钢化学组分及点蚀当量指数　　　　单位：%（质量分数）

UNS 编号	通用名	Fe	Mn	Cr	Ni	Co	Mo	W	N	Cb	点蚀当量指数
S32900	329	67.35	1.00	25.50	3.75	0.00	1.50	0.00	0.00	0.00	30.45
S32950	7-Mo Plus	64.10	2.00	27.50	4.35	0.00	1.75	0.00	0.25	0.00	36.03
S32803b	2803Mo	64.40	0.50	28.50	3.50	0.00	2.15	0.00	0.03	0.33	36.40
S32520	52N+	58.50	1.50	25.00	6.75	0.00	4.00	0.00	0.28	0.00	41.30
S39277	AF918	60.57	0.00	25.00	7.25	0.00	3.50	1.00	0.28	0.00	41.13
S39274	DP3W	60.42	1.00	25.00	7.00	0.00	3.00	2.00	0.28	0.00	40.98
S32760a	ZERON100 ASTM:A240	58.00	1.00	25.00	7.00	0.00	3.50	0.75	0.25	0.00	40.42
J93404	ALLOY-958	60.77	1.50	25.00	7.00	0.00	4.50	0.00	0.20	0.00	42.05
J93370	CD4MCu	65.10	1.00	25.50	5.40	0.00	2.00	0.00	0.00	0.00	32.10
J93345	ESCOLOY	61.90	1.00	25.50	9.50	0.00	3.75	0.00	0.20	0.00	38.08
S31200	44LN	64.13	2.00	25.00	6.00	0.00	1.60	6.00	0.17	0.00	41.15
S32750	2507	61.60	1.20	25.00	7.00	0.00	4.00	0.00	0.28	0.00	41.28
S32550	FERRALIUM-255	60.80	1.50	25.50	5.50	0.00	3.40	0.00	0.18	0.00	38.65
S32404	URANUS-50	64.20	21.50	21.50	7.00	0.00	2.50	0.00	0.20	0.00	31.95
S32803	DUPLEX-2205	66.30	2.00	22.00	5.50	0.00	3.00	0.00	0.14	0.00	33.44
S31500	3RE60	70.60	1.60	18.50	4.75	0.00	2.75	0.00	0.00	0.00	27.58
S31260	DP-3-25-Cr	62.66	1.00	25.00	6.50	0.00	3.00	0.30	0.20	0.00	37.55
J93380	ZERON100 ASTM:A351	60.20	1.00	25.00	7.50	0.00	3.50	0.75	0.25	0.00	40.42

表 4-15 沉淀奥氏体不锈钢化学组分及点蚀当量指数　　单位：%（质量分数）

UNS 编号	通用名	Fe	Mn	Cr	Ni	Co	Mo	W	N	Cb	点蚀当量指数
S13800	PH-13-8-Mo	75.50	0.20	12.75	8.00	0.00	2.25	0.00	0.01	0.00	20.29
S15500	15-5PH	74.80	1.00	14.75	4.50	0.00	0.00	0.00	0.00	0.30	15.20
S15700	PH-15-7-Mo	72.60	1.00	15.00	6.66	0.00	2.50	0.00	0.00	0.00	23.25
S17400	17-4-PH	72.90	1.00	16.25	4.00	0.00	0.00	0.00	0.00	0.30	16.70
S17600	STAINLESS-W	73.60	1.00	16.25	6.75	0.00	0.00	0.00	0.00	0.00	16.25
S17700	17-7-PH	73.12	1.00	17.60	7.15	0.00	0.00	0.00	0.00	0.00	17.60
S35500	AM-355	75.56	0.83	15.50	4.50	0.00	2.825	0.00	0.10	0.00	25.92
S36200	ALMAR-362	77.27	0.50	14.50	6.50	0.00	0.00	0.00	0.00	0.00	14.50
S45000	CUSTOM-450	74.24	1.00	15.00	6.00	0.00	0.75	0.00	0.00	0.40	18.08
S45500	CUSTOM-455	88.73	0.50	11.75	8.50	0.00	0.50	0.00	0.00	0.30	13.85
S66286	ALLOY-A286	93.34	2.00	14.75	25.50	0.00	1.25	0.00	0.00	0.00	18.88

表 4-16 普通奥氏体不锈钢化学组分及点蚀当量指数　　单位：%（质量分数）

UNS 编号	通用名	Fe	Mn	Cr	Ni	Co	Mo	W	N	Cb	点蚀当量指数
S30900	309	60.23	2.00	23.00	13.50	0.00	0.00	0.00	0.00	0.00	23.00
S20500	AISI 205	64.20	14.75	17.00	1.38	0.00	0.00	0.00	0.36	0.00	20.96
S20200	AISI 202	68.40	8.75	18.00	5.00	0.00	0.00	0.00	0.25	0.00	20.75
S20100	AISI 201	70.40	6.50	17.00	4.50	0.00	0.00	0.00	0.25	0.00	19.75
J92843	None	65.10	1.13	19.50	9.50	0.00	1.38	1.38	0.00	0.00	26.12
S32100	AISI 321	68.05	2.00	18.00	10.50	0.00	0.00	0.00	0.00	0.00	18.00
S34700	347	67.05	2.00	18.00	11.00	0.00	0.00	0.00	0.00	0.80	19.20
S31700	317	61.35	2.00	19.00	13.00	0.00	3.50	0.00	0.00	0.00	30.55
S31603	316L	65.40	2.00	17.00	12.00	0.00	2.50	0.00	0.00	0.00	25.25
S31635	316Ti	64.10	2.00	17.00	12.00	0.00	2.50	0.00	0.10	0.00	26.35
S31000	310	50.70	2.00	25.00	20.50	0.00	0.00	0.00	0.00	0.00	25.00
J92500	CF-3	67.39	1.50	19.00	10.00	0.00	0.00	0.00	0.00	0.00	19.00
S30800	308	65.85	2.00	20.00	11.00	0.00	0.00	0.00	0.00	0.00	20.00
S30500	305	67.30	2.00	18.00	11.50	0.00	0.00	0.00	0.00	0.00	18.00
S30403	304L	68.00	2.00	19.00	10.00	0.00	0.00	0.00	0.00	0.00	19.00

UNS 编号	通用名	Fe	Mn	Cr	Ni	Co	Mo	W	N	Cb	点蚀当量指数
S30400	304	68.60	2.00	19.00	9.25	0.00	0.00	0.00	0.00	0.00	19.00
S30200	302	69.80	2.00	18.00	9.00	0.00	0.00	0.00	0.00	0.00	18.00
S20910	22—13—5	56.40	5.00	22.00	12.50	0.00	2.25	0.00	0.30	0.20	33.03
J92900	CF—8M	63.84	1.50	19.50	10.50	0.00	2.50	0.00	0.00	0.00	27.75
J92800	CF—3M	64.39	1.50	19.00	11.00	0.00	2.50	0.00	0.00	0.00	27.25
J92600	CF—8	67.34	1.50	19.50	9.50	0.00	0.00	0.00	0.00	0.00	19.50
S31600	316	65.40	2.00	17.00	12.00	0.00	2.50	0.00	0.00	0.00	25.25
S38100	18—18—2	59.86	2.00	18.00	18.00	0.00	0.00	0.00	0.00	0.00	18.00

表 4-17 高级合金奥氏体不锈钢化学组分及点蚀当量指数 单位：%（质量分数）

UNS 编号	通用名	Fe	Mn	Cr	Ni	Co	Mo	W	N	Cb	点蚀当量指数
J93254	CK3MCuN	51.66	1.20	20.00	18.60	0.00	6.50	0.00	0.21	0.00	43.76
N08320	20Mod	44.50	2.50	22.00	26.00	0.00	5.00	0.00	0.00	0.00	38.50
J95370	None	42.50	8.50	24.50	17.50	0.25	4.50	0.50	0.75	0.00	48.35
N08036-2	Sanicro 36Mo		5.00	27.00	34.00	0.00	5.50	0.00	0.40	0.00	49.5
S31277	INC 27—7Mo	39.65	3.00	21.75	27.00	0.00	7.25	0.00	0.35	0.00	49.53
N08036	20Mo—6HS	32.40	1.00	24.00	35.10	0.00	5.85	0.00	0.29	0.00	46.44
S32200	N—25	49.00	1.00	21.50	25.00	0.00	3.00	0.00	0.00	0.00	31.40
S31266	URANUS B66	41.00	3.00	24.00	22.50	0.00	6.00	2.00	0.48	0.00	52.08
N08925	25—6 Mo	47.80	1.00	20.00	24.50	0.00	6.50	0.00	0.15	0.00	43.10
J95150	ACI CN—7M	41.40	1.50	20.50	29.00	0.00	2.50	0.00	0.00	0.00	28.75
N08020	20—CB—3	35.10	2.00	20.00	35.00	0.00	2.50	0.00	0.00	0.75	29.38
S34565	Remanit 4565S	46.83	6.00	24.00	17.00	0.00	4.50	0.00	0.50	0.10	44.50
S32654	654 SMO	41.50	3.00	24.50	22.00	0.00	7.50	0.00	0.50	0.00	54.75
S31254	254—SMO	55.50	0.00	20.00	18.00	0.00	6.30	0.00	0.00	0.00	40.99
N08926	ALLOY 25—6	46.30	2.00	20.00	25.00	0.00	6.50	0.00	0.20	0.00	43.65
N08904	904L	44.40	2.00	21.00	25.50	0.00	4.50	0.00	0.00	0.00	35.85
N08367	ALLOY—6XN	44.90	2.00	21.00	24.50	0.00	6.50	0.00	0.22	0.00	44.82
N08007	ACI CN—7M	41.40	1.50	20.50	29.00	0.00	2.50	0.00	0.00	0.00	28.75
N08028	ALLOY—28	32.91	2.50	27.00	32.00	0.00	3.50	0.00	0.00	0.00	38.55
N08024	20Mo—4	31.65	1.00	23.75	37.50	0.00	4.25	0.00	0.20	0.00	40.99

表 4-18　固溶镍基合金化学组分及点蚀当量指数　　单位：%（质量分数）

UNS 编号	通用名	Fe	Mn	Cr	Ni	Co	Mo	W	N	Cb	点蚀当量指数
N08042	N-42M	25.75	1.00	21.50	42.00	0.00	6.00	0.00	0.00	0.00	41.30
CW6MC	Cast 625	5.00	1.00	21.50	57.00	0.00	9.00	0.00	0.00	3.65	51.20
N10002	ALLOY-C	5.50	1.00	15.50	54.25	2.50	16.00	3.75	0.00	0.00	73.93
N10276	ALLOY-C-276	5.50	1.00	16.00	55.24	2.50	16.00	3.75	0.00	0.00	74.43
N06002	HASTELLOY X	18.50	1.00	21.75	46.55	1.50	9.00	0.60	0.00	0.00	52.35
N06059	ALLOY-59	1.50	0.50	23.00	58.75	0.30	15.75	0.00	0.00	0.00	74.97
N06952	N-52	13.20	1.00	25.00	52.00	0.00	7.00	0.00	0.00	0.00	48.10
N08825	ALLOY-825	28.54	1.00	21.50	42.00	0.00	3.00	0.00	0.00	0.00	31.40
N08032	INCO ALLOY 032	40.85	1.00	21.50	32.00	0.00	4.50	0.00	0.00	0.00	36.35
N08535	SM2535	35.40	1.00	25.50	32.75	0.00	3.25	0.00	0.00	0.00	36.23
N08826	ASTM:B163	23.00	1.00	21.50	42.00	0.00	3.00	0.00	0.00	0.90	32.75
N10001	HASTELLOY B	6.00	1.00	1.00	58.21	2.50	29.50	0.00	0.00	0.00	98.35
N26625	ASTM:A494	5.00	1.00	21.50	58.57	0.00	9.00	0.00	0.00	3.83	56.95
N08026	20Mo-6	30.50	1.00	24.00	35.10	0.00	5.85	0.00	0.13	0.00	44.74
N08007-2	ACI CN-7M	41.40	1.50	20.50	39.00	0.00	2.50	0.00	0.00	0.00	28.75
CW12MW	Cast C-276	6.00	1.00	16.50	55.00	0.00	17.00	4.50	0.00	0.00	79.35
N08031	ALLOY 31	32.05	2.00	27.00	31.00	0.00	6.50	0.00	0.20	0.00	50.65
N06686	ALLOY 686	5.00	0.75	21.00	53.27	0.00	16.00	3.70	0.00	0.00	79.35
N06022	ALLOY-C-22	4.00	0.50	21.25	54.77	2.50	13.50	3.00	0.00	0.00	70.30
N06030	ALLOY-G-30	15.00	1.50	29.75	37.51	5.00	5.00	2.75	0.00	0.90	51.73
N06060	SM2060Mo	5.11	1.50	20.50	57.00	0.00	13.00	0.75	0.00	0.83	65.76
N06110	ALLCORR	0.00	0.00	30.00	38.85	12.00	10.00	4.00	0.00	2.00	72.00
N06250	ALLOY 2050	12.80	1.00	21.50	52.00	0.00	11.05	0.75	0.00	0.00	59.09
N06255	SM2550	11.50	1.00	24.50	49.50	0.00	7.50	3.00	0.00	0.00	53.75
N06455	ALLOY-C-4	3.00	1.00	16.00	62.50	2.00	15.50	0.00	0.00	0.00	67.15
N08825-2	INCOLOY 825	28.54	1.00	21.50	42.00	0.00	3.00	0.00	0.00	0.00	32.55
N06625	ALLOY-625	5.00	0.50	21.50	58.92	0.00	9.00	0.00	0.00	3.65	56.68
N06007	ALLOY G	19.50	1.50	22.25	41.50	2.50	6.50	1.00	0.00	2.13	48.40
N06950	ALLOY G-50	17.50	1.00	20.00	50.00	2.50	9.00	1.00	0.00	0.50	51.95
N06975	ALLOY-G-2/2550	15.85	1.00	22.25	49.50	0.00	7.00	0.00	0.00	0.00	45.35
N06985	ALLOY G-3	19.50	1.00	22.25	40.00	5.00	7.00	1.50	0.00	0.50	48.35
N08024	20Mo-4	31.65	1.00	23.75	37.50	0.00	4.25	0.00	0.00	0.25	38.15
N08028	ALLOY-28	32.91	2.50	27.00	32.00	0.00	3.50	0.00	0.00	0.00	38.55
N08135	SM2035	36.50	1.00	22.00	35.50	0.00	4.50	0.50	0.00	0.00	37.60
N06600	INCONEL 600	8.00	1.00	15.50	74.00	0.00	0.00	0.00	0.00	0.00	15.50
N08800	INCONEL 800	42.30	1.50	21.00	32.50	0.00	0.00	0.00	0.00	0.00	21.00
N06601	INCONEL 601	3.00	1.00	16.00	62.50	2.00	15.50	0.00	0.00	0.00	67.15
N06250	ALLOY 2050	12.80	1.00	21.50	52.00	0.00	11.05	0.75	0.00	0.00	59.09

表 4-19　沉淀硬化镍基合金化学组分及点蚀当量指数　　单位：%（质量分数）

UNS 编号	通用名	Fe	Mn	Cr	Ni	Co	Mo	W	N	Cb	点蚀当量指数
N07031	PYROMET 31	13.90	0.20	22.50	56.50	0.00	2.00	0.00	0.00	0.00	29.10
N07716	625-PLUS	5.82	0.20	20.50	60.00	0.00	8.25	0.00	0.00	3.33	52.72
N07718	ALLOY-718	18.80	0.35	19.00	52.50	1.00	3.05	0.00	0.00	5.12	36.75
N07725	ALLOY-725	8.37	0.35	20.75	57.00	0.00	8.25	0.00	0.00	3.33	52.97
N07750	ALLOY-X-750	1.26	1.00	15.50	70.00	0.00	0.00	0.00	0.00	0.95	16.93
N09925	ALLOY-925	26.70	1.00	21.50	42.00	0.00	3.00	0.00	0.00	0.50	32.15
N07048	None	19.50	0.80	21.75	46.45	2.00	6.00	0.00	0.00	0.50	42.30
N07090	NIMONIC 90	3.00	1.00	19.50	53.20	18.00	0.00	0.00	0.00	0.00	19.50
N07626	None	6.00	0.50	22.50	53.85	1.00	9.00	0.00	0.05	5.00	60.25
N07773	PH3	8.00	1.00	22.50	52.50	0.00	3.75	0.50	0.00	4.25	42.00
N07924	None	10.00	0.20	21.50	52.00	3.00	6.25	0.50	0.02	3.13	47.78
N09777	PH7	37.05	1.00	16.50	38.00	0.00	4.00	2.50	0.00	0.10	33.60
N06625 2	ALLOY-625	5.00	0.50	21.50	58.92	0.00	9.00	0.00	0.00	3.65	56.68

表 4-20　钴基合金化学组分及点蚀当量指数　　单位：%（质量分数）

UNS 编号	通用名	Fe	Mn	Cr	Ni	Co	Mo	W	N	Cb	点蚀当量指数
R30006	STELLITE-6	3.00	1.00	29.00	3.00	54.30	1.50	4.50	0.00	0.00	40.70
R30605	ALLOY-L-605	3.00	2.00	20.00	10.00	48.90	0.00	15.00	0.00	0.00	42.50
R30260	ALLOY-2602	10.10	0.75	12.00	25.65	41.50	4.00	3.90	0.00	0.10	31.20
R30188	ALLOY-188	3.00	1.25	22.00	22.00	36.70	0.00	14.50	0.00	0.00	43.75
R30159	MP159	9.00	0.20	19.00	24.90	36.00	7.00	0.00	0.00	0.50	42.85
R30155	N-155	29.60	1.50	21.25	20.00	19.75	3.00	2.50	0.20	1.00	38.60
R30031	STELLITE-31	2.00	1.00	25.50	10.50	48.00	0.00	7.50	0.00	0.00	36.75
R30003	ELGILOY	14.35	2.00	20.00	15.50	40.00	7.00	0.00	0.00	0.00	43.10
R30035	MP35N	1.00	0.15	20.00	35.00	32.90	9.75	0.00	0.00	0.00	52.18
R30001	STELLITE 1	3.00	0.50	30.00	1.50	47.70	0.50	13.00	0.00	0.00	51.15
R30004	HAVAR	17.46	1.58	20.00	13.00	42.50	2.40	2.80	0.00	0.00	32.12
R30012	STELLITE 12	3.00	2.50	30.00	1.50	51.30	0.00	8.30	0.00	0.00	42.45
R31233	ULTIMET	3.00	0.80	25.50	9.00	53.62	5.00	2.00	0.08	0.00	45.88

表 4-21 锆合金化学组分及点蚀当量指数　　　单位：%（质量分数）

UNS 编号	通用名	Fe	Mn	Cr	Ni	Co	Mo	W	N	Cb	点蚀当量指数
R60705	Zr-705	0.10	0.00	0.10	0.00	0.00	0.00	0.00	0.03	2.50	65.13
R60704	Zr-704	0.20	0.00	0.20	0.00	0.00	0.00	0.00	0.03	0.00	65.12
R60702	Zr-702	0.10	0.00	0.10	0.00	0.00	0.00	0.00	0.03	0.00	65.11

表 4-22 α 钛合金化学组分及点蚀当量指数　　　单位：%（质量分数）

UNS 编号	通用名	Fe	Mn	Cr	Ni	Co	Mo	W	N	Cb	点蚀当量指数
R50400	TI-GRADE2	0.30	0.00	0.00	0.00	0.00	0.00	0.00	0.30	0.00	65.14
R53400	TI-GRADE12	0.30	0.00	0.00	0.75	0.00	0.30	0.00	0.30	0.00	65.15
R56323	TI-GRADE28	0.25	0.00	0.00	0.00	0.00	0.00	0.00	0.03	0.00	65.21
R56403	Ti+V+Pd	0.40	0.00	0.00	0.55	0.00	0.00	0.00	0.05	0.00	65.22
R56404	TI-GRADE29	0.25	0.00	0.00	0.00	0.00	0.00	0.00	0.03	0.00	65.23

表 4-23 α-β 钛合金化学组分及点蚀当量指数　　　单位：%（质量分数）

UNS 编号	通用名	Fe	Mn	Cr	Ni	Co	Mo	W	N	Cb	点蚀当量指数
R56401	TI-6AL-4V	0.00	0.00	0.00	0.00	0.00	0.00	0.00	0.00	0.00	65.17
R56260	TI-BETA-C	0.00	0.00	0.00	0.00	0.00	6.00	0.00	0.00	0.00	65.16

表 4-24 β 钛合金化学组分及点蚀当量指数　　　单位：%（质量分数）

UNS 编号	通用名	Fe	Mn	Cr	Ni	Co	Mo	W	N	Cb	点蚀当量指数
R58640	TI-6246	0.00	0.00	0.00	0.00	0.00	4.00	0.00	0.00	0.00	65.18

表 4-25 β 钛合金化学组分及点蚀当量指数　　　单位：%（质量分数）

UNS 编号	通用名	Fe	Mn	Cr	Ni	Co	Mo	W	N	Cb	点蚀当量指数
N04405	MONEL-R405	2.50	2.00	0.00	66.50	0.00	0.00	0.00	0.00	0.00	65.20
N04400	MONEL-400	2.50	2.00	0.00	66.50	0.00	0.00	0.00	0.00	0.00	65.19
N05500	MONEL-K500	2.00	1.50	0.00	66.50	0.00	0.00	0.00	0.00	0.00	65.21

四、点蚀当量指数的应用

点蚀当量指数除了能反映不锈钢和镍基合金防点蚀性能的好坏外，通过点蚀当量指数的大小，还可初步判断不锈钢和镍基合金屈服强度、成本费用、点蚀温度和缝隙腐蚀温度的相对大小（图 4-66 ~ 图 4-70）。

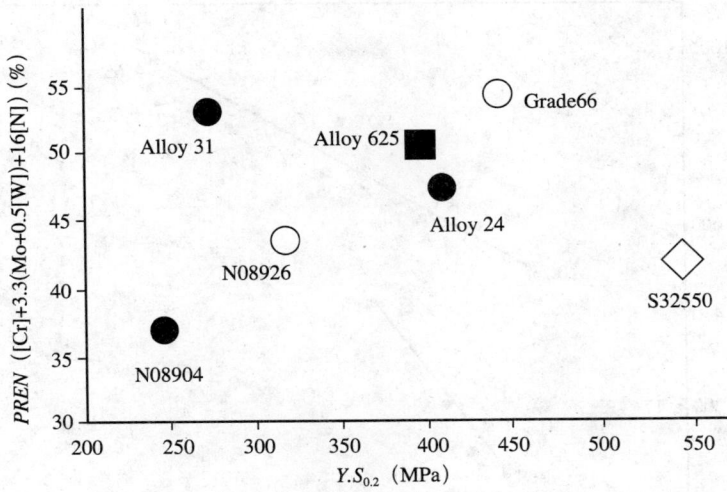

图 4-66　*PREN* 与耐蚀合金屈服强度的关系

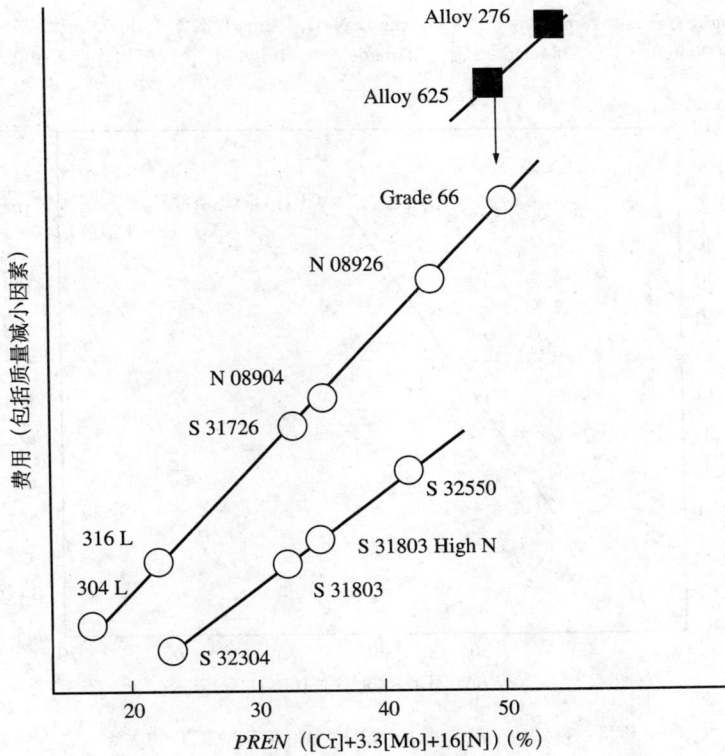

图 4-67　*PREN* 与耐蚀合金成本费用的关系

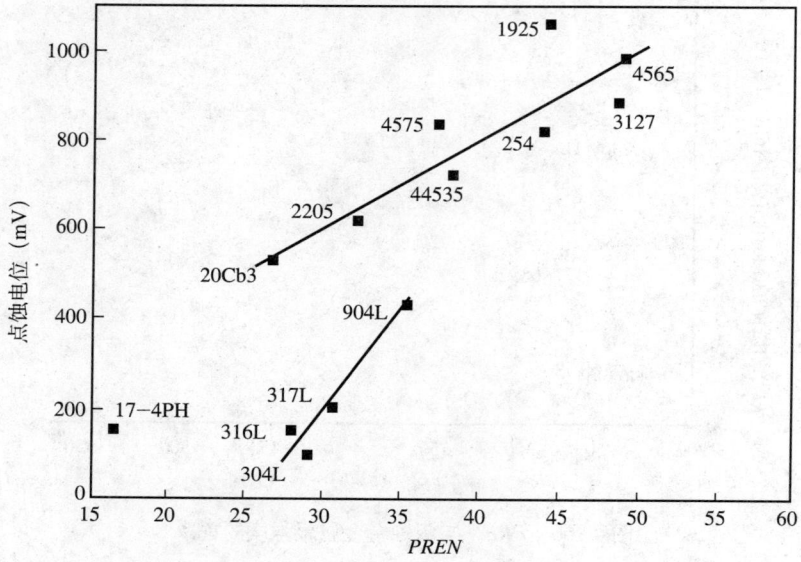

图 4-68 *PREN* 与耐蚀合金点蚀电位的关系

海水：508mg/L Ca^{2+}，1618mg/L Mg^{2+}，13440mg/L Na$^+$，483mg/L K$^+$，17mg/L Sr^{2+}，176mg/L HCO$_3^-$，24090mg/L Cl$^-$，3384mg/L SO$_4^{2-}$，83mg/L Br$^-$，1mg/L F$^-$，固溶物含量 43800mg/L

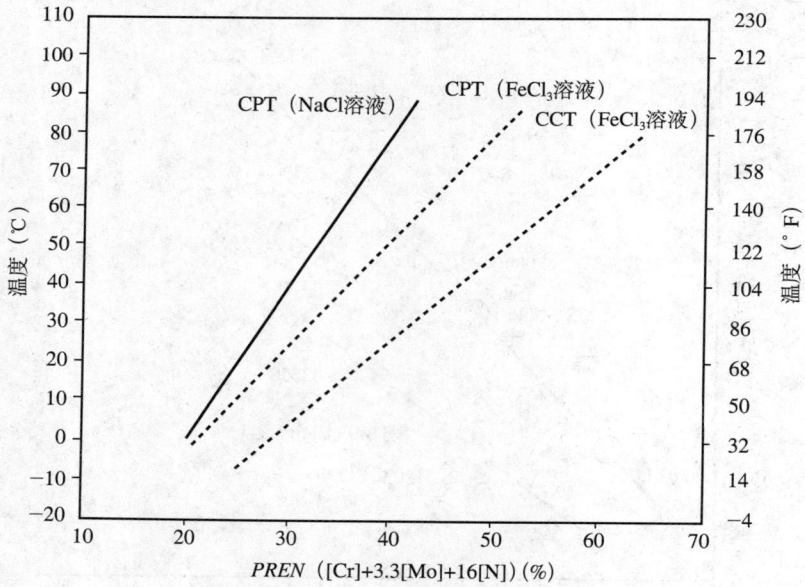

图 4-69 *PREN* 与奥氏体不锈钢 CPT、CCT 的关系

不锈钢和镍基合金在 10% 氯化铁溶液中的 CPT 和 CCT 测试结果见图 4-70。

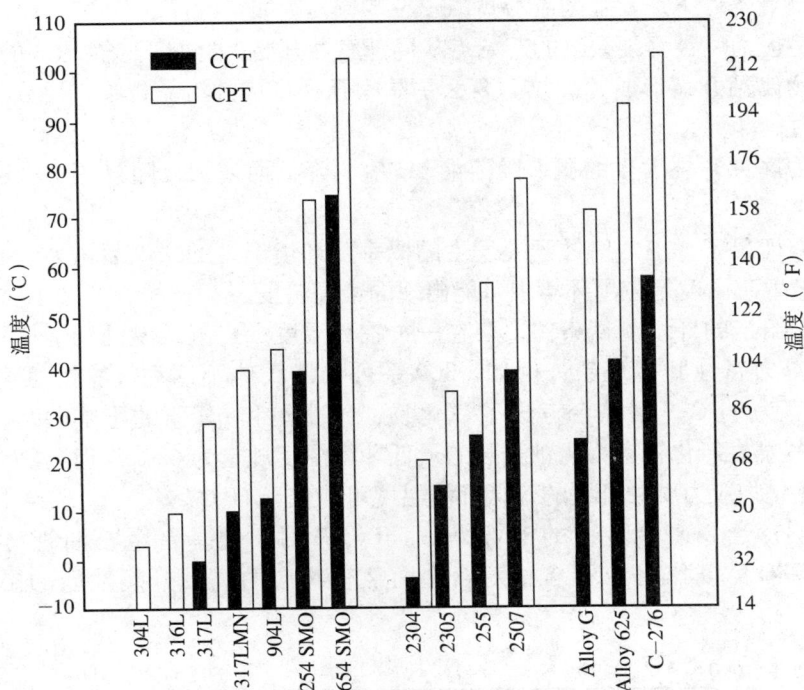

图 4-70　不锈钢和镍基合金在 10% 氯化铁溶液中的 CPT 和 CCT 测试结果

第四节　环境开裂性能影响因素

对于油气井酸性环境来说，在进行油气井防腐材质选择时，石油管材的环境开裂敏感性是一个必须加以考虑的重要因素。油气井发生环境开裂的条件，除了油管、套管材质的金属敏感性外，还包括如下环境因素，即：井筒压力剖面；井筒温度剖面；H_2S 含量；氯化物含量；pH 值，地层水的 pH 值与 H_2S 和 CO_2 分压之和（$p_{H_2S}+p_{CO_2}$）有关；施加在材料上的拉伸应力，如在加工处理过程中形成的残余应力或安装过程中造成的外加应力。

酸性油气井中常见的环境开裂现象，一是氯化物应力腐蚀开裂形象，二是硫化物应力开裂现象。

应用于油气井酸性环境的油管、套管、井口装置及井下工具，因其材质的不同而呈现出不同的环境开裂现象，其环境开裂的主要开裂机理如下。

碳钢和低合金钢：硫化物应力开裂。

马氏体不锈钢：硫化物应力开裂。

奥氏体不锈钢：氯化物应力腐蚀开裂。

双相不锈钢：氯化物应力腐蚀开裂。

镍基合金：氯化物应力腐蚀开裂。

一、氯化物应力腐蚀开裂

针对油气井生产环境来说，导致油管、套管、井口装置及井下工具发生应力腐蚀开裂的影响因素包括腐蚀介质、拉伸应力或残余应力、敏感金属和环境温度。

油气井环境条件下，发生的应力腐蚀开裂现象具有如下特征。

（1）发生应力腐蚀开裂裂纹的起始点从局部腐蚀开始，例如，点蚀形成的蚀坑。

（2）应力腐蚀开裂形成的裂纹，要么是晶间开裂形成的沿晶裂纹，要么是穿晶开裂形成的穿晶裂纹。

（3）应力腐蚀开裂发生的概率随溶液 pH 值的降低而增加，随氯离子浓度的增加而增大。

（4）通常情况下，应力腐蚀开裂发生的概率随环境温度的升高而增大，因而发生应力腐蚀开裂的最敏感温度是应用环境中可能出现的最高温度。

（5）对于给定的环境测试条件，存在一个临界温度。当测试温度低于临界温度时，一般不会发生应力腐蚀开裂现象。例如，300 系列的奥氏体不锈钢，发生氯化物应力腐蚀开裂最低温度为 71℃，但综合考虑了氯化物、硫化氢和 pH 值的影响，NACE MR0175/ISO15156 将其发生氯化物应力腐蚀开裂的最低环境温度规定为 60℃。但当氯化物含量很低时，其发生氯化物应力腐蚀开裂的最低环境温度可能低于 60℃。

研究表明：当镍基合金中的 Ni 含量大于 45% 时，镍基合金石油管材对氯化物应力腐蚀开裂具有免疫作用。Ni 含量对合金防氯化物应力腐蚀开裂性能的影响情况见图 4-71。

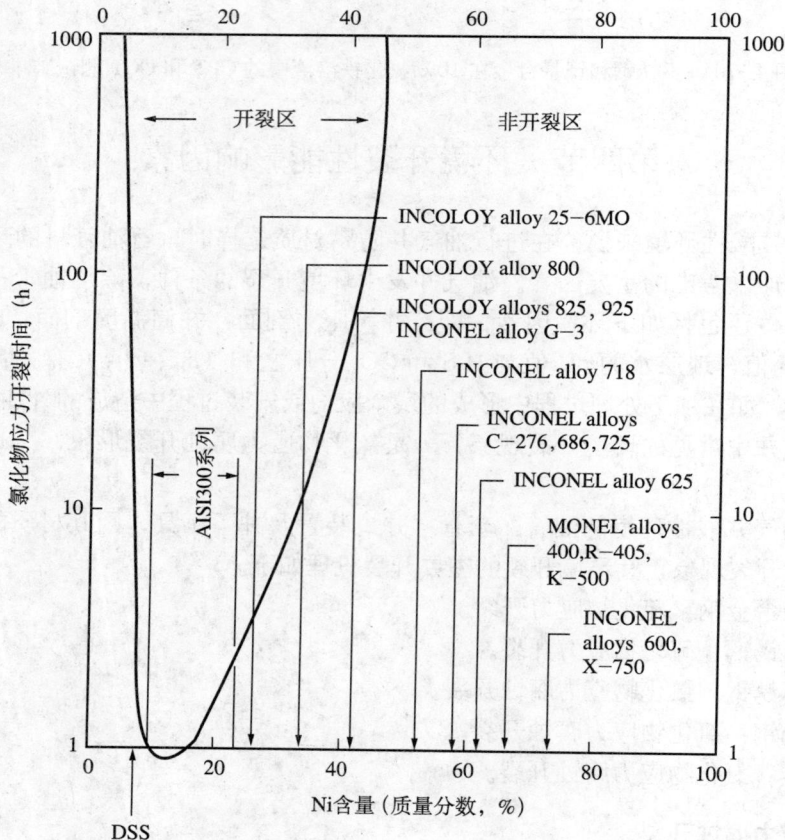

图 4-71　Ni 含量对耐蚀合金防 CSCC 的影响

测试条件：45%MgCl$_2$ 溶液，沸腾

若油气井产出流体中含有 H_2S 气体，则会进一步增加应力腐蚀开裂现象发生的概率，其具体表现如下。

首先，硫化氢的出现会进一步降低溶液的 pH 值，使溶液的腐蚀性更强。

其次，硫化氢的出现，会进一步增强金属材料的点蚀敏感性，更容易发生点蚀现象。

再次，硫化氢的出现会进一步降低给定环境测试条件下，金属材料不发生应力腐蚀开裂的临界温度。临界温度决定了金属材料发生应力腐蚀开裂的可能性，即只有当其温度高于临界温度时，才会发生应力腐蚀开裂现象。

最后，硫化氢的出现，导致金属材料发生应力腐蚀开裂的概率也随之增大。应力腐蚀开裂破坏涉及的范围也更广，涉及的金属材料种类也更多。受到硫化氢影响的金属材料包括，但不限于以下这些金属材料，即：碳钢、低合金钢，马氏体不锈钢，奥氏体不锈钢，双相不锈钢，镍基合金。

镍作为一种重要的合金添加元素，对于金属材料在含硫化氢的酸性腐蚀环境下的防应力腐蚀开裂能力，同样具有重要的作用。图 4-72 给出了耐蚀合金 30Cr-2Mo、25Cr-7Ni-3Mo、15Cr-60Ni16Mo 和 25Cr-50Ni-6Mo 的防应力腐蚀开裂性能测试结果。从图中的测试结果可知，通过提高合金中的 Ni 含量，可改善其防应力腐蚀开裂的能力，同时，在给定温度条件下，其腐蚀速度也呈下降趋势。

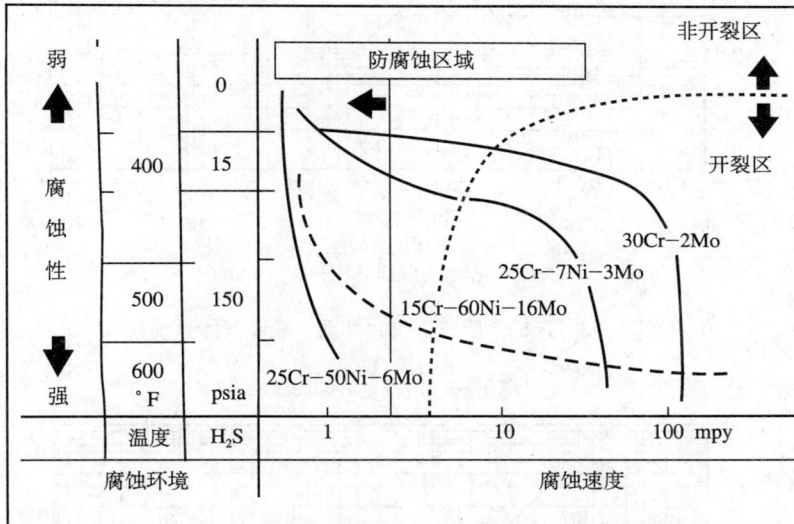

图 4-72　Ni 含量对耐蚀合金防 SSCC 的影响（室内测试结果）

二、硫化物应力开裂

酸性油气井发生硫化物应力开裂的条件包括腐蚀介质、拉伸应力或残余应力、敏感金属和低温环境。对于产出流体含 H_2S 的酸性油气井来说，硫化物应力开裂是在设计过程中必须加以考虑的问题。基于酸性流体的腐蚀特性，在设计过程中，除了考虑硫化氢的分压外，还必须考虑地层水的 pH 值、温度、氯化物含量，以及流体中固体颗粒的含量，例如，是否出砂，以及出砂量的大小等。

硫化物应力开裂是一种特殊形式的氢应力开裂现象，硫化物应力开裂发生的敏感温度区间在 $-6 \sim 49 \, ^\circ\text{C}$，其原因在于：一是低于 $-6 \, ^\circ\text{C}$，氢原子的扩散速率太低，二是高于

49℃，氢原子的扩散速率太快，两种情况都很难达到导致发生硫化物应力开裂所需的临界氢离子浓度。

基于硫化物应力开裂发生的最敏感温度，NACE MR0175/ISO15156-2003 中，将硫化物应力开裂的测试温度规定为 24℃ ±3℃。

碳钢、低合金钢对硫化物应力开裂特别敏感，即使 H_2S 分压低到 0.05psi 时，也可能发生硫化物应力开裂的现象。因此 NACE MR0175 中将可能导致碳钢、低合金钢发生硫化物应力开裂的临界 H_2S 分压（0.05psi）作为区别油气井腐蚀性能的重要参数，并将产出流体中的 H_2S 分压大于 0.05psi 的油气井称为酸性油气井。

油气井酸性环境下，碳钢、低合金钢出现硫化物应力开裂的判断方法见图 4-73 和图 4-74。

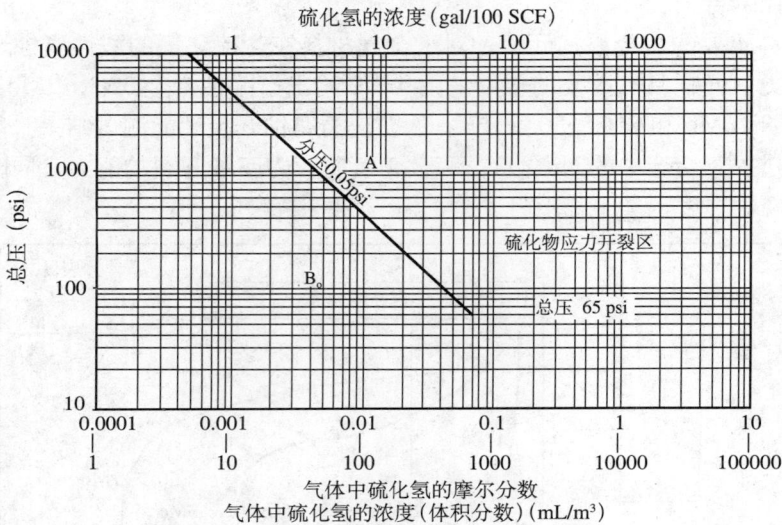

图 4-73　H_2S 含量与总压的关系（酸性气体系统）

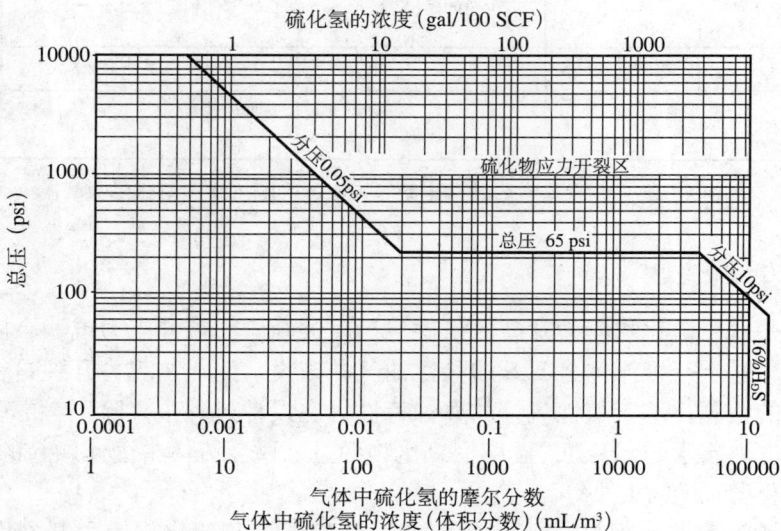

图 4-74　H_2S 含量与总压的关系（酸性两相流系统）

三、合金添加元素的影响

合金添加元素对耐蚀合金防环境开裂能力的影响图表索引见表 4-26。

表 4-26   合金添加元素对耐蚀合金防环境开裂能力的影响图表索引

合金添加元素	图号 / 表号
镍（Ni）	图 4-75 Ni 含量对耐蚀合金 SSC 性能的影响
	图 4-76 Ni 含量对镍基合金防高压 SCC 性能的影响
钼（Mo）	图 4-77 Mo 含量对耐蚀合金防 SSC 性能的影响
镍（Ni）、钼（Mo）	图 4-78 Ni 和 Mo 含量对耐蚀合金防 CSCC 和点蚀能力的影响
镍（Ni）、钨（W）	图 4-79 镍基合金测试温度和 Mo+0.5W 含量的关系（一）
	图 4-80 镍基合金测试温度和 Mo+0.5W 含量的关系（二）
镍（Ni）、钼（Mo）、钨（W）	图 4-81 合金组分对镍基合金防 SCC 性能的影响
	图 4-82 合金组分对回火奥氏体不锈钢防 SCC 性能的影响
铜（Cu）	图 4-83 Cu 含量对耐蚀合金防 SSC 的影响

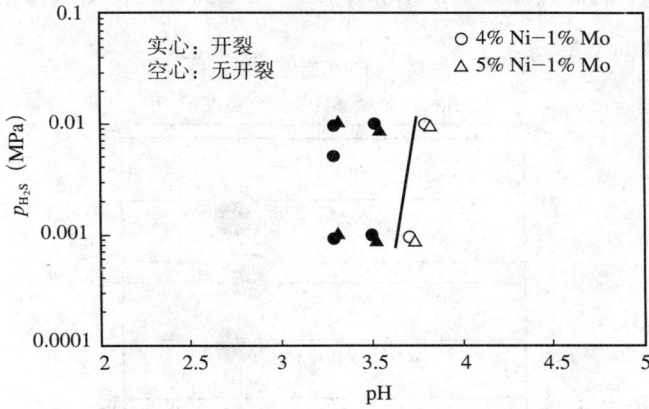

图 4-75   Ni 含量对耐蚀合金 SSC 性能的影响

测试条件：5%NaCl 溶液，0.5%CH_3COOH+CH_3COONa，0.01 ~ 0.025MPa H_2S，CO_2 平衡气体，100%SMYS，720h

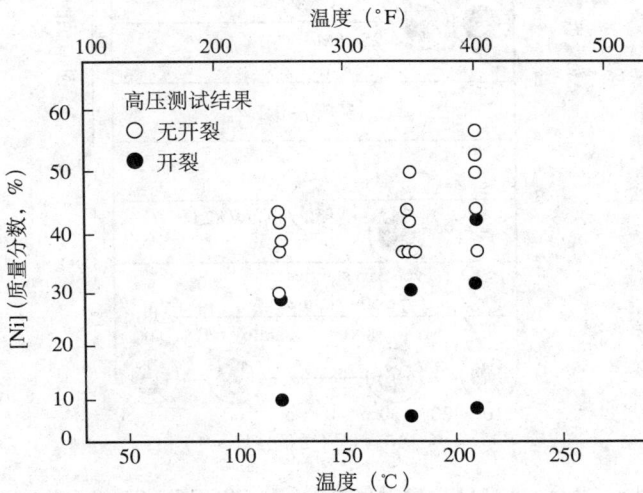

图 4-76   Ni 含量对镍基合金防高压 SCC 性能的影响

测试条件：H_2S，盐水

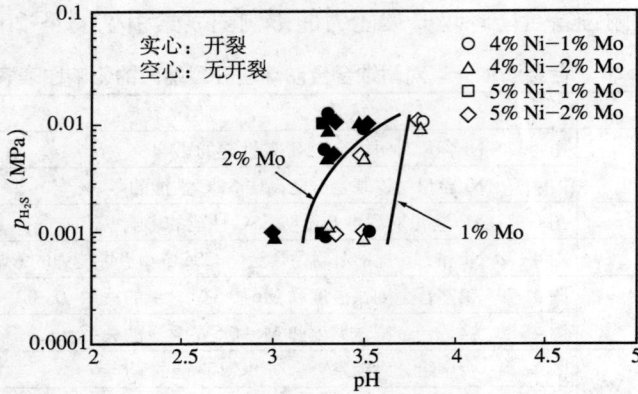

图 4-77　Mo 含量对耐蚀合金防 SSC 性能的影响

测试条件：5%NaCl 溶液，0.5%CH$_3$COOH+CH$_3$COONa，0.01～0.025MPa H$_2$S，CO$_2$ 平衡气体，100%SMYS，720h

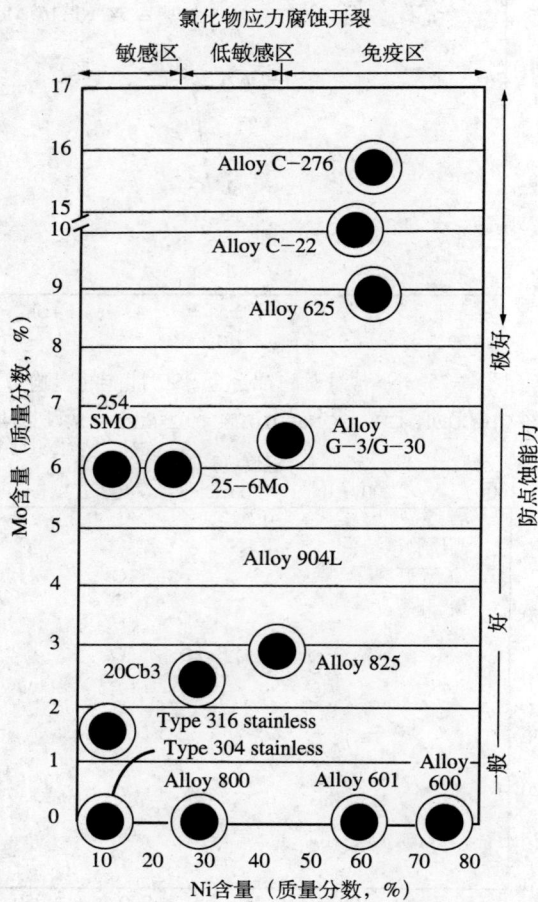

图 4-78　Ni 和 Mo 含量对耐蚀合金防 CSCC 和点蚀能力的影响

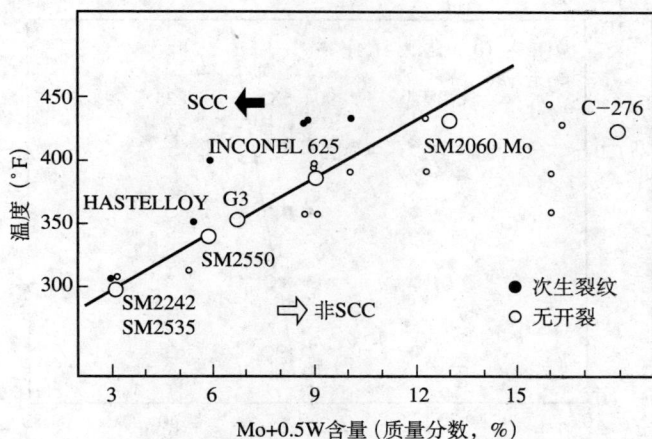

图 4-79　镍基合金测试温度和 Mo+0.5W 含量的关系（一）

测试条件：H_2S，盐水

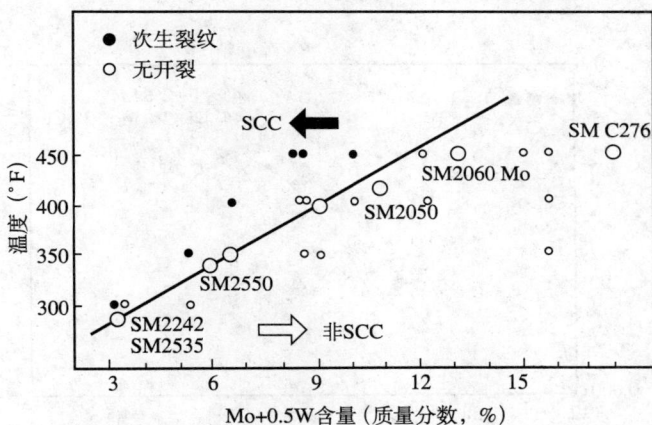

图 4-80　镍基合金测试温度和 Mo+0.5W 含量的关系（二）

测试条件：H_2S-Cl^- 慢应变率测试 SSRT，25%NaCl 溶液 +0.5%CH_3COOH，7atm H_2S，$E=4.0 \times 10^{-8}$/s

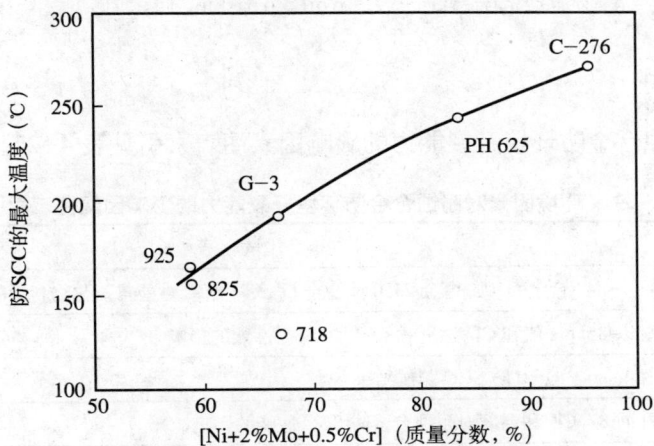

图 4-81　合金组分对镍基合金防 SCC 性能的影响

测试条件：25%NaCl 溶液，0.5%HAc，0.82MPa H_2S，1g/L 单质硫

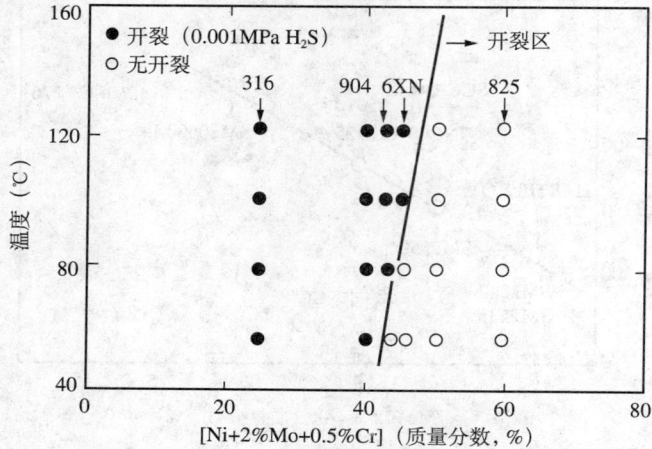

图 4-82 合金组分对回火奥氏体不锈钢防 SCC 性能的影响

测试条件：20%NaCl 溶液，0.5%HAc，0.1MPa H_2S

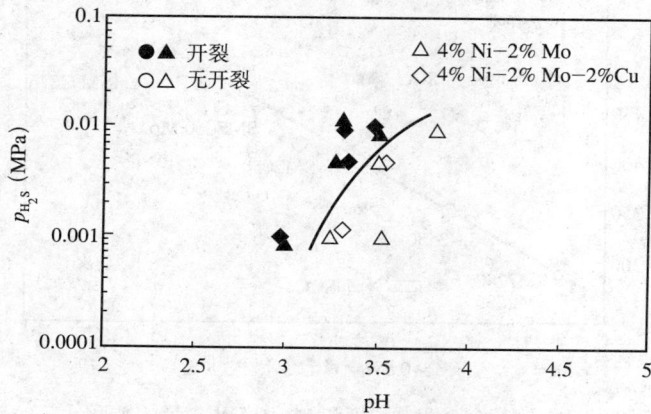

图 4-83 Cu 含量对耐蚀合金防 SSC 的影响

测试条件：5%NaCl 溶液，0.5%CH_3COOH+CH_3COONa，0.01 ~ 0.025MPa H_2S，CO_2 平衡气体，100%SMYS，720h

四、环境因素的影响

环境因素对耐蚀合金防环境开裂能力的影响因素图表索引见表 4-27。

表 4-27 环境因素对耐蚀合金防环境开裂能力的影响因素图表索引

环境因素	图号／表号
Cl^- 含量	图 4-84 合金 G50、合金 2550 和合金 G-3 防 SCC 性能与氯化物含量的关系
Cl^- 含量、pH 值	图 4-85 pH 值和 Cl^- 含量对 13Cr 防 SSC 性能的影响
Cl^- 含量、环境温度	图 4-86 3RE60 防 SCC 测试结果
	图 4-87 Cl^- 和温度对耐蚀合金防 SCC 性能的影响
H_2S 分压、pH 值	图 4-88 HP13Cr 防 SSC 测试结果
	图 4-89 UHP-15Cr-125 防 SSC 测试结果

环境因素	图号 / 表号
—	表 4-28 酸性环境（含单质硫）下部分镍基合金的防 SCC 性能
—	表 4-29 酸性环境下部分镍基合金的防 SSC 性能
—	表 4-30 高温酸性环境下部分镍基合金的防 SSC 性能
—	图 4-125 INCOLOY 825 腐蚀形态变化图
—	图 4-126 冷加工镍基合金使用温度与最大 H_2S 分压的关系
—	图 4-127 22Cr、25Cr 的使用极限（pH < 4）
—	图 4-128 UNS31803 防 SSCC 的 H_2S 极限含量

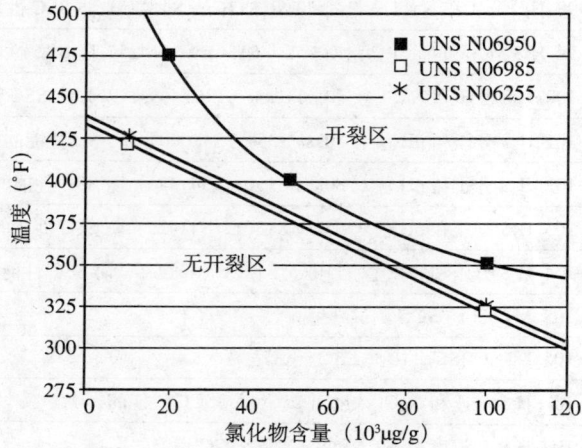

图 4-84　合金 G50、合金 2550 和合金 G-3 防 SCC 性能与氯化物含量的关系

测试条件：SSRT 测试，含单质硫

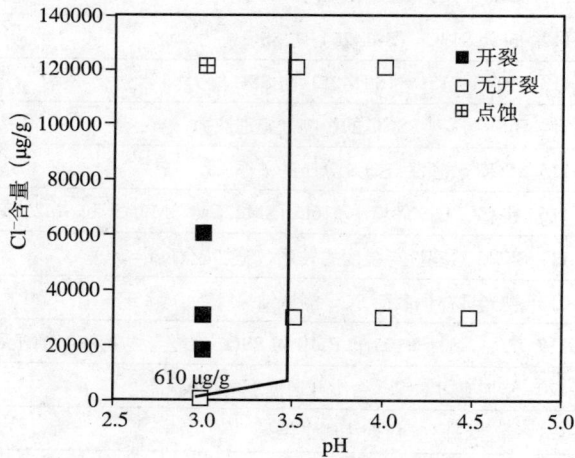

图 4-85　pH 值和 Cl^- 含量对 13Cr 防 SSC 性能的影响

测试条件：拉伸试验，0.1bar H_2S，（24±3）℃

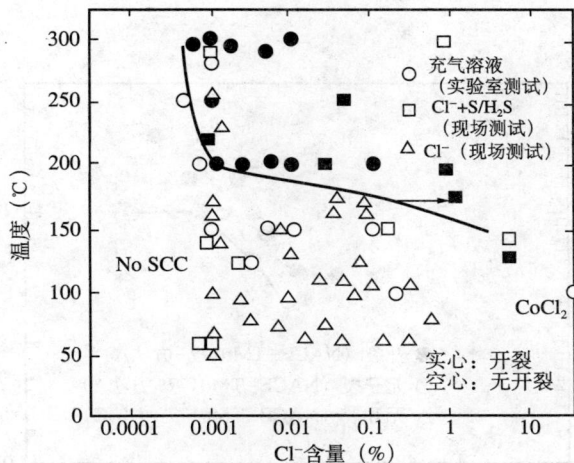

图 4-86 3RE60 防 SCC 测试结果

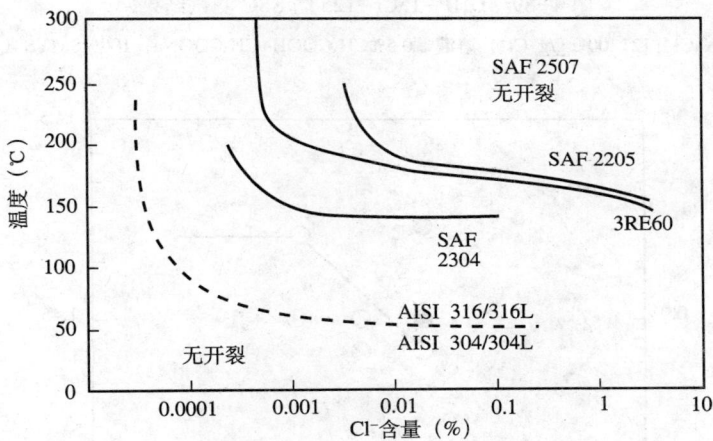

图 4-87 Cl⁻ 和温度对耐蚀合金防 SCC 性能的影响

所有数据来自实验数据和现场数据

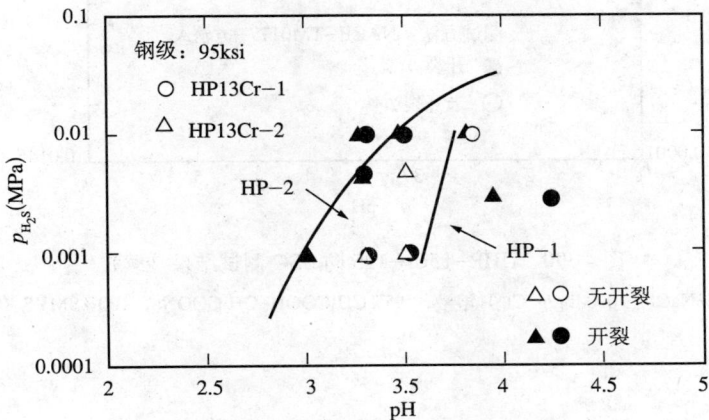

图 4-88 HP13Cr 防 SSC 测试结果

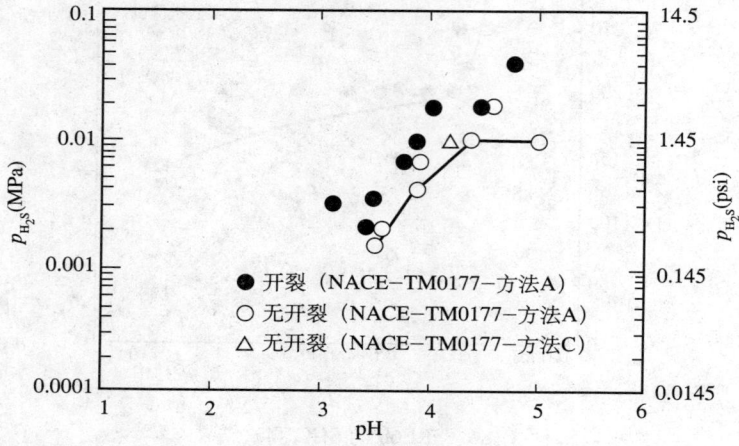

图 4-89　UHP-15Cr-125 防 SSC 测试结果

测试条件：20%NaCl（121200μg/g Cl⁻）溶液，0.5%CH₃COOH+CH₃COONa，100%SMYS（125ksi），720h

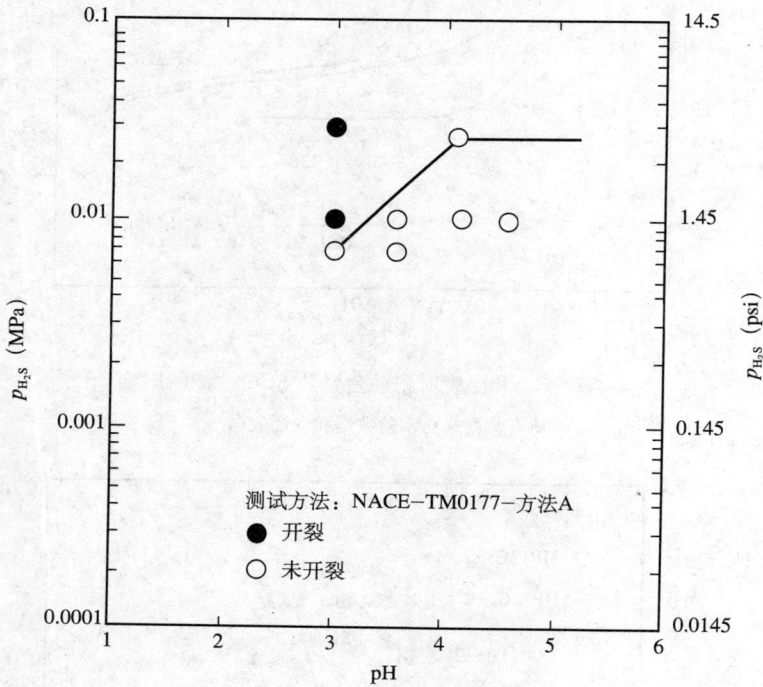

图 4-90　UHP-15Cr-125 防 SSC 测试结果（续）

测试条件：0.165%NaCl（1000μg/g Cl⁻）溶液，0.5%CH₃COOH+CH₃COONa，100%SMYS（125ksi），720h

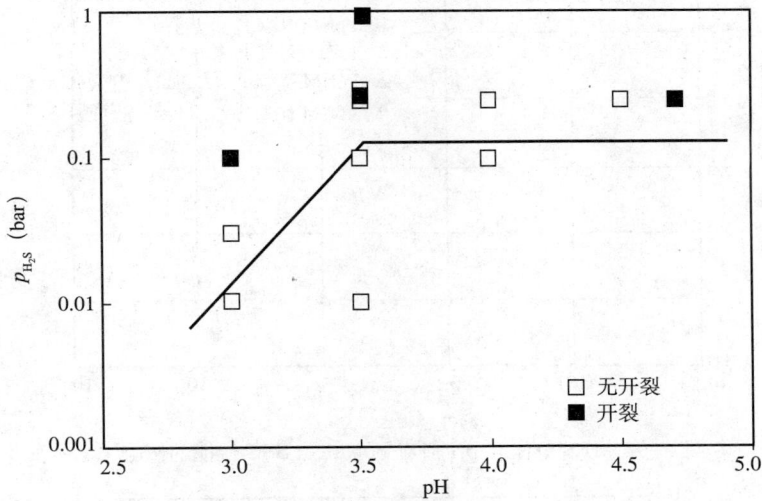

图 4—91　pH 值和 H_2S 分压对 13Cr 防 SSC 性能的影响

测试条件：拉伸试验，5%NaCl 溶液

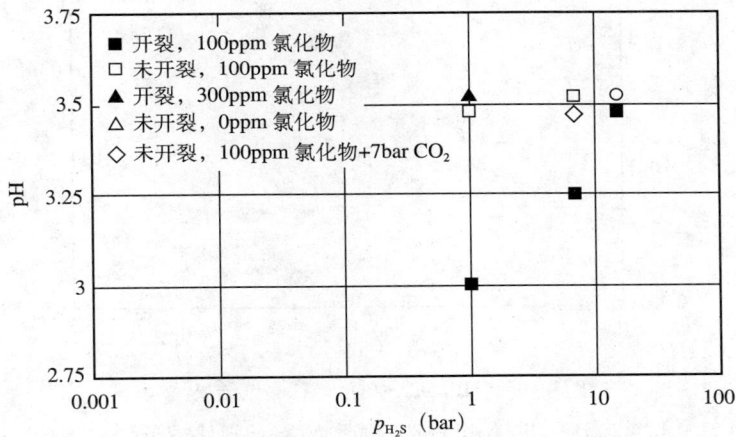

图 4—92　H_2S 分压和 pH 值对 17—4PH 防 SSC 性能的影响

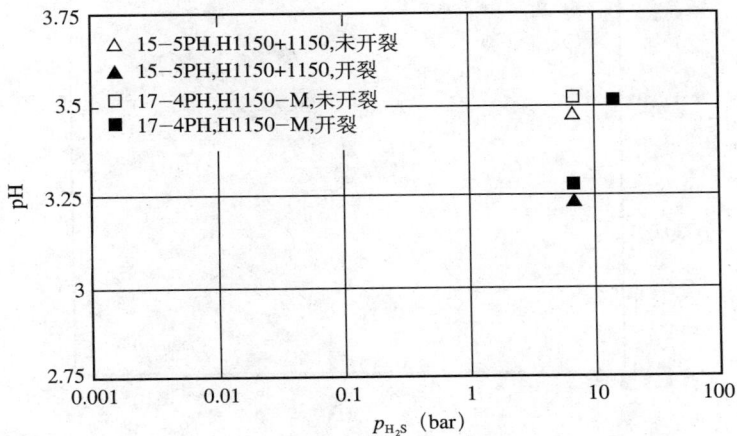

图 4—93　H_2S 分压和 pH 值对 17—4PH、15—5PH 防 SSC 性能的影响

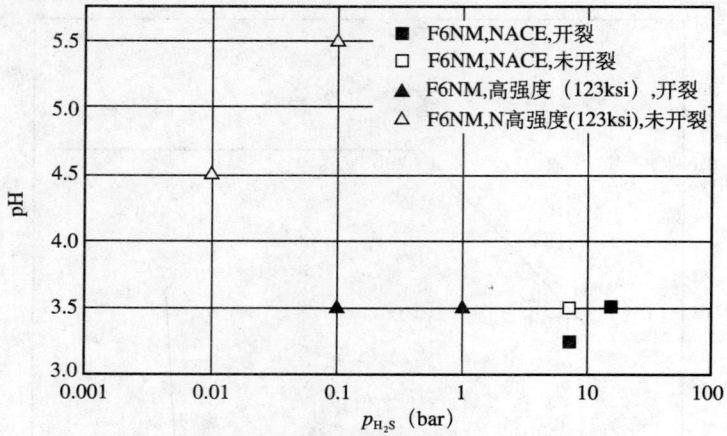

图 4-94 H₂S 分压和 pH 值对 F6NM 防 SSC 性能的影响

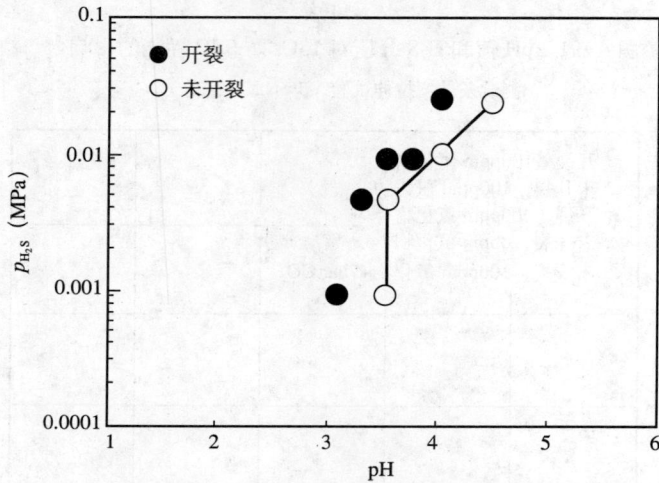

图 4-95 HP13Cr-2 防 SSC 测试结果

测试条件：10%NaCl 溶液，100%SMYS（95ksi），720h

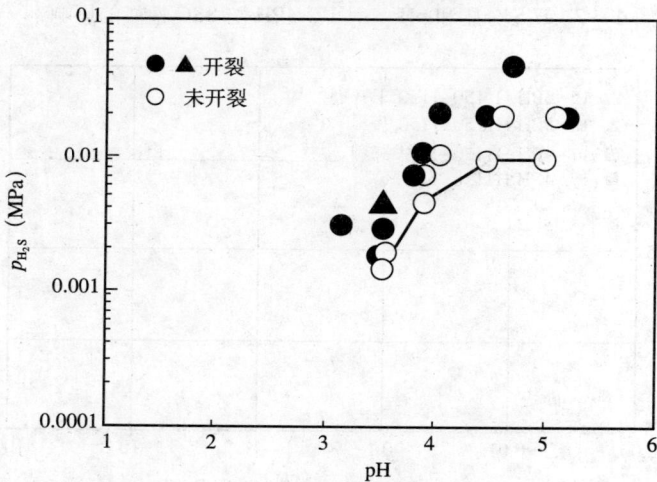

图 4-96 UHP15Cr 防 SSC 测试结果

测试条件：20%NaCl 溶液，100%SMYS（125ksi），720h

图中数字表示 $\dfrac{\text{断面收缩率}_{\text{腐蚀}}}{\text{断面收缩率}_{\text{空气}}} \times 100\%$

图中数字表示 $\dfrac{\text{伸长率}_{\text{腐蚀}}}{\text{伸长率}_{\text{空气}}} \times 100\%$

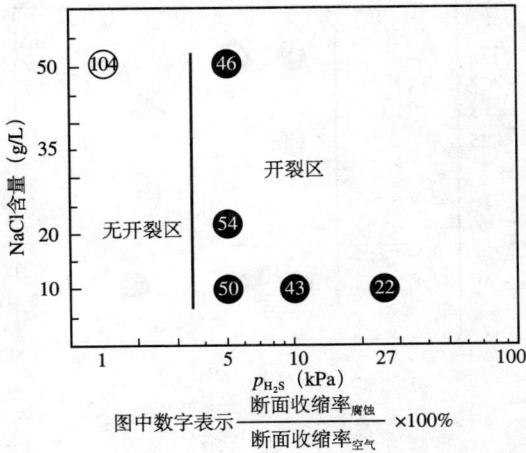

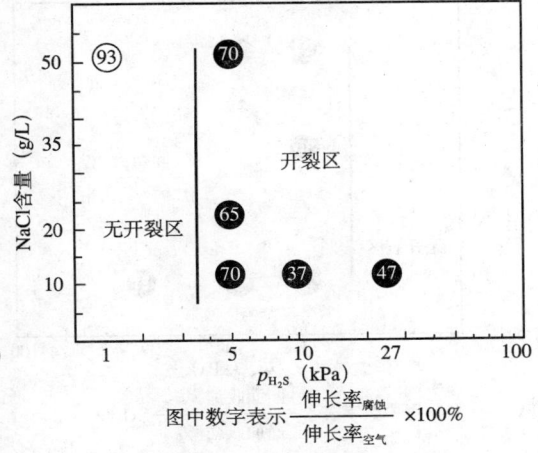

图 4—97　H_2S 分压和 NaCl 含量对 80ksi 13Cr（S42000）防 SSC 性能的影响
测试条件：SSRT 测试，22℃，pH4.5，含 H_2S+CO_2 的气体，总压力为 0.1MPa

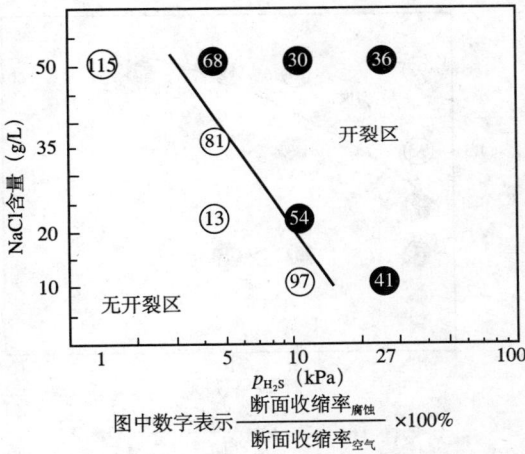

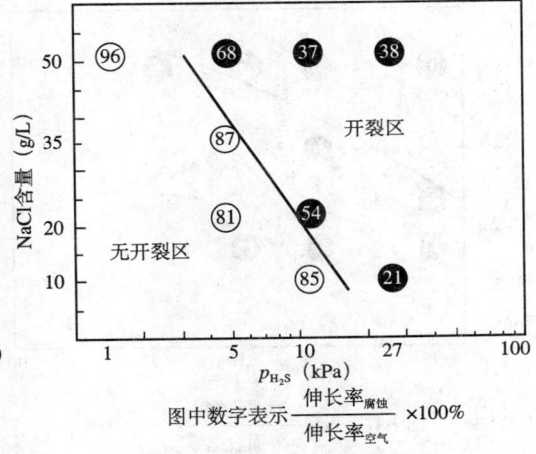

图中数字表示 $\dfrac{\text{断面收缩率}_{\text{腐蚀}}}{\text{断面收缩率}_{\text{空气}}} \times 100\%$

图中数字表示 $\dfrac{\text{伸长率}_{\text{腐蚀}}}{\text{伸长率}_{\text{空气}}} \times 100\%$

图 4—98　H_2S 分压和 NaCl 含量对 80ksi S13Cr（S41425）防 SSC 性能的影响
测试条件：SSRT 测试，22℃，pH 4.5，含 H_2S+CO_2 的气体，总压力为 0.1MPa

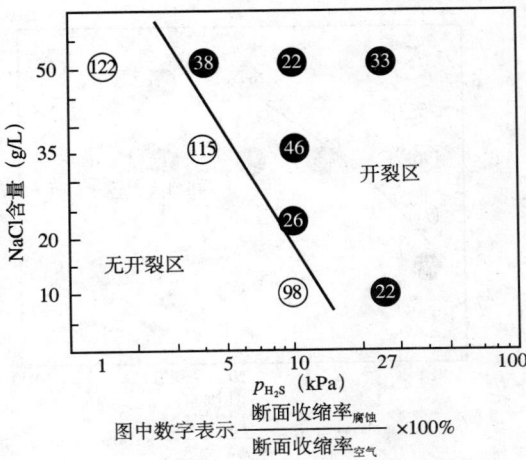

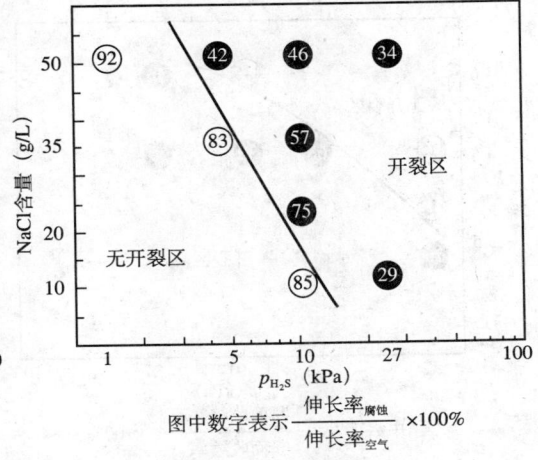

图中数字表示 $\dfrac{\text{断面收缩率}_{\text{腐蚀}}}{\text{断面收缩率}_{\text{空气}}} \times 100\%$

图中数字表示 $\dfrac{\text{伸长率}_{\text{腐蚀}}}{\text{伸长率}_{\text{空气}}} \times 100\%$

图 4—99　H_2S 分压和 NaCl 含量对 95ksi S13Cr（S41425）防 SSC 性能的影响
测试条件：SSRT 测试、22℃，pH 4.5，含 H_2S+CO_2 的气体，总压力为 0.1MPa

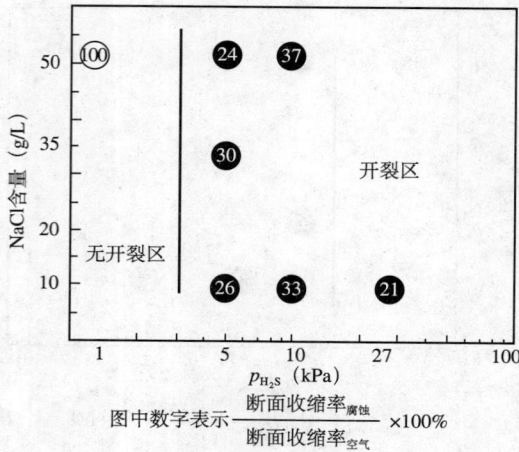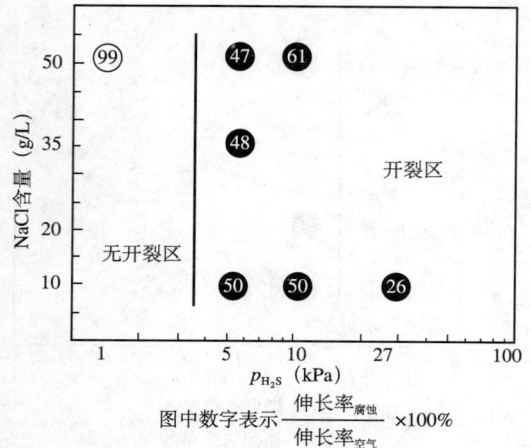

图中数字表示 $\dfrac{断面收缩率_{腐蚀}}{断面收缩率_{空气}} \times 100\%$ 　　　图中数字表示 $\dfrac{伸长率_{腐蚀}}{伸长率_{空气}} \times 100\%$

图 4-100　H_2S 分压和 NaCl 含量对 110ksi S13Cr（S41425）防 SSC 性能的影响

测试条件：SSRT 测试，22℃，pH 4.5，含 H_2S+CO_2 的气体，总压力为 0.1MPa

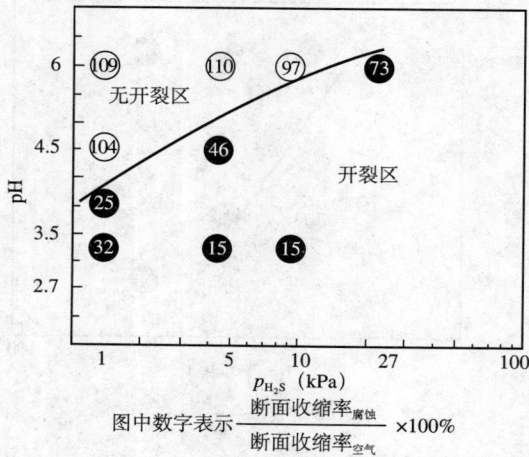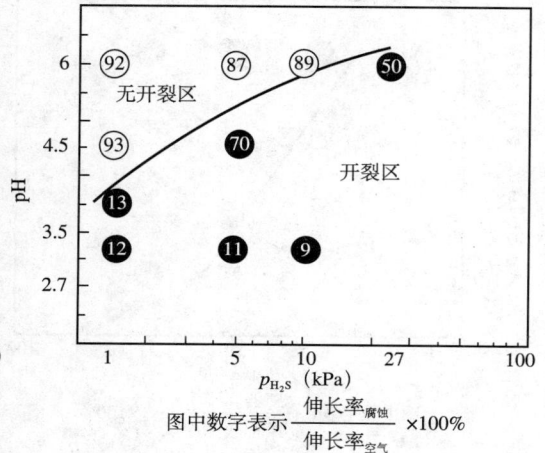

图中数字表示 $\dfrac{断面收缩率_{腐蚀}}{断面收缩率_{空气}} \times 100\%$ 　　　图中数字表示 $\dfrac{伸长率_{腐蚀}}{伸长率_{空气}} \times 100\%$

图 4-101　H_2S 分压和 pH 值对 80ksi 13Cr（S42000）防 SSC 性能的影响

测试条件：SSRT 测试，22℃，50g/L NaCl 溶液，含 H_2S+CO_2 的气体，总压力为 0.1MPa

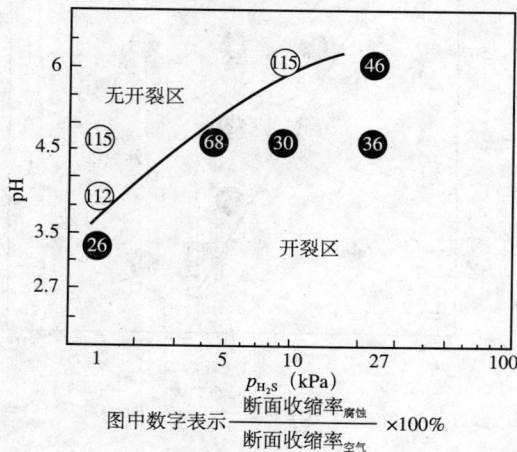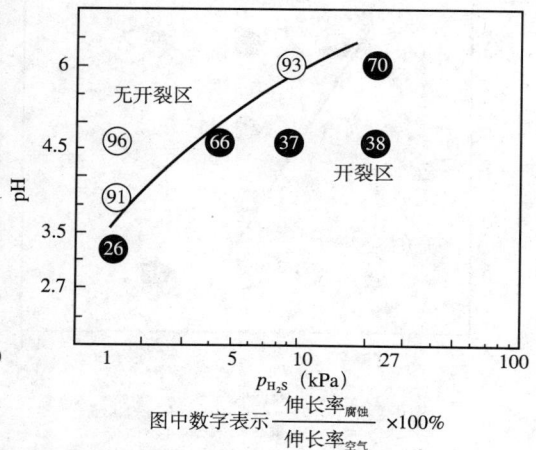

图中数字表示 $\dfrac{断面收缩率_{腐蚀}}{断面收缩率_{空气}} \times 100\%$ 　　　图中数字表示 $\dfrac{伸长率_{腐蚀}}{伸长率_{空气}} \times 100\%$

图 4-102　H_2S 分压和 pH 值对 80ksi S13Cr（S41425）防 SSC 性能的影响

测试条件：SSRT 测试，22℃，50g/L NaCl 溶液，含 H_2S+CO_2 的气体，总压力为 0.1MPa

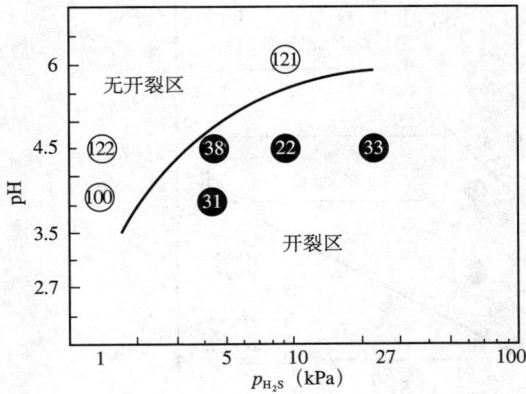

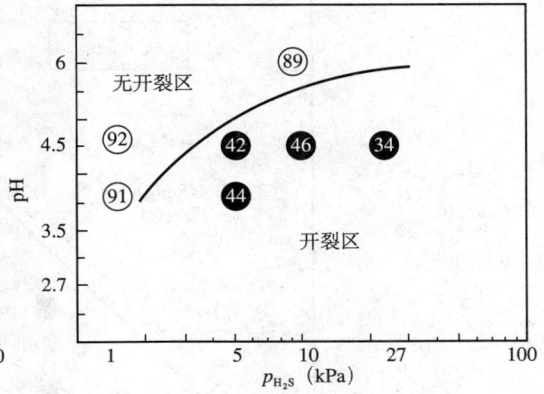

$$图中数字表示\frac{断面收缩率_{腐蚀}}{断面收缩率_{空气}}\times100\%$$

$$图中数字表示\frac{伸长率_{腐蚀}}{伸长率_{空气}}\times100\%$$

图 4-103 H₂S 分压和 pH 值对 95ksi S13Cr（S41425）防 SSC 性能的影响

测试条件：SSRT 测试，22℃，50g/L NaCl 溶液，含 H₂S+CO₂ 的气体，总压力为 0.1MPa

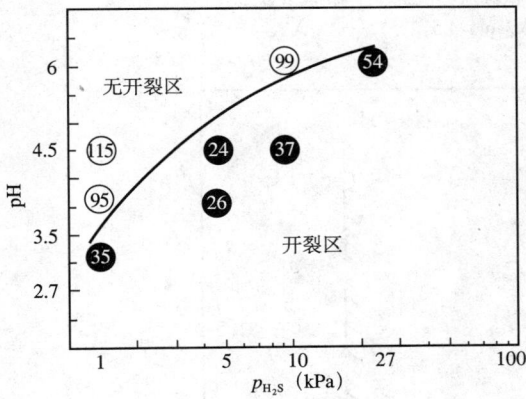

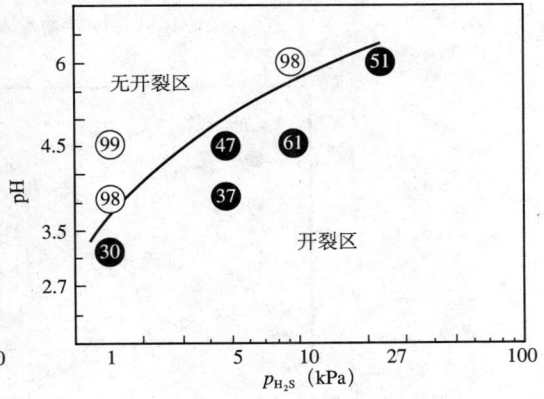

$$图中数字表示\frac{断面收缩率_{腐蚀}}{断面收缩率_{空气}}\times100\%$$

$$图中数字表示\frac{伸长率_{腐蚀}}{伸长率_{空气}}\times100\%$$

图 4-104 H₂S 分压和 pH 值对 110ksi S13Cr（S41425）防 SSC 性能的影响

测试条件：SSRT 测试，22℃，50g/L NaCl 溶液，含 H₂S+CO₂ 的气体，总压力为 0.1MPa

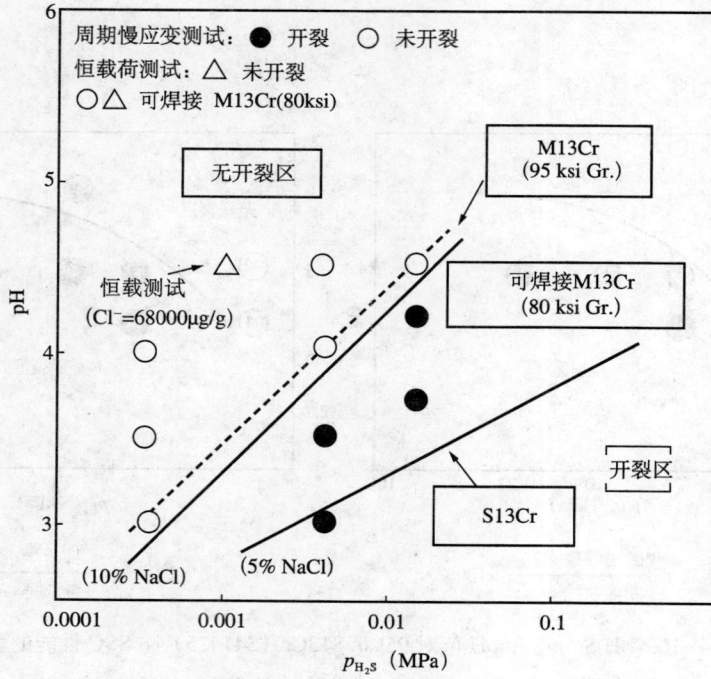

图 4-105 M13Cr 防 SCC 测试结果

周期慢速应变测试条件：10%NaCl 溶液，0.0003/0.01MPa H_2S，CO_2 平衡气体，pH 3/4.5，25℃，
60% 上升至 90%AYS（15 个周期）。恒载荷测试条件：68000 μg/g Cl^-，
0.008MPa H_2S，CO_2 平衡气体，pH 4.5，25℃，90%AYS

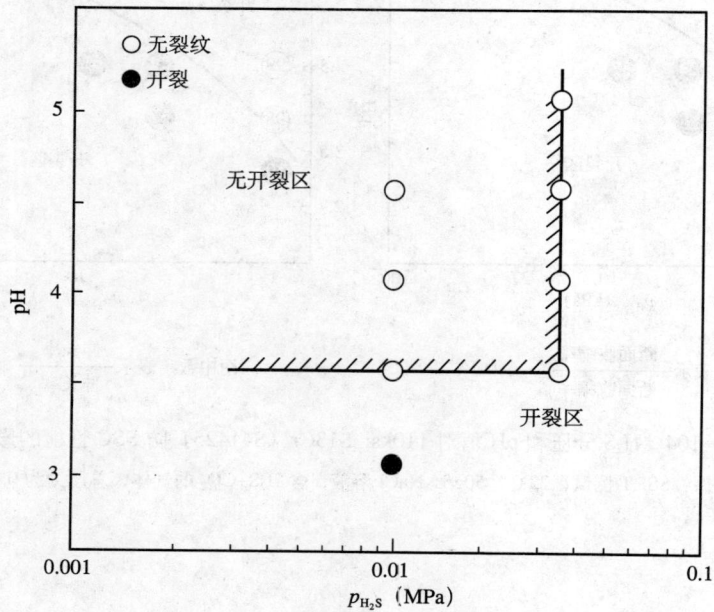

图 4-106 NT-CRSS-110 防 SSC 测试结果

测试条件：恒载荷试验，5%NaCl 溶液

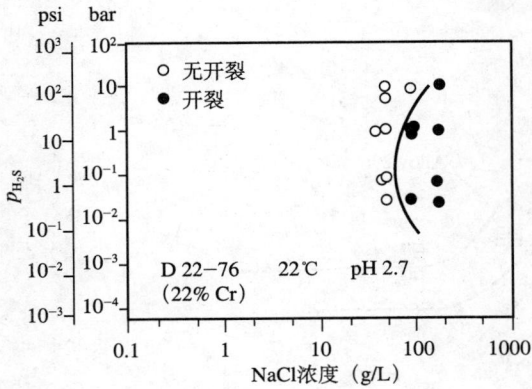

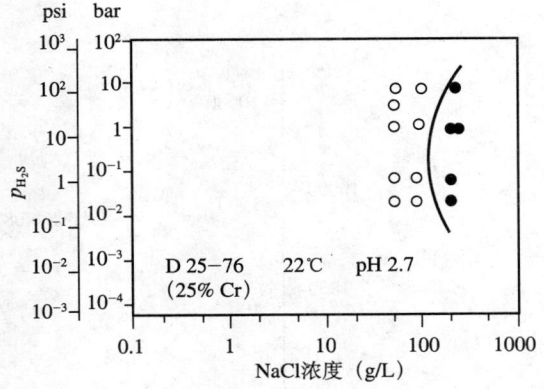

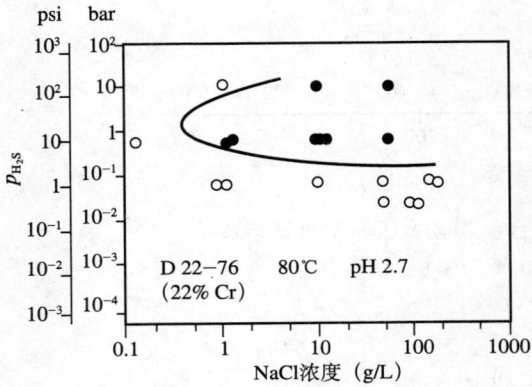

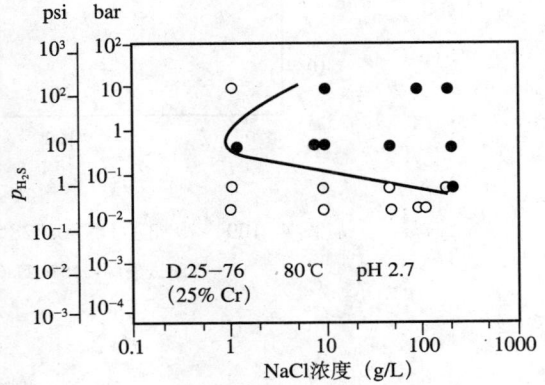

图 4-107　H₂S 分压和 NaCl 浓度对 22Cr 防 SSCC 性能的影响

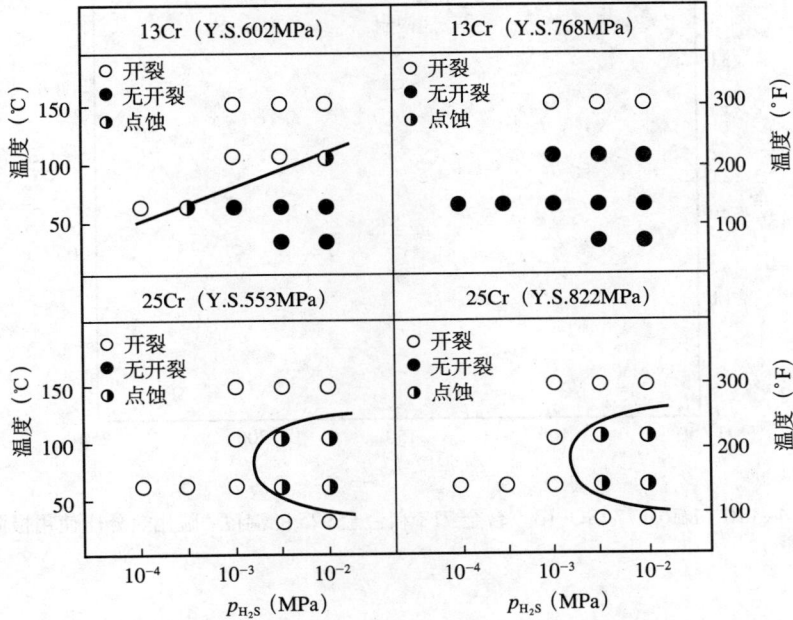

图 4-108　H₂S 和温度对 13Cr 和 25Cr 防 SSCC 性能的影响

测试条件：5%NaCl 溶液，3.0MPa CO_2+H_2S（25℃），336h，2.5m/s，1.0σ_y，连续弯梁测试

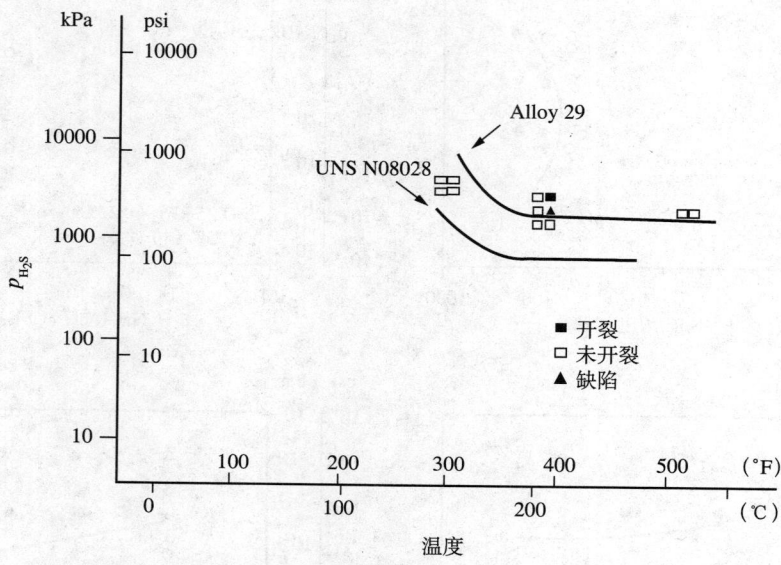

图 4-109　冷加工 UNS08028 和合金 29 防高压 SCC 测试结果

测试条件：15% NaCl 溶液，1000psi CO$_2$

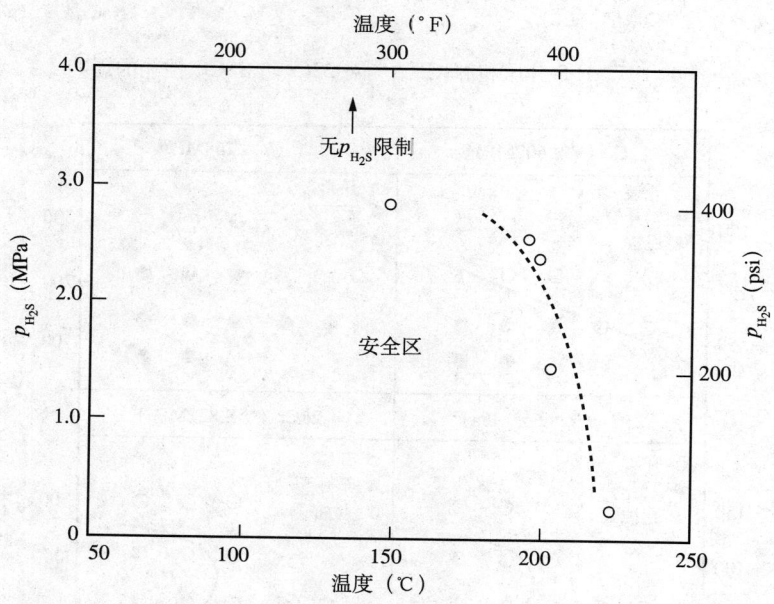

图 4-110　MR0177/ISO（3）合金 718 和合金 925 的温度 / 硫化氢分压使用极限

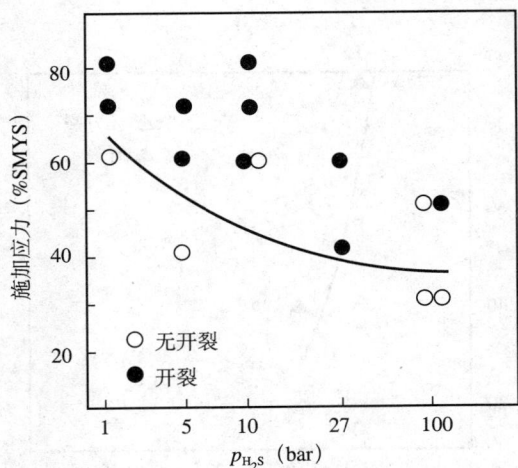

(a) pH=2.7

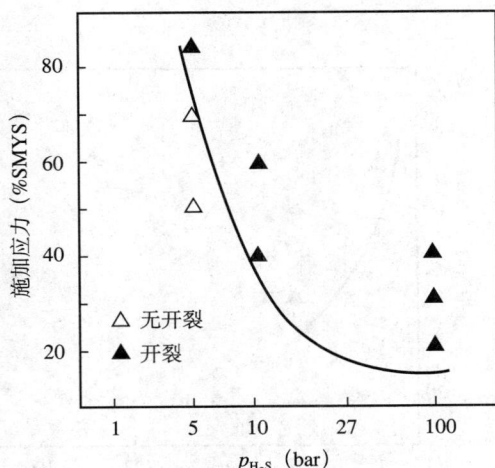

(a) pH=2.7

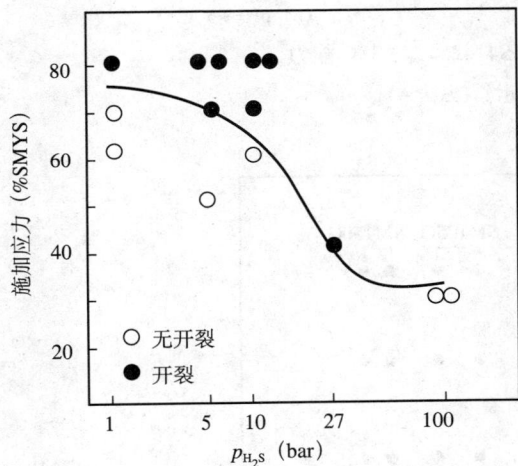

(b) pH=3.5

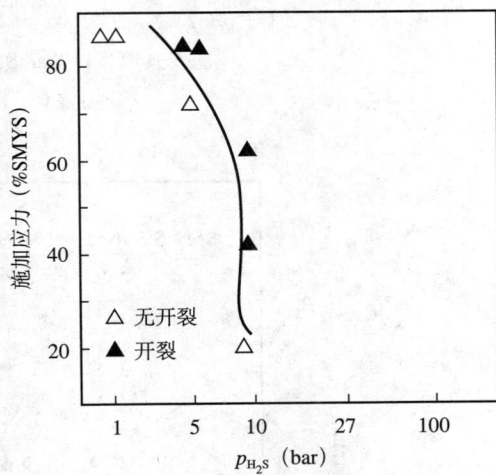

(b) pH=3.5

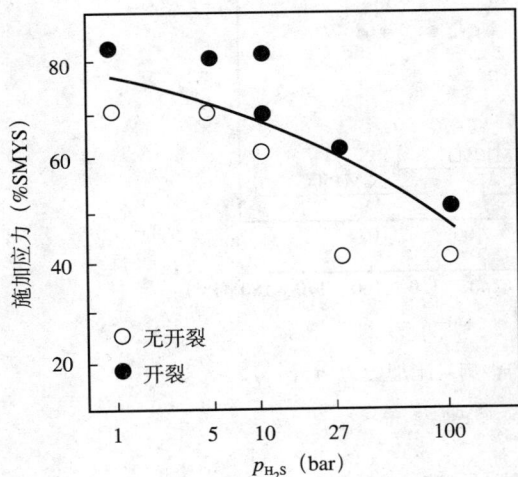

(c) pH=4.5

图 4-111　80ksi 13Cr（S42000）防 SSC 能力
测试条件：NACE 测试（方法 A）

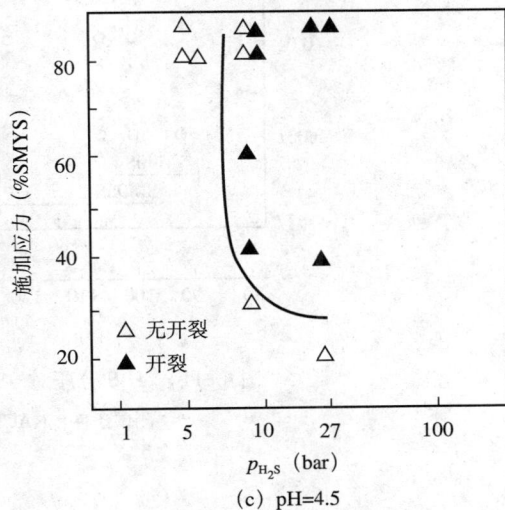

(c) pH=4.5

图 4-112　95ksi S13Cr（S41425）防 SSC 能力
测试条件：NACE 测试（方法 A）

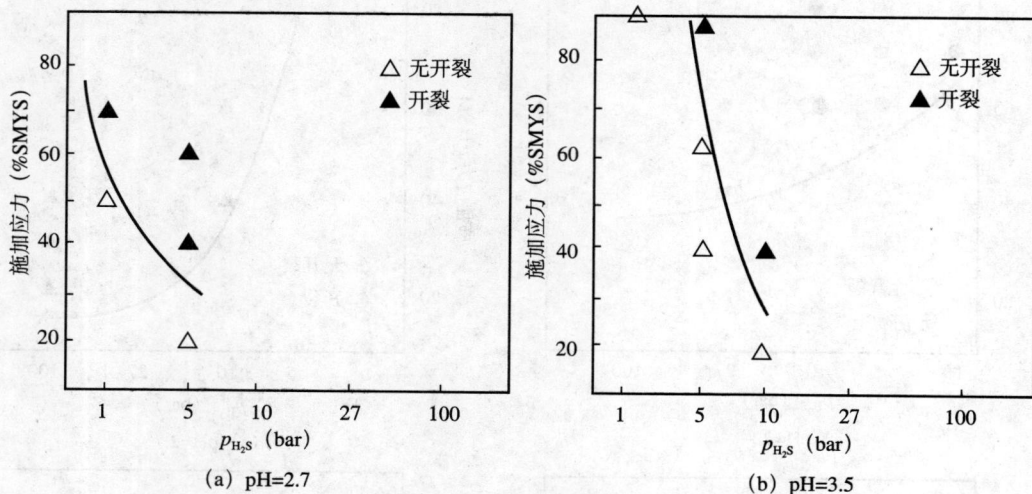

(a) pH=2.7   (b) pH=3.5

图 4-113   110ksi S13Cr（S41425）防 SSC 能力

测试条件：NACE 测试（方法 A）

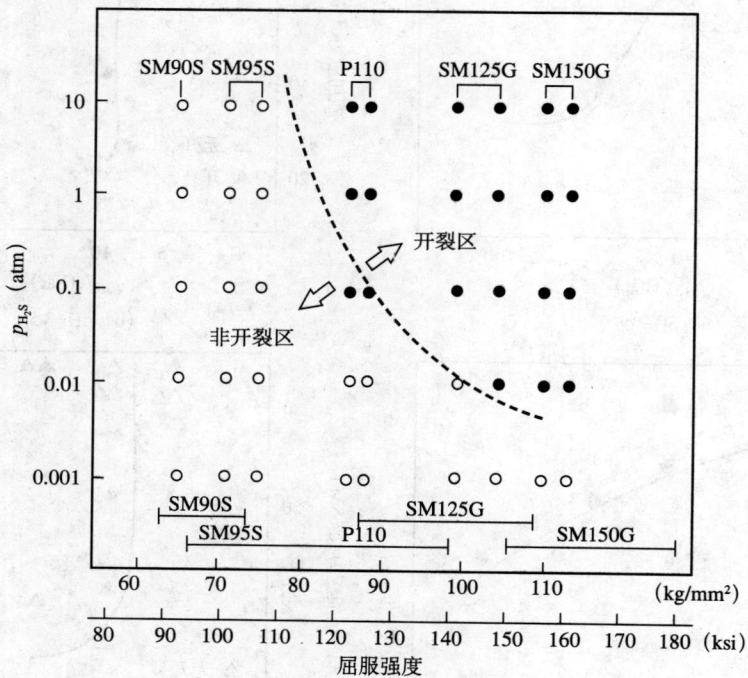

图 4-114 H_2S 分压对 SSCC 的影响（施加应力 $\sigma = \sigma_y$）

测试条件：NACE 溶液，测试温度 25℃

四点弯梁测试

⊙：>1.0 σy   ○：1.0~0.75   ◐：0.75~0.5
◖：0.5~0.25   ●：0.25

SM90S SM95S   P110   SM125G SM150G

p_{H_2S} (atm)

SM90S
SM95S
P110
SM125G
SM150G

60   70   80   90   100   110   120   (kg/mm²)

80 90 100 110 120 130 140 150 160 170 180 (ksi)

屈服强度

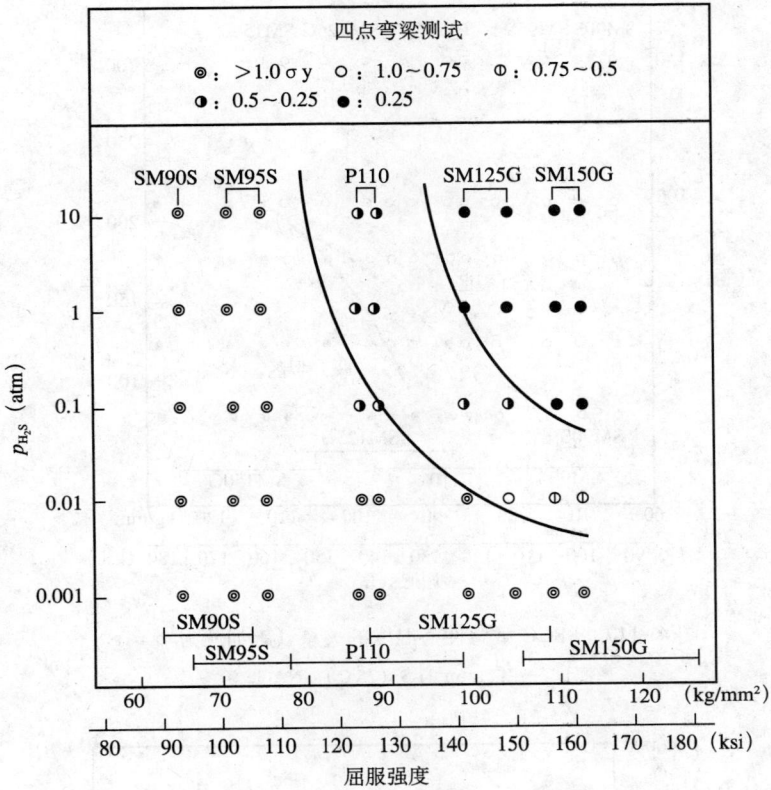

图 4—115   SSCC 敏感性与 H_2S 分压的关系

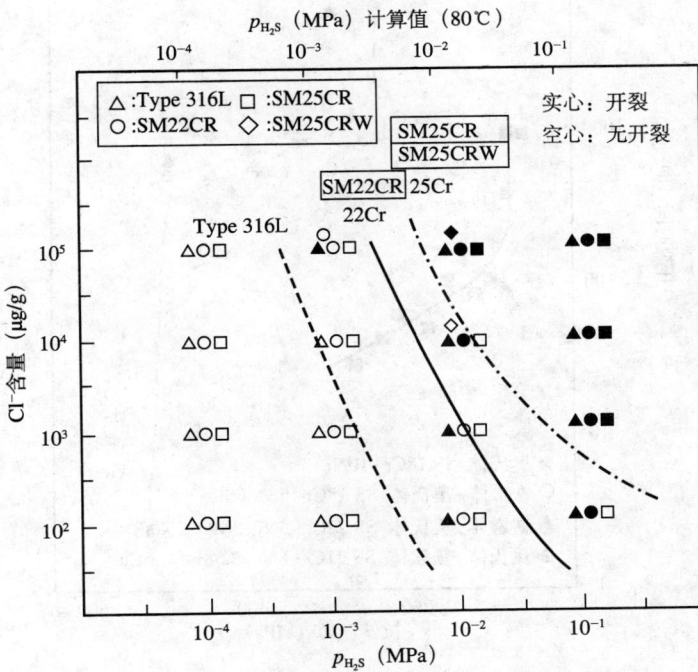

p_{H_2S} （MPa）计算值（80℃）

10^{-4} 10^{-3} 10^{-2} 10^{-1}

△:Type 316L   □:SM25CR   实心：开裂
○:SM22CR   ◇:SM25CRW   空心：无开裂

SM25CR
SM25CRW

SM22CR 25Cr
22Cr

Type 316L

Cl⁻含量（μg/g）

10^{-4} 10^{-3} 10^{-2} 10^{-1}

p_{H_2S} （MPa）

图 4—116   在 Cl^-—H_2S 环境中 316L、SM22Cr、SM25Cr 和 SM25CRW 的 SCC 敏感性

测试条件：SSRT 测试，80℃，应变率 $4.2 \times 10^{-5} s^{-1}$ （退火）

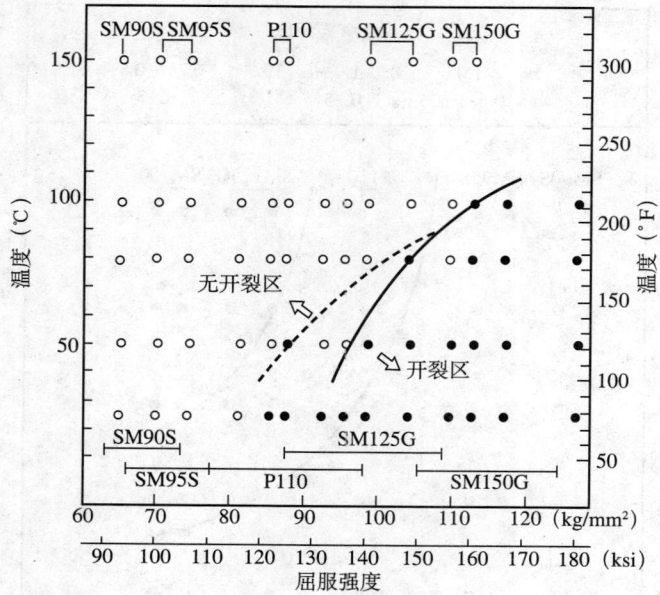

图 4-117　SSCC 敏感性与温度的关系（施加应力 $\sigma = \sigma_y$）

测试条件：1atm H_2S（25℃），NACE 溶液

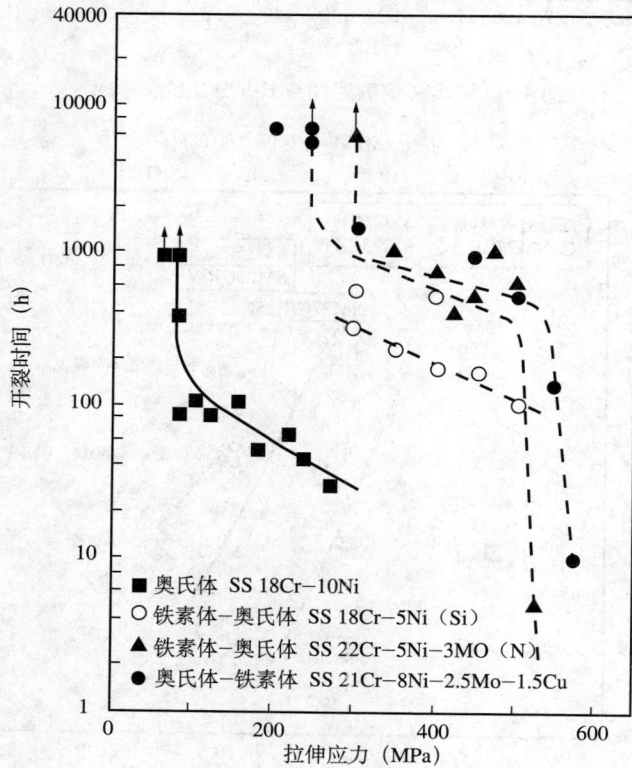

图 4-118　抛光试样恒载荷 SCC 测试结果

测试条件：35%$MgCl_2$ 蒸馏水溶液，125℃

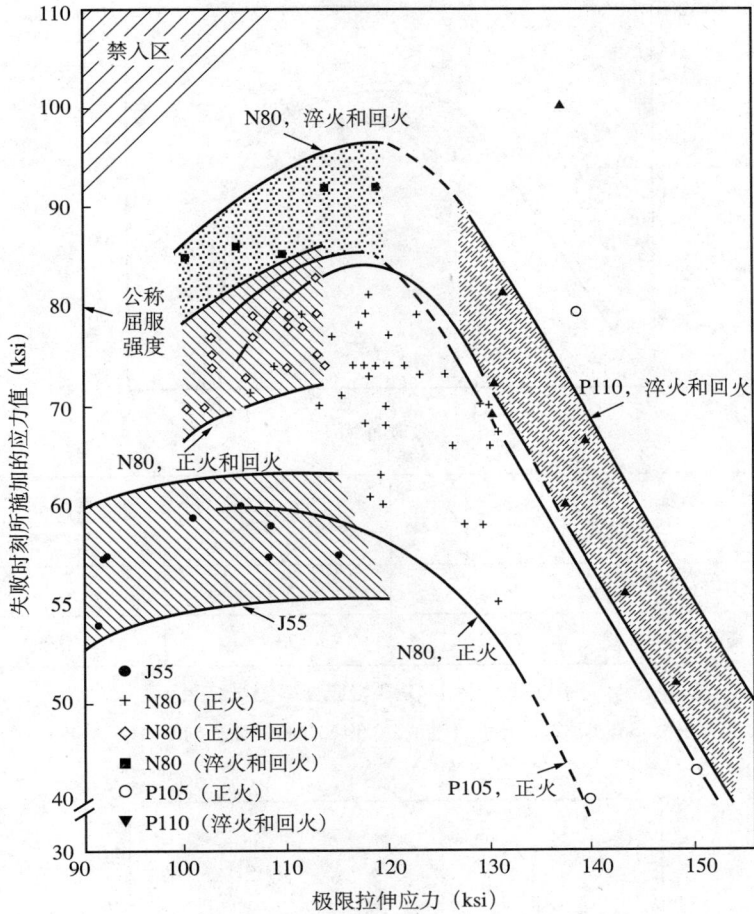

图 4-119 J55、N80、P105 和 P110 防 SSC 性能与强度和合金的关系

所有点的数值是按 Sc 值计算出来的

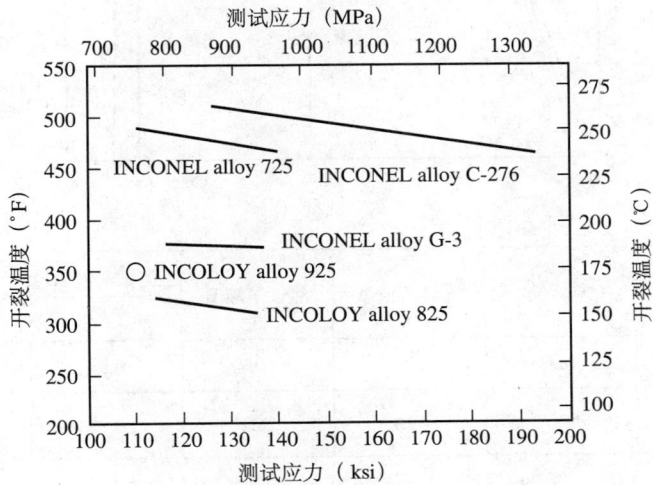

图 4-120 施加应力对镍基合金开裂温度的影响

测试条件：C 环测试，25%NaCl 溶液，0.5%CH$_3$COOH，1g/L 单质硫，120psi H$_2$S，100%YS（0.2% 残余变形）

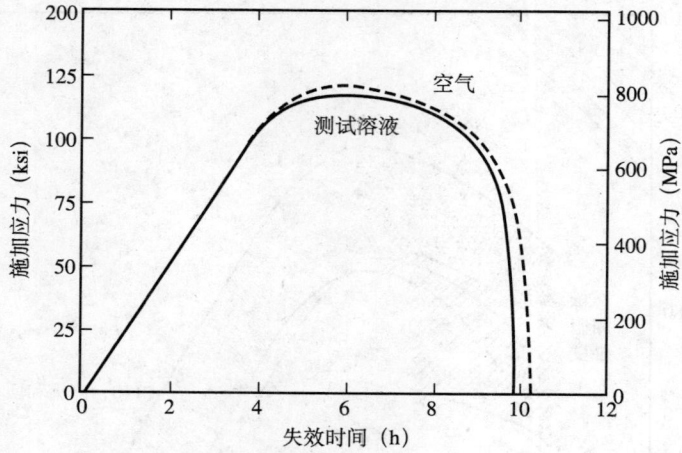

项　目	空　气	测试溶液	测试溶液/空气
失效时间（h）	9.9	9.7	0.98
断面收缩率（%）	74.5	73.7	0.99

图 4-121　合金 G-3 慢应变率测试结果

测试条件：SSRT 测试，25NaCl 溶液，0.5%CH₃COOH，690kPa H₂S，149℃

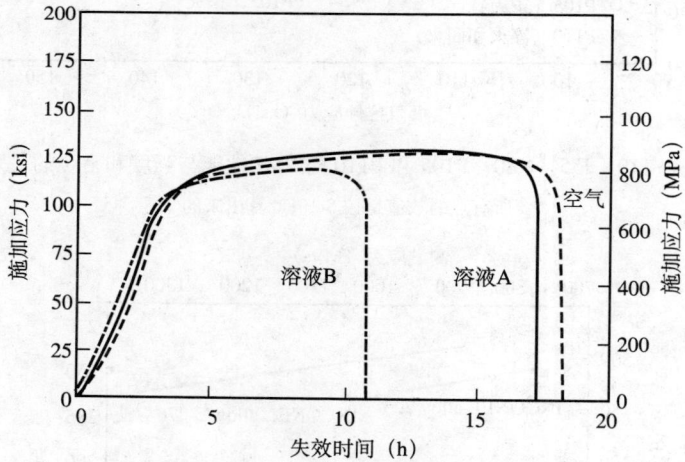

项　目	空　气	测试溶液 A	测试溶液 B	测试溶液 A/空气	测试溶液 B/空气
失效时间（h）	18.0	17.3	10.7	0.96	0.59
断面收缩率（%）	52.7	49.9	26.1	0.95	0.50

图 4-122　合金 625 慢应变率测试结果

测试条件：SSRT 测试，溶液 A（25%NaCl 溶液，0.5%CH₃COOH，827kPa H₂S，204℃）
溶液 B（25%NaCl 溶液，0.5%CH₃COOH，827kPa H₂S，1g/L 单质硫，204℃）

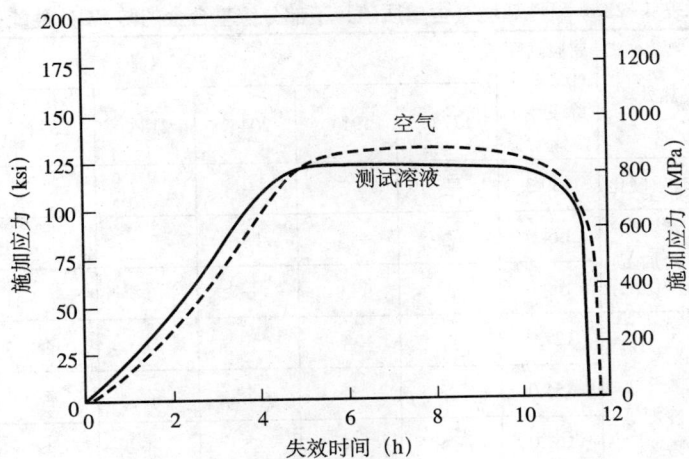

项　目	空　气	测试溶液	测试溶液 ───── 空　气
失效时间（h）	11.7	11.5	0.98
断面收缩率（%）	69.1	60.3	0.87

图 4-123　合金 C-276 慢应变率测试结果

测试条件：SSRT 测试，25%NaCl 溶液，0.5%CH₃COOH，827kPa H₂S，232℃

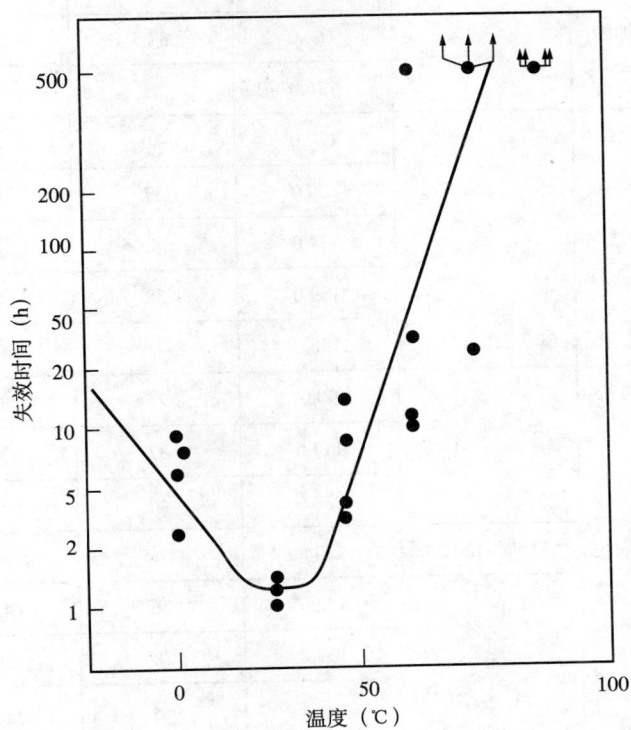

图 4-124　温度对 API 套管钢（C-Mn 钢）防 SSC 性能的影响

表 4-28　酸性环境（含单质硫）下部分镍基合金的防 SCC 性能

合金	热处理	屈服强度(0.2% 残余变形)(ksi)	SCC（是/否）						
			177℃	191℃	204℃	218℃	232℃	246℃	260℃
INCONEL 合金 718	时效硬化	130.3	是①		—				
INCONEL 合金 625	冷加工	144.0	否	是	—				
		160.0	否	是	—				
INCONEL 合金 C-276	冷加工	127.0	否	否	否	否	否	否	否
		155.0	否	否	否	否	否	否	是
		167.0	否	否	否	否	否	否	否
		168.0	否	否	否	否	否	否	是

注：1. 在施加应力为 100% 屈服强度时，C 环高压釜测试时间为 14d。
　　2. 测试溶液：25%NaCl 溶液，0.5%CH$_3$COOH，1g/L 单质硫，120psi H$_2$S。
　　① 开裂时温度为 135℃。

表 4-29　酸性环境下部分镍基合金的防 SSC 性能

合　金	热处理	模拟井时效处理	屈服强度(ksi)	硬度(HRC)	测试时间(d)	SSC(是/否)
INCONEL 合金 625	冷加工	无	125.0	30.5	42	否
			160.0	37.5	10	是
			176.0	41	6	
INCONEL 合金 718	时效硬化	无	120.0	30	42	否
			130.0	37	42	
			134.0	38.5	42	
			139.0	38	42	
			156.0	41	60	
INCONEL 合金 725	冷加工	无	90.0	25	30	否
			117.6	37	30	
	时效硬化	315℃/1000h	128.6	40	30	
			130.8	41.5	30	
			132.9	36	42	
		无	133.0	39	30	
	冷加工和时效		137.8	39	42	

合　金	热处理	模拟井时效处理	屈服强度 (ksi)	硬度 (HRC)	测试时间 (d)	SSC (是/否)
INCONEL 合金 G-3	冷加工	315℃/1000h	119.4	26	43	否
			132.3	30	43	
			135.3	31	43	
			136.9	—	30	否，否①
			137.7	—	30	
			181.7	—	30	否，是①
INCONEL 合金 C-276	冷加工	315℃/1000h	126.6	32	43	否
			155.1	38	43	
			166.8	35	43	
			188.7	43	43	
INCOLQY 合金825	冷加工	无	138.0	30	42	否
			147.0	33	42	
INCOLOY 合金925	时效硬化	无	114.0	38	42	否
	冷加工		139.0	35.5	42	
	冷加工和 时效		176.0	43.5	42	
			186.0	46	42	
	时效硬化	260℃/500h	113.5	38	42	
	冷加工		139.5	35.5	42	
	冷加工和 时效		176.0	43.5	42	
			180.0	44	42	
			185.5	46	42	

注：1. 在施加应力为 100% 屈服强度时的测试温度为室温。

2. 测试溶液，5%NaCl，0.5%CH$_3$COOH 的饱和 H$_2$S 溶液。

3. 所有试样与 CS 耦合。

①采用两个试样测试两次的结果。

表 4-30　高温酸性环境下部分镍基合金的防 SCC 性能

合金	热处理	屈服强度 (0.2% 残余变形) (ksi)	硬度 (HRC)	测试方法	测试时间 (d)	SCC (是/否)
INCONEL 合金 625	冷加工	128.0	37	A	15	否
		177.1	41			
		128.0	37	B		

合金	热处理	屈服强度 (0.2% 残余变形) (ksi)	硬度 (HRC)	测试方法	测试时间 (d)	SCC (是/否)
INCONEL 合金 625	冷加工	177.1	41	B	15	否
		125.0	30.5	C	42	
		160.0	37.5			
		176.0	41			
INCONEL 合金 718	时效硬化	120.0	30	C	42	否
		134.0	38.5			
	冷加工	197.0	37.5		20	是
INCONEL 合金 G-3	冷加工	133.5	33	D	60	否
		133.5	33		120	
		137.5	30		90	是
		137.5	30		120	否
		183.3	38			
		133.5	33	E	60	
		133.5	33		120	
		137.5	30			
		183.3	38			
INCONEL 合金 C-276	冷加工	194.7	43.5	A	15	否
		194.7	43.5	B	5	
INCONEL 合金 825	冷加工	131.0	30	A	15	是
		138.0	30	C	42	否
		147.0	33			
INCONEL 合金 925	冷加工和时效	166.0	40.5	A	15	是
	时效硬化	133.5	38	B		
	冷加工和时效	185.5	46			
	时效硬化	114.0	38	C	42	否
	冷加工	139.0	35.5			
	冷加工和时效	176.0	43.5			
		185.5	46			

注：1. 在施加应力为 100% 屈服强度时，进行 C 环高压釜测试。

2. 测试方法 A——15%NaCl 溶液，200psi H_2S+100psi CO_2，1g/L 单质硫，232℃。

3. 测试方法 B——25%NaCl 溶液，200psi H_2S+100psi CO_2，1g/L 单质硫，204℃。

4. 测试方法 C——15%NaCl 溶液（饱和 H_2S），1000psi（1%H_2S+50%CO_2+49%N_2），260℃。

5. 测试方法 D——25%NaCl 溶液，100psi H_2S+200psi CO_2，1g/L 单质硫，204℃。

6. 测试方法 E——25%NaCl 溶液，100psi H_2S+200psi CO_2，1g/L 单质硫，218℃。

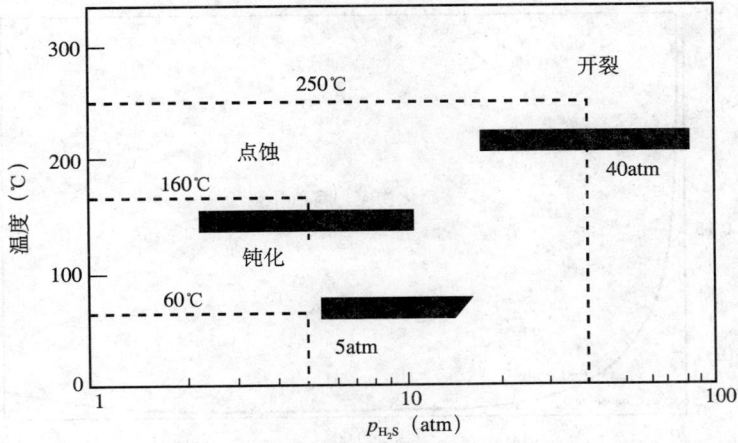

图 4-125　INCOLOY 825 腐蚀形态变化图

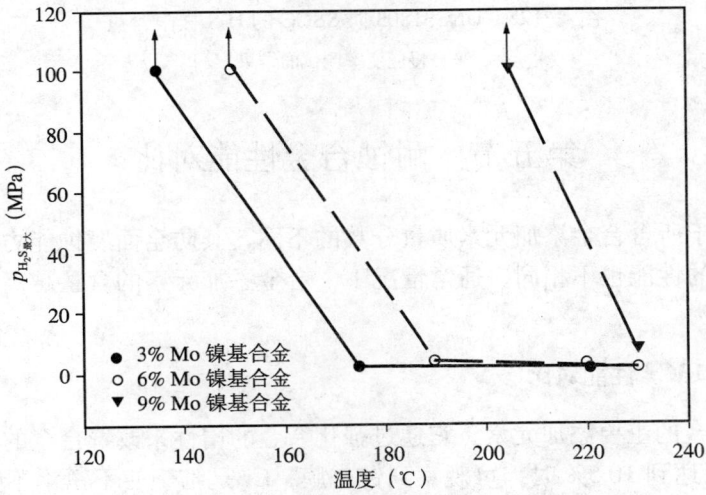

图 4-126　冷加工镍基合金使用温度与最大 H_2S 分压的关系

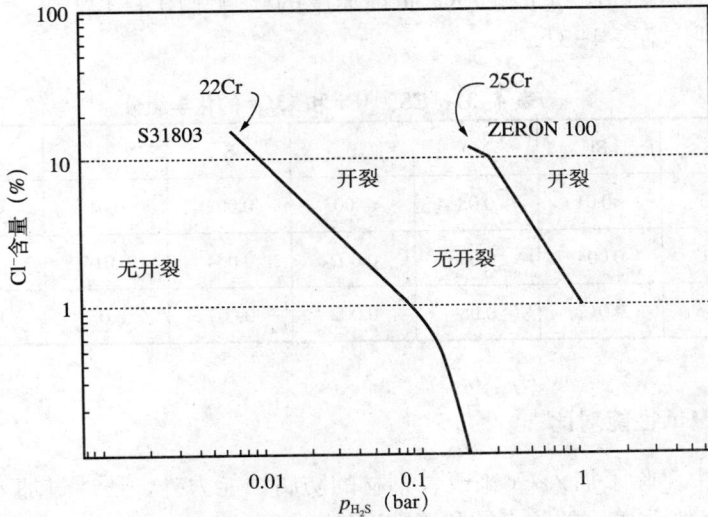

图 4-127　22Cr、25Cr 的使用极限（pH < 4）

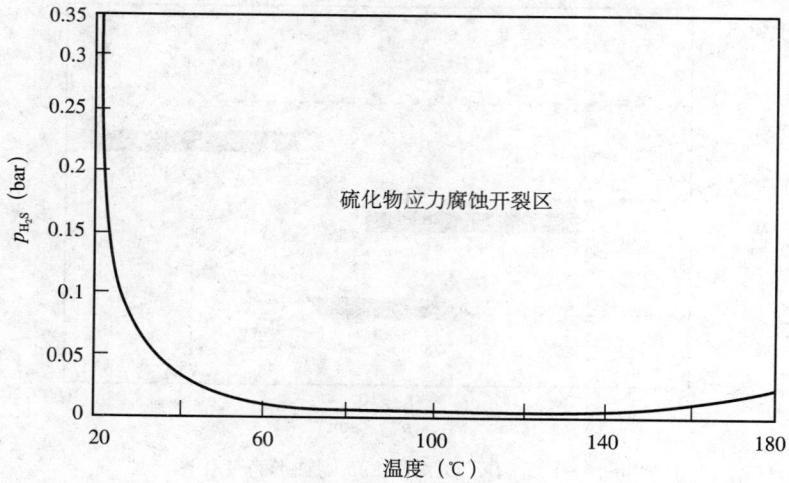

图 4-128　UNS31803 防 SSCC 的 H_2S 极限含量
来自慢应变率测试的结果

第五节　耐蚀合金性能对比

耐蚀合金由于所含合金添加元素质量分数的不同，其防全面腐蚀能力、防点蚀能力和防应力腐蚀开裂的性能也不相同。通常情况下，合金添加元素的含量越高，耐蚀合金的耐蚀性能越好。

一、CS、3Cr 和 13Cr 性能对比

Cr 是耐蚀合金的主要添加元素，它通过强化合金的惰性来改善合金的防腐蚀能力。当合金中的 Cr 含量达到 10.5% 时，可观察到钝态膜，Cr 是唯一使不锈钢不生锈的合金添加元素。当合金中 Cr 的含量达到 25% ~ 30% 时，合金的防高温氧化能力最好。

Cr 含量和温度对 CS、3Cr 和 13Cr 腐蚀速度的影响见图 4-129 和图 4-130。CS、3Cr 和 13Cr 的化学组分见表 4-31。

表 4-31　CS、3Cr 和 13Cr 的化学组分　　　单位：%（质量分数）

钢级	C	Si	Mn	P	S	Ni	Cr	Mo
0Cr	0.003	<0.01	0.05	<0.003	0.002	0.01	<0.01	0.02
2Cr	0.001	0.004	0.03	0.002	0.004	0.014	2.15	0.02
13Cr	0.0048	0.012	0.08	0.002	0.007	0.05	13.52	0.01

二、13Cr 和 M13Cr 性能对比

在金属材质中，除了加入 Cr 来改善钢材的防腐蚀能力外，还通过加入 Ni 来改善钢的延展性，加入 Mo 来改善钢的防点蚀和缝隙腐蚀的能力。

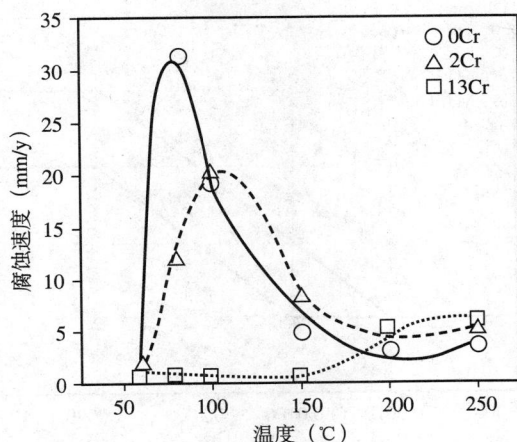

图 4-129 Cr 含量和温度对 CS、Cr 钢腐蚀速度的影响

测试条件：3.0MPa CO_2，5%NaCl 溶液 +0.5%CH_3COOH，96h，2.5m/s

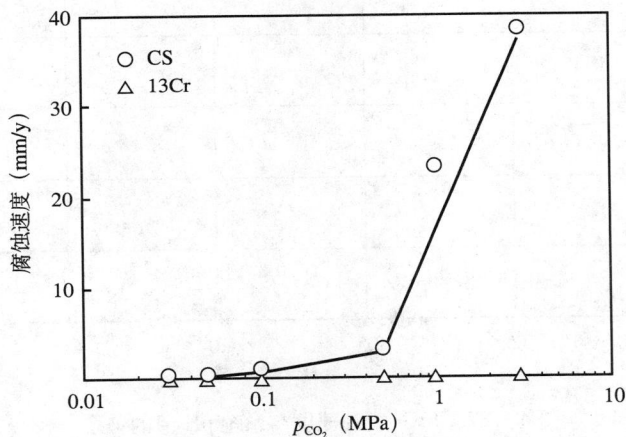

图 4-130 Cr 含量和温度对 CS、13Cr 腐蚀速度的影响

测试条件：3.5%NaCl 溶液，80℃

13Cr 和 M13Cr 的化学组分差异，导致二者在不同腐蚀环境条件下防腐蚀能力的不同。表 4-32 给出了 13Cr 和 M13Cr 的化学组分。图 4-131 ～图 4-136 分别给出了 13Cr 和 M13Cr 的耐蚀性能差异。

表 4-32　13Cr 和 M13Cr 的化学组分　　　单位：%（质量分数）

钢级	C	Mn	P	S	Si	Cr	Ni	Mo	Cu
13Cr	0.22	1.00	0.020	0.010	1.00	12.0 ～ 14.0	0.50	—	0.25
M13Cr	0.03	0.50	0.020	0.005	0.50	11.5 ～ 13.5	4.0 ～ 6.0	1.0 ～ 2.0	1.0 ～ 2.0

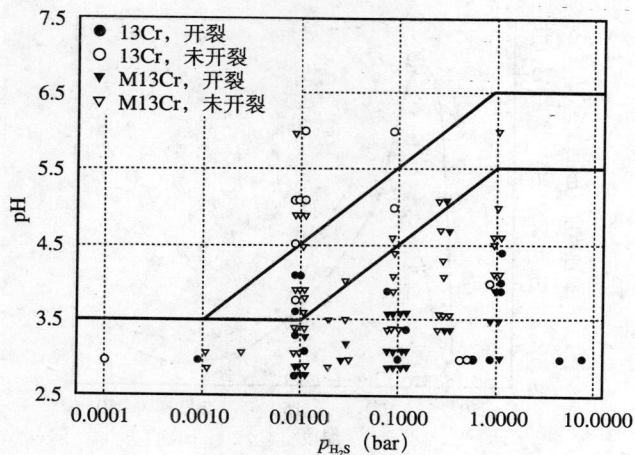

图 4—131 13Cr 和 M13Cr 防 SSC 性能对比

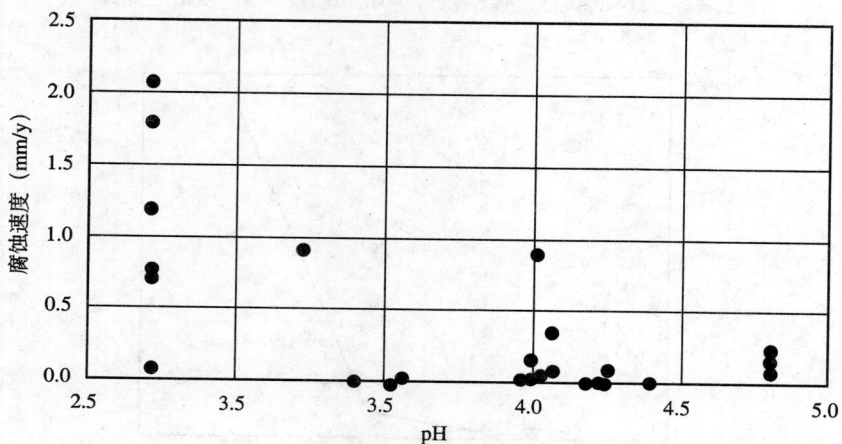

图 4—132 13Cr 腐蚀速度与系统 pH 值的关系

测试条件：$0 \sim 120000 \mu g/g\ Cl^-$，$25 \sim 200℃$，$0 \sim 50psi\ H_2S$，$0 \sim 1300psia\ CO_2$

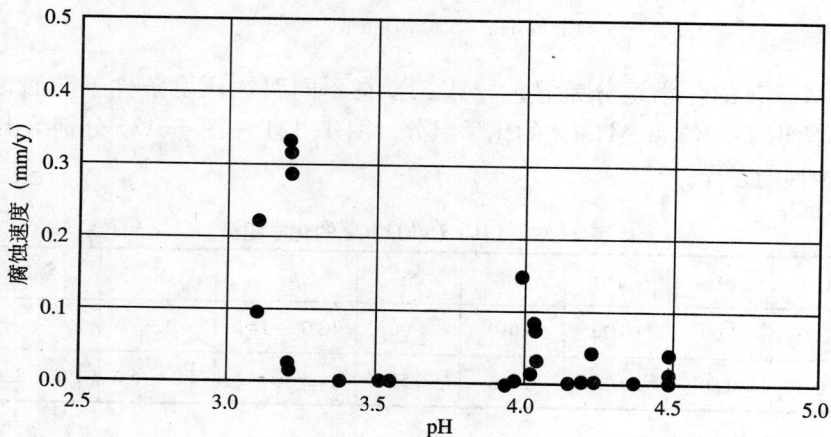

图 4—133 M13Cr 腐蚀速度与系统 pH 值的关系

测试条件：$0 \sim 120000 \mu g/g\ Cl^-$，$25 \sim 200℃$，$0 \sim 50psi\ H_2S$，$0 \sim 1300psia\ CO_2$

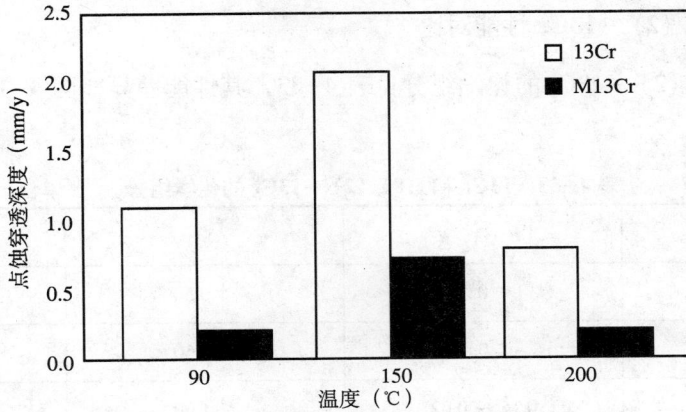

图 4-134　13Cr 和 M13Cr 点蚀穿透速度与温度的关系

测试条件：H_2S/CO_2 系统

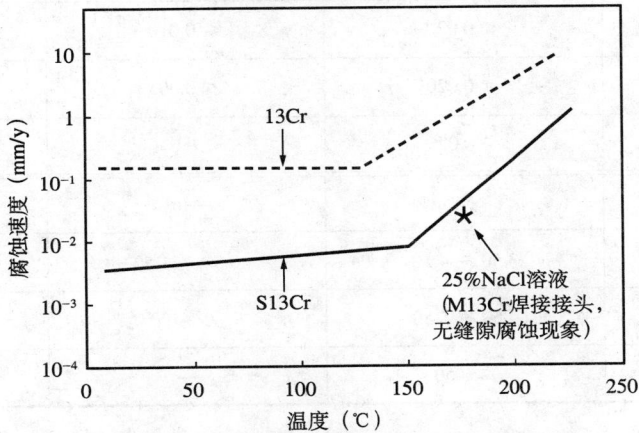

图 4-135　高 Cl^- 浓度对可焊接 M13Cr 腐蚀速度的影响

测试条件：3.0MPa CO_2，5%NaCl 溶液，336h

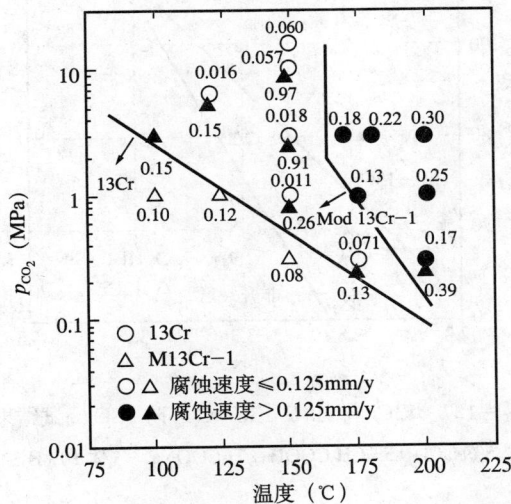

图 4-136　温度和 CO_2 分压对 13Cr 和 M13Cr-1 腐蚀速度的影响

测试条件：20%NaCl 溶液

三、13Cr 和 HP1（2）−13Cr 性能对比

13Cr 和 HP1（2）−13Cr 的化学组分见表4−33，其性能差异如图4−137 和图4−138 所示。

表4−33　13Cr 和 HP1（2）−13Cr 的化学组分　　　单位：%（质量分数）

名称	C	Si	Mn
HP1−13Cr	≤ 0.04	≤ 0.50	≤ 0.60
HP2−13Cr	≤ 0.04	≤ 0.50	≤ 0.60
13Cr	0.15 ～ 0.02	≤ 1.00	0.25 ～ 1.00
名称	P	S	Cr
HP1−13Cr	≤ 0.020	≤ 0.010	12.0 ～ 14.0
HP2−13Cr	≤ 0.020	≤ 0.005	12.0 ～ 14.0
13Cr	≤ 0.020	≤ 0.010	12.0 ～ 14.0
名称	Ni	Mo	Cu
HP1−13Cr	3.50 ～ 4.50	0.80 ～ 1.50	—
HP2−13Cr	4.50 ～ 5.50	1.80 ～ 2.50	—
13Cr	≤ 0.50	—	≤ 0.25

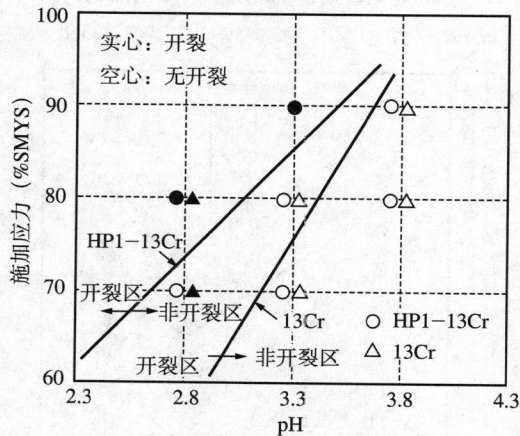

图4−137　13Cr 与 HP1−13Cr C 环防 SSC 测试结果

测试条件：溶液 5%NaCl+0.5%CH₃COOH+CH₃COONa，气体 10%H₂S+90%CO₂，7d

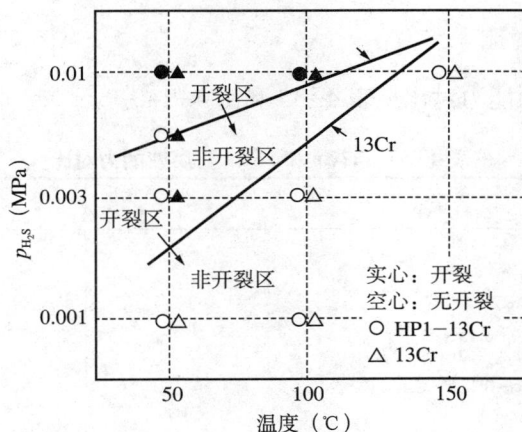

图 4-138　13Cr 与 HP1-13Cr U 形弯梁防 SSC 测试结果

测试条件：5%NaCl 溶液，$p_{(H_2S+CO_2)}$ =3.0MPa，7d

四、13Cr 和 15Cr 性能对比

表 4-34 给出 Cr 含量分别为 13% 和 15% 的四种钢材 HP13Cr-1、HP13Cr-2、UHP15Cr 和 13Cr 的化学组分。API-13Cr、HP13Cr-1 和 UHP15Cr 防 CO_2 腐蚀测试结果见图 4-139。

表 4-34　HP13Cr-1、HP13Cr-2、UHP15Cr 和 13Cr 的化学组分　　单位：%（质量分数）

名称	C	Si	Mn	Cr	Ni	Mo	Cu
HP13Cr-1	0.025	0.25	0.46	13.1	4.0	1.0	—
HP13Cr-2	0.025	0.25	0.40	13.0	5.1	2.0	—
UHP15Cr	0.03	0.22	0.28	14.7	6.3	2.0	1.0
13Cr	0.20	0.23	0.44	13.0	—	—	—

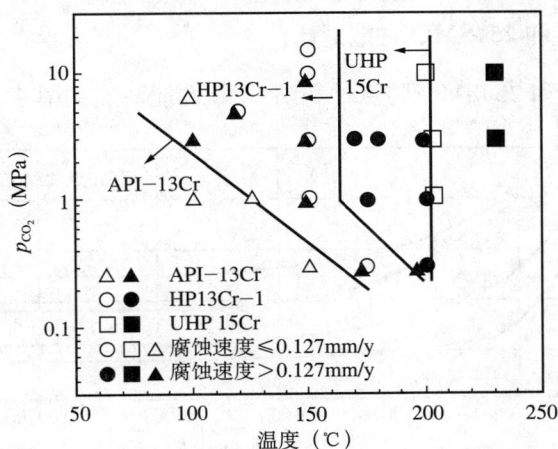

图 4-139　API-13Cr、HP13Cr-1 和 UHP15Cr 防 CO_2 腐蚀测试结果

测试条件：20%NaCl 溶液

五、22Cr 和 25Cr 性能对比

22Cr 和 25Cr 防腐蚀能力对比见表 4—35 和图 4—140。

表 4—35　22Cr 和 25Cr 防腐蚀能力对比

合金	防腐蚀能力
2304：Fe—23Cr—4Ni—0.1N 2205：Fe—22Cr—5.5Ni—3Mo—0.15N 2505：Fe—25Cr—5Ni—2.5Mo—0.17N—Cu 2507：Fe—25Cr—7Ni—3.5Mo—0.25N—W—Cu	⇓

注：箭头方向表示防腐能力增强。

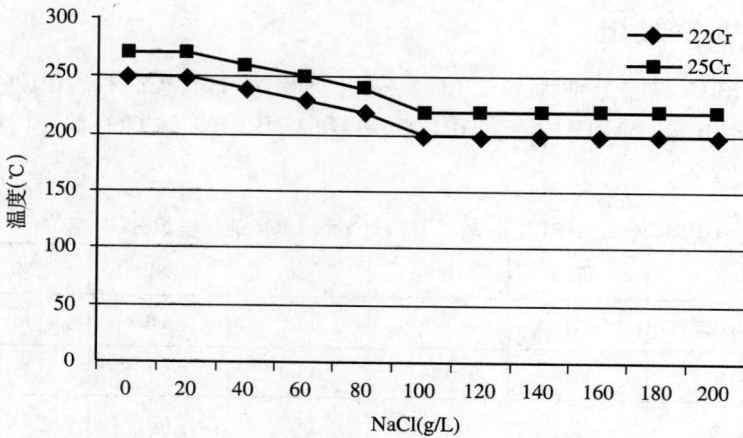

图 4—140　22Cr 和 25Cr 的使用极限条件对比

六、321、316Ti、22Cr 和 254SMO 性能对比

321、316Ti、22Cr 和 254SMO 防点蚀和防 SCC 性能对比见图 4—141 和图 4—142。

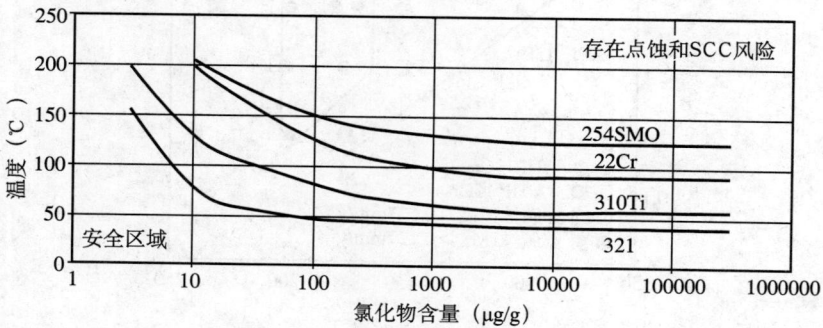

图 4—141　321、316Ti、22Cr 和 254SMO 防点蚀和防 SCC 性能对比

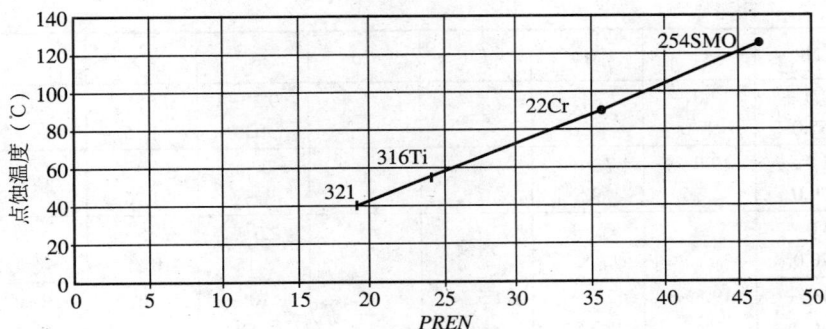

图 4-142　321、316Ti、22Cr 和 254SMO 点蚀温度对比

七、部分镍基合金性能对比

Ni 作为合金添加元素的最重要特性是使合金具有良好的延展性。当合金中 Ni 的含量超过 20% 时，可使合金具有良好的防应力腐蚀开裂能力。随着合金中 Ni 含量的不断增加，其防应力腐蚀开裂能力也越来越强，当合金中的 Ni 含量大于 45% 时，可防止氯化物应力腐蚀开裂现象的出现。

镍基合金以其应用环境恶劣而著称。大多数镍基合金在温度达 230℃ 时，仍表现出很好的防腐蚀能力。镍基合金的防腐蚀能力取决于氯化物浓度、H_2S 含量和单质硫。

表 4-36 为 X-750 的化学组分。表 4-37 给出了石油行业中常用镍基合金的化学组分。

表 4-36　X-750 的化学组分　　单位：%（质量分数）

Ni	Cr	Fe	C	Mn	Si
70.0（最小）	14.0 ~ 17.0	5.0 ~ 9.0	0.08（最大）	1.0（最大）	0.50（最大）
Cu	Ti	Co	Nb	Al	S
0.50（最大）	2.25 ~ 2.75	（1.0）	1.20	1.00	0.010

表 4-37　石油行业中常用镍基合金的化学组分　　单位：%（质量分数）

合金	Ni	Cr	Mo	Cu	Co	Al	Ti	Fe	其他
25-6Mo (N08926)	24.0 ~ 26.0	19.0 ~ 21.0	6.7 ~ 7.0	0.5 ~ 1.5	—	—	—	余额	N, 0.15 ~ 0.25
028 (08028)	30.0 ~ 34.0	26.0 ~ 28.0	3.0 ~ 4.0	0.6 ~ 1.4	—	—	—	余额	—
825 (N08825)	38.0 ~ 46.0	19.5 ~ 23.5	2.5 ~ 3.5	1.5 ~ 3.0	—	0.2 最大	0.6 ~ 1.2	余额	—
G-3 (N06985)	余额	21.0 ~ 23.5	6.0 ~ 8.0	1.5 ~ 2.5	5.0 最大	—	—	18.0 ~ 21.0	W, 1.5 最大
050 (N06950)	50 最小	19.0 ~ 21.0	8.0 ~ 10.0	—	2.5 最大	—	—	15.0 ~ 20.0	W, 1.0 最大
C-276 (N10276)	余额	14.5 ~ 16.5	15.0 ~ 17.0	—	2.5 最大	—	—	4.0 ~ 7.0	W, 3.0 ~ 4.5

合金	Ni	Cr	Mo	Cu	Co	Al	Ti	Fe	其他
718 (N07718)	50.0 ~ 55.0	17.0 ~ 21.0	2.80 ~ 3.30	—	—	0.2 ~ 0.8	0.65 ~ 1.15	余额	Nb, 4.75 ~ 5.50
725 (N07725)	55.0 ~ 59.0	19.0 ~ 22.5	7.0 ~ 9.5	—	—	0.35 最大	1.00 ~ 1.70	余额	Nb, 2.75 ~ 4.0
K-500 (N05500)	63.0 ~ 70.0	—	—	余额	—	2.0 ~ 3.15	0.35 ~ 0.85	2.00 最大	—
925 (N09925)	42.0 ~ 46.0	19.5 ~ 22.5	2.5 ~ 3.5	1.5 ~ 3.0	—	0.10 ~ 0.50	1.90 ~ 2.40	22.0 最小	Nb, 0.50 最大
625	余额	20.59 ~ 21.56	8.81 ~ 8.95	—	0.05 ~ 0.09	0.18 ~ 0.20	0.26	3.40 ~ 3.82	Nb+Ta, 3.36 ~ 3.369

由于镍基合金的化学组分不同，以及热处理方式的不同，其防腐蚀能力呈现出差异（表4-38）。

表4-38　镍基合金防腐蚀性能差异

热处理方式	防腐能力排序
冷加工	C-276 > 050 > 625 和 G-3 > 825 > 028 > 25-6Mo
时效硬化	725 > 725HS > 925 > 718 > K-500 和 X-750

注：早期的研究表明，基于 SSR 应力腐蚀开裂测试数据，合金 925 在 Mobile Bay 的更严重的酸性海水环境中的防开裂能力一直都优于合金 718。

八、合金 718 和合金 925 性能对比

耐蚀合金 718、925 的化学组分，慢应变及 C 环测试结果见表4-39 ~ 表4-41。

表4-39　耐蚀合金 718、925 的化学组分　　单位：%（质量分数）

合金	Fe	Cu	Ni	Cr	Al	Ti	Mo	Nb
718	18.5	0.3	52.5	19	0.5	0.5	3	5.1
925	32	2.2	42	21	0.3	2.1	3	—

表4-40　耐蚀合金 925、718 的慢应变测试结果

合　金	$\dfrac{\text{失效时间}_{\text{腐蚀}}}{\text{失效时间}_{\text{空气}}}$	$\dfrac{\text{断面收缩率}_{\text{腐蚀}}}{\text{断面收缩率}_{\text{空气}}}$	$\dfrac{\text{伸长率}_{\text{腐蚀}}}{\text{伸长率}_{\text{空气}}}$	次生裂纹
925	0.83	0.80	0.83	无
925	0.83	0.82	0.83	无
925	0.82	0.83	0.82	无
718	0.72	0.70	0.72	无
718	0.73	0.76	0.73	无
718	0.70	0.72	0.70	无

测试条件：25%NaCl 溶液，0.172MPa H_2S+4.83MPa CO_2，148.9℃

合 金	$\dfrac{失效时间_{腐蚀}}{失效时间_{空气}}$	$\dfrac{断面收缩率_{腐蚀}}{断面收缩率_{空气}}$	$\dfrac{伸长率_{腐蚀}}{伸长率_{空气}}$	次生裂纹
925	0.81	0.76	0.81	无
	0.78	0.77	0.78	
	0.82	0.72	0.82	
	0.79	0.77	0.79	
	0.83	0.77	0.83	
718	0.68	0.63	0.68	
	0.72	0.62	0.72	
	0.66	0.64	0.66	
测试条件：25%NaCl 溶液，0.345MPa H_2S+4.83MPa CO_2，148.9℃				
925	0.76	0.70	0.76	无
	0.82	0.76	0.82	
718	0.60	0.61	0.60	
	0.74	0.66	0.74	
	0.68	0.74	0.68	
测试条件：25%NaCl 溶液，0.690MPa H_2S+4.83MPa CO_2，148.9℃				
925	0.82	0.81	0.82	无
	0.77	0.71	0.77	
718	0.75	0.71	0.75	
	0.82	0.79	0.82	
测试条件：15%NaCl 溶液，0.690MPa H_2S+4.83MPa CO_2，148.9℃				
925	0.92	0.89	0.92	无
	0.88	0.92	0.88	
718	0.82	0.73	0.82	
	0.83	0.71	0.83	
测试条件：25%NaCl 溶液，0.690MPa H_2S+4.83MPa CO_2，121.1℃				
925	0.93	0.91	0.93	无
	0.89	0.88	0.89	
718	0.91	0.88	0.91	
	0.90	0.87	0.90	
测试条件：10%NaCl 溶液，2.759MPa H_2S+1.379MPa CO_2，148.9℃				
925	0.89	0.87	0.89	无
	0.91	0.79	0.81	
718	0.60	0.52	0.60	
	0.76	0.74	0.76	
测试条件：25%NaCl 溶液，2.759MPa H_2S+2.759MPa CO_2，148.9℃				
925	0.90	0.55	0.87	无
	0.95	0.57	0.94	
	0.93	0.62	0.92	
718	0.84	0.63	0.80	
	0.54	0.56	0.47	
	0.85	0.50	0.82	
测试条件：25%NaCl 溶液，0.345MPa H_2S+4.83MPa CO_2，148.9℃				

表 4-41　耐蚀合金 925、718 的 C 环测试结果

合金	是否开裂
925	无
718	

注：测试条件为 25%NaCl 溶液，0.690MPa H_2S+4.83MPa CO_2，176.7℃，90d，100%YS（0.2% 残余变形）。

九、合金 825 和合金 028 性能对比

合金 825 和合金 028 的化学组分及慢应变测试结果见表 4-42 和表 4-43。

表 4-42　合金 825、028 的化学组分　　单位：%（质量分数）

合金	Ni	Cr	Mo	Cu	Al	Ti	Fe
825	42.0	21.5	3.0	2.2	0.1	0.9	余额
028	31.0	27.0	3.5	1.0	—	—	余额

表 4-43　合金 825、028 的防 SSC 能力 SSRT 测试结果

合金	失效时间腐蚀 / 失效时间空气	断面收缩率腐蚀 / 断面收缩率空气	伸长率腐蚀 / 伸长率空气	次生裂纹
825	0.97	0.85	0.96	无
	0.98	0.93	0.93	无
028	0.83	0.97	0.83	无
	0.86	0.97	0.83	无
测试条件：100000μg/g Cl^-（与 NaCl 相当），0.207MPa H_2S+4.83MPa CO_2，测试温度 121.1℃				
825	1.08	0.99	1.02	无
	1.10	1.04	1.04	无
	1.07	1.05	1.00	
028	1.02	0.90	0.99	无
	1.01	0.92	0.97	无
	1.09	1.04	1.09	
测试条件：150000μg/g Cl^-（与 NaCl 相当），0.517MPa H_2S+2.76MPa CO_2，148.9℃				
825	1.06	0.98	1.08	无
	1.00	0.95	1.00	无
028	0.88	0.49	0.84	无
	0.82	0.49	0.71	无
测试条件：100000μg/g Cl^-（与 NaCl 相当），0.690MPa H_2S+2.76MPa CO_2，204.4℃				
825	1.04	0.97	0.98	无
	1.05	0.94	1.02	无
	1.04	0.98	1.00	
028	0.94	0.55	0.78	无
	0.79	0.33	0.62	无
测试条件：150000μg/g Cl^-（与 NaCl 相当），0.690MPa H_2S+2.76MPa CO_2，204.4℃				

十、N80、P110、3Cr 和 5Cr 性能对比

图 4−143 和图 4−144 给出了 N80、P110、3Cr 和 5Cr 在两种饱和 CO_2 溶液中的腐蚀速度差异。

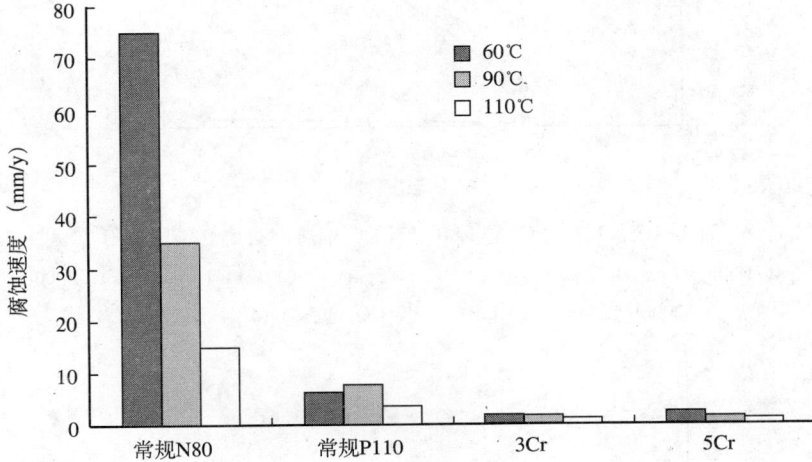

图 4−143　N80、P110、3Cr 和 5Cr 在饱和 CO_2 溶液 A 中的腐蚀速度

测试溶液 A：20000mg/L Cl^-，2000mg/L SO_4^{2-}，1000mg/L HCO_3^-，50mg/L CO_3^{2-}

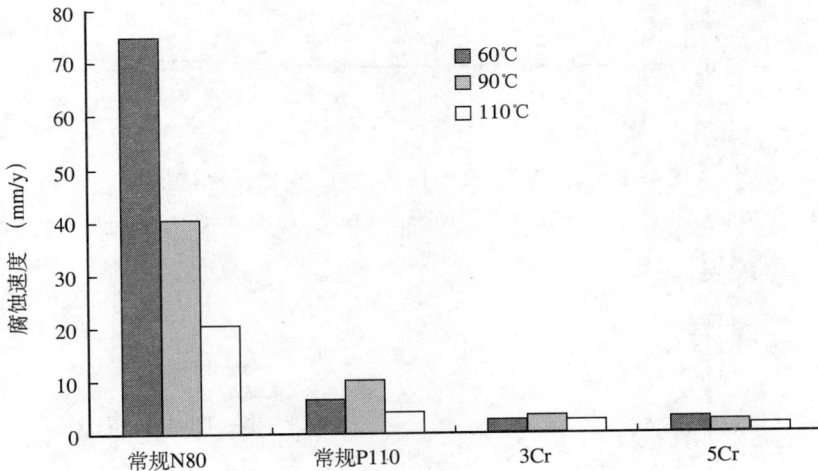

图 4−144　N80、P110、3Cr 和 5Cr 在饱和 CO_2 溶液 B 中的腐蚀速度

测试溶液 B：200000mg/L Cl^-，5000mg/L SO_4^{2-}，1000mg/L HCO_3^-，50mg/L CO_3^{2-} 61690mg/L Ca^{2+}，5635mg/L Mg^{2+}

十一、L80−9Cr、L80−13Cr 和 P110 性能对比

图 4−145 ~ 图 4−147 给出了在特定腐蚀环境条件下，温度对 L80−9Cr、L80−13Cr 和 P110 腐蚀速度的影响对比情况。

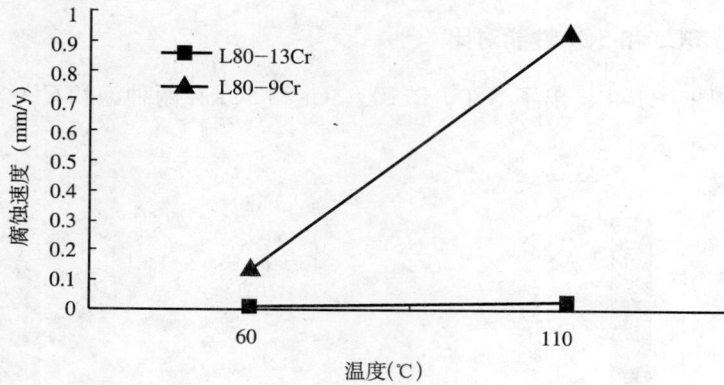

图 4-145　L80-9Cr 和 L80-13Cr 腐蚀速度对比（长庆油田）

测试条件：17184mg/L Na⁺+K⁺，122mg/L HCO_3^-，18864mg/L Cl^-，1441mg/L SO_4^{2-}，3000mg/L Ca^{2+}，

1200mg/L Mg^{2+}，100mg/L Fe^{3+}，CO_2 分压 2.5MPa，流速 0m/s

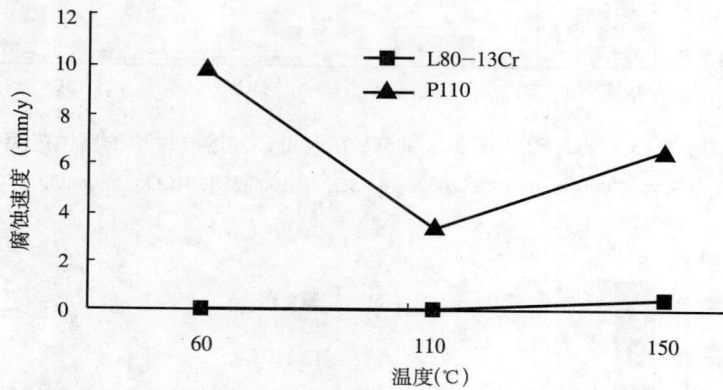

图 4-146　L80-Cr 和 P110 腐蚀速度对比（大庆油田）

测试条件：1740mg/L Na^+，203mg/L CO_3^{2-}，4608mg/L Cl^-，1183mg/L Ca^{2+}，48mg/L Mg^{2+}，pH 6.0，

CO_2 分压 2.5MPa，流速 0m/s

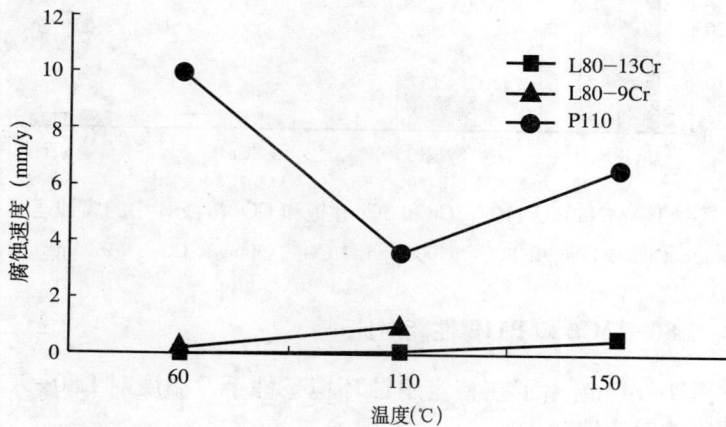

图 4-147　L80-9Cr、L80-13Cr 和 P110 腐蚀速度对比（静态）

测试条件：CO_2 分压 2.5MPa

十二、3Cr、5Cr 和 L80 性能对比

3Cr、5Cr、L80 在酸性环境下的使用条件对比见图 4-148 和图 4-149。

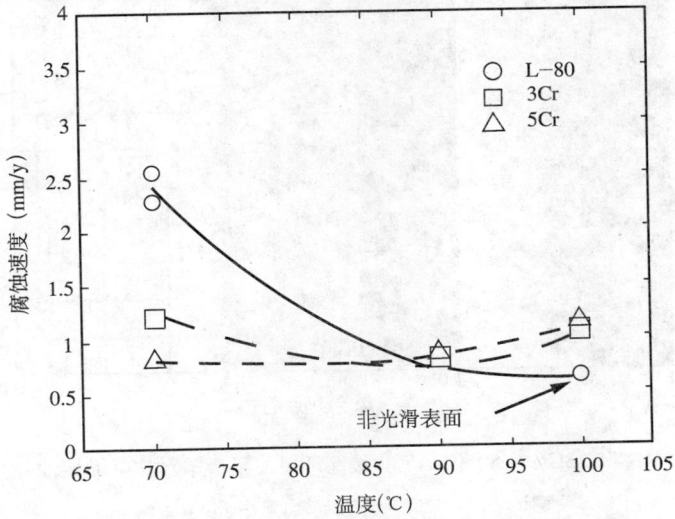

图 4-148　温度对 3Cr、5Cr、L80 腐蚀速度的影响

测试条件：0mL/m³ H₂S，0.3/0.5MPa CO₂，720h，25500 ~ 121000 μg/g Cl⁻

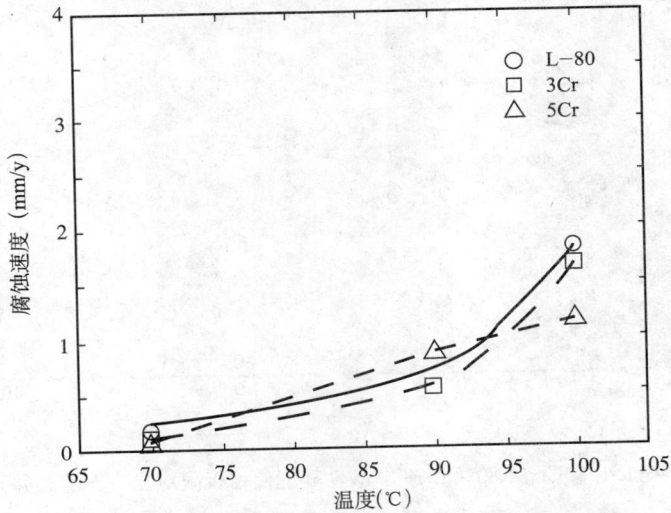

图 4-149　温度对 3Cr、5Cr、L80 腐蚀速度的影响（续）

测试条件：0.1kPa H₂S，0.3/0.5MPa CO₂，720h，25500 ~ 121000 μg/g Cl⁻

十三、3Cr 和 L80 非酸性环境使用极限条件对比

3Cr 钢的化学组分（典型值）见表 4-44。

表 4-44　3Cr 钢的化学组分（典型值）　　　　　单位：%（质量分数）

C	Mn	S	P	Cr	Mo	Si	V	Cu
0.08	0.47	0.001	0.014	3.3	0.29	0.28	0.52	0.22

3Cr、L80 CLAS 非酸性环境使用极限对比见图4-150与图4-151。

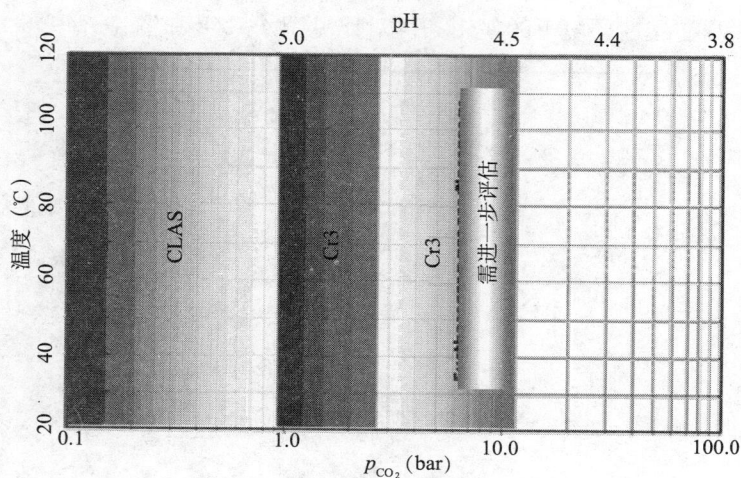

图4-150　3Cr、L80 CLAS 非酸性环境使用极限对比（无硫油井）

测试条件：3.5m/s，有机酸含量小于8μg/g

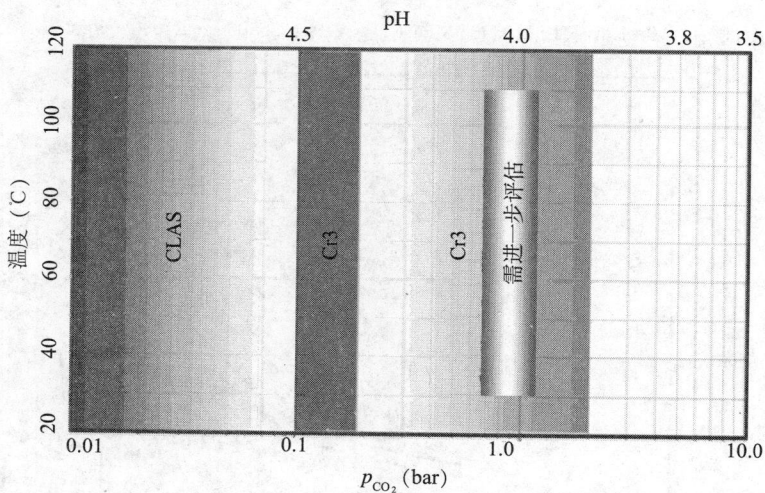

图4-151　3Cr、L80 CLAS 非酸性环境使用极限对比（无硫气井）

测试条件：3.5m/s，有机酸含量小于7μg/g

十四、3Cr 和 L80 酸性环境使用极限条件对比

3Cr 钢的化学组分（典型值）见表4-45。

表4-45　3Cr 钢的化学组分（典型值）　　　　单位：%（质量分数）

C	Mn	S	P	Cr	Mo	Si	V	Cu
0.08	0.47	0.001	0.014	3.3	0.29	0.28	0.52	0.22

3Cr、L80 CLAS 酸性环境使用极限对比见图4—152和图4—153。

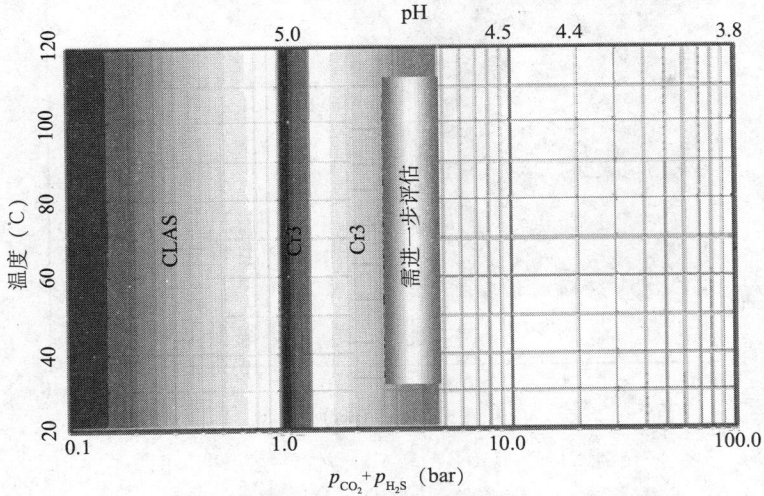

图 4—152　3Cr、L80 CLAS 酸性环境使用极限对比（酸性油井）

测试条件：3.5m/s，$p_{CO_2} > p_{H_2S}$，有机酸含量小于8μg/g

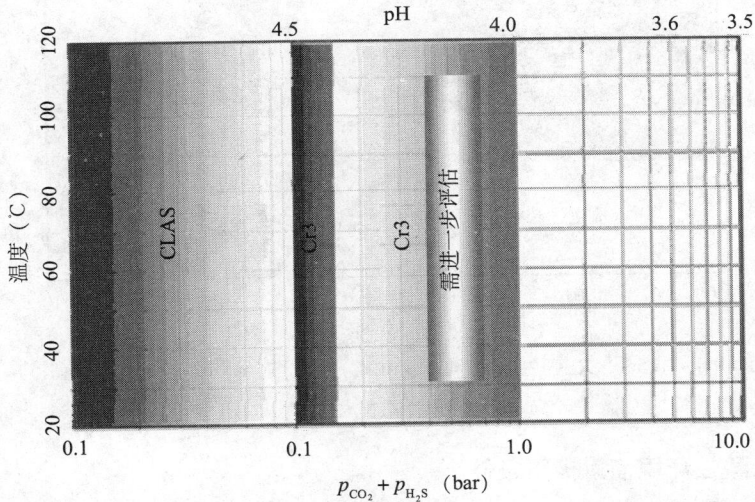

图 4—153　3Cr、L80 CLAS 酸性环境使用极限对比（酸性气井）

测试条件，$p_{CO_2} > p_{H_2S}$，有机酸含量小于7μg/g

十五、S13Cr 酸性环境使用极限条件

S13Cr 测试样品的化学组分见表4—46。S13Cr—110 酸性环境极限使用条件见图4—154和图4—155。

表 4—46　S13Cr 测试样品的化学组分　　　　单位：%（质量分数）

样品	C	Si	Mn	P	S	Cr	Mo	Ni	Cu	Nb
A	0.025	0.16	0.37	0.016	0.0050	12.25	1.92	5.48	0.06	—
B	0.016	0.74	0.29	0.016	0.0005	13.35	1.62	4.64	0.06	—
C	0.014	0.29	0.40	0.015	0.0010	12.50	2.02	5.22	—	—

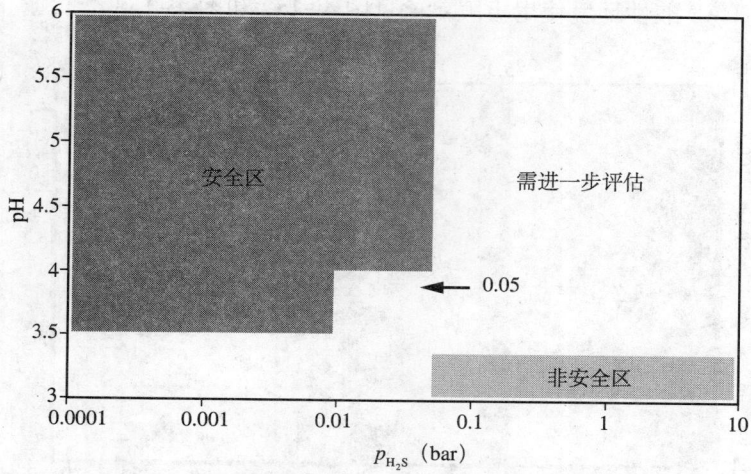

图 4-154　S13Cr-110（A 和 C）酸性环境极限使用条件

测试条件：1000 μg/g 氯化物

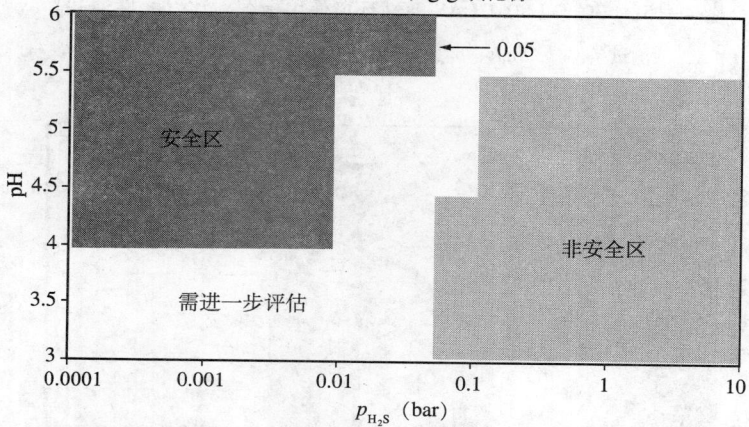

图 4-155　S13Cr-110（A、B 和 C）酸性环境极限使用条件

测试条件：20%NaCl 溶液

十六、S13Cr SS 酸性环境使用极限条件

S13Cr SS 酸性环境使用极限条件见图 4-156～图 4-159。

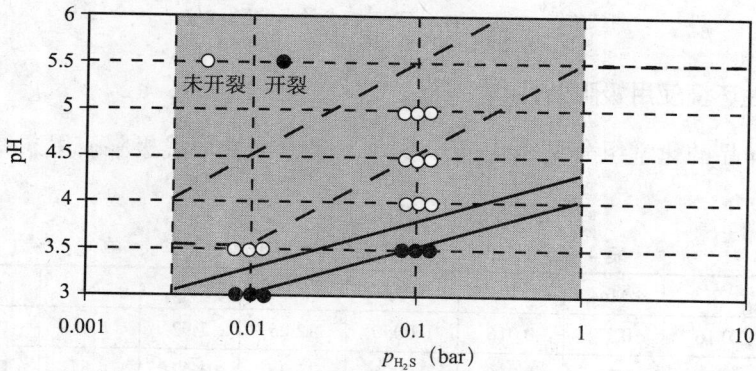

（a）1g/L NaCl

图 4-156

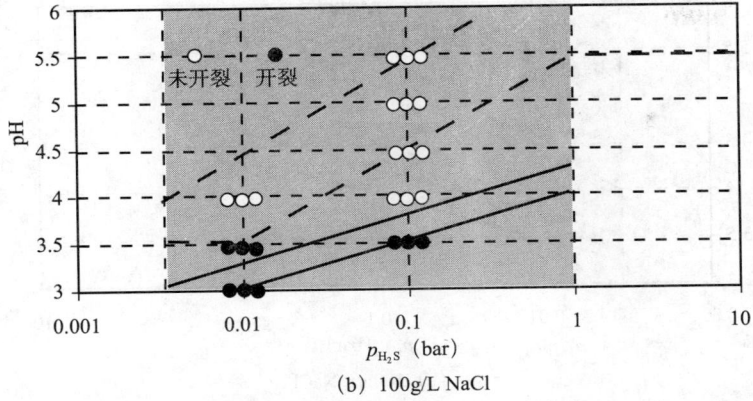

（b）100g/L NaCl

图 4-156　110ksi S13Cr SS 防 SSC 性能
测试条件：YS=124ksi，施加应力 90%AYS

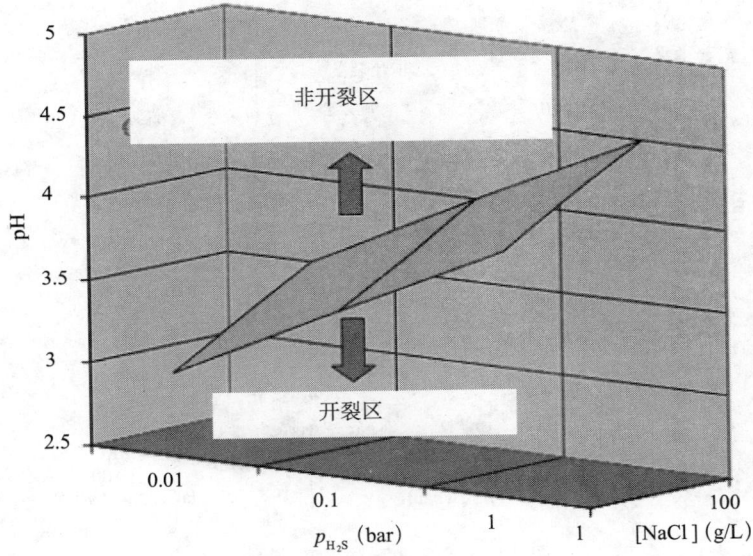

图 4-157　110ksi S13Cr 防 SSC 性能

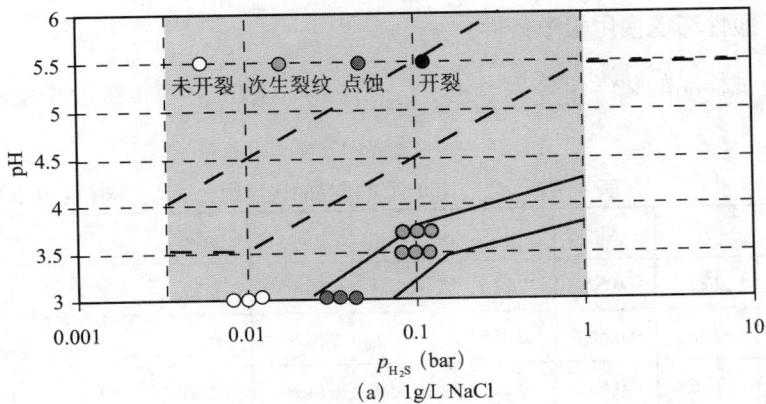

（a）　1g/L NaCl

图 4-158

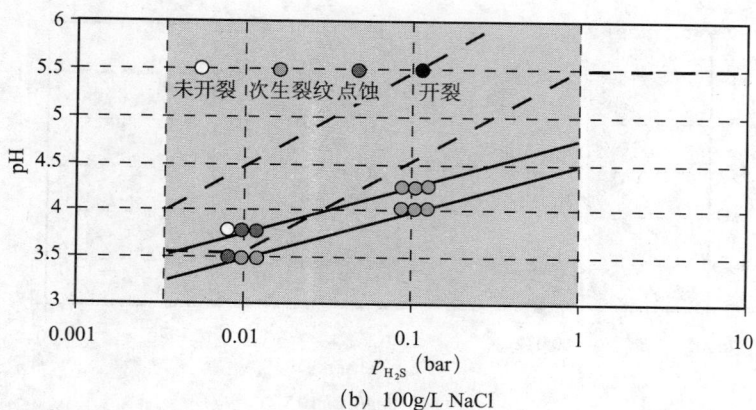

（b）100g/L NaCl

图 4−158　95ksi S13Cr SS 防 SSC 性能

测试条件：YS=108ksi，施加应力 90%AYS

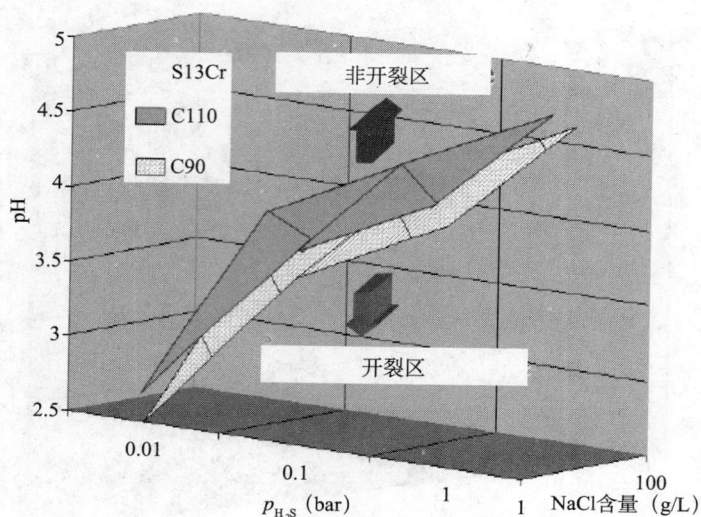

图 4−159　S13Cr 防 SSC 性能

测试条件：施加应力 90%AYS

十七、合金 450 酸性环境使用极限条件

合金 450 测试样品的化学组分见表 4−47。合金 450 酸性环境极限使用条件见图 4−160 和图 4−161。

表 4−47　合金 450 测试样品的化学组分　　　　单位：%（质量分数）

样品	C	Si	Mn	P	S	Cr	Mo	Ni	Cu	Nb
A	0.022	0.27	0.52	0.016	0.0020	14.40	0.59	5.50	1.35	0.30
B	0.014	0.40	0.50	0.025	0.0037	14.60	0.54	5.42	1.34	0.38
C	0.022	0.36	0.53	0.018	0.0010	14.20	0.60	5.25	1.40	0.33

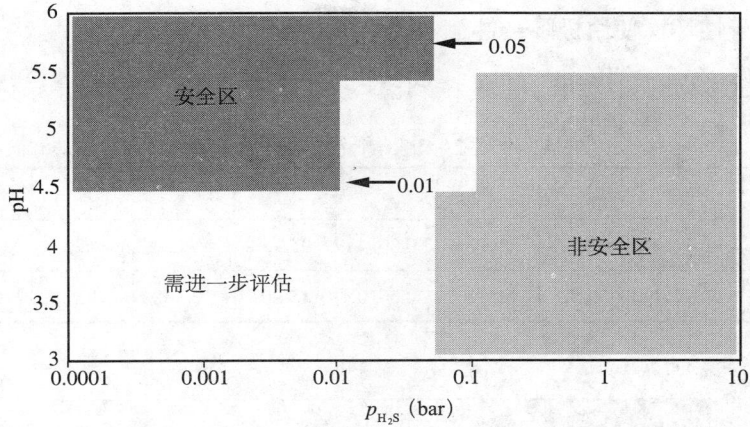

图 4-160　合金 450（B 和 C）酸性环境极限使用条件

测试条件：20%NaCl 溶液

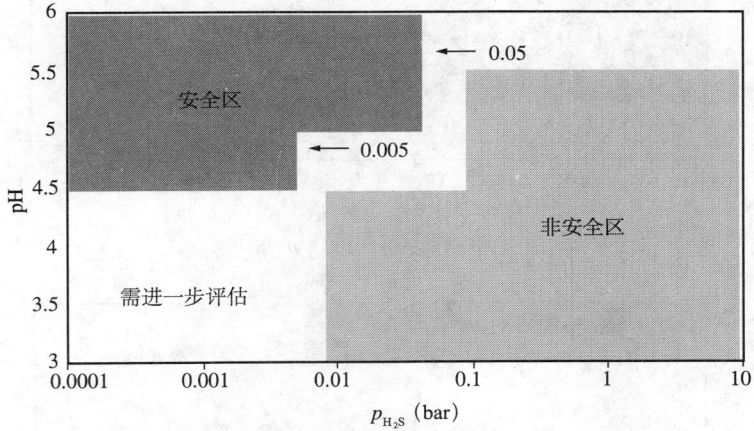

（a）测试条件：20%NaCl溶液

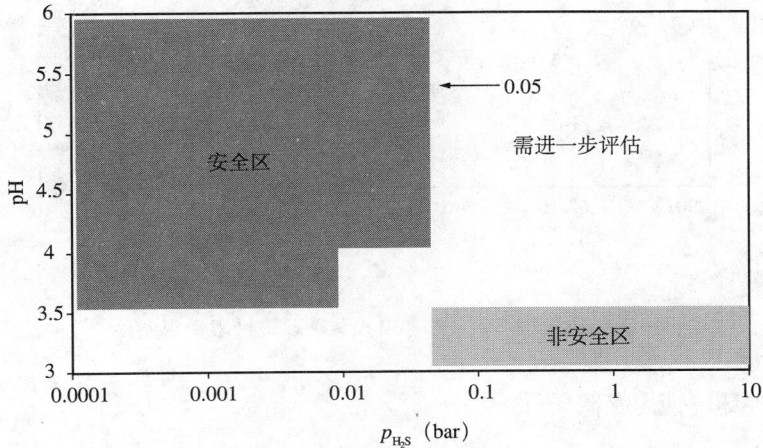

（b）测试条件：1000μg/g氯化物

图 4-161　合金 450（A）酸性环境极限使用条件

十八、17-4PH 酸性环境使用极限条件

17-4PH 测试样品的化学组成见表4-48。17-4PH 酸性环境极限使用条件见图4-162。

表4-48 17-4PH 测试样品的化学组分   单位：%（质量分数）

测试样品	C	Si	Mn	P	S	Cr	Mo	Ni	Cu	Nb
A	0.045	0.34	0.90	0.033	0.0014	15.75	0.12	4.21	3.39	0.31
B	0.043	0.37	0.86	0.020	0.0010	15.80	0.10	4.37	3.40	0.35

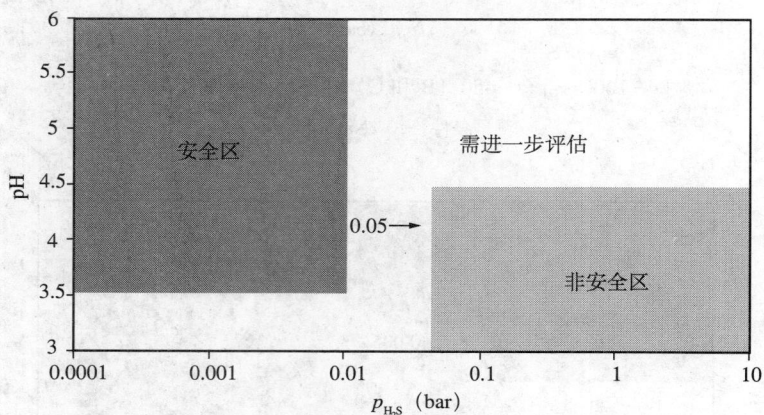

（a）测试条件：1000μg/g氯化物

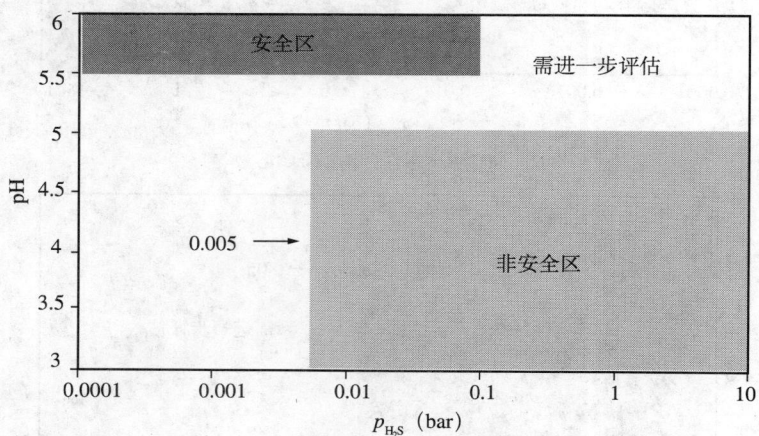

（b）测试条件：20%NaCl溶液

图4-162 17-4PH（A 和 B）酸性环境极限使用条件

十九、22Cr 酸性环境使用极限条件

22Cr 双相不锈钢不开裂的 H_2S 极限见图4-163。

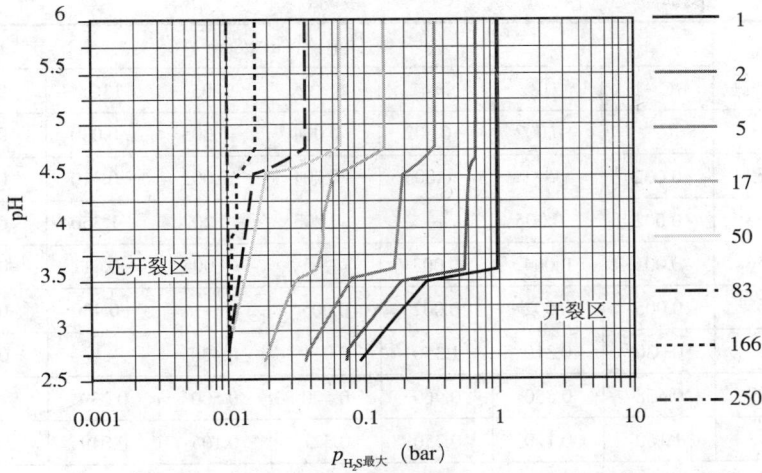

图 4-163　22Cr 双相不锈钢不开裂的 H₂S 极限

二十、耐蚀合金电偶腐蚀性能对比

4130 钢、耐蚀合金 9Cr、13Cr、28、2205、718、925、N-32、N-42、420、BC-Ti、G-3 和合金 G 在油气井生产过程的电偶腐蚀性能对比情况见表 4-49 和表 4-50。

表 4-49　耐蚀合金电偶腐蚀电流和电位

电偶／试样	电位 (mV) (2)	电流 (mA/8cm²)							
		BC-Ti	N-42	718	28	2205	4130	13Cr	9Cr
BC-Ti	−110	—	−0.002	0.001	−0.002	−0.003	−0.001	−0.008	−0.010
N-42	−158	0.002	—	−0.003	±0.001	0.002	−0.010	−0.710	−0.690
718	−158	−0.001	0.003	—	0.000	−0.003	−0.005	−0.540	−1.000
28	−158	0.001	±0.001	0.000	—	−0.001	−0.021	−0.280	−0.350
2205	−166	0.003	−0.002	0.003	0.001	—	−0.041	−0.180	−0.190
4130	−167	0.001	0.010	0.005	0.021	0.041	—	−0.770	−0.770
13Cr	−246	0.008	0.710	0.540	0.280	0.180	0.770	—	−0.226
9Cr	−264	0.010	0.690	1.00	0.350	0.190	0.770	0.226	—
测试溶液：5%NaCl 溶液，1200psi CO₂ 平衡气体，150℃，30d									
电偶／试样	电位 (mV) (2)	电流 (mA/8cm²)							
		合金 G	925	BC-Ti	28	718	2205	4130	9Cr
合金 G	−281	—	−0.009	0.001	−0.010	−0.006	−0.012	−0.150	−0.610
925	−281	0.009	—	0.002	0.029	−0.005	−0.011	−0.131	−0.550
BC-Ti	−284	−0.001	−0.002	—	−0.018	−0.016	0.004	−0.055	−0.228
28	−284	0.010	−0.029	0.018	—	0.065	0.029	−0.138	−0.920
718	−289	0.006	0.005	0.016	0.065	—	0.010	−0.250	−1.400
2205	−299	0.012	0.011	−0.004	−0.029	−0.010	—	−0.100	−0.800
4130	−367	0.150	0.131	0.055	0.138	0.250	0.100	—	−5.300
9Cr	−405	0.610	0.550	0.228	0.920	1.400	0.800	5.300	—
测试溶液：25%NaCl 溶液，1psi H₂S+1200psi CO₂ 平衡气体，200℃，30d									

电偶/试样	电位 (mV) (2)	电流 （mA/8cm²）							
		BC−Ti	718	N−42	N−32	2205	13Cr	9Cr	4130
BC−Ti	−93	—	−0.002	−0.002	−0.004	−0.005	−0.030	−0.438	−1.160
718	−139	0.002	—	−0.005	−0.004	−0.002	−0.310	−0.850	−0.170
N−42	−155	0.002	−0.005	—	−0.003	−0.002	−1.350	−0.960	−0.250
N−32	−156	0.004	0.004	0.003	—	−0.005	−0.011	−0.500	−0.527
2205	−165	0.005	0.002	0.002	0.005	—	−0.430	−0.500	−0.105
420	−283	0.030	0.310	1.350	0.011	0.430	—	−0.039	−0.049
9Cr	−289	0.438	0.850	0.960	0.500	0.500	0.039	—	0.190
4130	−293	1.160	0.170	0.250	0.527	0.105	0.049	−0.190	—

封隔液：脱气 $CaCl_2$ 盐水（12lb/gal），400psi CO_2，无缓蚀剂，175℃，30d

电偶/试样	电位 (mV) (2)	电流 （mA/4cm²）							
		BC−Ti	N−32	G−3	718	925	13Cr	9Cr	4130
BC−Ti	+370	—	−0.22	−0.20	−0.29	−0.23	−0.62	−0.78	−0.89
N−32	+349	0.22	—	4.80	1.12	2.36	−18.2	−25.7	23.2
G−3	+30	0.20	−0.48	—	−1.27	−3.72	−27.2	−28.3	−29.9
718	+10	0.29	−1.12	1.27	—	−0.83	−9.80	−19.3	−9.60
925	−4	0.23	−2.36	3.72	−0.83	—	−37.4	−35.3	−37.8
420	−182	0.62	18.2	27.2	9.80	37.4	—	−13.4	−9.20
9Cr	−202	0.78	25.7	28.3	19.3	35.5	13.40	—	4.00
4130	−210	0.89	23.2	29.9	9.60	37.8	9.20	−4.00	—

酸液：15%HCl，缓蚀剂，120℃，12h

表 4−50　耐蚀合金电偶腐蚀速度

试样	腐蚀速度 （mpy）		
	电偶		
	718	2205	BC−Ti
4130	0.3	2.3	0.1
9Cr	56.3	10.1	0.6
13Cr	30.4	10.7	0.5

测试溶液：5%NaCl 溶液，1200psi CO_2 平衡气体，150℃，30d

试样	腐蚀速度 （mpy）		
	电偶		
	718	2205	BC−Ti
4130	14.1	5.6	3.1
9Cr	78.8	45.0	12.8

测试溶液：25%NaCl 溶液，1psi H_2S+1200psi CO_2 平衡气体，200℃，30d

试样	腐蚀速度（mpy）		
	电偶		
	718	2205	BC−Ti
4130	9.6	5.9	65.3
9Cr	47.8	28.1	24.6
13Cr	17.4	24.1	1.7
封隔液：脱气 $CaCl_2$ 盐水（12lb/gal），400psi CO_2，无缓蚀剂，175℃，30d			
试样	腐蚀速度（mpd）		
	电偶		
	718	合金 G	BC−Ti
4130	3.0	9.2	0.2
9Cr	6.0	8.8	0.2
13Cr	3.0	8.4	0.3
酸液：15%HCl，缓蚀剂，120℃，12h			

第五章　耐蚀合金材质选择与应用情况

第一节　概　　述

　　油管、套管防腐管材选择涉及的影响因素较多，如随着油气井完井深度的不断加深，对石油管材强度的要求越来越高，既要求所选的油管、套管防腐管材具有足够的防腐蚀性能，又要具有足够高的强度。

　　选择油管、套管防腐管材时，应首先对井筒产出流体的组分进行化验分析，确定可能产生腐蚀的类型及严重程度。对于油气井来说，其 H_2S、CO_2 腐蚀的严重程度主要取决于产出流体中的 H_2S、CO_2 含量、结垢电位、产水量、温度剖面、压力剖面和油管所受拉伸应力大小等因素的影响。若产出流体中无水存在，则不会发生腐蚀，其油管、套管防腐管材的选择也相对简单。但是在选择油管、套管防腐管材时，实际上是不能按此情况来进行设计选择的，因此在进行油管、套管防腐材质选择时，应考虑油气井的产水情况，并据此进行油管、套管材质的选择。

　　油气井产出流体中 H_2S 和 CO_2 含量的相对大小是选择油管、套管材质的重要参数之一。对于完井条件恶劣，需采用特殊合金的情况，则应关注 H_2S 和 CO_2 的相对大小，并做出保守的设计，因为这涉及可能会选择比较昂贵的耐蚀合金。

　　进行耐蚀合金选择时，还应考虑结垢电位和在生产过程中同时出现的沥青质。油管表面结垢会在油管和井筒产出流体之间形成一个保护层，从而降低其腐蚀速度，但在保护层下面会产生点蚀和缝隙腐蚀，从而破坏油管的完整性。

　　由于 CO_2 和 H_2S 气体的腐蚀性分别来自于 CO_2 溶解于水生成的一种弱酸（即碳酸）和 H_2S 溶解于水生成的一种弱酸（即氢硫酸），因而水的存在与否是进行油管、套管、井下工具和井口装置腐蚀分析的前提条件。实际上，油气井产出的地层水中都含有一定数量的氯化物。为便于分析，将油气井的腐蚀系统划分为如下三种类型，即：$H_2O+Cl^-+H_2S$ 系统、$H_2O+Cl^-+CO_2$ 系统、$H_2O+Cl^-+CO_2+H_2S$ 系统。

一、$H_2O+Cl^-+H_2S$ 系统

　　H_2S 溶解于水的水溶液呈弱酸性，产生的腐蚀产物是铁离子、硫化物和氢原子，氢原子具有穿透作用，从而导致钢出现氢致开裂现象。在拉伸应力的作用下，钢会在很短的时间内形成裂纹，使管子破裂而报废。

　　NACE MR 0175/ISO 15156 标准根据 H_2S 分压的大小，将 H_2S 腐蚀环境分为三个区域（图 5-1）。

　　区域 0 是指 H_2S 分压小于 0.05psi 的区域，该区域也被定义为非酸性环境。但是，一旦采用强度超过 140ksi 的钢材，仍需小心谨慎；当强度超过 140ksi 时，即使无 H_2S 出现，也可能产生裂纹。

　　区域 1 具有低的 H_2S 分压和相对较高的 pH 值，被定义为轻微酸性环境。在一定条件

下，应用于酸性环境的低合金钢，其强度可达 110ksi。如最大硬度为 30HRC。

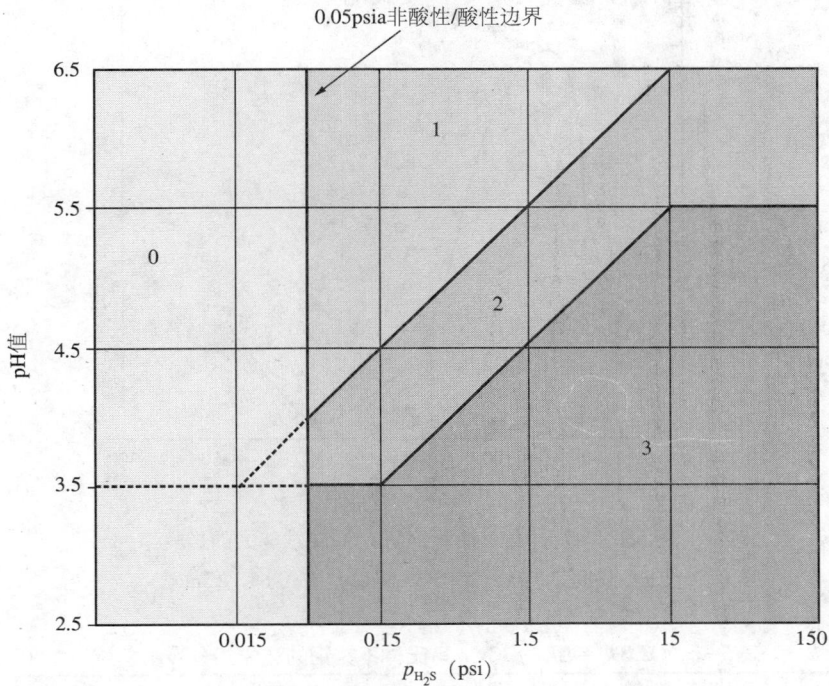

图 5-1　NACE MR 0175/ISO 15156 酸性环境定义

区域 2 被定义为中度酸性环境，应用于该环境下的低合金钢，其硬度可达 27HRC。

区域 3 定义为高酸性环境，高酸性环境可使用某些特殊材质的油管、套管，但在一定条件下，API L-80、C-90 和 T-95 材质的油管、套管也可应用于高酸性环境。

针对硫化物应力开裂现象，最好的防硫化物应力开裂破坏的方法是提高环境温度。符合 NACE 标准要求的常用管材是 L-80、C-90 和 T-95，但对于 H_2S 含量高的环境，则不推荐使用 L-80。屈服强度为 100ksi 和 110ksi 的管材也可使用，但仅限于作为生产套管来使用。

二、$H_2O+Cl^-+CO_2$ 系统

CO_2 溶解于水生成碳酸溶液。碳酸对油管、套管的腐蚀通常为全面腐蚀和内部点蚀，点蚀会导致井下油管很快穿孔失效。为了防止 CO_2 对井下油管的腐蚀，现场通常采用具有极好的防 CO_2 腐蚀性能的 13Cr 马氏体不锈钢。对于 13Cr 马氏体不锈钢来说，其环境温度不应超过 150℃，同时氯化物含量也不应太高。对于温度超过 150℃ 的应用环境，则应考虑采用更高级别的双相不锈钢。Cr 含量对油管钢防 CO_2 腐蚀能力的影响见图 5-2。

三、$H_2O+Cl^-+CO_2+H_2S$ 系统

在 CO_2 腐蚀环境中，H_2S 的出现会加剧腐蚀。对于同时存在 H_2S 腐蚀的应用环境，13Cr 马氏体不锈钢的应用受到了 H_2S 分压的限制，因此，在存在 H_2S 的腐蚀环境中选择 13Cr 马氏体不锈钢油管时，应特别注意 H_2S 分压的大小及变化趋势。OCTG 钢级的 13Cr 马氏体不锈钢的化学组分见表 5-1。

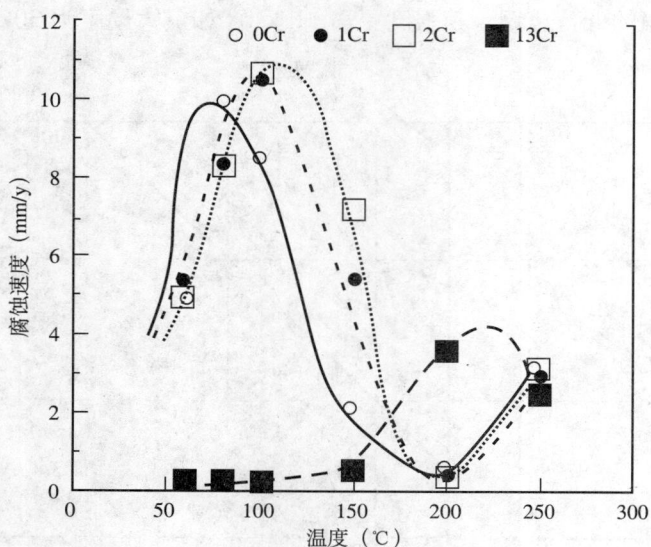

图 5-2　Cr 含量对油管钢防 CO_2 腐蚀能力的影响

测试条件：3.0MPa CO_2，5%NaCl 溶液，96h，2.5m/s

表 5-1　OCTG 钢级的 13Cr 马氏体不锈钢的化学组分　　　单位：%（质量分数）

C	Si	Mn	Cr	Ni	Cu	Mo	Nb	N
0.02	≤ 0.25	1.6	12.5	0.4	—	—	0.03	0.0100
0.05		1.8	13.5	0.8	0.15	0.10	0.05	0.0300

材质为 13Cr 马氏体不锈钢的 OCTG-L80、OCTG-P110 的适用环境温度范围在 -20 ～ 160℃ 之间。OCTG-L80 和 OCTG-P110 的最小屈服强度/抗拉强度分别为（552 ～ 655MPa）/（≥ 655MPa）和（758 ～ 965MPa）/（862MPa）。若将其应用于温度为 160℃ 的含 CO_2 的氯化物溶液环境中，且 H_2S 的分压小于 0.001MPa，则二者的腐蚀速度低于 0.1mm/y。

双相不锈钢包括 22Cr 和 25Cr。25Cr 双相不锈钢的防腐蚀能力更好，两者可通过冷加工处理使其强度性能得到改善。总的来说，存在 H_2S 的腐蚀环境，发生还原反应的面积越大，出现腐蚀开裂的风险就越高。因而，双相不锈钢的强度越高，则要求腐蚀环境中的 H_2S 含量越低。

"超级双相不锈钢"因其性能更好，因此能用于 H_2S 和氯化物含量更高的场合。

对于应用环境更恶劣的情况，可选择"超级奥氏体不锈钢"。它是一种铁基合金，通常含 25% ～ 27% 的 Cr 和 31% 的 Ni。超级奥氏体不锈钢在 CO_2 和 H_2S 共存环境中的防腐蚀能力非常出色，使用的环境温度可达 300℃，CO_2 分压超过 1500psi，H_2S 分压可达 1000psi。对于应用环境更加恶劣的情况，可选择 Ni 含量在 42% ～ 60%，同时 Cr 含量在 20% ～ 25%，Mo 含量在 3% ～ 16% 的奥氏体镍基合金。

表 5-2 和表 5-3 是 OCTG 常用不锈钢和镍基合金的正常化学组分及特点。

表 5-2 常用不锈钢的正常组分及特点　　单位：%（质量分数）

名　称		正常组分						特点
		Fe	Ni	Cr	Mo	N	其他	
马氏体不锈钢	13Cr	余额	—	13	—	—	—	成本低，防 CO_2 腐蚀
	M13Cr	余额	5.0	13	2.0	—	—	防腐蚀能力（含 H_2S）和强度超 13Cr
	15Cr	余额	1.5	14.5	0.5	—	—	防腐蚀能力超 13Cr
	CA6NM	余额	4	12	0.7	—	—	—
马氏体不锈钢（沉淀硬化）	17-4PH	余额	4	17	—	—	4Cu	—
	450	余额	6	15	0.75	—	1.5Cu	—
	A-286	余额	26	15	1.3	—	2.0Ti，0.2Al，0.015B	—
双相不锈钢	18Cr	余额	4.5	18.5	2.5	0.07	—	成本低于 22Cr/25Cr
	22Cr	余额	5.5	22.0	3.0	0.10	—	防 CO_2 和低 / 中等程度的 H_2S 腐蚀
	25Cr	余额	6.0	25.0	3.5	0.20	W	防腐蚀和防 SCC 能力优于 22Cr
	50	余额	7	21	2.5	—	1.5Cu	—
	255	余额	5.5	26	3	0.1（最小）	3Cu	—
	DP-3	余额	6	25	1.5	0.1（最小）	—	—
高级合金奥氏体不锈钢	合金 28	余额	31.0	27.0	3.5	—	—	在含 CO_2、中等程度的 H_2S 和 Cl^- 环境中的防腐蚀能力较好
	合金 254	余额	18.0	20.0	6.0	0.20	—	Ni 和 Cr 含量低，Mo 和 N 含量高，防点蚀
	合金 904	余额	25.0	21.0	4.5	—	—	
	20Cb-3	余额	33	20	2.5	—	1.0（Cb+Ta）	—
	AL6X	余额	31	27	3.5	—	1.0Cu	—
	合金 6XN	余额	24.0	21.0	6.5	0.20	—	Ni 和 Cr 含量低，Mo 和 N 含量高，防点蚀

表 5-3　常用镍基合金的正常组分及特点　单位：%（质量分数）

名称		正常组分						特点
		Fe	Ni	Cr	Mo	N	其他	
冷加工	2535	余额	38.0	25.0	3.0	—	—	镍含量低于825，防点蚀能力高于825
	800	45	32	21	—	—	0.4Ti, 0.4Al, 0.38Cu	
	825	余额	42.0	21.0	3.0	—	—	在含 CO_2、高 H_2S 和 Cl^- 及中等温度的腐蚀环境中，防腐能力好
	G	20	余额	22	6	—	2 (Cb+Ta), 2.0Cu, 2.5Co（最大）	
	G-30	20	余额	22.0	7.0	—	—	在含 CO_2、高 H_2S 和 Cl^- 及高温度的腐蚀环境中，防腐能力好
	2550	20	50.0	25.0	6.0	—	2.5W	在含 CO_2、高 H_2S 和 Cl^- 的腐蚀环境中，防腐能力优于 G-3
	G-50	17	50.0	20.0	9.0	—	—	
	C-22	4.0	余额	21.0	13.5	—	3.0W	在某些应用环境中可替代 C-276
	C-276	5.5	余额	15.0	16.0	—	3.5W	在含 CO_2、高 H_2S 和 Cl^-、极高温和存在单质硫的腐蚀环境中，具有极好的防腐能力
沉淀硬化	31	15	余额	23	2	—	0.85 (Cb+Ta), 2.3Ti, 1.3Cu, 0.005B	
	925	余额	42.0	21.0	3.0	—	2.0Ti	镍含量低于718，且价格优于718
	718	余额	52.0	19.0	3.0	—	1.0Ti, 5.0Cb	在含 CO_2、中等 H_2S 和 Cl^- 的腐蚀环境中，防腐蚀能力好
	725	8.0	余额	21.0	8.0	—	3.4	防点蚀和 SCC 的能力优于 718
	625+	5.0	余额	21.0	8.0	—	1.5Ti, 3.0Cb	防点蚀和 SCC 的能力优于 718

第二节　油气井主要腐蚀环境

对于含 CO_2、H_2S 气体的油气井，低合金钢和耐蚀合金钢常作为改善油气井生产条件、延长其无故障生产期的主要技术手段，在油气开采的生产实践过程中得到了广泛的应用。

油气井腐蚀环境主要类型一览见表 5-4。

表 5-4 油气井腐蚀环境主要类型一览

环境	腐蚀原因	备注
产天然气 （pH 值 3 ~ 4）	凝析水，与 CO_2 和 H_2S 处于气液两相的相平衡状态（有时含硫或少量醋酸或其他有机酸）	(1) 预测 LAS 的 CO_2 腐蚀速度 (2) 采用注缓蚀剂的方法控制 CO_2 的腐蚀速度 (3) H_2S 含量高的气体通常不会对 LAS 产生腐蚀，但应注意 (4) 和 (5) (4) 气体中少量的 Cl^- 就能使凝析水的盐度急剧升高，在温度低于水的露点温度时，Cl^- 是导致 H_2S 含量高的深井出现 LAS 严重腐蚀的原因 (5) 对于低温井段，主要是 LAS 的 SSC 问题
产盐水 （pH 值 4 ~ 6）	主要是 NaCl、同时 HCO_3^- 使溶液的 pH 值增大，从而使气液两相处于平衡状态	(1) 在不同硫化氢分压和温度下，使用高浓度的 NaCl 溶液进行耐蚀合金的 SCC 测试
封隔液	通常是卤化盐，范围从 3%KCl 到高浓度的 $ZnBr_2$ 混合物。一般情况下都加入了缓蚀剂和脱氧剂	(1) 复杂的组分，包括可能受到空气污染 (2) $ZnBr_2$ 盐水的高酸性（pH 值可低到 1） (3) 在含硫氰酸盐缓蚀剂的高温 $ZnBr_2$ 盐水中，高强度 LAS 的 SCC 问题 (4) 双相不锈钢油管的 SCC 问题
酸化液体	HCl（浓度可达 37%）或 HCl+HF，加 LAS 缓蚀剂，通过油管注入地层，再返排	(1) 双相不锈钢对铁素体相的选择性腐蚀非常敏感 (2) 在温度为 88℃ 时，返排出的 HCl+HF 残酸会严重腐蚀某些耐蚀合金 (3) 在高温条件下，存在严重的 SCC 风险

第三节 耐蚀合金选择成本因素

石油天然气的开采是一项高风险的技术工作，稍有不慎，将给油气田的开发带来巨大的损失。因此首先要确保油气井的安全生产；其次，也应本着厉行节约、高效开发的原则，尽量在确保生产安全的前提下，降低油气田的开发成本。对于应用于含 H_2S、CO_2、Cl^- 等腐蚀环境的油管、套管，在进行防腐蚀石油管材材质选择时，虽然选择防腐性能越好的合金，安全性能也越高，但相应的投入成本也会大幅度提高。因此在进行耐蚀合金材质选择时，应遵循如下原则：一是与油气井所含腐蚀介质的腐蚀程度相匹配；二是符合油管、套管设计使用年限的要求。

在符合第一项要求的前提下，对所有符合条件的油管、套管合金材质的管材进行分类、比较，结合不同材质油管、套管的成本（图 5-3 和图 5-4）情况，从经济效益方面出发，最终确定一种既经济又实用的耐蚀合金油管、套管。

对于 CRA 管材的经济性进行分析、判断表明，油气井的生产能力（或开发价值）和生产／维护成本对油气井的投入产出比具有决定性的影响。

大量的研究表明，对于完井深度超过 4572m 的油气井，人们能对其是否采用 CRA 做出正确的判断。对于井深小于 4572m 的油气井，则采用 CRA 的费用大于采用碳钢＋缓蚀剂的完井系统，虽然采用碳钢＋缓蚀剂的完井系统是成功的，但在整个油气井的生产周期内，需投入更多的人力、物力，因而其总投入费用可能会更高。同时，先使用碳钢＋塑料防护层或缓蚀剂，等到其出现问题后改用 CRA，从经济角度来说是不合理的。

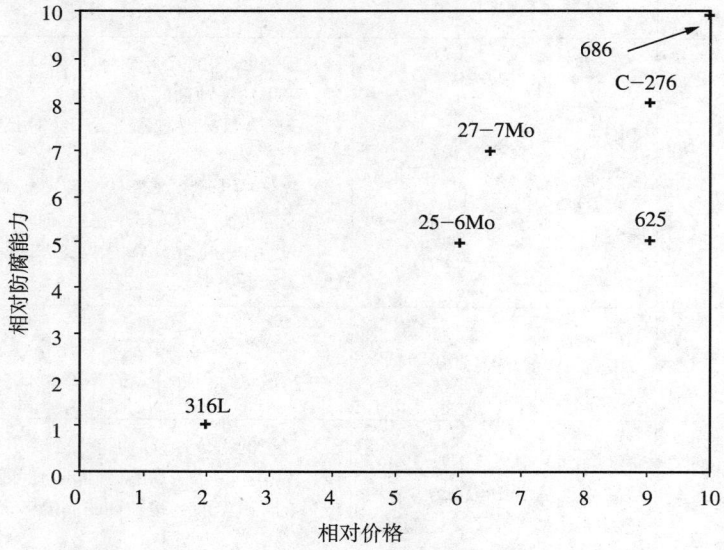

图 5-3　相对价格与相对防腐蚀能力的关系

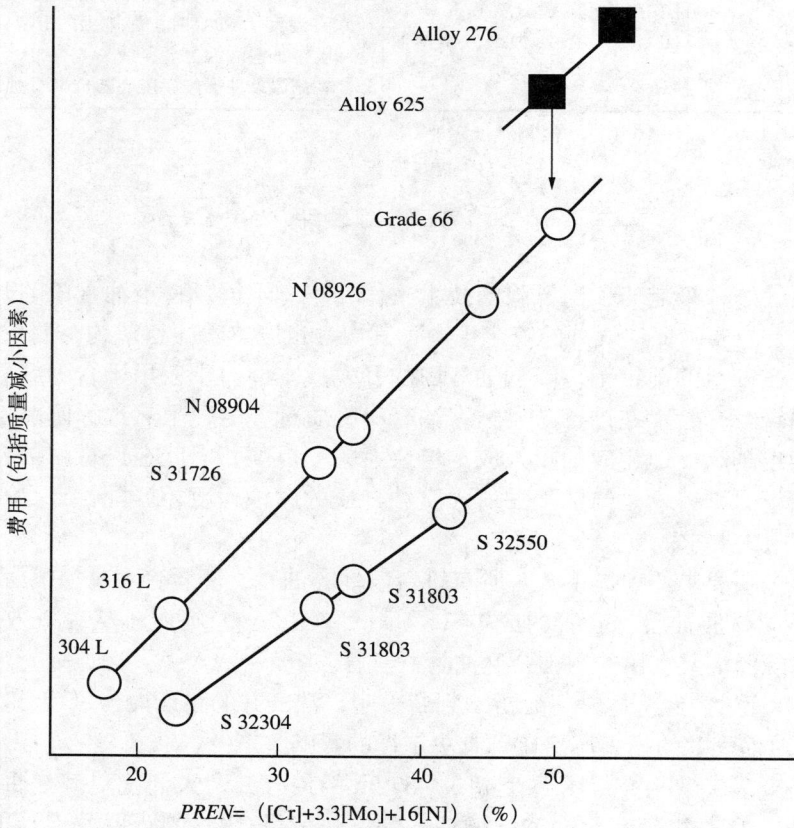

图 5-4　点蚀当量指数与耐蚀合金成本的关系

对于 CRA 来说，在一开始就采用 CRA，则其经济性是最具吸引力的。这样可以节约与注入缓蚀剂相关的投资和操作费用。

Sandvik Steel 公司对采用合金 28、2205 和碳钢 + 缓蚀剂的经济性进行分析（完井井深大于 3048m），得出不同完井深度下各种完井系统的现值（图 5-5）。该分析案例来自于海上气田，对采用 CRA 的情况，针对不同的完井深度进行了分析、判断，涉及缓蚀剂加注设备费用的节约、较小的平台空间占用，以及年度预算费用的节约。

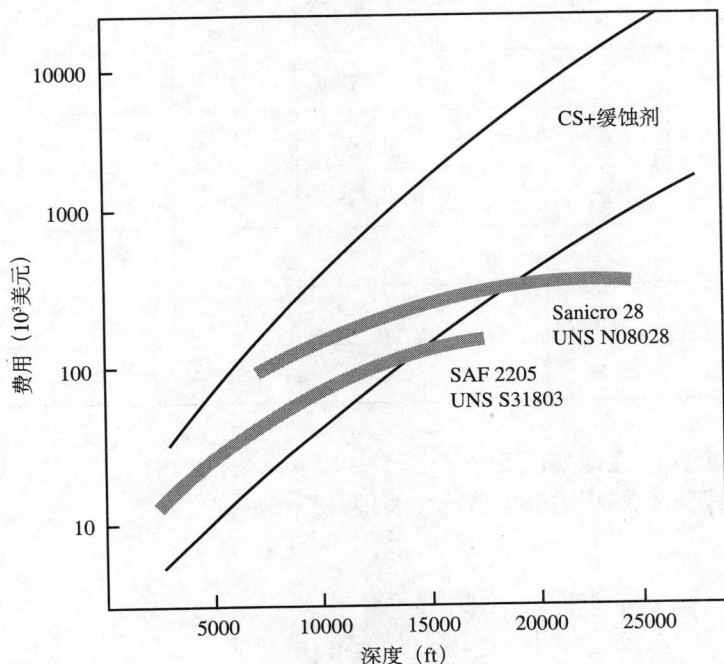

图 5-5 不同完井深度下各种完井系统的现值

第四节 耐蚀合金材质选择

耐蚀合金材质的选择，除了采用 ECE 等腐蚀预测设计软件进行选择设计外，也可根据现场提供的流体组分，如 H_2S 分压、CO_2 分压、Cl^- 含量大小，借助于耐蚀合金防腐性能图表进行初步的分析、选择，初步筛选出几种符合现场要求的耐蚀合金。再根据油管、套管腐蚀影响因素，即：H_2S 分压、CO_2 分压、气 / 凝析液 / 水比、油 / 气 / 水比、Cl^- 含量、pH 值、流体流态和温度，通过腐蚀预测分析软件进行进一步的分析、对比，并同时考虑不同合金之间的成本差异，从所选出的几种耐蚀合金中，最终确定一种经济实用的耐蚀合金，实现设计的最优化，达到如下两个目标，即：一是符合现场的实际要求，所选耐蚀合金的安全使用年限能达到设计要求；二是所选耐蚀合金的投入成本满足经济、合理的要求，投资回收期实现最小化。

利用耐蚀合金防腐性能图表选择耐蚀合金时，为确保所选耐蚀合金的准确性、实用性，必须了解耐蚀合金防腐性能图表的使用条件和正常的化学组分。耐蚀合金的正常化学组分见表 5-5。

表 5-5 　耐蚀合金的正常化学组分　　　单位：%（质量分数）

合金	Cr	Ni	Mo	Fe	Mn	C	N	其他
13Cr	13	—	—	余额	0.8	0.2		—
316	17	12	2.5	余额	1	0.04		—
22Cr	22	5	3	余额	1	0.1	0.1	—
25Cr	25	7	4	余额	1	0.1	0.3	—
28	27	31	3.5	余额	1	0.01	—	1.0Cu
825	22	42	3	余额	0.5	0.03	—	0.9Ti，2Cu
2550	25	50	6	余额	—	0.03	—	1.2Ti
625	22	余额	9	2	0.2	0.05	—	3.5Cb
C-276	15	余额	16	6	—	0.01	—	2Co，3.5W

常见耐蚀合金防腐性能如图 5-6 ～图 5-14 所示，其使用的条件是：腐蚀速度小于或等于 0.05mm/y；无硫化物应力开裂或应力腐蚀开裂现象发生。

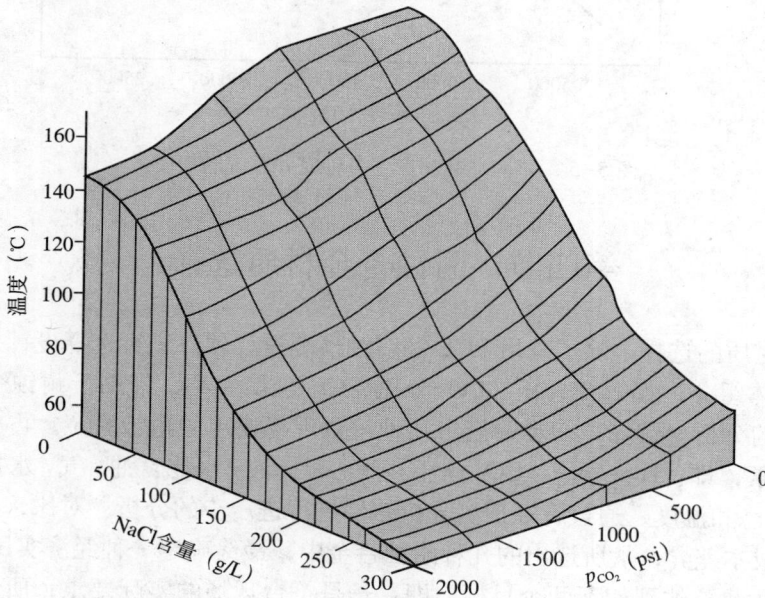

图 5-6 　在存在 CO_2/NaCl、无氧和 H_2S 的环境条件下 13CrMSS 的防腐性能

在相同环境条件下，S13CrMSS 的使用温度比 13CrMSS 高 30℃

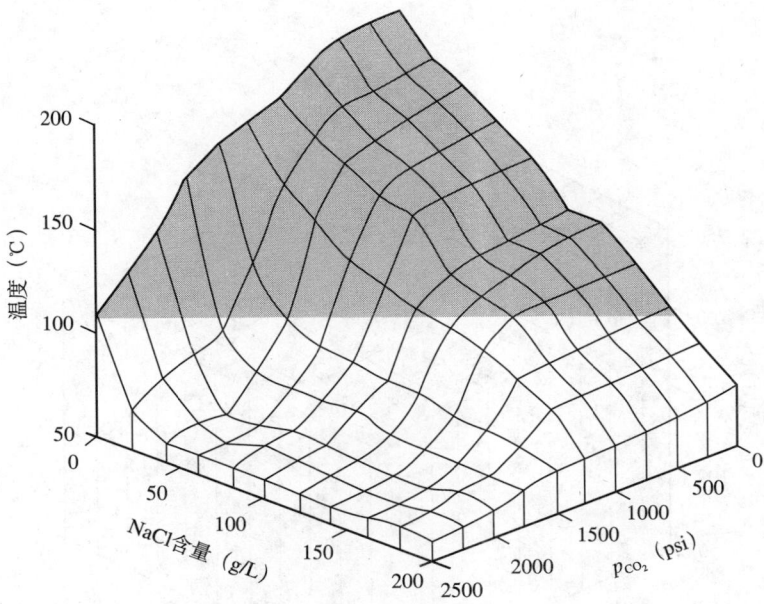

图 5-7　在存在 CO_2/NaCl、无氧和 H_2S 的环境条件下 316SS 的防腐性能

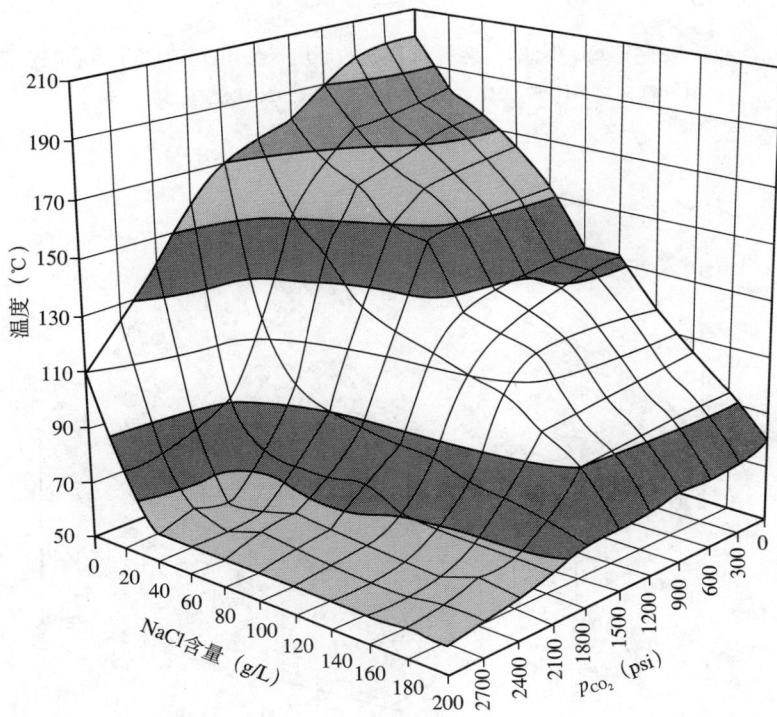

图 5-8　在存在 CO_2/NaCl、无氧和 H_2S 的环境条件下 316LSS 的防腐性能

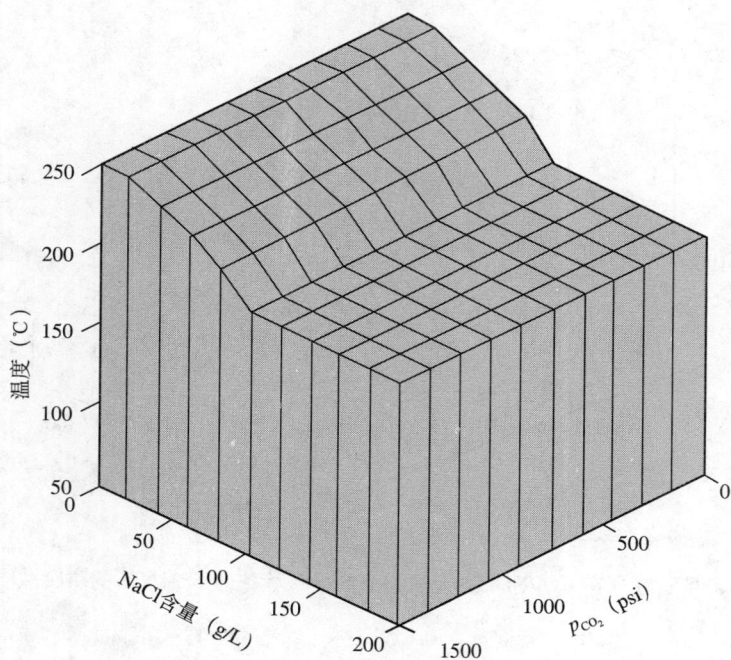

图 5-9　在存在 CO_2/NaCl、无氧和 H_2S 的环境条件下 22CrDSS 的防腐性能

在相同环境条件下，25CrDSS 的使用温度比 22CrDSS 高 20 ~ 30℃

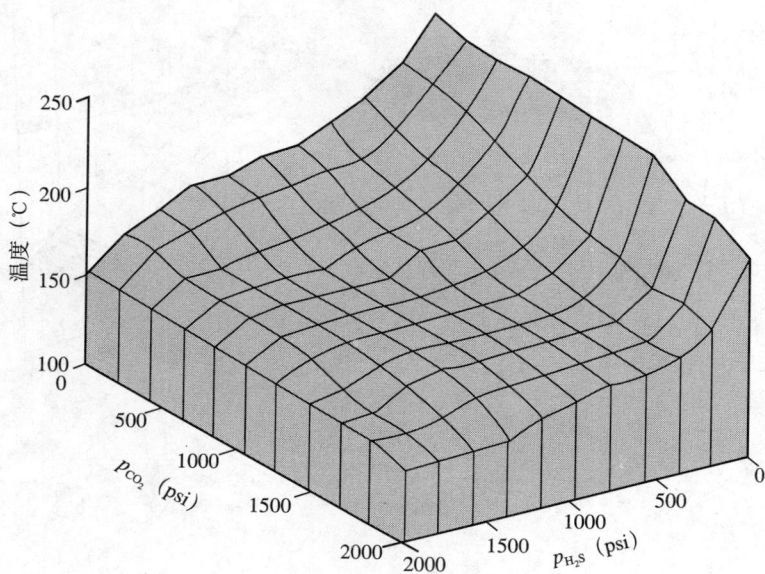

图 5-10　在存在 CO_2/H_2S、无单质硫的环境条件下合金 28 的防腐性能

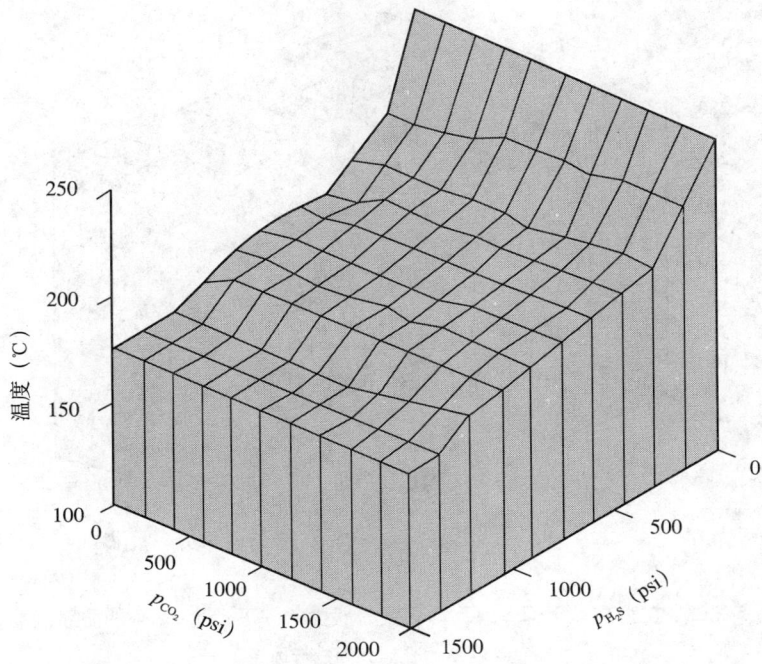

图 5-11　在存在 CO_2/H_2S、无单质硫的环境条件下合金 825 的防腐性能

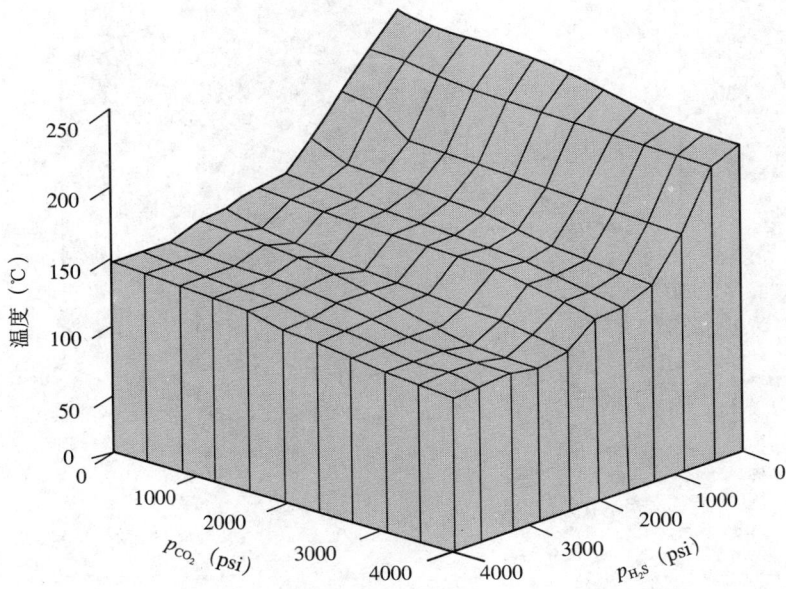

图 5-12　在存在 CO_2/H_2S、无单质硫的环境条件下合金 625 的防腐性能

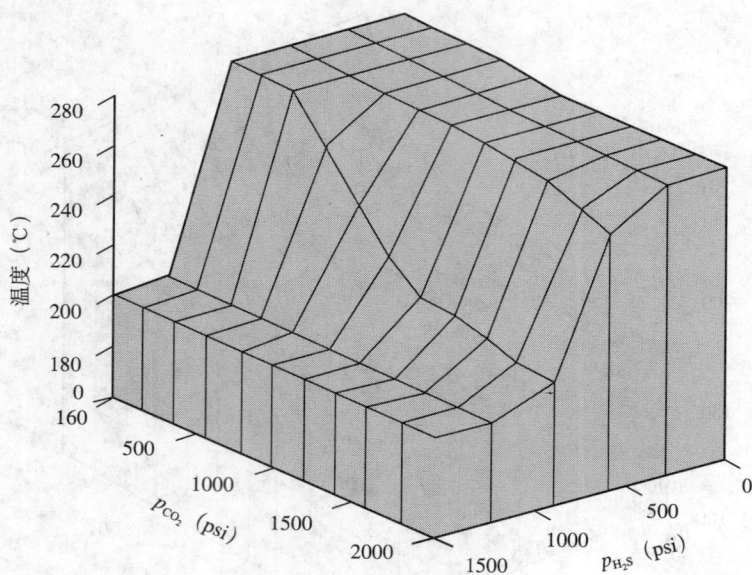

图 5-13　在存在 CO_2/H_2S、无单质硫的环境条件下合金 2550 的防腐性能

合金 G-3 可比照此图进行选择

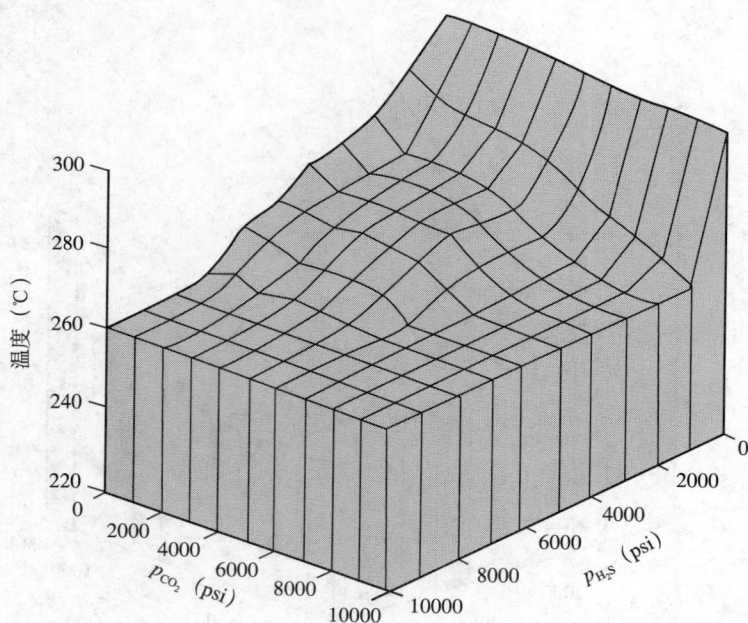

图 5-14　在存在 CO_2/H_2S、无单质硫的环境条件下合金 C-276 的防腐性能

合金 G50、C-22 可比照此图进行选择

　　利用上面的耐蚀合金材质选择图，并假定油气井中的 CO_2 分压为 3.4478MPa（500psi），地层水中的 NaCl 含量为 50g/L，环境温度为 120℃，同时气体中不含 H_2S。则

对所有符合条件的耐蚀合金进行全面的分析、对比，并结合成本分析，最终可确定 13Cr 是最经济的选择。

在其他条件不变的情况下，将 NaCl 的含量由 50g/L 提高到 200g/L，则不能选择 13Cr，而只能选择耐腐蚀性能更高的 22Cr 双相不锈钢。

同理，若给定油气井的 CO_2 分压为 6.895MPa（1000psi），H_2S 分压为 3.4478MPa（500psi），环境温度是 150℃，则可选用合金 825。但是，若将环境温度提高到 225℃，则只能选择合金 2250、合金 625 和合金 C-276。

第五节　耐蚀合金应用情况

由于油气井产出流体组分的复杂性，以及产出流体中最终都会有地层水，特别是产出流体中存在 CO_2 或 / 和 H_2S 气体时，会加剧碳钢的腐蚀速度，导致油气井修井作业频繁，不仅造成油气井的生产维护费用急剧上升，而且还会造成油气井因停产而造成的油气产量损失。针对油气井开采过程中存在的实际问题，尤其是 CO_2、H_2S 等的腐蚀问题，相继开发出了 13Cr、S13Cr、22Cr、25Cr 及镍基合金钢，并广泛应用于含 CO_2、H_2S 和 Cl^- 的腐蚀环境。表 5-6 ～表 5-20 提供了常用耐蚀合金在实际油气生产环境下的应用情况。

表 5-6　合金 625 的应用情况

序　号	1	2	3	4
Cl^- 含量（μg/g）	151750	不详	不详	不详
pH 值	—	—	—	—
温度（℃）	200	230	190	150
p_{H_2S}（MPa）	6.0	1.0	3.5	不详
p_{CO_2}（MPa）	—	不详	不详	不详
[单质硫]	—	0	0	0

表 5-7　合金 825 的应用情况

序　号	1	2	3	4	5	6
Cl^- 含量（μg/g）	151750	不详	不详	不详	100000	150000
pH 值	—	—	—	—	3.5	3.5
温度（℃）	200	175	220	230	205	205
p_{H_2S}（MPa）	6.0	1.4	0.7	0.2	0.69	0.69
p_{CO_2}（MPa）	—	不详	不详	不详	2.76	2.76
[单质硫]	0	0	0	0	0	0

表 5-8　合金 C-276 的应用情况

序　号	1	2	3	4	5	6
Cl$^-$ 含量（μg/g）	不详	不详	不详	151750	121400	121400
pH 值	—	—	—	3.1	3.0	3.1
温度（℃）	260	205	230	230	230	230
p_{H_2S}（MPa）	66.0	不详	1.0	0.83	6.9	0.5
p_{CO_2}（MPa）	—	不详	不详	不详	4.8	4.8
[单质硫]	0	0	0	存在	存在	0

表 5-9　合金 25-6Mo 的应用情况

序　号	1	2	3	4	5	6
Cl$^-$ 含量（μg/g）	121400	121400	121400	不详	不详	60700
pH 值	—	—	—	—	—	3.3
温度（℃）	250	200	150	150	170	120
p_{H_2S}（MPa）	0.0	0.14	0.27	0.3	0.1	0.7
p_{CO_2}（MPa）	—	—	—	不详	不详	1.4
[单质硫]	—	—	—	0	0	0

表 5-10　合金 028 的应用情况

序　号	1	2	3	4	5
Cl$^-$ 含量（μg/g）	37643	15175	不详	不详	不详
pH 值	—	—	—	—	—
温度（℃）	100	204	175	220	230
p_{H_2S}（MPa）	0.5	1.31	1.4	0.7	0.2
p_{CO_2}（MPa）	—	—	不详	不详	不详
[单质硫]	0	0	0	0	0

表 5-11　合金 G-3 的应用情况

序　号	1	2	3	4
Cl$^-$ 含量（μg/g）	不详	不详	不详	151750
pH 值	—	—	—	3.3
温度（℃）	230	190	150	220
p_{H_2S}（MPa）	1.0	3.5	不详	2.1
p_{CO_2}（MPa）	不详	不详	不详	2.1
[单质硫]	0	0	0	0

表 5-12 合金 718 的应用情况

序　号	1	2	3	4	5	6
Cl⁻ 含量（μg/g）	151750	151750	60700	151750	151750	151750
pH 值	3.13	3.13	3.19	3.13	3.13	3.14
温度（℃）	148.9	148.9	148.9	121.1	148.9	148.9
p_{H_2S}（MPa）	0.34	2.76	2.76	0.69	0.69	0.34
p_{CO_2}（MPa）	4.83	2.76	1.38	4.83	4.83	4.83
[单质硫]	0	0	0	0	0	0
序　号	7	8	9	10	11	12
Cl⁻ 含量（μg/g）	151750	91050	不详	不详	不详	不详
pH 值	3.15	—	—	—	—	—
温度（℃）	148.9	150	175	205	220	230
p_{H_2S}（MPa）	0.17	1.4	1.4	1.0	0.7	0.2
p_{CO_2}（MPa）	4.83	—	不详	不详	不详	不详
[单质硫]	0	0	0	0	0	0

表 5-13 合金 925 的应用情况

序　号	1	2	3	4	5	6
Cl⁻ 含量（μg/g）	151750	151750	60700	151750	91050	151750
pH 值	3.13	3.13	3.19	3.13	3.13	3.13
温度（℃）	148.9	148.9	148.9	121.1	148.9	148.9
p_{H_2S}（MPa）	0.34	2.76	2.76	0.69	0.69	0.69
p_{CO_2}（MPa）	4.83	2.76	1.38	4.83	4.83	4.83
[单质硫]	0	0	0	0	0	0
序　号	7	8	9	10	11	12
Cl⁻ 含量（μg/g）	151750	91050	不详	不详	不详	不详
pH 值	3.15	—	—	—	—	—
温度（℃）	148.9	150	175	205	220	230
p_{H_2S}（MPa）	0.17	1.4	1.4	1.0	0.7	0.2
p_{CO_2}（MPa）	4.83	—	不详	不详	不详	不详
[单质硫]	0	0	0	0	0	0

序　号	13	14	15	16	17	18
Cl^- 含量（$\mu g/g$）	99000	饱和	凝析液	63000	300000	151750
pH 值	5.0	3.3	3.4	3.2	3.1	3.14
温度（℃）	177	199	105	190	182	148.9
p_{H_2S}（MPa）	6.2	2.3	0.3	2.5	6.8	0.34
p_{CO_2}（MPa）	3.1	1.5	0.9	3.3	2.9	4.83
[单质硫]	0	0	0	0	0	0

表 5-14　合金 725（MYS827MPa）的应用情况

序　号	1	2	3	4	5	6
Cl^- 含量（$\mu g/g$）	不详	不详	不详	100000	250000	250000
pH 值	—	—	—	3.3	3.0	3.0
温度（℃）	230	190	150	220	205	175
p_{H_2S}（MPa）	1.0	2.5	不详	1.4	4.1	8.3
p_{CO_2}（MPa）	不详	不详	不详	1.4	4.8	4.8
[单质硫]	0	0	存在	存在	0	0

表 5-15　合金 725HS（MYS965MPa）的应用情况

序　号	1	2	3
Cl^- 含量（$\mu g/g$）	151750	121400	151750
pH 值	3.1	—	—
温度（℃）	175	175	205
p_{H_2S}（MPa）	2.1	3.5	3.5
p_{CO_2}（MPa）	4.8	3.5	3.5
[单质硫]	存在	0	0

表 5-16　合金 686 的应用情况

序　号	1	2	3
Cl^- 含量（$\mu g/g$）	151750	151750	151750
pH 值	—	—	—
温度（℃）	190	190	232
p_{H_2S}（MPa）	0.689	0.689	0.689
p_{CO_2}（MPa）	1.724	1.724	1.724
[单质硫]	0	存在	存在

表 5-17　合金 050 的应用情况

序　　号	2	3
Cl$^-$ 含量（μg/g）	不详	151750
pH 值	—	—
温度（℃）	220	177
p_{H_2S}（MPa）	2.0	0.7
p_{CO_2}（MPa）	不详	不详
[单质硫]	0	0

表 5-18　酸性气井耐蚀合金环境开裂调查表

合金类型	型号	MR0177 极限硬度	失效方式	备注
马氏体	410SS（悬挂器）	是	SCC?（TG）	气体中含 15%H$_2$S
马氏体	CA6NM（井口闸阀）	否（焊接区 27HRC）	SCC?	31℃，气体中含 14%H$_2$S
马氏体	F6NM（井口闸阀）	是	SCC	气体中含 5%H$_2$S，硫沉积
马氏体	17-4PH（阀杆）	是	SCC	27%H$_2$S（气体中存在单质硫）
马氏体	17-4PH（悬挂器）	是	SCC（IG）	15%H$_2$S，暴露于 28%HCl 溶液中
双相不锈钢	U50-M（井口闸阀）	是	SCC	15%H$_2$S，铸件硬化处理是通过缓慢冷却来实现的（0.06% 碳）
双相不锈钢	CW22Cr（油管接箍）	是	SCC	高结构应力，外壁暴露于地层盐水中
双相不锈钢	CW25Cr（油管）	—	HE	高强度（屈服强度达 1100MPa），井下 CS 油管存在 H 吸附现象，在起井过程中出现断裂
双相不锈钢	退火处理 22Cr（井口四通）	是	SCC	可能存在敏感性，也应注意酸的存在
镍基合金	718（悬挂器）	是	SCC	凝析水，158℃，H$_2$S 含量大于 5%，由于过度时效而产生重晶粒边界沉积（导致 HRC 降低）
镍基合金	X-750（悬挂器）	—	SCC	油井，天然气中含 10% 的 H$_2$S，怀疑受到 HCl 的影响

表 5-19　13Cr/410 不锈钢的硫化氢分压极限（现场使用情况和测试情况）

合金名称	产生 SSC 的临界硫化氢分压（MPa）			注　　释
	经验	指南	测试	
410SS（井口闸阀）	—	无限制（MR0175/ISO-3）	—	13Cr 有很好的防 SSC 的能力
410SS（井口闸阀）	> 3.5	—	—	存在低最大应力腐蚀现象
13Cr（油井油管）	> 0.4	—	—	早期的经验，但标准未采纳
13Cr（气井油管）	> 0.03	—	—	早期的经验，但标准未采纳

合金名称	产生 SSC 的临界硫化氢分压（MPa）			注　　释
	经验	指南	测试	
13Cr（油管）	—	0.01MPa（MR0175/ISO−3）	—	pH ≥ 3.5
13Cr（静载测试）	—	—	$< 1 \times 10^{-3}$	NaCl+CO_2（pH=3），连续弯梁测试
Type 410SS（SSR 测试）	—	—	$< 1 \times 10^{-5}$	溶液 A

注：所有产品都符合 MR0175/ISO−3 标准（硬度 < 22HRC 或 23HRC）。

表 5−20　22Cr 和 25Cr 双相不锈钢的现场失效原因调查

名　　称	环境条件	失效原因
22Cr 钢丝	酸性地层盐水	SCC
22Cr 毛细管注入管线	注入化学剂	SCC
22Cr−130 油管	$CaCl_2$ 封隔液	SCC
25Cr−125 油管	$CaCl_2$ 封隔液	SCC
22Cr 管线	海水（热带）	缝隙区域存在局部腐蚀
22Cr 管线	埋地	来自过大外加电流的 HE
22Cr 管线	残余水压试验水	焊接区深部点蚀
22Cr 管线	现场焊接	焊接 HE

第六章　油管、套管材质与扣型选择图表

油管、套管结构的完整性是油气井井筒结构完整性的重要指标之一。在井下腐蚀性环境下，要确保油管、套管结构的完整性，必须保证油管、套管本体的完整性和螺纹连接部位的完整性。要实现上述目的，可采取如下措施：对于油管、套管本体的完整性，可通过油管、套管材质的选择来加以保证；对于螺纹连接部位的完整性，则可通过选择不同的扣型来加以保证。

第一节　油管、套管材质选择图表

对于油管、套管材质的选择，可根据油气井产出流体中 CO_2、H_2S 分压以及 Cl^- 含量的大小来进行分析选择。

图 6-1 是根据合金材料的化学组分来确定油管、套管材质的选择原则，利用高压釜的试验数据绘制的，试验条件是：氯化物含量 35000μg/g，溶液的 pH 值 4.0，溶液中硫的含量 0.5g/L。

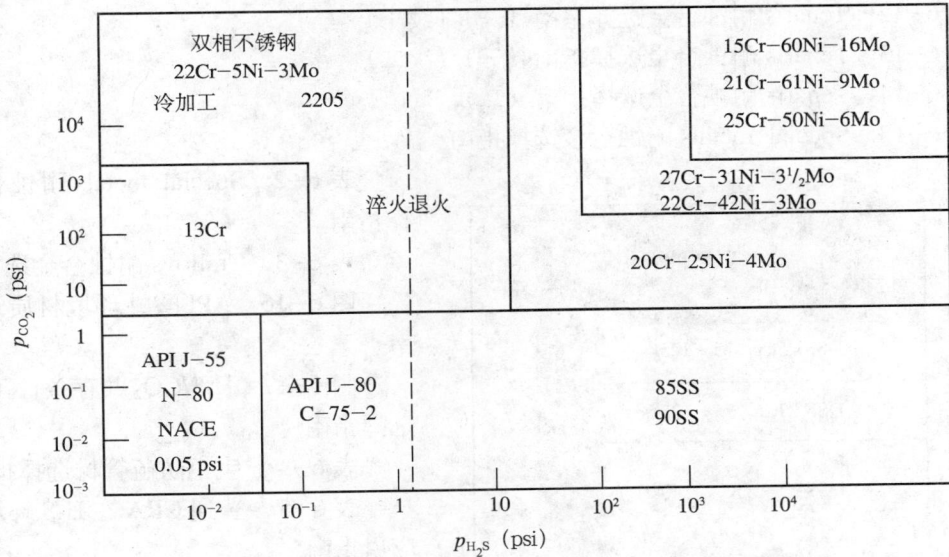

图 6-1　酸性油气井环境中石油管材选择指南

对于无硫油气井，在 CO_2 分压低于 2200psi 的条件下，9Cr-1Mo 钢的使用环境温度可达 100℃，而 13Cr 钢的使用环境温度则可达 150℃。对于使用环境更恶劣的油气井可选择更高级的双相不锈钢合金 2205、255，特别是在氯化物含量相当高的情况下，更是如此。

对于酸性环境，通常在进行耐蚀合金选择时，将耐蚀合金按三个等级来进行依次选择：一级，合金 904L、28 和 825 的应用范围最广；二级，6%Mo 合金，如 904hMo、合金 G、合金 G-3 和 SM2550，通常用于高酸性、低 pH 值的使用环境中；三级，Mo 含量高的

合金，如 Mo 含量 9% 的合金 625 和 Mo 含量 16% 的合金 C-276，则可用于更恶劣的环境，这包括流体中存在单质硫的酸性环境。

但对于镍基耐蚀合金，除了上面的三级分类法外，ECE 在其设计软件上将其分为四个等级：一级以合金 028 为代表；二级以合金 825 为代表；三级以合金 2550 为代表；四级以合金 C-276 为代表。

油管、套管材质选择图表见图 6-2 ~图 6-19 和表 6-1 ~表 6-5。为了查询方便，可参考下面的查询索引。

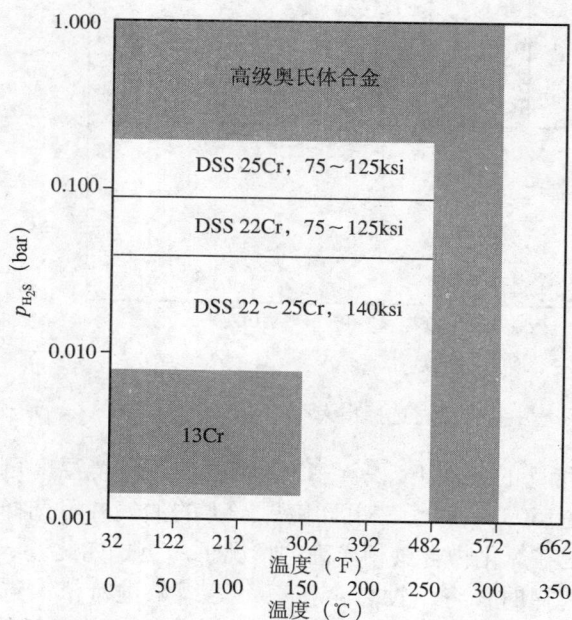

图 6-2 在酸性环境下不锈钢的推荐应用范围
测试条件：50g/L NaCl 酸性溶液

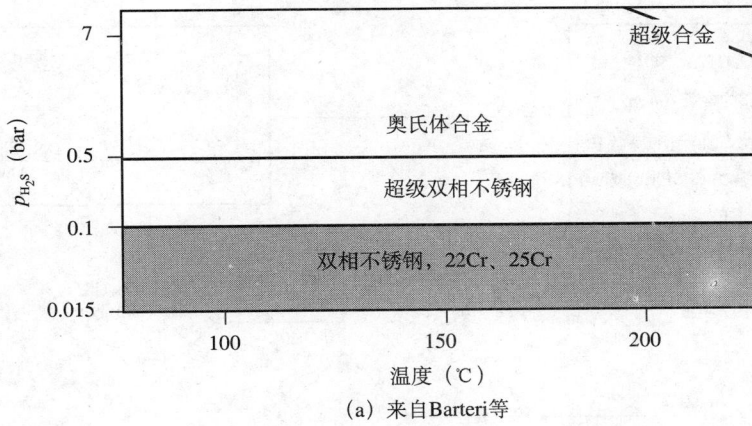

（a）来自Barteri等

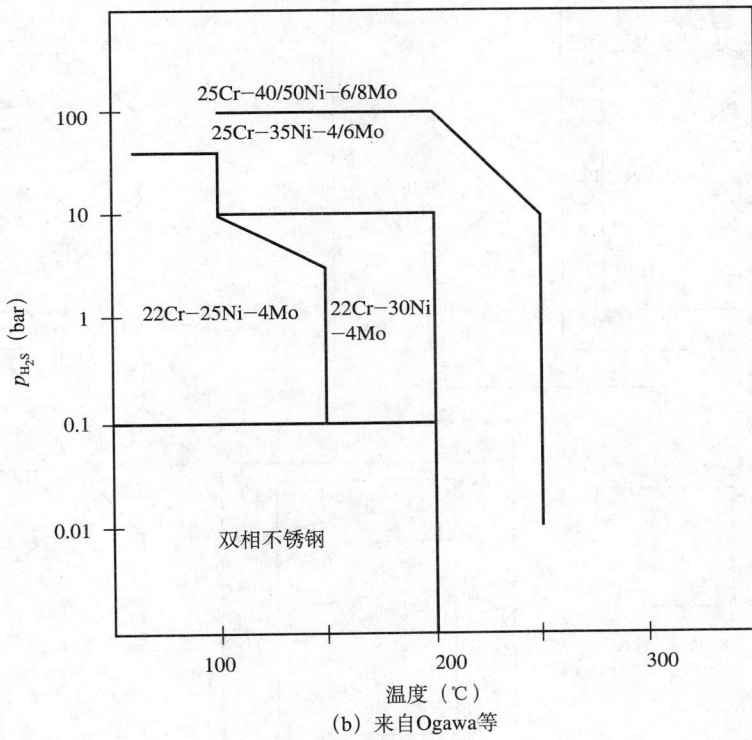

（b）来自Ogawa等

图6-3　CRA在酸性环境的推荐应用范围

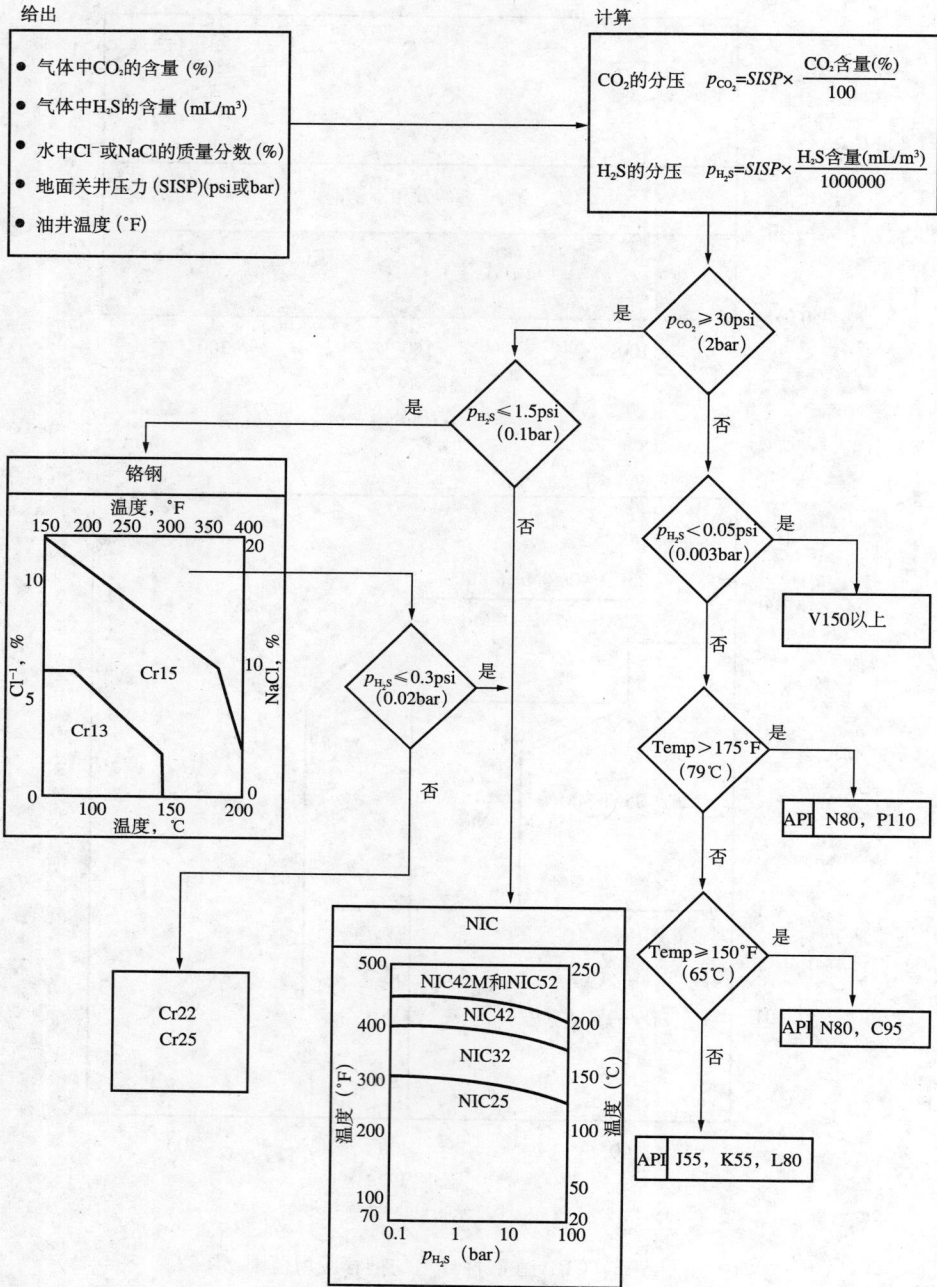

给出

- 气体中CO_2的含量 (%)
- 气体中H_2S的含量 (mL/m^3)
- 水中Cl^-或$NaCl$的质量分数 (%)
- 地面关井压力 (SISP)(psi或bar)
- 油井温度 (°F)

计算

CO_2的分压　$p_{CO_2}=SISP\times\dfrac{CO_2含量(\%)}{100}$

H_2S的分压　$p_{H_2S}=SISP\times\dfrac{H_2S含量(mL/m^3)}{1000000}$

$p_{CO_2}\geqslant30psi$
(2bar)

是

$p_{H_2S}\leqslant1.5psi$
(0.1bar)

否

$p_{H_2S}<0.05psi$
(0.003bar)

是

V150以上

否

Temp>175°F
(79℃)

是

API N80，P110

否

Temp≥150°F
(65℃)

是

API N80，C95

否

API J55，K55，L80

铬钢

温度，°F
150　200　250　300　350　400

Cl^{-1}，%
$NaCl$，%

Cr15

Cr13

温度，℃
100　150　200

$p_{H_2S}\leqslant0.3psi$
(0.02bar)

是

否

Cr22
Cr25

NIC

温度 (°F)
温度 (℃)

NIC42M和NIC52
NIC42
NIC32
NIC25

p_{H_2S} (bar)

图6-4　NKK耐蚀合金选择指南

已知：
- CO_2含量（%）
- H_2S含量（mL/m³）
- 井底压力（BHP）（psi）
- 井底温度（℃）
- pH值

计算：

CO_2的分压：$p_{CO_2}=BHP\times\dfrac{CO_2含量（\%）}{100}$

H_2S的分压：$p_{H_2S}=BHP\times\dfrac{H_2S含量（mL/m³）}{1000000}$

从（1）、（2）是选择 ← 是 ← $p_{CO_2}\geqslant 10psi$

否

$p_{H_2S}\leqslant 0.05psi$ ── 是 → 至V150的所有钢级

否

温度$\geqslant 80℃$ ── 是 → | API | N80，P110 |

否

温度$\geqslant 65℃$ ── 是 → | API | N80（QT），C95 |

否

| API | J55，K55，L80-1 C90，T95 |
| KSC | 80S，85S，90S，95S 85SS，90SS，95SS 100SS，105SS，110SS |

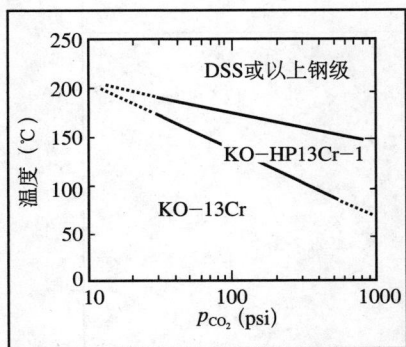

（1）

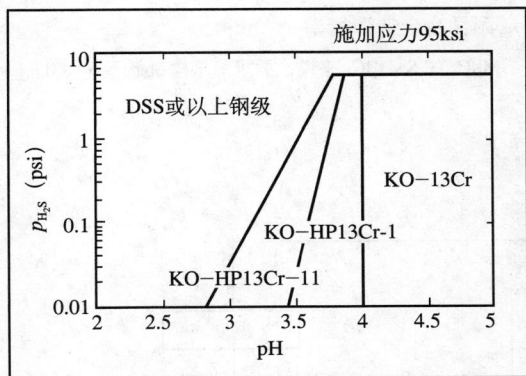

（2）

图 6-5 Kawasaki 耐蚀合金选择指南

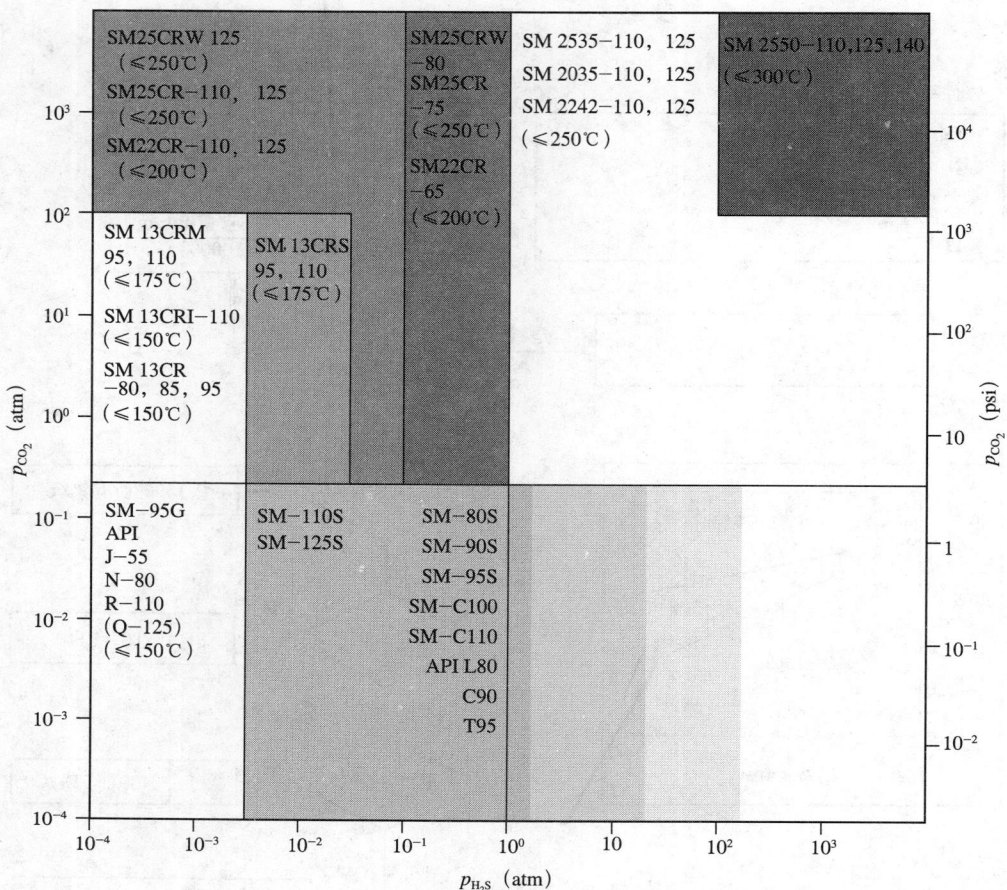

图 6-6 Sumitomo 耐蚀合金选择指南

SM2050 和 SMC76 可用于含单质硫的酸性环境；对于 SM9Cr 的 SM13Cr 来说，要求氯根含量低于 30000 μg/g

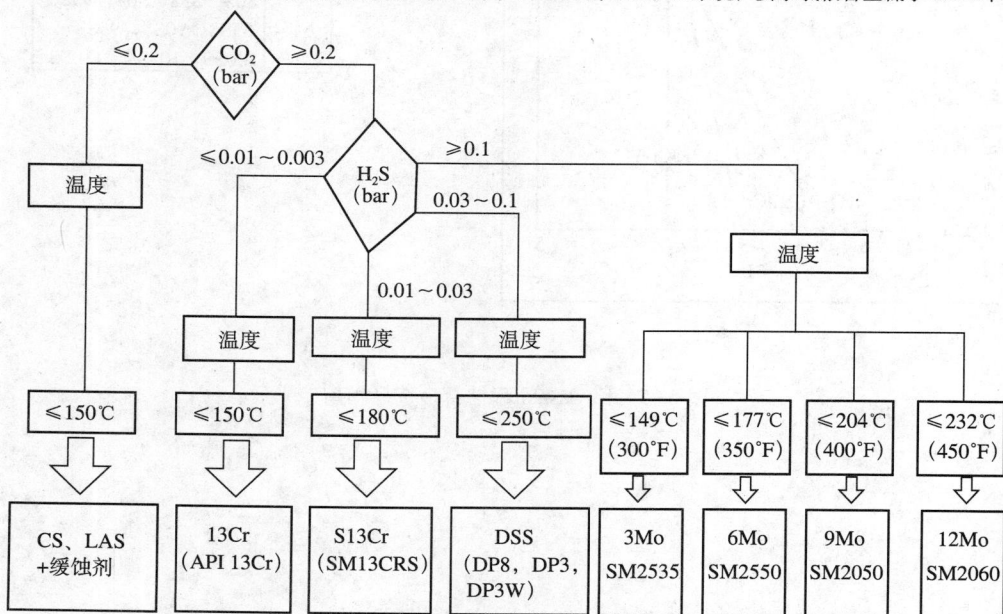

图 6-7 Sumitomo 耐蚀合金选择指南

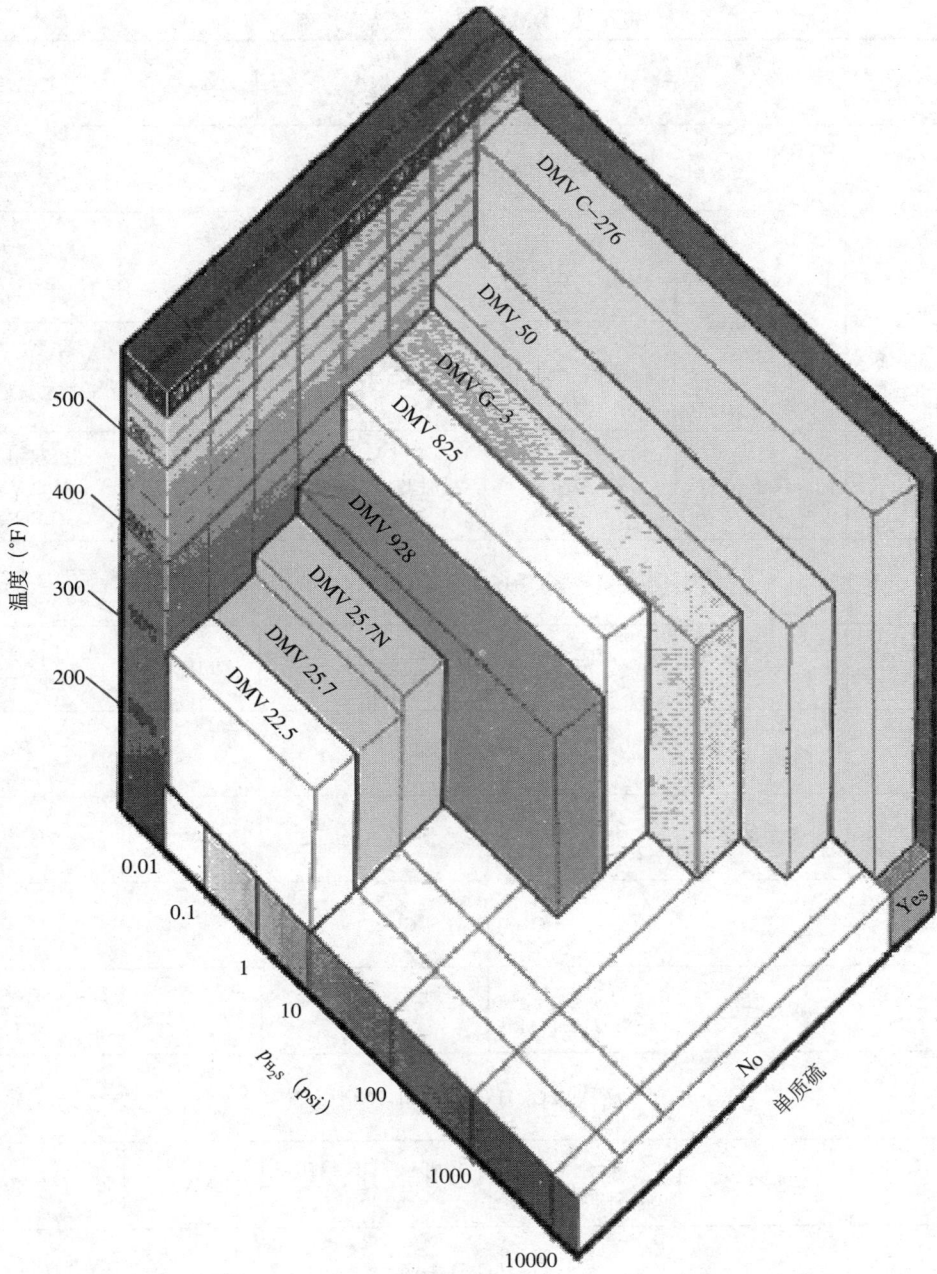

图 6-8　DMV 耐蚀合金选择指南

测试条件：$p_{CO_2} > 1500$psi，Cl^- 含量 > 250g/L，$p_{H_2S} > 10$psi，温度 $> 390°F$，NO 为无单质硫，YES 为含单质硫

表 6-1 DMV 耐蚀合金选择指南

应用环境	合金类型	钢级		DMV 合金	其他合金
CO_2+H_2O+Cl^-					
温度 < 350°F p_{H_2S} < 10psi	双相不锈钢	22Cr−5Ni	固溶退火（65ksi） 冷加工：110、125、140	DMV22.5	双相不锈钢 22Cr、VM22、D25Cr7Ni
		25Cr−7Ni	固溶退火（75ksi） 冷加工：110、125、140	DMV25.7	双相不锈钢 25Cr、VM25、D25Cr7Ni
	超级双相不锈钢	25Cr−7Ni−N	固溶退火（80ksi） 冷加工：110、125、140	DMV25.7N	超级双相不锈钢 25Cr、VM255、ZERON100
CO_2+H_2O+H_2S+Cl^-					
温度 < 350°F p_{H_2S} < 400psi	奥氏体	合金 28 28Cr+32Ni	冷加工：110、125、140	DMV928	28Cr、合金 28、VM28、D28−32
CO_2+H_2O+H_2S+Cl^-					
温度 < 400°F p_{H_2S} < 400psi	镍基合金	合金 825 42Ni+21Cr+3Mo	冷加工：110、120	DMV825	合金 825、VM 825
CO_2+H_2O+H_2S+Cl^-					
温度 < 400°F p_{H_2S} < 1000psi	镍基合金	合金 G−3 50Ni+22Cr+7Mo	冷加工：110、125、140	DMV G−3	G−3、合金 G−3、VM G−3
CO_2+H_2O+H_2S+Cl^-					
温度 < 425°F p_{H_2S} < 1200psi	镍基合金	合金 50 54Ni+20Cr+9Mo	冷加工：110、120、125	DMV50	50、合金 50、VM50
CO_2+H_2O+H_2S+Cl^-					
温度 < 550°F p_{H_2S} < 10000psi 含硫	镍基合金	合金 C−276 60Ni+16Cr+16Mo	冷加工：110、125、140	DMV C−276	C−276、合金 C−276

严重腐蚀环境

$p_{H_2S} > 10\text{psi}$ — $[Cl^-] > 250\text{g/L}$ → A

产出流体+水

$T > 390°F$ — $p_{CO_2} > 1500\text{psi}$ → B

腐蚀环境

碳钢+缓蚀剂 — $p_{H_2S} < 10\text{psi}$ $p_{CO_2} > 2\text{psi}$

产出流体+水

HASTELLOY ALLOY G-3
HASTELLOY ALLOY C-276
ALLOY 825
VS 28
VS 22
VS 25
VC 13*

温度 (°F)
Service Temperature

[元素硫]
有
无

p_{H_2S} (psi)

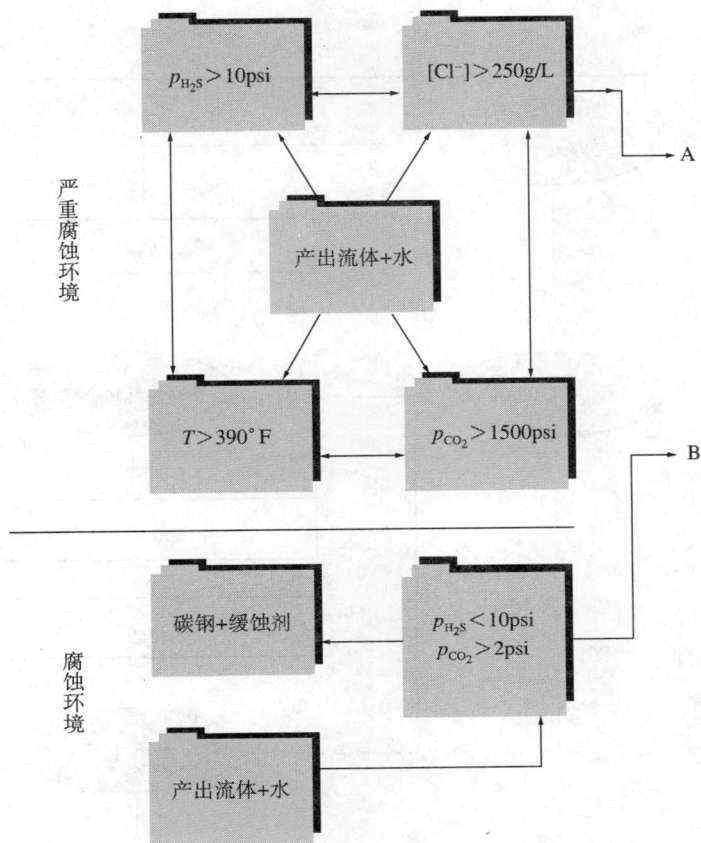

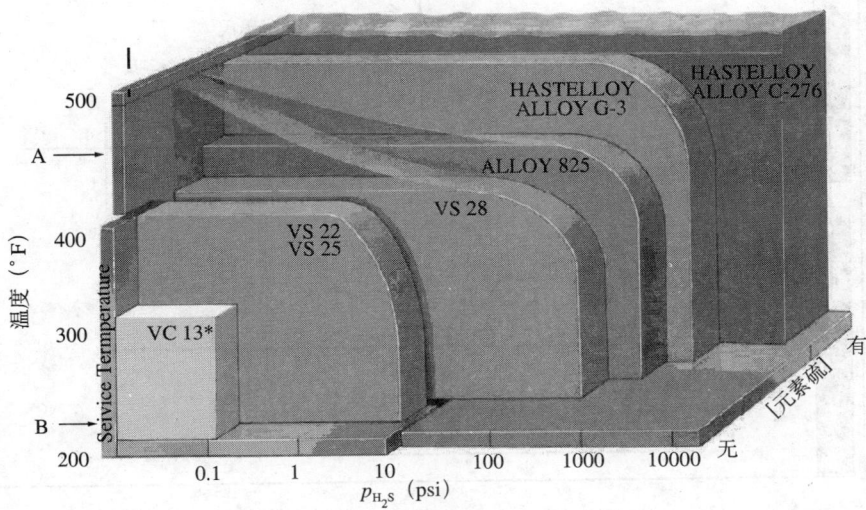

图 6-9 CABVAL 耐蚀合金选择指南

VC13* 的应用条件为：Cl^- 含量低于 60000 μg/g（300°F）

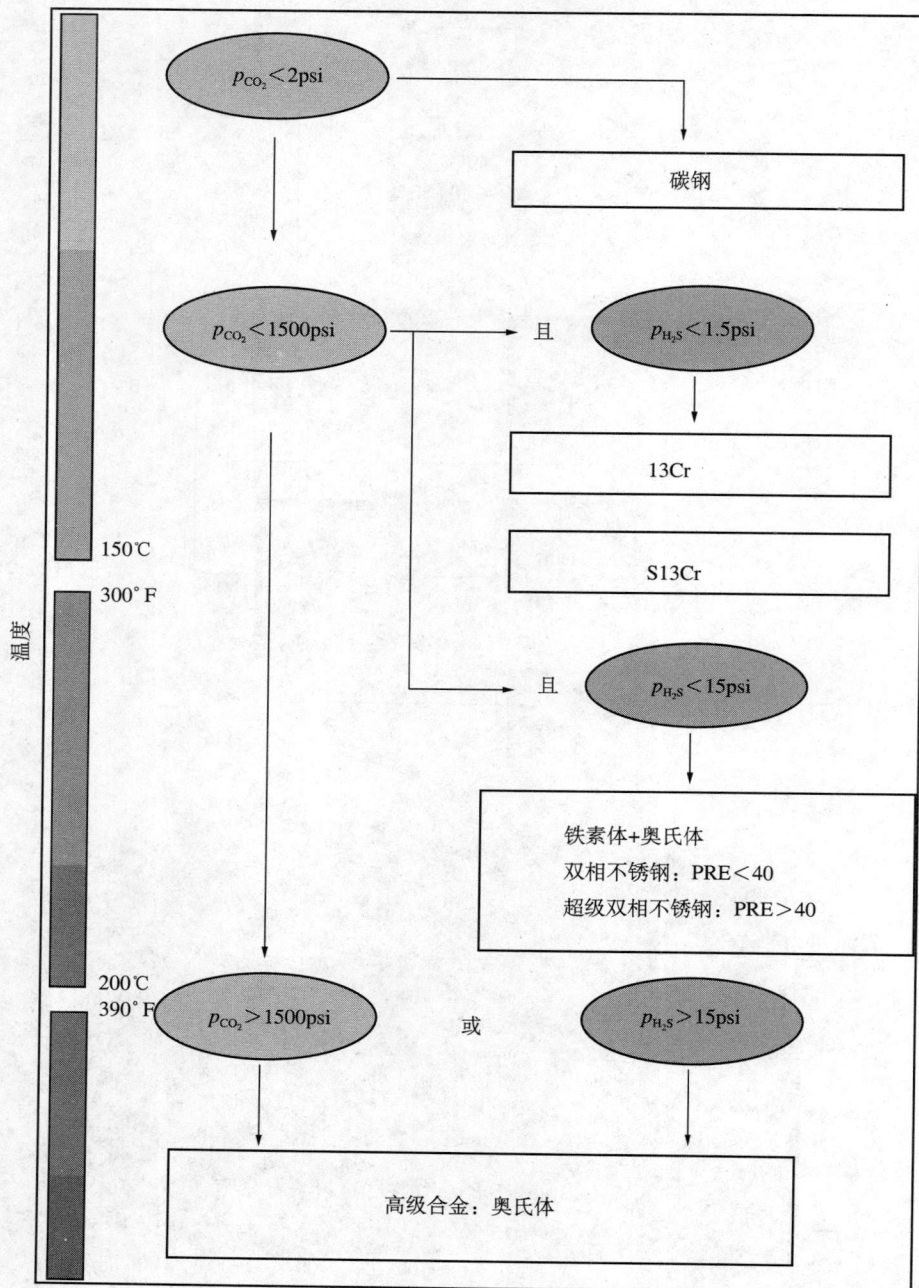

图 6-10　V&M 耐蚀合金选择指南

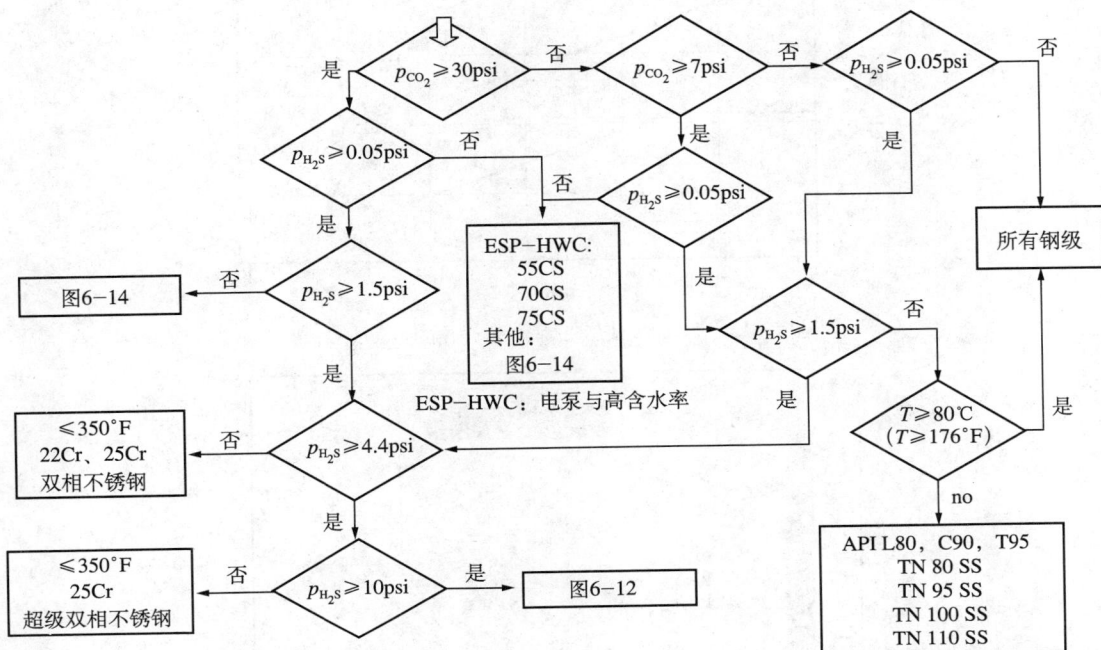

图 6—11　Tenaris 耐蚀合金选择指南（一）

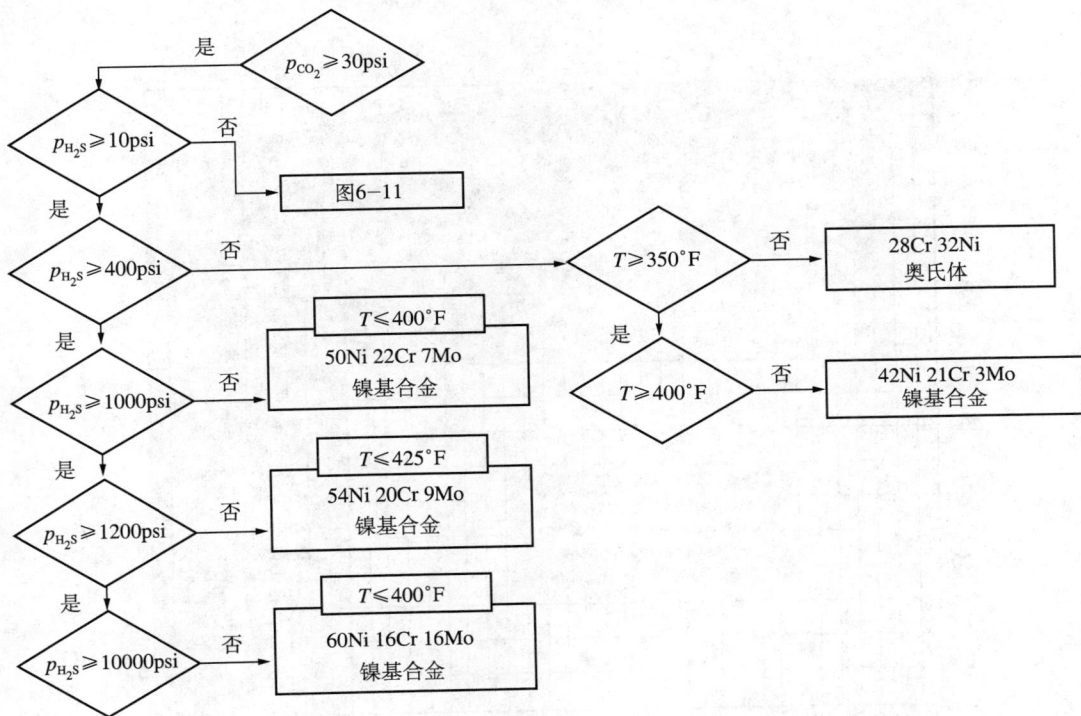

Flowchart text (图6-11):
- $p_{CO_2} \geq 30psi$　是 / 否
- $p_{CO_2} \geq 7psi$　否 / 是
- $p_{H_2S} \geq 0.05psi$　否 / 是
- 所有钢级
- $p_{H_2S} \geq 0.05psi$　是 / 否
- $p_{H_2S} \geq 0.05psi$　否 / 是
- ESP—HWC:　55CS　70CS　75CS　其他:　图6—14
- ESP—HWC: 电泵与高含水率
- $p_{H_2S} \geq 1.5psi$　否 → 图6—14　是
- $p_{H_2S} \geq 1.5psi$　否 / 是
- ≤350°F　22Cr、25Cr　双相不锈钢
- $p_{H_2S} \geq 4.4psi$　否 / 是
- ≤350°F　25Cr　超级双相不锈钢
- $p_{H_2S} \geq 10psi$　否 / 是 → 图6—12
- $T \geq 80℃$（$T \geq 176°F$）　no
- API L80，C90，T95　TN 80 SS　TN 95 SS　TN 100 SS　TN 110 SS

图 6—12　Tenaris 耐蚀合金选择指南（一）（续一）

Flowchart text (图6-12):
- $p_{CO_2} \geq 30psi$　是
- $p_{H_2S} \geq 10psi$　是 / 否 → 图6—11
- $p_{H_2S} \geq 400psi$　是 / 否
- $p_{H_2S} \geq 1000psi$　是 / 否
- $p_{H_2S} \geq 1200psi$　是 / 否
- $p_{H_2S} \geq 10000psi$　是 / 否
- $T \leq 400°F$　50Ni 22Cr 7Mo　镍基合金
- $T \leq 425°F$　54Ni 20Cr 9Mo　镍基合金
- $T \leq 400°F$　60Ni 16Cr 16Mo　镍基合金
- $T \geq 350°F$　否 → 28Cr 32Ni　奥氏体　是
- $T \geq 400°F$　否 → 42Ni 21Cr 3Mo　镍基合金

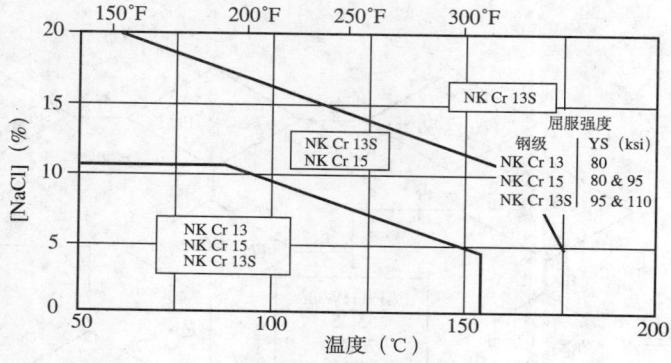

图 6-13　Tenaris 耐蚀合金选择指南（一）（续二）

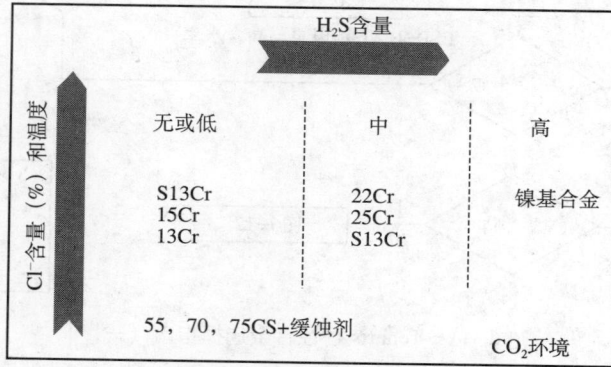

图 6-14　Tenaris 耐蚀合金选择指南（二）

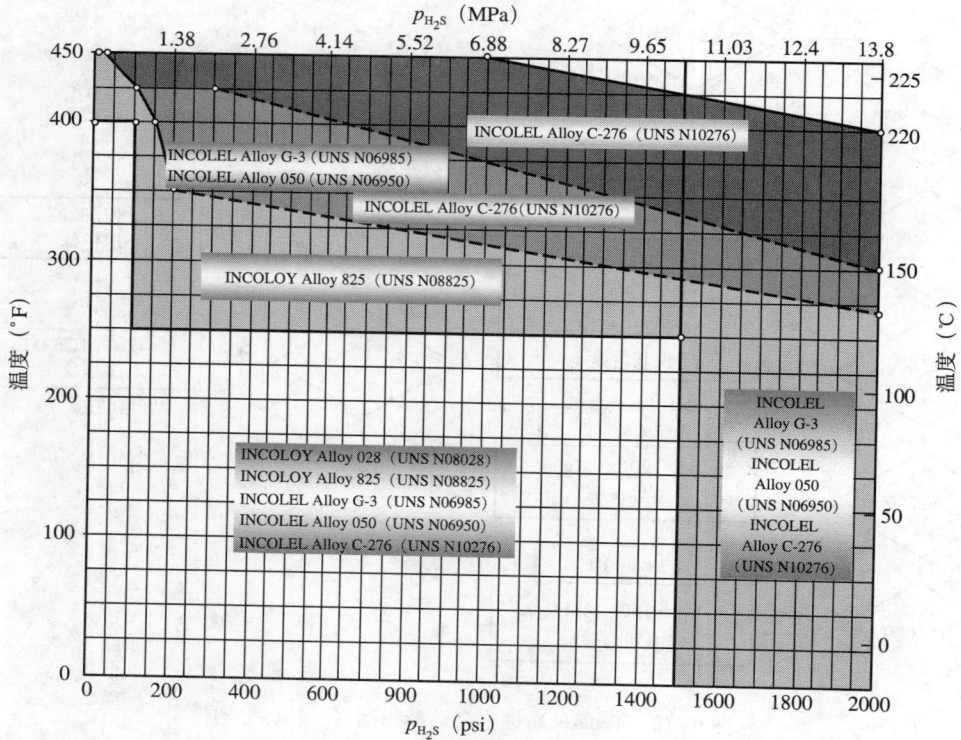

图 6-15　Special metals 耐蚀合金选择指南

表 6-2　**Special metals 耐蚀合金选择指南**

温度、压力、H₂S 和 CO₂ 分压、Cl⁻ 含量沿箭头方向增加	碳钢	
	马氏体不锈钢	
	双相不锈钢	
	Special metals CRA	MONEL Alloy K-500
		INCOLOY Alloy 825，925 和 028　INCONEL Alloy 718
		INCONEL Alloy G-3 和 050
		INCONEL Alloy 725，725HS 和 C276

表 6-3　**Cralloys 耐蚀合金选择指南**

温度、压力、H₂S 和 CO₂ 分压、Cl⁻ 含量沿箭头方向增加	碳钢
	马氏体不锈钢
	双相不锈钢——2205，（22Cr），2507，（25Cr）
	超级双相不锈钢——25-7-4，（25Cr/25CRW）
	奥氏体合金——Alloy 28，2832，28Cr，2535
	镍基合金——825，925，718，945
	镍基合金——G-3，Alloy50，2550，725，625 和 Alloy C276

工作温度			
温度无限制	＞65℃	＞80℃	＞107℃
API 5CT 钢级 J55 K55 L80 C90 T95	API 5CT 钢级 N80Q C95	API 5CT 钢级 N80Type1 P110	API 5CT 钢级 Q125
更高的要求，可采用 V&M 特殊材质的钢级			

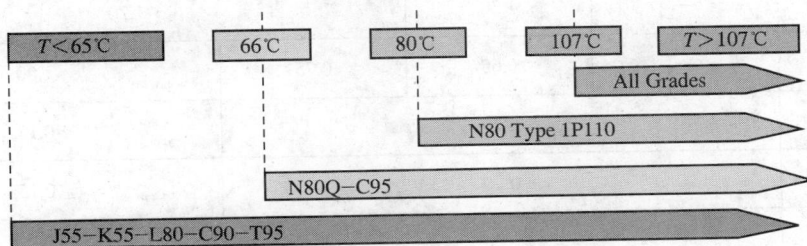

$T<65℃$　　66℃　　80℃　　107℃　　$T>107℃$

All Grades

N80 Type 1P110

N80Q—C95

J55—K55—L80—C90—T95

图 6-16　API 酸性环境材质选择指南

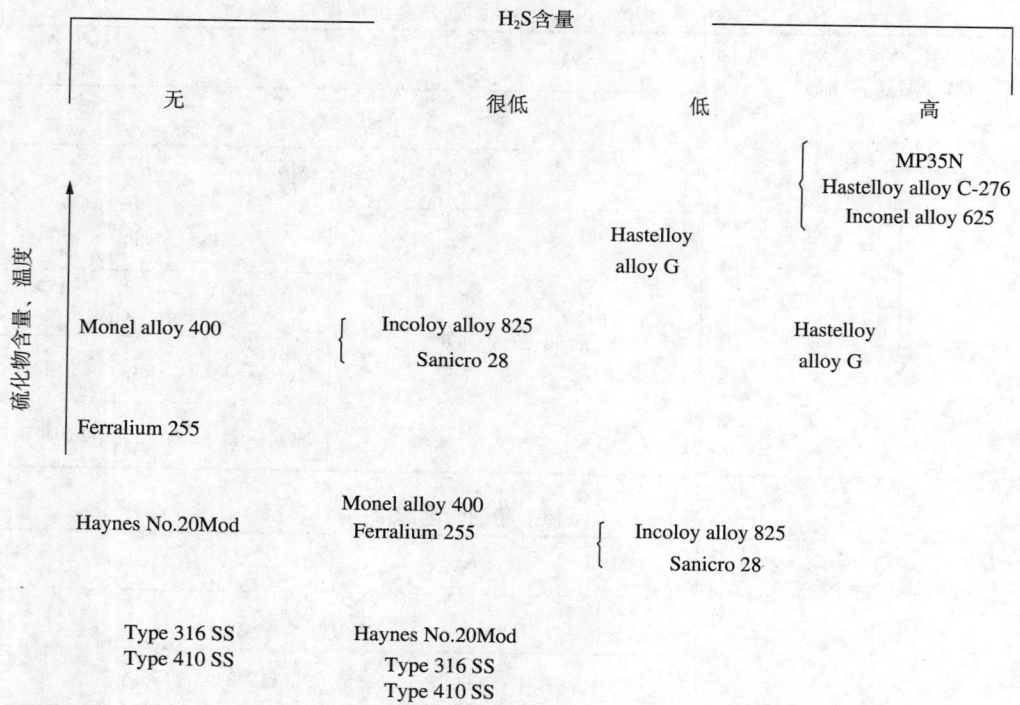

图 6-17　H₂S/CO₂ 共存条件下 CRA 选择指南

（图中文字内容）

H₂S含量

无　　　很低　　　低　　　高

硫化物含量，温度

- MP35N / Hastelloy alloy C-276 / Inconel alloy 625（高）
- Hastelloy alloy G（低）
- Hastelloy alloy G（高）
- Monel alloy 400（无）
- Incoloy alloy 825 / Sanicro 28（很低）
- Ferralium 255（无）
- Haynes No.20Mod（无）
- Monel alloy 400 / Ferralium 255（很低）
- Incoloy alloy 825 / Sanicro 28（低）
- Type 316 SS / Type 410 SS（无）
- Haynes No.20Mod / Type 316 SS / Type 410 SS（很低）

表 6-4　宝钢防硫管材选择指南

元素	BG55S BG55SS	BG80S BG80SS	BG90S BG90SS	BG95S BG95SS	BG110S BG110SS
	（质量分数，%）				
C	0.35				
Mn	1.40	1.20	1.00	0.75	1.00
Si	0.35				
P	0.020		0.015	0.010	
S	0.010			0.005	
Cr	—	1.30	1.20		
Mo	—	0.65	0.75	1.00	
Cu	0.20			0.15	
Ni	0.20			0.15	
Al	0.040				

H₂S 分压		选用防硫级别
> 700kPa		SS
10 ~ 700kPa	爆破安全系数 < 1.35	
	爆破安全系数 ≥ 1.35	S
0.34 ~ 10kPa		
< 0.34kPa		非防硫

表 6-5　普通 CRA [①②] 在 H₂S 环境中的应用指南

合　金		氯化物浓度（最大）（%）	最小允许 pH 值	温度（最大）（℃）[③]	H₂S 分压（最大）（bar）
马氏体不锈钢	13Cr[④]	5	3.5	90	0.1
奥氏体不锈钢	316	1	3.5	120	0.1
		5	3.5	120	0.01
		5	3.5	120	0.1
	6Mo	5	3.5	150	1.0
		5	5	150	2.0
双相不锈钢	22Cr	3	3.5	150	0.02
		1	3.5	150	0.1
	25Cr	5	3.5	150	0.1
		5	4.5	150	0.4
镍基合金	625		3.5		5
	C-276				≫ 5
	Ti		3.5		≫ 5

① 极限使用条件是针对无氧环境的。

② 若列出的某项参数超出所规定的极限使用条件范围，则需按 ISO15156-3 规定的测试条件，对其使用条件进行评估。

③ 温度极限使用条件可根据特定的现场应用数据和前期的使用经验进行上调。可以要求进行测试。

④ 对于 SM13Cr 来说，测试说明其存在一个使用下限值。

表 6-6　非酸性生产井⇔注入井材质选择指南

项　目		脱气水* 地层水 (O_2含量 $<20\times10^{-9}$)		脱气水(脱气效果差) 脱气水+地层水	地层水 $100>T>40℃$ pH<7		未处理海水 未处理海水+地层水		未处理海水 含氯
		$T<40℃$ pH>7	$100>T>40℃$ pH>7	O_2含量 $>20\times10^{-9}$	O_2含量 $<20\times10^{-9}$	O_2含量 $>20\times10^{-9}$	不含氯 $T<100℃$	含氯 $T>20℃$	$T<20℃$
油管	CS	◎	●**	●**	●	●	●	●	●
	1%CrLAS	○	●	●	●	●	●	●	●
	GRE+CS	○***	○***	○***	○	○	○	○	○
	3%Cr	●	●	●	●	●	●	●	●
	13%CrL80	●	●	●	●	●	●	●	●
	S13Cr	○***	○***	○	○***	○***	●	●	●
	25Cr SDSS	○***	○***	○***	○***	○***	○	##	○
	Ti 合金	○***	○***	○***	○***	○***	○***	○***	○***
衬管	1%CrLAS	○***	○***	○***	○***	●	●	●	●
	GRE+CS	◎	◎#	◎#	◎#	◎#	◎#	●	●
	13%CrL80	●	●	●	●	●	●	●	●
	S13Cr	○	○	○***	○***	○***	●	●	●
	25Cr SDSS	○***	○	○***	○***	○***	○	○	○
	Ti 合金	○***	○***	○***	○***	○***	○***	○***	○***
带动密封面的完井工具	13%Cr	●	●	●	●	●	●	●	●
	S13Cr	●	●	●	●	●	●	●	●
	17-4PH	◎	◎	●	●	●	●	●	●
	25Cr SDSS	○	○	○***	○***	○***	○	●	○
	Ti 合金	○***	○***	○***	○***	○***	○***	○***	○***

注：1. *表示可能存在高浓度的氧（因搅动）；**表示均匀腐蚀；***表示优于设计要求；#表示可能存在机械损伤；##表示若温度低于35℃，25Cr SDSS只能用于未处理海水+地层水的环境。

2. ●表示因存在点蚀或缝隙腐蚀，以及腐蚀速度大于1mm/y，故这些材料不适合用于此种环境。

3. ◎表示处于边界腐蚀状态。

4. ○表示无点蚀和缝隙腐蚀，腐蚀速度小于0.1mm/y。

表 6-7　酸性生产井⇔注入井材质选择指南

项目		脱气水 脱气水 + 地层水 地层水 $T < 100℃$ O_2 含量 $< 20 \times 10^{-9}$ 不含氯	未处理海水 未处理海水 + 地层水 地层水 $100 > T > 40℃$ $pH > 5$ O_2 含量 $> 20 \times 10^{-9}$ 不含氯	未处理海水 未处理海水 + 地层水 地层水 $T > 20℃$ $pH > 5$ 含氯
油管	1%CrLAS	◎ #	●	●
	GRE+CS	○	○	●
	3%Cr	●	●	●
	13%CrL80	●	●	●
	S13Cr	●	●	●
	25Cr SDSS	○ *	○ ##	●
	Ti 合金	○ *	○ *	○ *
衬管	1%CrLAS	◎ #	●	●
	13%CrL80	●	●	●
	S13Cr	●	●	●
	25Cr SDSS	○	○ ##	●
	Ti 合金	○ *	○ *	○
带动密封面的 完井工具	13%Cr	◎ #	●	●
	S13Cr	◎ #	●	●
	UNS S17400	◎ #	●	●
	25Cr SDSS	○	○ ##	●
	Ti 合金	○	○ *	○
封隔器	13Cr	●	●	●
	S13Cr	●	●	●
	AISI 41XX	◎ #	●	●
	25Cr SDSS	○	○ ##	●
	Ti 合金	○ *	○	○

注：1. # 表示取决于流体的温度、Cl^-、p_{H_2S} 和 pH 值，## 表示 $p_{H_2S} < 20mbar$；GC 表示均匀腐蚀；* 表示优于设计要求。

2. ●表示因存在点蚀或缝隙腐蚀，以及腐蚀速度大于 1mm/y，故这些材料不适合用于此种环境。

3. ◎表示处于边界腐蚀状态。

4. ○表示无点蚀和缝隙腐蚀，腐蚀速度小于 0.1mm/y。

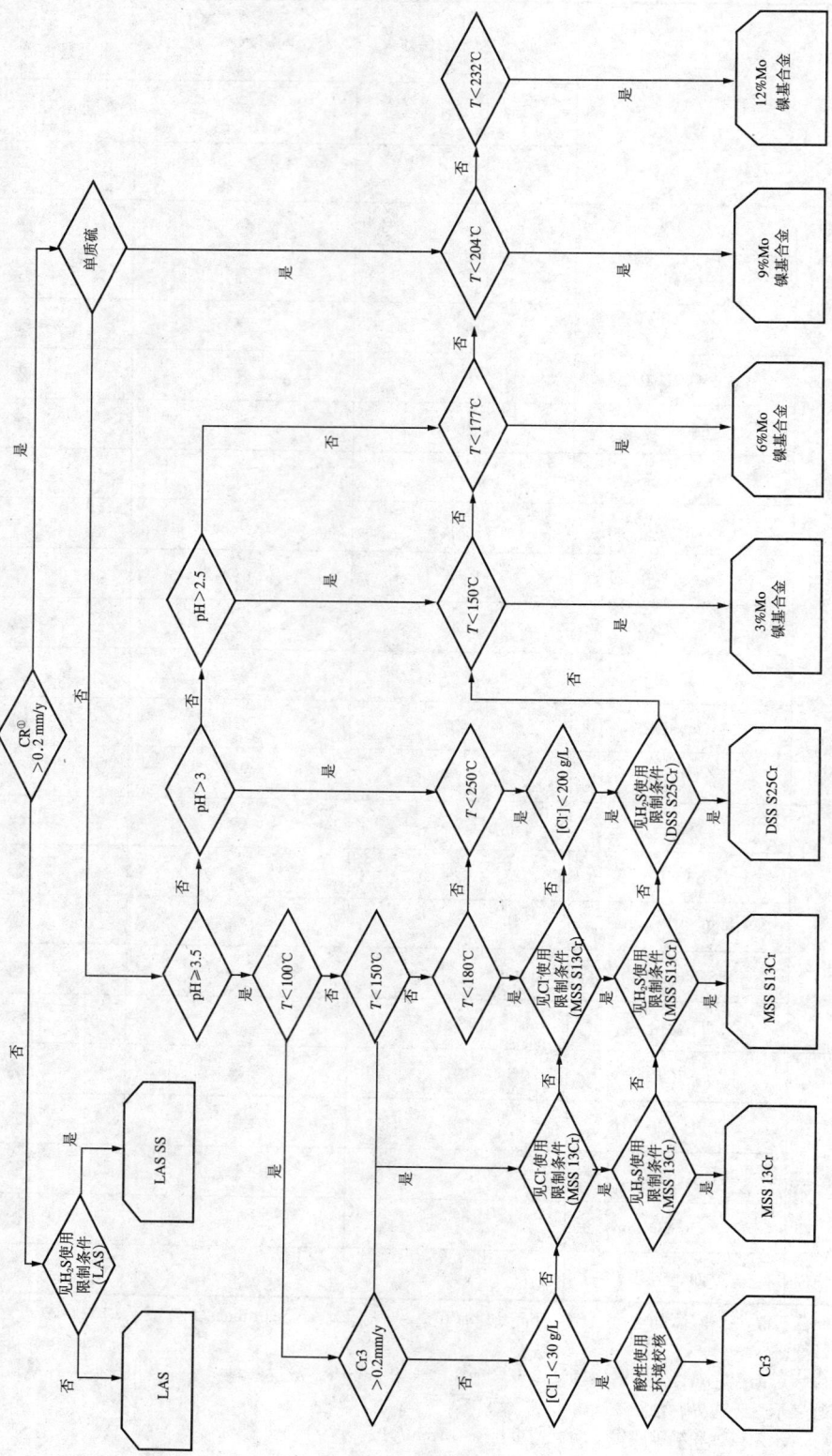

图 6-18　生产井材质选择指南（Norsok Model M506 rev1，June 1998）

① CS 和 LAS 的 CO_2 腐蚀速度预测值

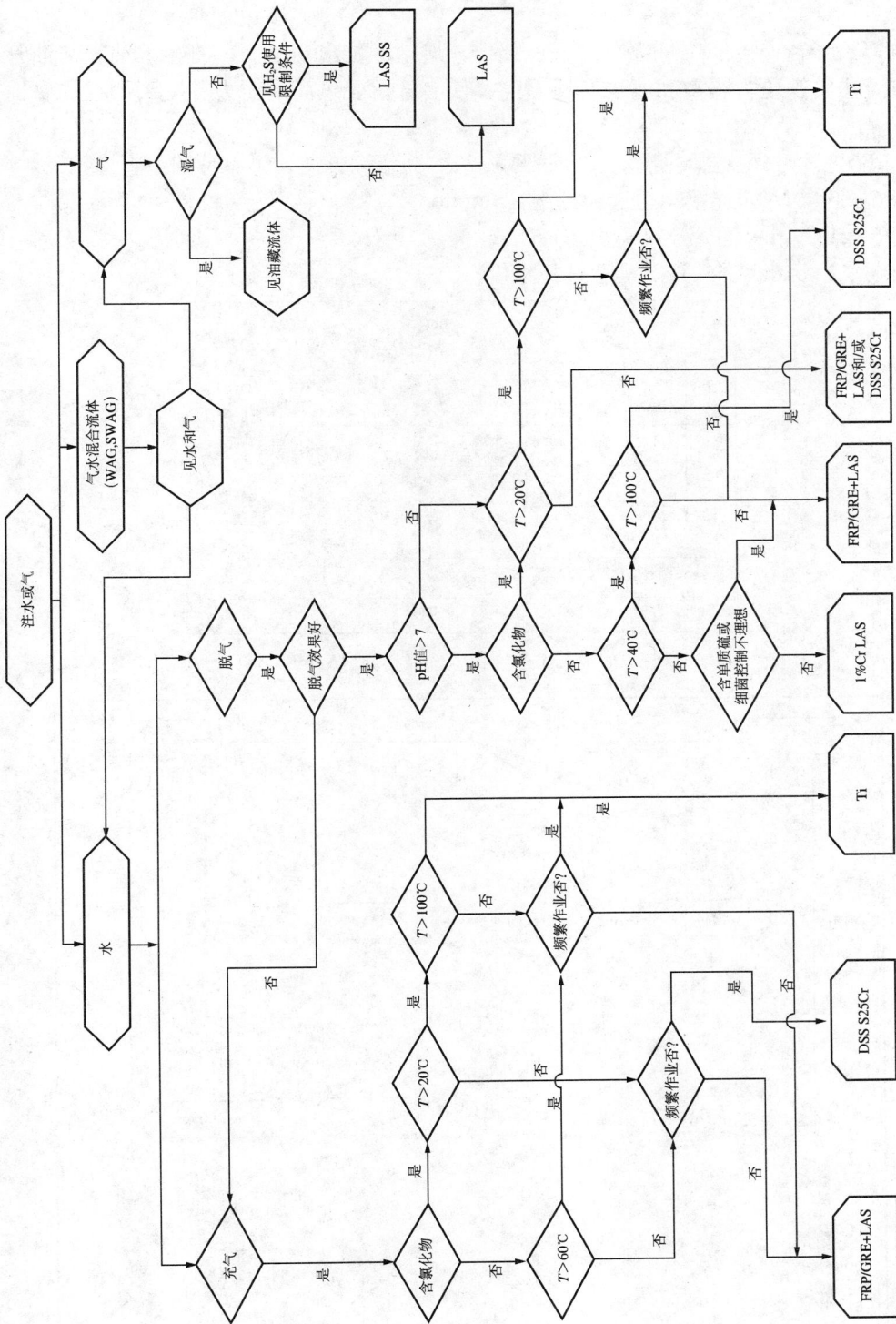

图 6-19 注入井质选择指南

第二节 油管、套管扣型选择图表

油管、套管连接部位是潜在的漏失部位，连接部位出现漏失，将导致油管与油管、套管环空无法实现压力隔离和腐蚀介质隔离，使套管承受过高的压力并受到严重的腐蚀，削弱套管强度。

油管、套管扣型选择见图 6—20 ～ 图 6—22。为查询方便，可参考如下查询索引。

图 6—20 VAM 连接扣型选择指南（Sumitomo）

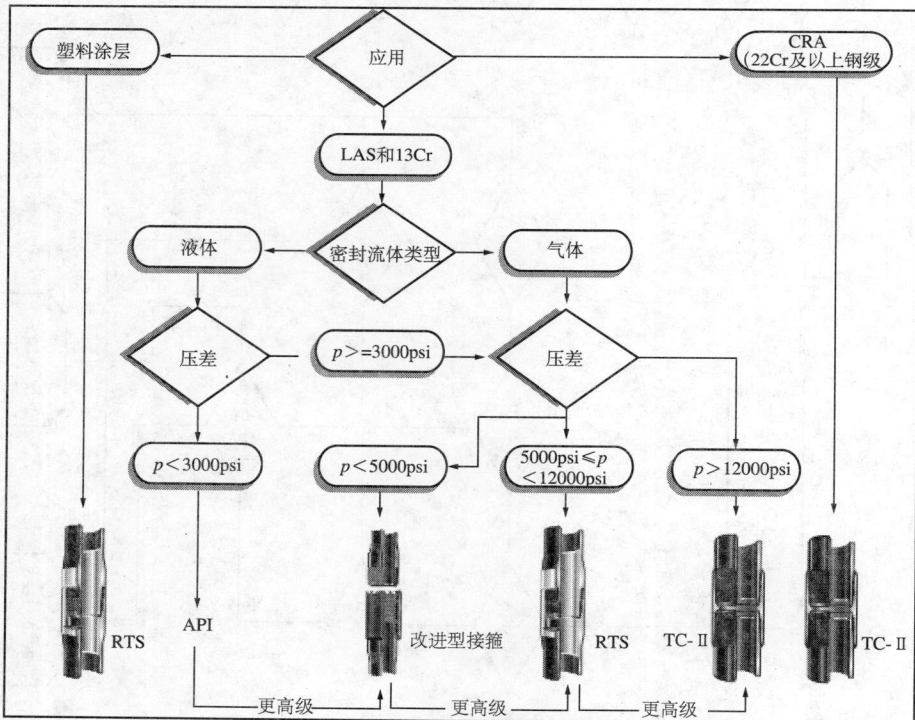

图 6—21 Atlas 油管连接类型选择指南

图 6—22 Atlas 套管连接类型选择指南

图 6—20 VAM 连接扣型选择指南（Sumitomo）

图 6—21 Atlas 油管连接类型选择指南

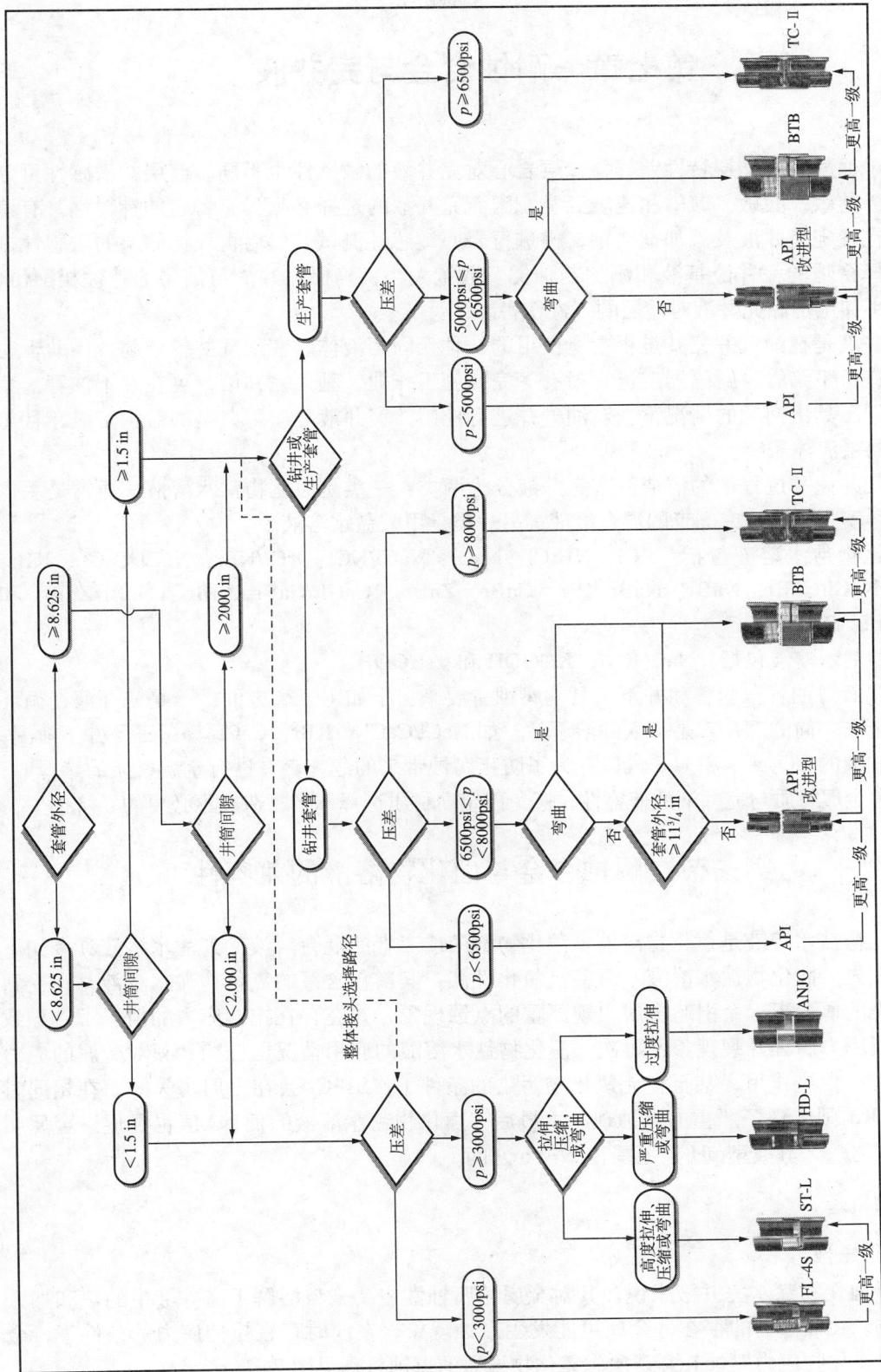

图 6-22 Atlas 套管连接类型选型选择指南

第七章 耐蚀合金与完井液

由于油气井的储层特性差异，储层岩心对完井液的敏感性也不同。储层的敏感性可分为水敏、盐敏、酸敏、碱敏和速敏五类，因而完井液的选择必须具有特定的针对性。有鉴于此，在确定完井液及添加剂之前，需进行岩心敏感性测试，然后再根据储层的敏感性排序，选择合适的完井液基液和添加剂种类及数量大小，确保完井液与储层的特性相配伍，尽量减小甚至消除完井液对储层的二次伤害。

完井液是在油气井完井过程中所使用的一种无固相液体。在油气井投产前，借助于完井液可进行下筛管、封隔器或进行射孔等完井施工作业。利用完井液，可在井下油管、套管、井下工具出问题的情况下，对油气井进行控制。完井液是一种典型的盐水溶液，且与储层和储层流体兼容。

油气井完井过程中的清洁盐水完井液分为两类：一类是卤化物盐水溶液，通常是氯化物溶液、溴化物溶液或二者的混合溶液；另一类是甲酸盐水溶液。

卤化物盐水溶液包括：KCl、NH_4Cl、NaCl、NaCl/KCl、KCl/KBr、NaCl/CaCl_2、KBr、CaCl_2、NaCl/NaBr、NaBr、NaBr/KBr、CaBr、ZnBr_2、CaCl_2/CaBr_2/ZnBr_2、NaBr/ZnBr_2 和 CaBr_2/ZnBr_2/NaBr。

甲酸盐水溶液包括：NaCOOH、KCOOH 和 CsCOOH。

完井液对油管、套管和井下工具的腐蚀主要来自于如下三个方面：一是完井液在循环过程中带入井筒的氧；二是加入的溶解盐，如 NaCl/CaCl_2、KBr、CaCl_2 等；三是井下泄漏，进入完井液的 CO_2 或 / 和 H_2S 气体。为了防止腐蚀带来的危害，在进行金属材质的选择时，必须考虑金属材质与完井液的兼容性，避免因金属材质选择不当，造成不必要的经济损失。

第一节 耐蚀合金与卤化物溶液的兼容性

卤化物盐水溶液是氯化物溶液、溴化物溶液或二者的混合溶液，其盐水溶液具有如下特点：首先，卤化物盐水溶液不具备抗氧化性能；其次，含氧的氯化物盐水溶液，在受到氧气污染的情况下，会引起金属出现严重的点蚀现象，并在存在拉伸应力的情况下，导致金属出现应力腐蚀开裂现象；再次，溴化物盐水溶液的应用情况已证明，其对金属的应力腐蚀开裂有促进作用，甚至在无氯化物污染的条件下，S13Cr 会在一周内失效，在相同时间内，22Cr 则出现了严重的点蚀现象；最后，卤化物盐水溶液的低 pH 值也是促进金属腐蚀的原因之一，其典型 pH 值范围在 2 ~ 6 之间。

一、腐蚀机理

（一）点蚀

对于卤化物盐水完井液来说，其对金属的腐蚀性主要来自溶解于完井液中的氧和加入的氯化物。由于 Cl⁻ 的存在，金属可能发生点蚀现象，在同时存在拉伸应力的条件下，金属将发生氯化物应力腐蚀开裂现象。氯化物导致的点蚀机理见图 7-1。

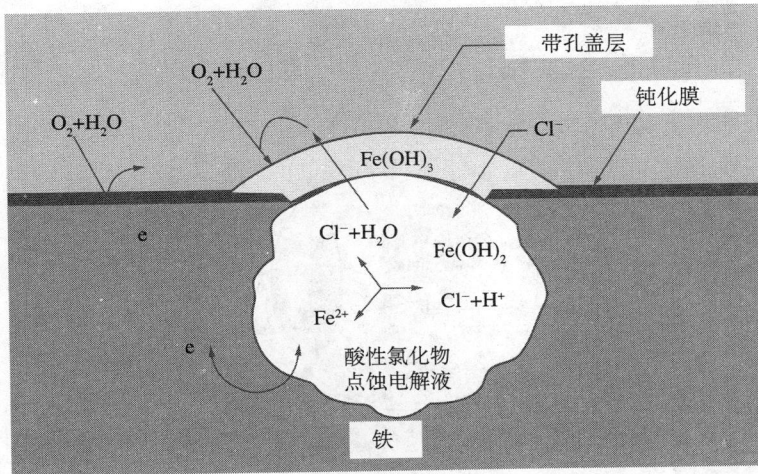

图 7-1 氯化物导致的点蚀机理

氯化物形成的点腐蚀形状见图 7-2。

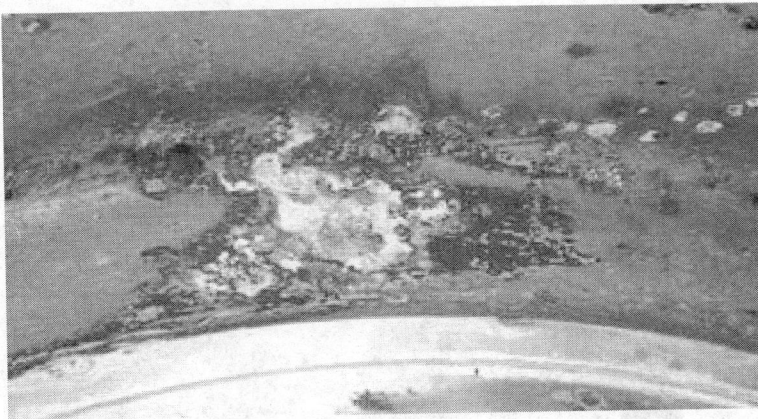

图 7-2 氯化物形成的点蚀形状

图 7-3 是 S13Cr 在密度为 11lb/gal 的 $CaCl_2$、$CaBr_2$ 和 NaBr 盐水中的防点蚀能力测试情况。

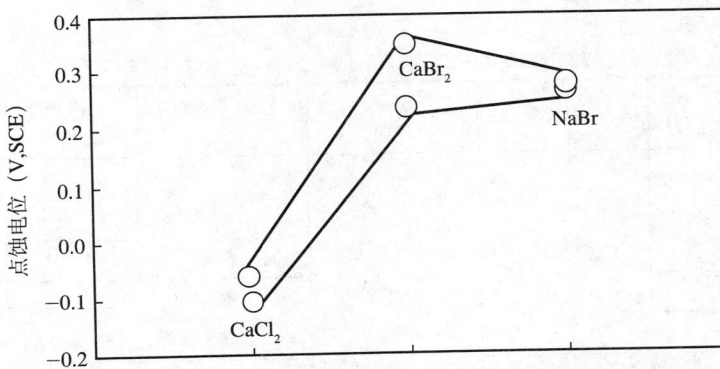

图 7-3 S13Cr 在 $CaCl_2$、$CaBr_2$ 和 NaBr 盐水中的防点蚀能力测试
测试条件：25℃，0.1MPa N_2，电镜扫描速度 20mV/min。

（二）应力腐蚀开裂

在拉伸应力的作用下，金属会出现卤化物应力腐蚀开裂现象。卤化物应力腐蚀开裂机理如图 7-4 所示。

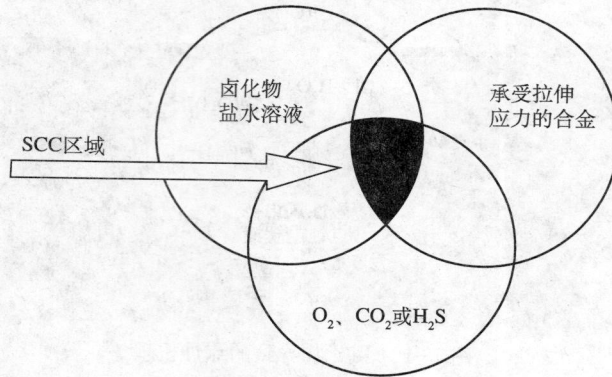

图 7-4　卤化物应力腐蚀开裂机理

氯化物应力腐蚀开裂的实物图片见图 7-5。

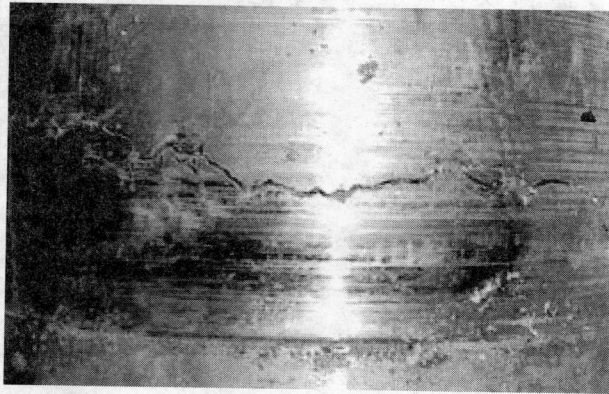

图 7-5　氯化物应力腐蚀开裂的实物图片

在卤化物盐水溶液中，CS 及耐蚀合金 13Cr、S13Cr、22Cr 和 25Cr 防卤化物应力腐蚀开裂能力的测试结果见表 7-1 ～表 7-7。

表 7-1　22Cr140 C- 环在 $CaCl_2/CaBr_2$ 盐水中的防 SCC 能力

序号	密度 （lb/gal）	组成	温度 （℃）	防 SCC 能力 （是 / 否）	氯离子浓度 （lb/bbl）	测试时间 （d）
1	14.2	$CaCl_2/CaBr_2$	162.7	否	33	30
2					50	
3					95	
4	12.3			是	105	
5	11.7			否	100	
6	11.0	$CaCl_2$		是	93	
7	9.0			否	21	

表 7-2　耐蚀合金在 $CaCl_2$ 盐水中的防 SCC 能力

序号	密度(lb/gal)	无硫缓蚀剂(有/无)	温度(℃)	材质	防SCC能力(是/否)	氯离子浓度(lb/bbl)	测试时间(d)
1	11.6	无	148.9	13Cr95	是	116	14
2				13Cr(1Mo)110			21
3	11.2		107.2	13Cr95	否	100	30
4				13Cr(1Mo)110	是		
5				13Cr(2Mo)110			
6	11.0		77.8	13Cr85		93	14
7	10.5		110	13Cr(1Mo)95	否	74	30
8				13Cr(1Mo)110			
9	8.5		125	25Cr125		5	
10	11.6	有	148.9	13Cr95	否	116	14
11				13Cr(1Mo)95			30
12				13Cr(1Mo)110			21
13				13Cr(2Mo)110	是		14
14	11.0		121.1	13Cr85		93	
15	10.8		43.3	13Cr(1Mo)110	否	84	
16	10.5		65.5	13Cr95		74	30
17				13Cr(1Mo)95			

表 7-3　耐蚀合金在 $CaBr_2$ 盐水中的防 SCC 能力

序号	密度(lb/gal)	无硫缓蚀剂(有/无)	温度(℃)	材质	防SCC能力(是/否)	氯离子浓度(lb/bbl)	测试时间(d)
1	14.2	无	232.2	22Cr140		—	30
2		有				—	
3		无	146.1	13Cr(1Mo)110		—	14
4	13.8	有	110	13Cr95	否	—	30
5				13Cr(1Mo)110		—	
6	12.0			13Cr95		—	14
7				13Cr(1Mo)110		—	
8	11.0	无	65.5	13Cr95		—	—
9	10.5		110			—	—
10				13Cr(1Mo)110		—	—

表 7-4 耐蚀合金在 CaCl₂/CaBr₂ 盐水中的防 SCC 能力

序号	密度 (lb/gal)	无硫缓蚀剂 (有/无)	温度 (℃)	材质	防 SCC 能力 (是/否)	氯离子浓度 (lb/bbl)	测试时间 (d)
1	12.5	有	148.9	13Cr95	否	108	—
2				13Cr（2Mo）110		105	—
3	12.0			13Cr95		87	—
4							—
5	11.3		107.2	13Cr（1Mo）110		64	—
6	11.0		121.1	13Cr95		50	—
7		无				46	—
8	11.0①		65.5			0	—

①纯 CaBr₂ 盐水。

表 7-5 15Cr（2Mo）125 在溴化物盐水中的防 SCC 能力

序号	密度 (lb/gal)	无硫缓蚀剂 (有/无)	温度 (℃)	材质	防 SCC 能力 (是/否)	氯离子浓度 (lb/bbl)	测试时间 (d)
1	14.2①	无	204.4	15Cr125	是	—	17
2		有			否	—	
3	12.4②	无	176.6		是	—	30
4		有			测试中	—	

① CaBr₂。
② NaBr。

表 7-6 耐蚀合金在锌盐水溶液中的防 SCC 能力

序号	密度 (lb/gal)	组成	无硫缓蚀剂 (有/无)	温度 (℃)	材质	防 SCC 能力 (是/否)	测试时间 (d)
1	18.0	ZnBr₂/CaBr₂	无	123.9	13Cr（1Mo）110	否	30
2	17.9	ZnBr₂/CaBr₂/CaCl₂	是				
3	17.7	ZnBr₂/CaBr₂	无				
4	17.6	ZnBr₂/CaBr₂/CaCl₂		162.8			
5			是				
6	17.5			132.2			14
7	17.2	ZnBr₂/CaBr₂	无	110			28
8			是				
9					13Cr（2Mo）110		

序号	密度 (lb/gal)	组成	无硫缓蚀剂 (有/无)	温度 (℃)	材质	防SCC能力 (是/否)	测试时间 (d)
10	16.5	ZnBr₂/CaBr₂/CaCl₂	无	148.9	13Cr(1Mo)110	否	14
11							
12	15.0		是				30
13			无	146.1	13Cr(2Mo)110		
14		ZnBr₂/CaBr₂	是				
15					13Cr(1Mo)110		21
16	14.2		无		13Cr(2Mo)110		
17			是				

表7-7　13Cr、S13Cr、22Cr 和 25Cr 防卤化物应力腐蚀开裂能力

样品	名称	化学组分质量分数（%）			物理性能	
		Cr	Ni	Mo	强度 (ksi)	最高温度 (℃)
13Cr	L80	13.0	0.4	0.09	80	149
S13Cr	LC80-130M	12.92	5.26	0.77	80	177
22Cr	EN1.4462	22	5	3.2	128	232
25Cr	EN1.4410	25.39	6.45	3.92	135	232

	SCC 测试结果				
	CS	13Cr	S13Cr	22Cr	25Cr
脱气	◎①	◎①	○	○	○
	O₂				
SCC（测试时间：短）	—	●	●	●	○
SCC（测试时间：长）	—	●	●	●	●
	CO₂含量：微量/中等，有或无 H₂S				
点蚀	●	●	○	○	○
SCC（测试时间：短）	—	●	●	●	○
SCC（测试时间：长）	—	●	●	●	●
全面腐蚀	◎	◎	○	○	○
	CO₂含量：高，有或无 H₂S				
点蚀	●	●	○	○	○
SCC（测试时间：短）	—	●	●	●	○
SCC（测试时间：长）	—	●	●	●	●
全面腐蚀	◎	◎	○	○	○
加入单质硫	—	●	●	●	●

注：●表示敏感性高；◎表示敏感性低；○表示敏感性轻微，可忽略不计。

①取决于卤化物盐的类型和所使用的缓蚀剂类型；腐蚀速度随温度的升高而增大。

二、卤化物溶液的兼容性

由于处于 $O_2/CO_2/H_2S+$ 卤化物的腐蚀环境中，耐蚀合金存在极高的局部腐蚀风险，因此，在进行油管、套管、井下工具金属材质的选择时，必须考虑耐蚀合金材质与完井液的兼容性，选择合适的耐蚀合金油管、套管和井下工具，防止金属的氯化物应力腐蚀开裂和点蚀现象的发生，确保油气井施工作业和生产的安全。耐蚀合金与卤化物盐水完井液的兼容性见表7-8。

表7-8 完井液与耐蚀合金的兼容性

| | pH① | CS | 13Cr | 13CRS，13CRM | 22Cr | | Cr-Ni |
		腐蚀②	腐蚀③	SCC③	点蚀④	SCC⑤	
NaCl	△	△	○	○	△	○	○
CaCl₂	○	△	△	×	×	×	○
MgCl₂	×	○	△	×	×	○	○
ZnCl₂	×	×	×	—	○	○	○
NaBr	○	△	△	△	△	—	○
CaBr₂	○	△	○	○	△	○	○
MgBr₂	△	△	△	—	△	○	○
ZnBr₂	×	×	×	—	○	○	○

注：1. 含缓蚀剂、杀菌剂和除氧剂的盐水可作为完井液，但在选择封隔液所需的盐水和添加剂时，必须小心、谨慎。

2. 推荐使用油基无固相封隔液体，要么是加入了缓蚀剂的柴油，要么是从油基封隔（钻井）液中选择。

① 温度60℃ [1g/(m²·h)=1.1mm/y]，0.1MPa CO_2，○表示 pH ≥ 4，△表示 3 < pH < 4，× 表示 pH ≤ 3。

② 高压釜测试温度150℃，0.4MPa CO_2，○表示 $C.R$ ≤ 1g/(m²·h)，△表示 1 < $C.R$ ≤ 10g/(m²·h)，× 表示 $C.R$ > 10g/(m²·h)。

③ 高压釜测试温度150℃，0.4MPa CO_2，○表示 $C.R$ ≤ 0.1g/(m²·h)，△表示 0.1 < $C.R$ ≤ 1.0g/(m²·h)，× 表示 $C.R$ > 1.0g/(m²·h)。

④ 点蚀电位：○表示 V_p ≥ 0.3V，△表示 0 < V_p < 0.3V，× 表示 V_p ≤ 0V。

⑤ ○表示无开裂，× 表示开裂。

三、卤化物溶液的腐蚀性调查

耐蚀合金材质的油管、套管和井下工具在封隔液／完井液中的环境开裂调查情况见表7-9。

表7-9 在封隔液／完井液中耐蚀合金环境开裂调查

设 备	油田／井号	盐 水	可能原因
410SS 井下安全阀	（墨西哥湾）	CaBr₂+ 缓蚀剂	SCC？ 强度高（42HRC）；关井两年后出问题，可能原因为 CO_2 腐蚀
410SS 接头	？	CaBr₂ (+Zn)	SSC？ 位于高应力区；可能存在天然气漏失（8mL/m³H₂S），但不确定
M13Cr-110 油管	Gryphon（墨西哥湾）	ZnBr₂—CaBr₂— CaCl₂	SCC：SCN⁻
M13Cr-110 接头（完井液）	High is（墨西哥湾）	ZnBr₂— CaCl₂	SCC（位于外壁槽口）：SCN⁻

设　备	油田/井号	盐　水	可能原因
S13Cr−95 油管、封隔器芯轴等	Resak A−6（马来西亚）	CaCl₂	SCC：H₂S 污染
S13Cr−110 油管	Deep onshore（洛杉矶）	CaBr₂（+Zn）	SCC：SCN⁻
22Cr−125 油管	Deep Alex（墨西哥湾）	CaCl₂	SCC：SCN⁻+HSO₃⁻（缝隙影响？）
25Cr−130 油管	Erskine（北海）	CaCl₂	SCC：空气进入环空

注：？表示不清楚来自哪个油田。

第二节　耐蚀合金与甲酸盐溶液的兼容性

甲酸盐水溶液是一种甲酸的碱金属盐水溶液，是近年来发展起来的一种新型、无毒、环保的完井液。甲酸盐完井液具有如下特点。

一是甲酸盐水溶液具有强烈的抗氧化性能。

二是即使甲酸盐水溶液受到严重的氧污染和卤素离子污染，仍未发现 22Cr 和 25Cr 在甲酸盐水溶液中存在应力腐蚀开裂的现象。在受到如此严重污染的情况下，S13Cr 发生了应力腐蚀开裂，但发生应力腐蚀开裂的过程很慢，且与卤化物盐水溶液中发生的应力腐蚀开裂现象相比，其攻击性较弱。

三是甲酸盐水溶液的高 pH 值也抑制了金属的酸性腐蚀，同时可通过向甲酸盐水溶液中加入碳酸盐/碳酸氢盐缓冲剂，对甲酸盐水溶液的 pH 值进行调节，从而使其维持一个稳定的高 pH 值。

四是甲酸盐水溶液中加入 pH 缓冲剂后，其 pH 值很难低至 6～6.5。

一、甲酸盐溶液的性质

甲酸盐水溶液通常选择的甲酸盐为甲酸钠、甲酸钾和甲酸铯 3 种。三种甲酸盐水溶液的性能见表 7−10。

表 7−10　三种甲酸盐水溶液的性能

类　型	饱和浓度（质量分数）（%）	最大密度（g/cm³）	黏度（mPa·s）	pH 值
甲酸钠	45	1.38	7.1	9.4
甲酸钾	76	1.60	10.9	10.6
甲酸铯	83	2.37	2.8	9.0

甲酸盐的密度调节范围广，调节范围在 1.0～2.37。甲酸盐水溶液的浓度与密度的关系如图 7−6 所示。

从图 7−6 可以看出，甲酸铯溶液的密度最大可达到 2.3g/cm³ 左右；其次是甲酸钾溶液，最高为 1.5g/cm³；而甲酸钠只能配成密度约为 1.3g/cm³ 的溶液。

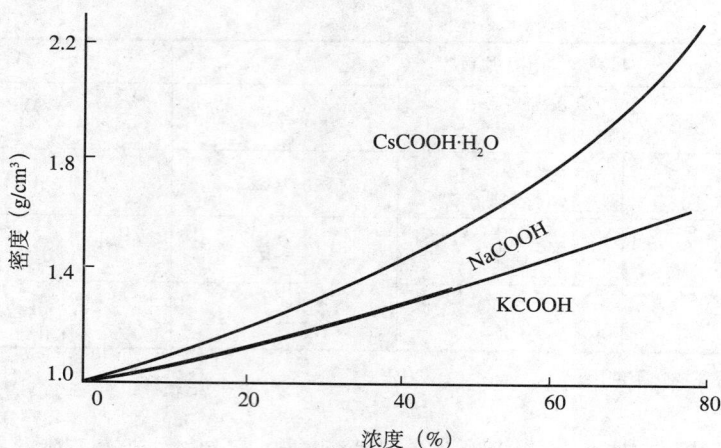

图 7—6　甲酸盐水溶液的浓度与密度的关系

二、甲酸盐溶液的兼容性

常用的卤化物盐水完井液，特别是氯化物盐水溶液具有很强的腐蚀性，会导致金属点蚀，并在存在拉伸应力的条件下，出现氯化物应力腐蚀开裂。氯化物引起的点蚀在酸化工作液中会出现加剧的现象，原因在于溶液的 pH 值较低。甲酸盐与卤化物不同，以及甲酸盐水溶液的 pH 值易于调节，从而可维持较高的 pH 值，因而对金属的腐蚀性很小。

（一）甲酸盐溶液的腐蚀性

CS 和 CRA 在甲酸盐水溶液中的防腐性能测试结果见表 7—11～表 7—13。

表 7—11　CS 在甲酸盐水溶液中的腐蚀速度

流体	密度 （lb/gal）	pH 值 （1:10 稀释）	温度 （℃）	测试时间 （d）	P—110 （mm/y）	C—110 （mm/y）	Q—125 （mm/y）
NaFo	10.5	10.0	163	7	0.008	—	—
CsFo	—	12.0		7	0.000	—	—
CsFo+5%KCl	18.2	10.5	177	40	0.076	0.065	0.051
CsFo	—	12.0		7	0.003	—	—
CsFo	—	10.0	191	?	0.005	—	—
CsFo	—	10.0	204	17	0.008	—	—
CsFo	16.2		218	30	0.177		

表 7—12　CRA 在甲酸盐水溶液中的腐蚀速度

流体	密度 （lb/gal）	pH 值 （1:10 稀释）	温度 （℃）	测试时间 （d）	13Cr （mm/y）	M13Cr （mm/y）	22Cr （mm/y）	25Cr （mm/y）
KFo	10.5	9.8	66	30	0	—	0	—
KFo	13.1	9.8	66	30	0	—	0	—
NaFo	10.5	10.0	163	7	0①	0	—	—

流体	密度 (lb/gal)	pH 值 (1:10 稀释)	温度 (℃)	测试时间 (d)	13Cr (mm/y)	M13Cr (mm/y)	22Cr (mm/y)	25Cr (mm/y)
CsKFo+3g/L Cl⁻	16.2	10.4	165	30	—[1]	0.01[1]	—	—
KFo	10.5	9.8	185	30	0[1]	—[1]	0	—
KFo	13.1	9.8	185	30	0.043[1]	—[1]	0	—
CsFo	—	10.0	191	?	0[1]	—	0.03	—
CsFo	—	10.0	204	17	0.003[1]	—	0.03	—
CsFo	—		204	7	—[1]	—[1]	—[1]	0.076
CsFo	16.2	—	218	30	9.25[1]	—[1]	0.41[1]	—

①所在区域超出了 CRA 的工作范围。

表 7-13　甲酸盐水溶液中 4145 钢腐蚀速度测试

测试环境	测试条件	腐蚀速度（mm/y）
NaCOOH，pH=10.2	80℃，充气	0.1 ~ 0.5
	80℃，脱气	可忽略不计
NaCOOH，pH=7.5	20℃，充气	0.1 ~ 0.6
	80℃，充气	0.6 ~ 1.0
	80℃，脱气	1.0 ~ 3.5[1]
	120℃，脱气	可忽略不计
KCOOH，pH=10.0	80℃，充气	0.2 ~ 0.5
	80℃，脱气	1.0 ~ 10[1]
	120℃，充气	0.5 ~ 1.5
	120℃，脱气	可忽略不计

①目前还无法解释在此条件下防腐性能不好的原因，但这可能与钢材表面所形成的垢的类型有关。

（二）甲酸盐水溶液中的 CO_2 腐蚀

甲酸盐盐水环境下，CS 和耐蚀合金的 CO_2 腐蚀速度见图 7-7 ～ 图 7-11。

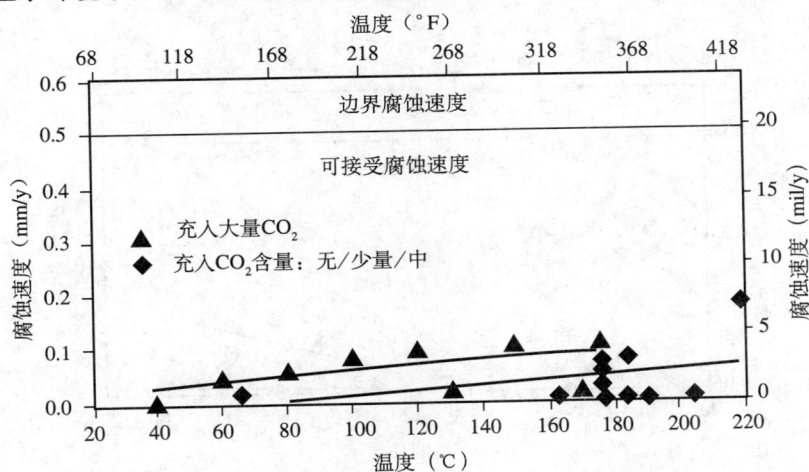

图 7-7　甲酸盐水溶液中 CS 的 CO_2 腐蚀速度

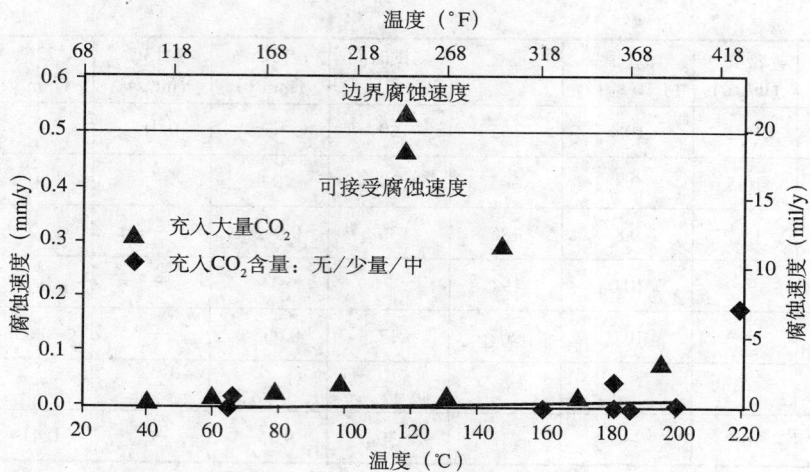

图 7-8 甲酸盐水溶液中 13Cr 的 CO_2 腐蚀速度

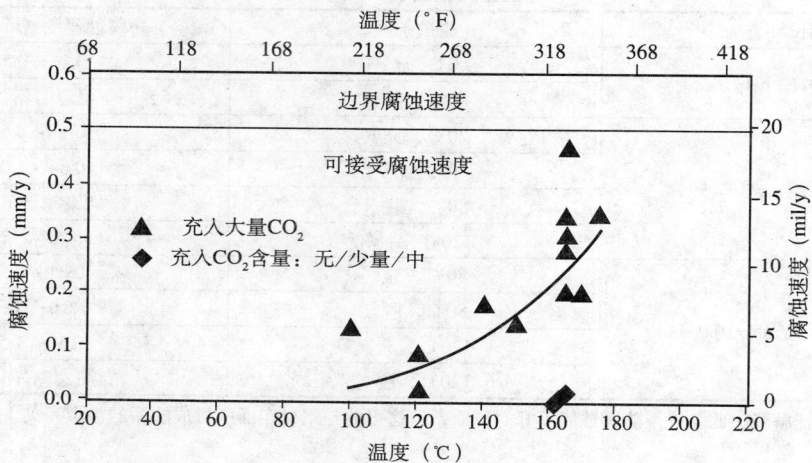

图 7-9 甲酸盐水溶液中 S13Cr 的 CO_2 腐蚀速度

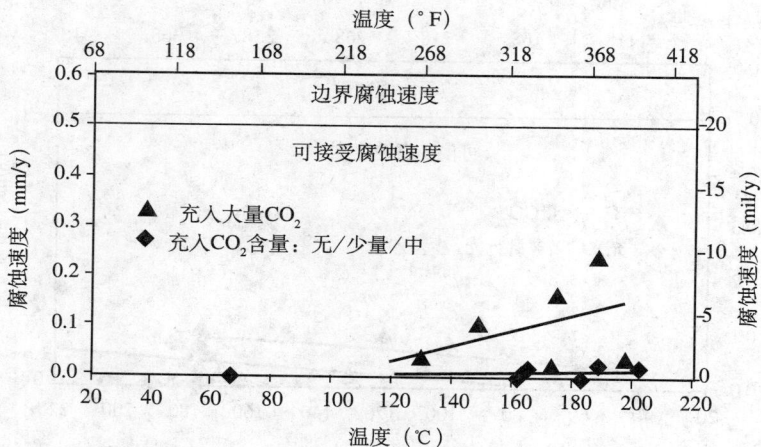

图 7-10 甲酸盐水溶液中 22Cr 的 CO_2 腐蚀速度

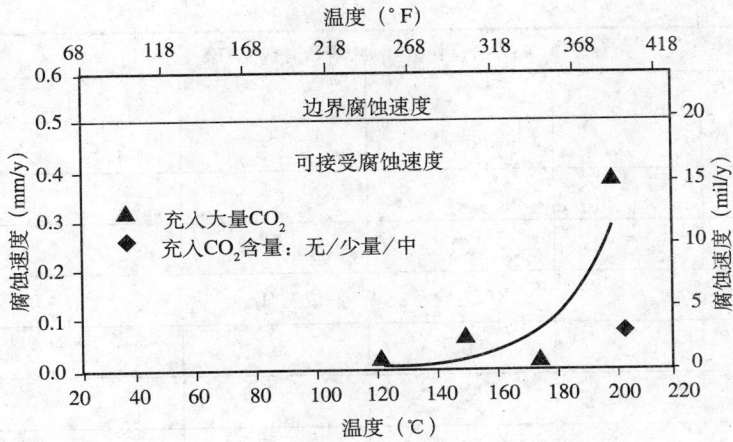

图7-11 甲酸盐水溶液中25Cr的CO_2腐蚀速度

(三) 甲酸盐水溶液中的应力腐蚀开裂

4145钢、13Cr、S13Cr、22Cr和25Cr在甲酸盐完井液中防应力腐蚀开裂性能测试结果见表7-14和表7-15。

表7-14　甲酸盐水溶液中4145钢应力腐蚀开裂测试

测试环境	测试条件	测试结果
NaCOOH，pH=10.2	150℃，充气	无应力腐蚀裂纹，无点蚀
NaCOOH，pH=7.5	80℃，充气	
	150℃，脱气	
KCOOH，pH=10.0	80℃，充气	

表7-15　耐蚀合金在甲酸盐水中的防SCC测试结果

化学组分（质量分数）（%）					物理性能	
样品	名称	Cr	Ni	Mo	强度（ksi）	最高温度（℃）
13Cr	L80	13.0	0.4	0.09	80	149
S13Cr	LC80-130M	12.92	5.26	0.77	80	177
22Cr	EN1.4462	22	5	3.2	128	232
25Cr	EN1.4410	25.39	6.45	3.92	135	232
SCC测试结果						
	CS	13Cr	S13Cr	22Cr	25Cr	
脱气	◯	◯	◯	◯	◯	
O_2						
SCC（测试时间：短）	—	◯	◯	◯	◯	
SCC（测试时间：长）	—	◎[①]	◎[①]	◯	◯	

CO₂ 含量：微量 / 中等，有或无 H₂S					
点蚀	○	○	○	○	○
SCC（测试时间：短）	—	○	○	○	○
SCC（测试时间：长）		○	○	○	○
全面腐蚀	○	○	○	○	○
CO₂ 含量：高，有或无 H₂S					
点蚀	○	○	○	○	○
SCC（测试时间：短）	○	○	○	○	○
SCC（测试时间：长）	—	○	○	○	○
全面腐蚀	◎	◎	○	○	○
加入单质硫	—				

注：●表示敏感性高；◎表示敏感性低；○表示敏感性轻微，可忽略不计。
①取决于氯化物含量；腐蚀速度随温度的升高而增大。

三、甲酸盐溶液的腐蚀性调查

耐蚀合金在甲酸盐完井液中的现场应用情况见表7—16。

表 7—16　耐蚀合金在甲酸盐完井液中的现场应用情况

项　目		BP Rhum 3/29a	Shell Shearwater	Marathon Braemar	BP Devenick	Total Elgin/Franklin	Statoil Huldra
井数（口）		3	6	1	1	10	6
流体		凝析气					
最高温度（℃）		149	182	135	146	204	149
完井材料	CRA	S13Cr	25Cr	13Cr		25Cr	S13Cr
衬管材料		S13Cr	25Cr	22Cr	VM110	P110	S13Cr
封隔器材料		718					
盐水密度（g/cm³）		2.00～2.20	2.05～2.20	1.80～1.85	1.60～1.65	2.10～2.20	1.85～1.95
地层压力（MPa）		84.8	105.6	74.4	72.4	115.3	67.5
CO₂ 含量（%）		5	3	6.5	3.5	4	
H₂S 含量（mL/m³）		5～10	20	2.5	5	20～50	10～14
暴露时间（d）		250	65	7	90	1.6 年	45
应用情况		射孔，完井，修井	压井，CT，修井，射孔	修井，射孔	钻井，完井	修井，完井，CT，压井，射孔	钻井，完井，筛管

项　目		Statoil Kvitebjorn	Statoil Kristin	BP High Island A—5	Devon West Cameron 165A—7, A—8	Devon West Cameron 575 A—3	Walter O&G Mobile Bay 862
井数（口）		7（～2006年）		1	1	1	1
流体		凝析气		气	凝析气	气	
最高温度（℃）		155	171	163	149	135	216
完井材料	CRA	S13Cr			13Cr		G-3
衬管材料		13Cr	S13Cr		13Cr		G-3
封隔器材料		718					G-3
盐水密度（g/cm³）		2.00～2.06	2.09～2.13	2.11	1.03	1.14	2.11 1.49 （封隔器）
地层压力（MPa）		81	90	99	80	74	129
CO₂含量（%）		2～3	3.5	5	3		10
H₂S含量（mL/m³）		≤10	12～17	12	5		100
暴露时间（d）		57		4 3年 （封隔器）	2年和1.3年	1.4年	20 1.5年 （封隔器）
应用情况		钻井，完井，筛管，衬管	钻井，完井，筛管	压井，完井，封隔器	封隔器	封隔器	压井，完井，封隔器

第三节　耐蚀合金防完井液腐蚀性能对比

一、CS 和 CRA 防腐性能对比

在甲酸盐水溶液和卤盐水溶液中，CS、CRA 的腐蚀速度对比测试情况见表 7—17 ～表 7—19。

表 7—17　CS 在卤盐和甲酸盐盐水中的腐蚀情况　　　　单位：mm/y

流体	平均腐蚀速度	最大点蚀深度
CaBr₂	0.39	> 8.7[①]
CaBr₂+ 缓蚀剂	0.34	> 8.7[①]
KFo	0.30	—

注：溴化物盐水密度 12.8lb/gal，加入缓冲剂的甲酸盐水溶液中充入了大量的 CO₂ 气体，测试温度 120℃，并升高至 180℃，再降为 120℃。

① 出现穿孔，如点蚀深度大于测试样品的厚度（测试样品厚度为 1.5mm）。

表 7-18　13Cr 在卤盐和甲酸盐水溶液中的腐蚀情况

流体	温度 （℃）	测试时间 （d）	平均腐蚀速度 （mm/y）	最大点蚀深度 （mm/y）
$CaBr_2$	120～180①	62	0.061	2.1
$CaBr_2$+ 缓蚀剂			0.055	2.6
KFo		50	0.72	—
KCsFo	150	34	0.249	—
KCsFo	175		0.119	—

注：1. 溴化物盐水溶液密度为 12.8lb/gal，钾甲酸盐水溶液密度为 12.8lb/gal，钾/铯甲酸盐水溶液密度 14.2lb/gal。
①测试温度为 120℃，在溴化物盐水溶液中测试时，温度快速升至 180℃，经历 1000h 后，再降回 120℃；在甲酸
盐水溶液中测试，温度快速升至 180℃，经历 700h 后，再降回 120℃。

表 7-19　4140 钢和合金 718 在甲酸铯和溴化锌盐水溶液中的腐蚀速度

完井液类型	密度（g/cm³）	测试样品	腐蚀速度（mm/y）
CsCOOH	2.27	4140	0.033
		合金 718	
$ZnBr_2$		4140	0.262
		合金 718	0.033

二、CRA 防 SCC 性能对比

耐蚀合金 13Cr、M13Cr-1Mo、M13Cr-2Mo、S13C、22Cr、25Cr 和 718 在卤化盐和甲酸盐盐水溶液中防 SCC 性能测试结果见表 7-20～表 7-23。

表 7-20　耐蚀合金在含 Cl⁻ 的 $CaBr_2$ 和 K/CsFo 盐水溶液中的防 SCC 能力（含 CO_2）

测试试样		测试时间 （月）	测试结果	
			CaBr2+1%Cl⁻	KCsFo+1%Cl⁻
M13Cr-1Mo	LC80-130M	1①	3/3④	否
22Cr	EN1.4462		3/3④	否
25Cr	EN1.4410		否	否
M13Cr-1Mo	LC80-130M	2①②	3/3④	否
22Cr	EN1.4462		3/3④	否
25Cr	EN1.4410		否	否
M13Cr-1Mo	LC80-130M	3	3/3④	否
22Cr	EN1.4462		3/3④	否
25Cr	EN1.4410		2/3③	否

注：1. 测试数据来自 Hydro 公司研究中心。
　　2. 钾/铯甲酸盐水溶液密度 14.2lb/gal，溴化钙盐水密度 14.2lb/gal，液面上的气体为 CO_2 气体，160℃，
　　　1MPa CO_2。
　　3. 首先通过向甲酸盐水溶液溶液中加入缓冲剂维持高 pH 值，然后再将 pH 值降至一较低的水平。
①第一、二月的开裂情况评估基于肉眼和光学仪器。
②测试时间并非指真正的 2 或 3 个月，因为可随时进行检查，但不管怎样，都可通过这些数据，对两种盐水的腐
　蚀性能进行一个有价值的比较。
③裂纹处于起始阶段。
④开裂。

表 7-21　耐蚀合金在含 Cl⁻ 的 CaBr₂ 和 K/CsFo 盐水溶液中的防 SCC 能力（含 CO₂ 和 H₂S）

测试试样		SCC 测试结果		备注
		CaBr₂+1%Cl⁻	K/CsFo+1%Cl⁻	
1 月				
M13Cr-2Mo	SM13CR-110ksi/UNS S41426	3/3 ②	3/3 ①	K/CsFo：截面上的裂纹长 0.11mm
22Cr	EN 1.4462/UNS S31803	否	否	
25Cr	EN 1.4410/UNS S32760	否	否	
合金 718	UNS N07718	1/3 ②	否	

注：1. 测试数据来自 CAPCIS 测试。
　　2. 溴化钙盐水密度 14.2lb/gal，钾／铯甲酸盐盐水密度 14.2lb/gal，1MPa CO_2，10kPa H_2S，160℃，30d。
① 裂纹处于起始阶段。
② 开裂。

表 7-22　耐蚀合金在含 Cl⁻ 的 CaBr₂ 和 K/CsFo 盐水中的防 SCC 能力（含 CO₂ 和 H₂S）（续）

测试试样		SCC 测试结果		备注
		CaBr₂+1%Cl⁻	K/CsFo+1%Cl⁻	
1 月				
M13Cr-2Mo	SM13CR-110ksi/UNS S41426	3/3 ①	否	CaBr₂：截面上的裂纹长 1.8mm
22Cr	EN 1.4462/UNS S31803	否	否	
25Cr	EN 1.4410/UNS S32760	否	否	
合金 718	UNS N07718	否	否	

注：1. 测试数据来自 CAPCIS 测试。
　　2. 溴化钙盐水密度 14.2lb/gal，钾／铯甲酸盐盐水密度 14.2lb/gal，1MPa CO_2，10kPa H_2S，40℃，30d。
① 裂纹处于起始阶段。

表 7-23　耐蚀合金在 CaBr₂ 和甲酸盐水溶液中的防 SCC 能力（含 O₂）

试　　样		长期 SCC 测试结果				
		CaBr₂		甲酸盐		
		未增加 Cl⁻	增加 1%Cl⁻	未增加 Cl⁻	增加 0.3%Cl⁻	增加 1%Cl⁻
1 个月						
M13Cr-1Mo	LC80-130M	3/3 ②	3/3 ②	—	否	否
22Cr	EN 1.4462	? ①	1/3 ②	—	否	否
25Cr	EN 1.4410	否	否	—	否	否
2 个月						
M13Cr-1Mo	LC80-130M	3/3 ②	3/3 ②	—	? ①	2/3 ①
22Cr	EN 1.4462	3/3 ②	3/3 ②	—	否	否
25Cr	EN 1.4410	1/3 ②	1/3 ②	—	否	否

试 样		长期 SCC 测试结果				
		CaBr₂		甲酸盐		
		未增加 Cl⁻	增加 1%Cl⁻	未增加 Cl⁻	增加 0.3%Cl⁻	增加 1%Cl⁻
3 个月						
M13Cr−1Mo	LC80−130M	3/3②	3/3②	3/3①	?2/2①	2/3②
M13Cr−2Mo	SM13CRS−110ksi	—		3/3①	—	—
22Cr	EN 1.4462	3/3②	3/3②	否	否	否
25Cr	EN 1.4410	2/3②	2/3②	否	否	否

试 样		短期 SCC 测试结果	
		CaBr₂	甲酸盐
		增加 1%Cl⁻	增加 1%Cl⁻
1 周			
M13Cr−1Mo	LC80−130M	1/3②	否
22Cr	EN 1.4462	1/3①	否
25Cr	EN 1.4410	否	否
2 周			
M13Cr−1Mo	LC80−130M	3/3②	否
22Cr	EN 1.4462	3/3②	否
25Cr	EN 1.4410	否	否

注：1. 甲酸盐和溴化盐的密度为 14.2lb/gal，1MPa N₂，20kPa O₂，160℃。

2. 第一、第二个月的开裂评估是以肉眼和光学显微观察为基础。

① 裂纹处于起始阶段。

② 开裂。

第八章 耐蚀合金与酸化工作液

油气井完井过程中，酸化增产技术措施是一道重要的投产工序。常用的酸化作业用酸为 15% 的盐酸溶液，其目的是利用盐酸溶解岩石或其他堵塞物，改善油气井的流出通道。盐酸作为一种强腐蚀溶液，在增产施工作业的过程中，不可避免地会给井下油管、套管和井下工具带来严重的腐蚀。

盐酸腐蚀的机理如下。

阳极反应：$Fe \rightarrow Fe^{2+} + 2e^-$

阴极反应：$2H^+ + 2e \rightarrow H_2$

阳极的铁失去电子，发生氧化反应；阴极的氢离子得到电子，发生还原反应。

针对盐酸在增产作业措施中的腐蚀现象，通常采用加缓蚀剂的方式来临时性地降低钢与酸液的反应速率，确保在规定的施工作业时间范围内，不会因盐酸腐蚀而造成施工作业的失败。因此，为了降低盐酸腐蚀的风险，需对酸化作业时间进行控制，尽量缩短施工时间，尽快对残酸进行返排，减少酸液与井下油管、套管和完井工具的接触时间，确保现场施工作业的安全。低合金钢在不同温度下的腐蚀允许极限见表 8-1。

表 8-1　低合金钢在不同温度下的腐蚀允许极限

温度（℃）	95	95 ~ 135	135 ~ 175
腐蚀允许极限（lbm/ft²）	0.02	0.05	0.09

第一节　缓　蚀　剂

缓蚀剂分为无机缓蚀剂和有机缓蚀剂两类。

无机缓蚀剂包括锌、镍、铜、砷和锑及其他金属的盐类，其中应用最广泛的是砷的化合物。当砷的化合物加入到酸化工作液中，会在金属表面的阴极处发生镀膜作用，从而降低氢离子的交换速度，起到缓蚀作用。

有机缓蚀剂由能吸附在金属表面的极性有机物构成，当其加入到酸化工作液中，在金属表面和酸之间会形成起保护作用的保护膜。有机缓蚀剂通过限制氢离子在阴极处的迁移，从而起到防止腐蚀的作用，其作用类似于阴极极化剂。

有机缓蚀剂和无机缓蚀剂的组成不同，缓蚀机理也不同，因而呈现出不同的优点和缺点（表 8-2）。

表 8-2　酸化用缓蚀剂的优点和缺点

缓蚀剂类型	无机缓蚀剂	有机缓蚀剂
优点	高温下的有效期长；成本低	可用于含 H_2S 的腐蚀环境，无沉淀物产生，不会导致炼化用的催化剂中毒；不受酸液浓度的制约
缺点	HCl 浓度超过 17% 时，将失去缓蚀作用；若存在硫化铁，会产生不溶性的沉淀物；会导致炼化用的催化剂中毒；产生有毒气体——砷化三氢；难以混合及使用不安全	在酸存在时，会随着时间的延长而降解，特别是当环境温度超过 95℃ 时，很难提供长时间的缓蚀保护作用；成本高（与无机缓蚀剂相比）

第二节　缓蚀剂性能

一、缓蚀剂高温有效时间

酸化用缓蚀剂的作用是确保在酸化施工作业时间内，酸化作业管柱不会因酸化工作液，尤其是盐酸酸化工作液的腐蚀，导致酸化作业管柱因强度下降而失效，也就是说，可确保酸化工作液对酸化作业管柱的腐蚀在安全许可的范围内，从而确保酸化施工作业的顺利进行。针对酸化施工作业中常用浓度为 15% 的盐酸溶液，表 8-3 给出了缓蚀剂在 15%HCl 中的高温有效保护时间。

表 8-3　缓蚀剂在 15%HCl 中的高温有效保护时间

缓蚀剂类型	浓度（%）	温度（℃）	保护时间（h）
有机缓蚀剂	0.6	93.3	24
	1.0	121.1	10
	2.0	148.9	2
无机缓蚀剂	0.4	93.3	24
	1.2	121.1	24
	2.0	148.9	12

在酸化工作液中，缓蚀剂的加入与否，将极大地影响盐酸溶液对油管、套管、井下工具的腐蚀速度。在盐酸酸化工作液中加入缓蚀剂，可极大地降低盐酸的腐蚀速度。HS-6 型高温酸化缓蚀剂缓蚀性能见表 8-4。

表 8-4　HS-6 型高温酸化缓蚀剂缓蚀性能

酸液体系	测试条件	缓蚀剂	腐蚀速度 [g/(m²·h)]	行业标准要求
15%HCl	静态	1.5%HS-6	10.8	≤ 20
20%HCl		3%HS-6	18.2	
28%HCl		3%HS-6+0.2%KI	34.5	≤ 40
12%HCl+3%HF		1.5%HS-6	14.1	≤ 20
		3.0%HS-6	9.2	

二、缓蚀剂缓蚀效果

13Cr、22Cr、N80 和 P110 四种材质的测试样品在浓度为 15% 的盐酸中进行防腐蚀性能测试，测试分为两种情况，一种是未加缓蚀剂的情况，另一种是在 15% 的盐酸中加入由卤盐和炔化合物配制的缓蚀剂的情况。测试结果见表 8-5 和图 8-1，测试样品化学组分则见表 8-6。

表 8-5　13Cr、22Cr、N80 和 P110 在不同温度下的平均腐蚀速度　　　单位：mm/y

温度	缓蚀剂		样品材质			
	卤盐	炔化合物	13Cr	22Cr	N80	P110
50℃	0.2	0.2	12.9±0.8	12.1±0.4	4.4±0.1	4.2±1.5
		1.5	7.2±1.0	6.9±0.7	1.8±0.1	2±0.1
	1.5	0.2	7.2±0.1	6.4±0.4	4.3±0.5	4.2±0.1
		1.5	3.5±0.4	3.3±0.2	2.1±0.2	2±0.1
	0	0	93.3±3.7	110.7±10	32.1±5.7	58.6±1.0
80℃	0.2	0.2	25.0±0.4	352±33	368.2±24	16.2±0.4
		1.5	4.9±0.2	143±21.3	4.1±0.6	4.4±0.3
	1.5	0.2	3.4±0.1	83.8±2.3	1.9±0.5	1.9±0.1
		1.5	3.9±0.2	74.6±2.1	18±0.4	2.3±0.2
	0	0	1216.6±22.9	1204.7±15.4	807.4±29.4	415±11.9
100℃	0.2	0.2	67.5±1.5	1120±67	284.3±6.1	57.7±2.5
		1.5	3.5	530.1±10	0.6±0.1	2.7±0.2
	1.5	0.2	18.3±4.0	403.4±3.0	9.4±0.4	12.3±4.2
		1.5	1.4±0.1	294.4±11	1.5±0.4	2.4±0.3
	0	0	1878.9±55.8	1822.6±44.4	1052±65	761±56.8

表 8-6　样品的化学组分　　　单位：%（质量分数）

钢级	C	Mn	P	S	Si
P-110	0.13	0.67	0.001	—	—
N-80	0.028	1.48	0.015	0.015	0.17
13Cr	0.19	0.5	0.013	0.001	0.15
22Cr	0.024	1.16	0.027	0.003	0.63
钢级	Cu	Ni	Cr	Mo	—
P-110	—	—	—	—	—
N-80	—	—	0.2	0.1	—
13Cr	0.008	0.191	13.72	0.001	—
22Cr	0.075	4.84	23.91	3.02	—

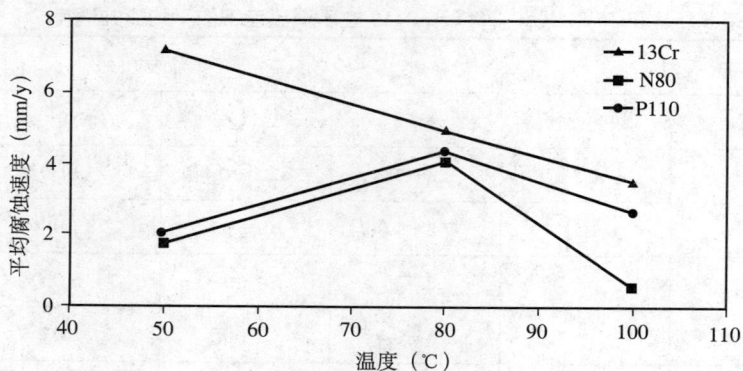

（a）测试条件：15%HCl溶液+0.2%卤盐+1.5%炔化合物

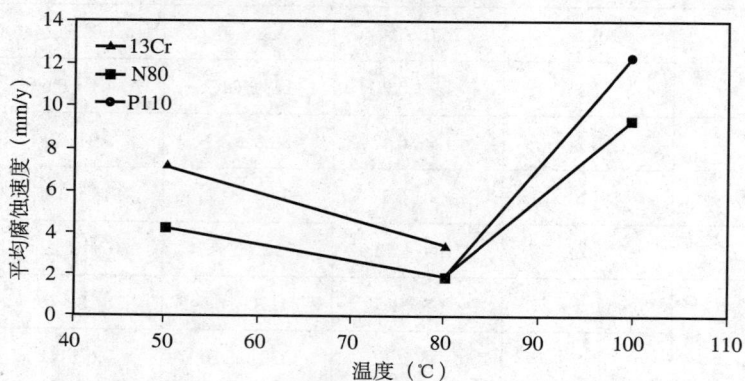

（b）测试条件：15%HCl溶液+1.5%卤盐+0.2%炔化合物

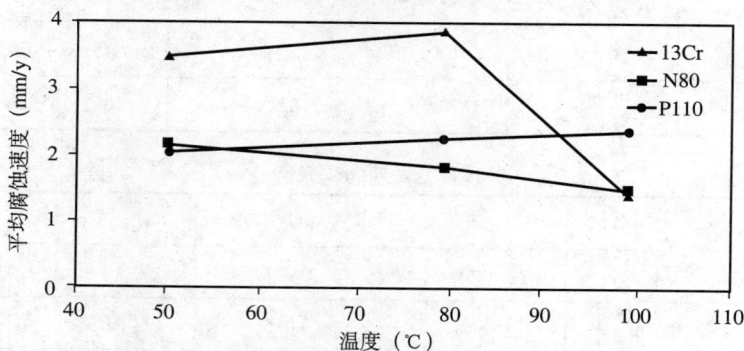

（c）测试条件：15%HCl溶液+1.5%卤盐+1.5%炔化合物

图 8-1　温度对平均腐蚀速度的影响

第三节　缓蚀条件下耐蚀合金防酸液腐蚀性能对比

在酸化施工过程中，缓蚀剂在规定时间内的缓蚀效果不仅与耐蚀合金的材质有关，而且也与酸液的类型和浓度有关。

在酸化工作液和残酸中加入了缓蚀剂的情况下，13Cr、M13Cr-1、M13Cr-2、New15Cr 和 22Cr 在酸化施工作业前后的腐蚀速度变化情况见图 8-2 ～图 8-6。测试样品的化学组分见表 8-7。

表 8-7　测试样品的化学组分　　　单位：%（质量分数）

样　品	C	Si	Mn	Cr	Ni	Mo	Cu
M13Cr-1	0.02	0.18	0.39	12.8	4.2	1.0	1.0
M13Cr-2		0.20			5.3	2.1	—
New15Cr	0.03	0.22	0.28	14.7	6.3	2.0	—
22Cr	0.02	0.45	1.83	21.5	5.3	3.2	0.1

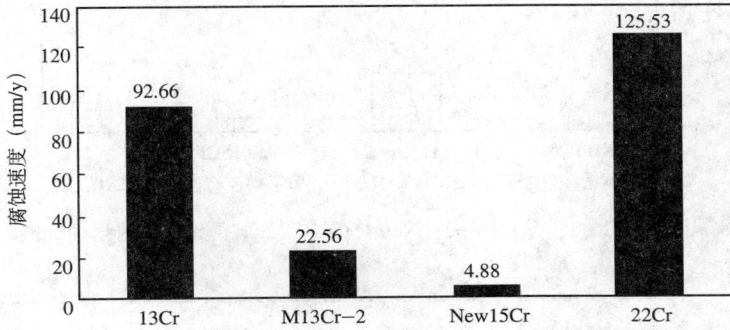

图 8-2　13Cr、M13Cr-2、New15Cr 和 22Cr 在鲜酸中的耐蚀性能对比
测试条件：1.5%HF + 13.5%HCl + 缓蚀剂，80℃，24h

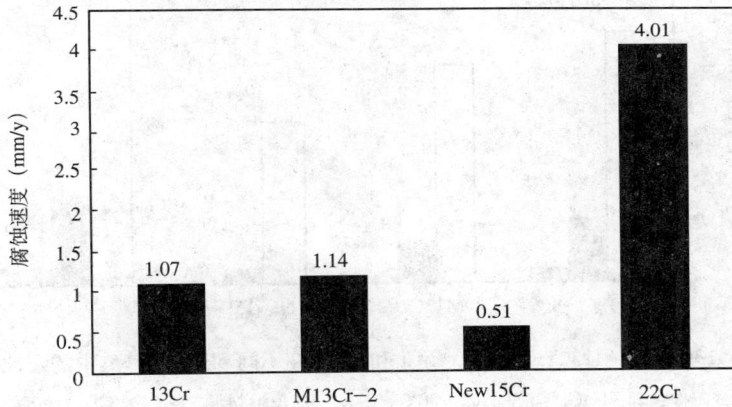

图 8-3　13Cr、M13Cr-2、New15Cr 和 22Cr 在残酸中的耐蚀性能对比
测试条件：5%CH$_3$COOH + 7%HCOOH + 1%HF+ 缓蚀剂，80℃，168h

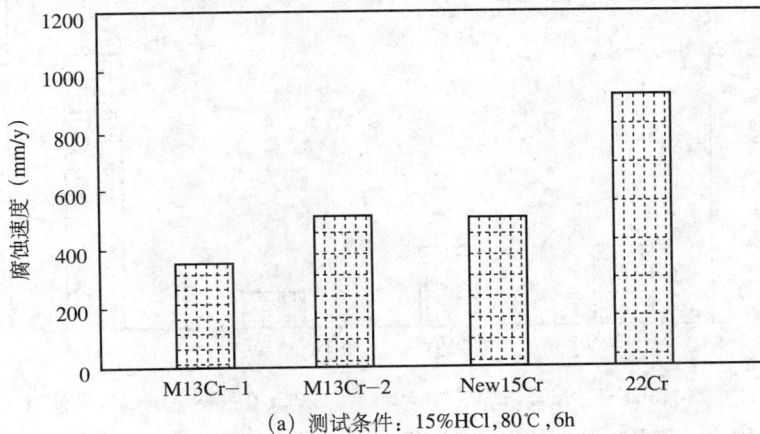

（a）测试条件：15%HCl，80℃，6h

图 8-4

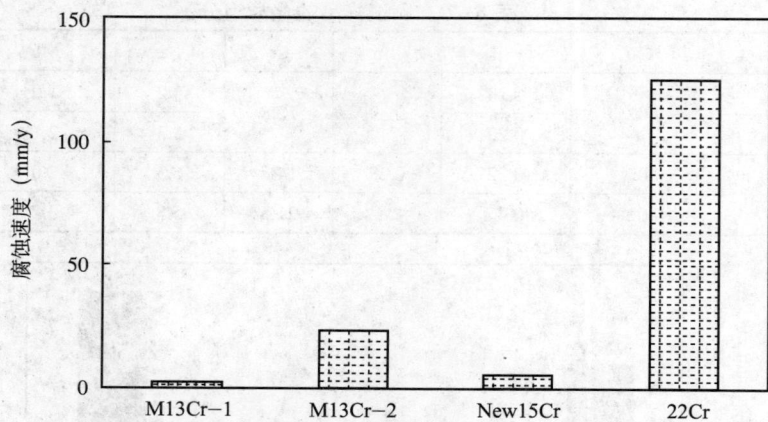

（b）测试条件：13.5%HCl+1.5%HF+10%丁基乙二醇+2%A270，80℃,24h

图 8-4　M13Cr-1、M13Cr-2、New15Cr 和 22Cr 在鲜酸中的耐蚀性能对比

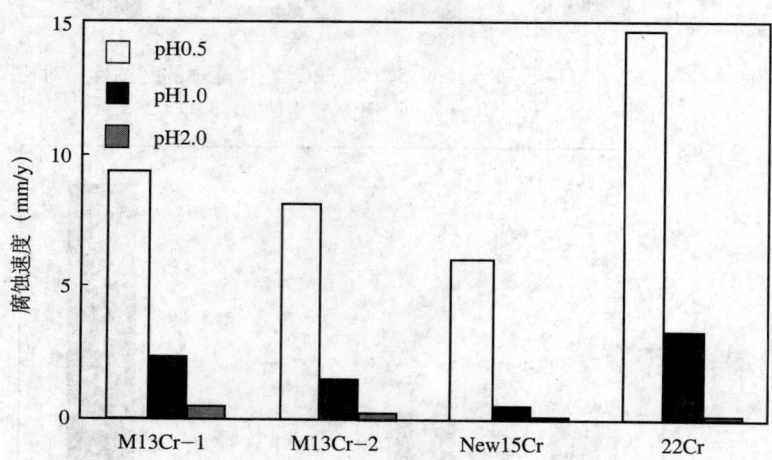

图 8-5　M13Cr-1、M13Cr-2、New15Cr 和 22Cr 在不同 pH 值的残酸中的耐蚀性能对比

测试条件：25%NaCl 溶液 +HCl，80℃，24h，pH 值通过调节 HCl 浓度来进行控制

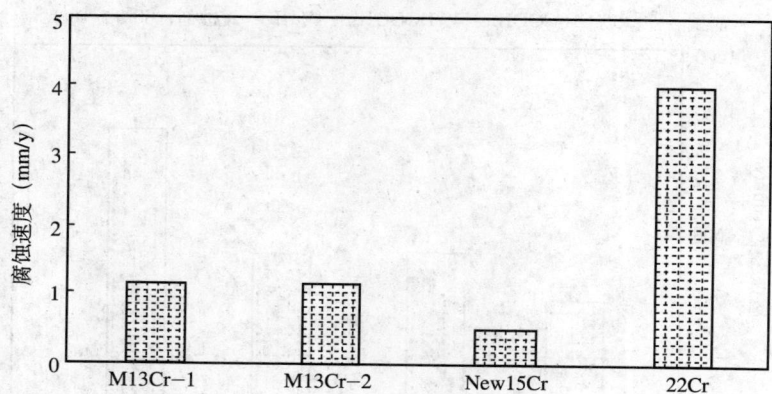

图 8-6　M13Cr-1、M13Cr-2、New15Cr 和 22Cr 在残酸中的耐蚀性能对比

测试条件：5%CH₃COOH + 7%HCOOH + 1%HF+ 10% 丁基乙二醇 +MSA II，80℃，168h，pH=3.0

针对酸化施工作业过程中常用的酸化工作液，即：15%HCl，10%CH₃COOH，13.5%HCl+1.5%HF，9%HCl+1%HF，6.5%HCl+1%HF，7%HCOOH+5% CH₃COOH+133bbl/1000gal NH₄HF₂，表8-8和表8-9提供了各种酸液组成和采用了缓蚀剂后，P110、13Cr、13Cr5Ni2Mo、15Cr、22Cr和316在不同酸化工作液及相应的残酸中的腐蚀速度测试结果。

表8-8　酸液配方

编号	酸液	缓蚀剂	EDTA铁离子螯合剂	丁二醇	破乳剂	强化剂或残酸制备方法	温度	N₂压力
1	15%HCl	1%A	50bbl/1000gal	10%	0.2%	—	80℃	200psi
2	10% CH₃COOH	2%D	—	—	0.2%	—		
3	15%HCl	1%A	50bbl/1000gal	10%	0.2%	—		
4	10% CH₃COOH	2%D	—	—	0.2%	—		
5		2%A				2%AA		
6		2%A				—		
7	15%HCl	3%A		10%	0.2%	3%AA		
8		3%A	50bbl/1000gal			—		
9		3%A				—	180℃	250psi
10	13.5%HCl+1.5%HF	2%A		10%	0.3%	—		
11		2%B				—		
12	残酸 9，7d	—	—	—	—	pH=2.5		
13	13.5%HCl+1.5%HF	2%C	50bbl/1000gal	10%	0.3%			
14	6.5%HCl+1%HF	2%A						
15	残酸 14，7d	—	—	—	—	pH=2.5		
16	13.5%HCl+1.5%HF	3%A	50bbl/1000gal	10%	0.3%			
17	9%HCl+1%HF	2%A						
18	残酸 16，7d	—	—	—	—	pH=2.5		
19	残酸 17，7d	—	—	—	—		80℃	
20	7%HCOOH+5% CH₃COOH+133bbl/1000gal NH₄HF₂	1%E	50bbl/1000gal	10%	0.2%	—		
21		—	—	—	—	pH=2.5		
22		—	—	—	—	方法 A		
23	残酸 20，7d	—	—	—	—	方法 B		
24		—	—	—	—	方法 A		
25	13.5%HCl+1.5%HF	2%A	50bbl/1000gal	10%	0.3%	2%AA		
26	残酸 25，7d	—	—	—	—	方法 A		

编号	酸液	缓蚀剂	EDTA 铁离子螯合剂	丁二醇	破乳剂	强化剂或 残酸制备 方法	温度	N₂ 压力
27	10% CH₃COOH	2%E				—		—
28	残酸27，2d	0.2%E	50bbl/1000gal	10%	0.5%EE	—	160℃	—
29	残酸27，7d	0.2%E				—		—
30	15%HCl	2%A		10%	0.3%	—		—
31	残酸30	—	—	—	—	方法 B 7d		—
32	残酸10，1d	—	—	—	—	方法 A 1d	80℃	—
33	残酸10，2d	—	—	—	—	方法 A 2d		—

注：1. 方法 A 为加入添加剂的鲜酸与250gSiO₂ 和250g 膨润土接触24h，然后过滤，加入0.2% 的缓蚀剂，倒入高压釜。对应鲜酸中的缓蚀剂浓度为10%。在某些情况下，加入与缓蚀剂等量的增强剂。

2. 方法 B 为鲜酸加入添加剂，再加入2% 的缓蚀剂，在某些情况下，加入与缓蚀剂等量的增强剂，再与250gSiO₂ 和250g 膨润土接触24h，然后过滤，倒入高压釜。

3. 残酸10，2d：10 指残酸来自于编号为10 的鲜酸，2d 指测试样品在残酸中的暴露时间。

表8-9　各种耐蚀合金的化学组分及全面腐蚀速度测试结果

化学组分（质量分数）(%)									
样品	C	Mn	P	S	Si	Cu	Ni	Cr	Mo
P110	0.13	0.67	0.001	—	—	—	—	—	—
13Cr	0.19	0.5	0.013	0.001	0.15	0.008	0.191	13.72	0.001
13Cr5Ni2Mo	0.03	0.47	0.021	0.002	0.24	0.035	4.59	13.1	1.91
15Cr	0.13	0.67	0.019	0.001	0.1	0.033	1.12	15.98	0.6
22Cr7Ni2Mo	0.024	1.16	0.027	0.003	0.63	0.075	4.84	23.91	3.02

有机酸化——鲜酸／残酸的全面腐蚀速度（mpy）									
编号	2	4	20	21	22	23	27	28	29
P110	36	—	23	2434	5	8	76	33	47
13Cr	171	245	54	762	20	50	110	155	126
13Cr5Ni2Mo	2	2	94	940	25	284	4	2	2
15Cr	1	3	49	475	24	244	15	3	3
22Cr	0	0	24	44	10	9	3	1	0
316	2	15	25	6	4	4	0	1	1

HCl 酸化——鲜酸／残酸的全面腐蚀速度（mpy）						
编号	1，3	6	8	5	7	31	30
P110	—	—	163	—	27	27	24
13Cr	29	50	102	185	390	436	25
13Cr5Ni2Mo	19	15	160	170	276	2120	41
15Cr	25	23	71	172	188	960	16
22Cr	61	91	94	266	458	1060	69
316	54	59	42	225	159	8	4

HCl+HF 酸化——鲜酸的全面腐蚀速度（mpy）						
编号	10	11	13	16	25	17	14
P110	64	220	100	60	160	66	30
13Cr	50	496	653	51	252	85	69
13Cr5Ni2Mo	52	839	7357	133	378	542	1047
15Cr	41	349	456	68	222	43	307
22Cr	60	542	6940	933	408	1688	1747
316	21	44	57	12	81	21	9

HCl+HF 酸化——残酸的全面腐蚀速度（mpy）					
编号	12	24	26	32	33	15
P110	38	91	108	77	58	45
13Cr	25	161	306	99	50	26
13Cr5Ni2Mo	12	1144	310	744	164	116
15Cr	17	575	188	88	62	106
22Cr	84	923	238	186	204	230
316	3	39	44	41	43	3

注：1mpy=0.001in/y=0.0254mm/y。

第九章　井口装置与采气树材质选择

第一节　井口装置与采气树

井口装置与采气树是确保油气井安全生产的重要组成部分之一。井口装置是指位于主阀以下的地面部分，是井口表层套管的最上部和油管异径连接装置之间的全部永久性装置。采气树则是指位于主阀上面的部分，它由一系列闸阀和附件组成，通过闸阀可有效地控制油气井产出流体的流量和流向。

井口装置与采气树结构示意图见图9-1。

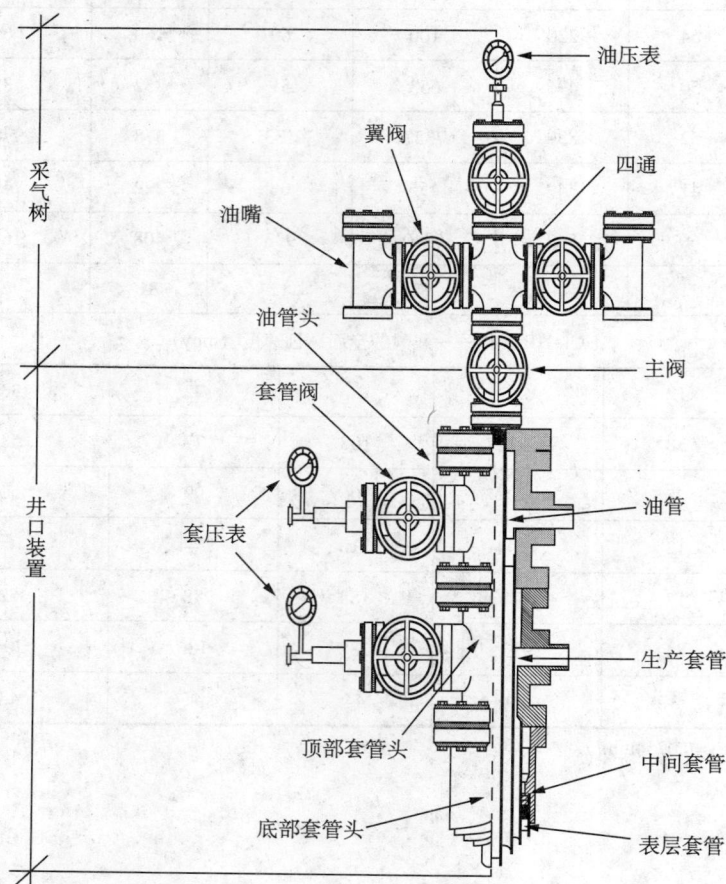

图9-1　井口装置与采气树结构示意图

采气树结构示意图见图9-2。

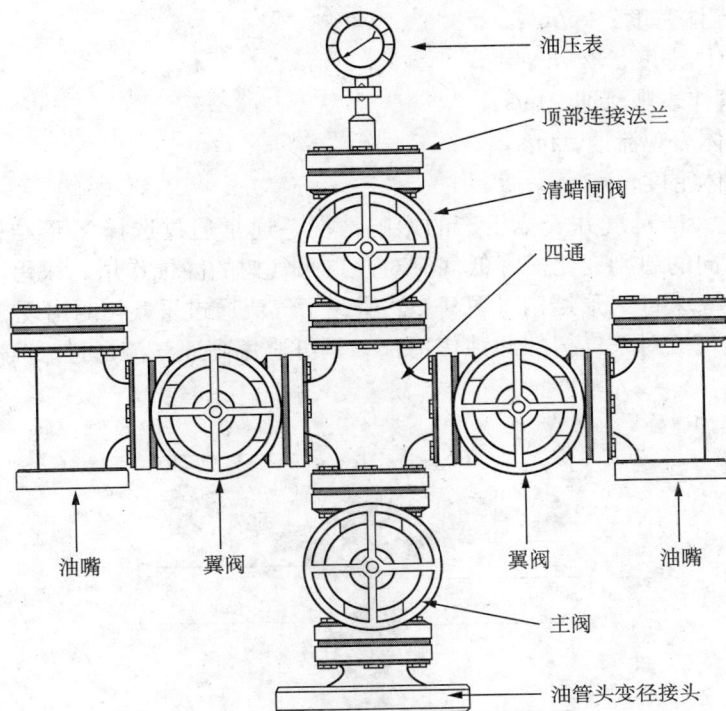

图 9-2　采气树结构示意图

针对高产量气井，根据现场实际经验可知，当产气量超过一定的数值时，必须考虑高速流动气流的冲蚀作用。对于未使用缓蚀剂和流体中不含砂的情况，API 14E 给出的临界冲蚀流速计算公式如下：

$$v = 327.88/\rho^{0.5} \tag{9-1}$$

式中　v——临界冲蚀流速，大于该流速，将会因高流速而加剧碳钢的腐蚀速度，m/s；

　　　ρ——流体的密度，kg/m^3。

当流体中含砂时，流体的冲蚀作用将加剧，尤其是井口采气树所在的部位。由于高速流体在井口采气树中会出现流动方向急剧变化的情况，致使其冲蚀作用更强，危害性更大。

对于油气井产砂的情况，Mamdoum M.Salama 给出了如下临界冲蚀流速计算方法，即：

$$v_e = \frac{D\sqrt{\rho_m}}{20\sqrt{W}} \tag{9-2}$$

$$\rho_m = \frac{\rho_l V_l + \rho_g V_g}{V_l + V_g}$$

式中　v_e——产砂油气井的临界冲蚀流速，m/s；

　　　D——管子内径，mm；

　　　W——油气井产砂量，kg/d；

ρ_m——流体密度，kg/m³；

ρ_l——液体密度，kg/m³；

ρ_g——气体表观流速，m/s；

V_l——液体表观流速，m/s；

V_g——液体密度，kg/m³。

针对冲蚀对大产量气井安全生产的影响情况，通常通过选择 Y 形结构的紧凑型采气树来防止气流流向的急剧变化，降低气流对井口采气树的冲蚀作用。采用 Y 形结构的采气树，一是由于其特殊的 Y 形结构（图 9-3）避免了气流通过采气树时出现流向的急剧改变，从而降低了高速气流对采气树的冲蚀作用；二是可避免高速气流通过采气树时，对采气树的抬升作用。

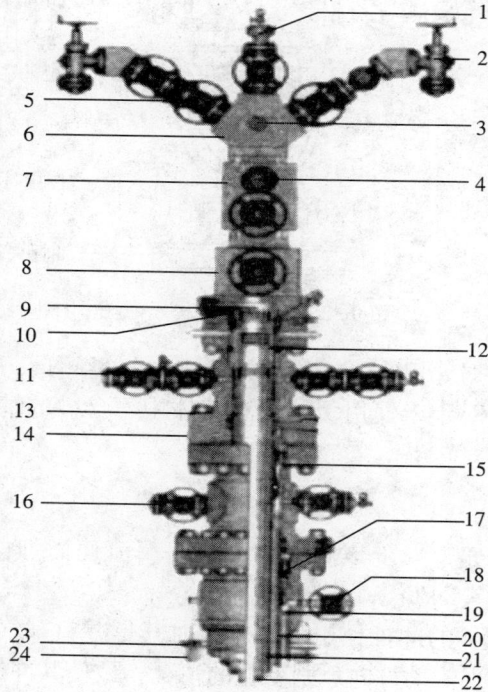

图 9-3　Y 形结构井口装置与采气树示意图

1—采气树帽；2—节流阀；3—在线防腐检测器；4—安全阀；5，11，16，18—闸阀；6—小四通；7，8—组合整体式闸阀总成；9，14—全金属密封；10，13—注塑密封；11—闸阀；12—油管挂及密封总成；15—油层套管挂及密封总成；17—技术套管挂及密封总成；19—表层套管；20—技术套管；21—油层套管；22—油管；23—支撑底座；24—导管

第二节　材质选择

由于井口装置与采气树在油气井的安全生产过程中所具有的重要作用，因此在油气井产出流体中存在腐蚀性气体 CO_2、H_2S 或二者共存，同时产水的情况下，必须考虑 CO_2、H_2S 的腐蚀作用。对于大产量油气井，还必须同时考虑流体的冲蚀作用，因此在其材质的选择上必须谨慎、小心。井口装置和采气树材质选择步骤如下：

首先，收集油气井产出流体的组分及产量、井筒压力及温度资料；

其次，根据产出流体中所含 CO_2、H_2S 气体的含量及压力数据，计算 CO_2、H_2S 分压大小；

再次，根据计算的 CO_2、H_2S 分压数据，按表 9-1 对井口装置和采气树的应用环境进行分类，确定其应用环境的腐蚀程度；

最后，根据表 9-1 的应用环境分类情况，按表 9-2 选择井口装置和采气树的材质，确保井口装置和采气树安全、可靠。

表 9-1 井口装置与采气树应用环境分类

H_2S 分压（psi）	CO_2 分压（psi）	应用环境
< 0.05	< 7	AA（一般使用）
	7 ~ 30	BB（一般使用）
	> 30	CC（一般使用）
> 0.05	< 7	DD（酸性环境）
	7 ~ 30	EE（酸性环境）
	> 30	FF（酸性环境）
		HH（酸性环境）

另外应注意的是，在新修订的 API 6A 标准中，将 DD、EE 和 FF 由三级细分为九级，即：DD1、DD2、DD3、EE1、EE2、EE3、FF1、FF2 和 FF3。同时，增加了 ZZ 级。这样，材料的分级由原来的 7 级，细分为 14 级，其顺序依次为：AA、BB、CC、DD1、DD2、DD3、EE1、EE2、EE3、FF1、FF2、FF3、HH 和 ZZ。

表 9-2 井口装置及采气树材质选择

材料类别	最低要求	
	本体、盖、端部和出口连接	控压件、阀杆芯轴悬挂器
AA（一般使用）	碳钢或低合金钢	碳钢或低合金钢
BB（一般使用）		不锈钢
CC（一般使用）	不锈钢	
DD（酸性环境）	碳钢或低合金钢	碳钢或低合金钢
EE（酸性环境）		不锈钢
FF（酸性环境）	不锈钢	
HH（酸性环境）	耐蚀合金	耐蚀合金

阀和井口装置所用耐蚀合金选择见表 9-3。

表 9-3　阀和井口装置所用耐蚀合金选择

材质	用途	最大 H₂S 分压(kPa)	最小 pH 值	最大 Cl⁻ 含量(mg/L)	硫(有/无)	最大温度①(℃)	典型屈服强度(ksi)
低合金钢	无限制	无限制	无限制	无限制	无	177	.60~75
奥氏体不锈钢		100				60	30~35
		350		50			
马氏体不锈钢(410, F6NM)	本体，盖	无限制	3.5	无限制		177	60~75
	阀杆，悬挂器	10					
	VBSM②，其他	无限制					
17-4PH 不锈钢	仅用于阀杆和 VBSM②	3.4	4.5			177	90~105
双相不锈钢		10				232	60~65
超级双相不锈钢		20				232	75~85
A286		100				65	105（Gr660）
718, 925	无限制	200	无限制	无限制	无	232	90~135
		1400				204	
		2800				149	
		无限制			有	135	
725, 625⁺		1000			无	232	65~75
		2000			有	220	
		4100			无	204	
						177	
625, 825	无限制				有	232	35~75
Co 合金	无限制					177	50~75

① 最大温度可能影响合金的屈服强度。
② 阀孔的密封结构（VBSM）：闸阀/球阀/旋塞阀、阀座、节流阀调节件。

第十章　橡胶材料及塑料材质选择

第一节　油气田常用橡胶材料及其适用条件

油气井完井过程中，针对不同的密封要求需选择不同的密封类型。对于要求实施弹性密封的井下工具，如封隔器，橡胶是最常用的一种密封材料。由于油气井井下工作环境的复杂性，要求所选择的橡胶材料应具有如下特点：强度高、弹性好、热稳定性好、化学稳定性好、价格便宜。

但在实际工作中，要选择一种同时满足上述条件的橡胶材料来实现油气井井下密封是不现实的，因此必须根据不同的温度、压力及腐蚀环境选择不同的材料，通过一定程度的组合方式，形成一个能同时实现上述要求的密封件组合。

油气田使用的橡胶材料包括丁腈橡胶、氢化丁腈橡胶、氟橡胶和全氟橡胶。

一、丁腈橡胶

丁腈橡胶是丁二烯与丙烯腈的共聚物，简称为 NBR。按其加工工艺的不同可分为高温聚合的硬丁腈橡胶和低温聚合的软丁腈橡胶两类。丁腈橡胶的物理力学性能（典型值）见表 10–1。

表 10–1　丁腈橡胶的物理力学性能（典型值）

相对密度	0.99	最大连续工作温度（℃）	120
折射率	1.54	压缩变形	好
脆化温度（℃）	−40 ~ −1	撕裂强度	极好
溶胀率（体积分数）（%）	9 ~ 10（煤油，25℃） 120（苯，25℃） 60 ~ 50（丙酮，25℃） 2 ~ 10（矿物油，70℃） 30 ~ 50（空气，25℃）	弹性（%）	63 ~ 74
拉伸强度（psi）	500 ~ 4000	加工性	可磨成粉末状
扯断伸长率（%）	400	抗阳光照射性能	一般
硬度（Shore A）	40 ~ 95	老化影响	小
耐磨性能	极好	耐热性能	软化

丁腈橡胶是四种得到广泛应用的橡胶之一。丁腈橡胶的主要优点是成本低、耐油、耐

磨、耐低温和抗溶胀。另外，在耐化学腐蚀性能方面，丁腈橡胶具有良好的抗溶剂、油、水和液压油腐蚀的能力。

二、氢化丁腈橡胶

氢化丁腈橡胶是通过对丁腈橡胶烃链上的不饱和双键进行加氢处理，氢化成饱和键后产生的一种具有高饱和度的弹性材料，简称为 HNBR。

氢化丁腈橡胶由于主链趋于饱和，除具有丁腈橡胶的高耐油性能外，在弹性、耐热性、耐化学腐蚀性能、耐老化性能、耐磨性能和撕裂强度等方面都有很大的改善，长期使用的环境温度在 170 ~ 180℃。

通过提高丙烯腈含量和改善其氢化度，可改善氢化丁腈橡胶的热稳定性。

三、氟橡胶

氟橡胶是指主链或侧链的碳原子上含有氟原子的合成高分子弹性体，是含有氟原子的合成橡胶，简称为 FKM。氟橡胶的物理力学性能（典型值）见表 10-2。

表 10-2 氟橡胶的物理力学性能（典型值）

相对密度	1.8	硬度（Shore A）	45 ~ 95
比热容（cal/g）	0.395	耐磨性能	好
脆化温度（℃）	−59 ~ −32	最大连续工作温度（℃）	205
线膨胀系数（℃$^{-1}$）	16×10^{-5}	压缩变形（%）	21（21℃） 32（149℃） 98（200℃）
热导率 [btu·in/(h·ft²·°F)]	1.58（100°F）	撕裂强度	好
电气参数	1000Hz 时的介电常数： 10.5（24℃）、7.1（149℃）、9.1（199℃）； 1000Hz 时的损耗因子： 0.034（24℃）、0.273（149℃）、 0.39 ~ 1.19（199℃）； 透气性 [cm³/(cm²·cm·Sec·atm)]： 0.0099×10^{-7}（空气，24℃） 0.892×10^{-7}（氦气，24℃） 0.0054×10^{-7}（氮气，24℃） 0.59×10^{-7}（二氧化碳，30℃） 0.11×10^{-7}（氧气，30℃）	抗阳光照射性能	极好
拉伸强度（psi）	1800 ~ 2900	老化影响	无
扯断伸长率（%）	400	耐热性能	极好

注：1cal=4.1840J。

在耐化学腐蚀方面，氟橡胶具有极好的耐油、耐燃（氧指数为 61 ~ 64）、耐大多数矿物酸腐蚀的能力，以及极好的耐汽油、石脑油、氯化溶剂和杀虫剂腐蚀的能力。另外，氟橡胶还可用于许多作为溶剂的脂肪族和芳香族碳氢化合物的环境，但不适合用于含低分子的脂类、醚类、酮类及部分胺类化合物的环境。

四、全氟橡胶

全氟橡胶主要以四氟乙烯、全氟烷基乙烯基醚为主要单体，以及少量带硫化点的第三单体共聚而成，简称为 FPM。全氟橡胶主链上只有碳原子和氟原子，不含氢原子。

全氟橡胶的物理力学性能（典型值）见表 10-3。

表 10-3 全氟橡胶的物理力学性能（典型值）

相对密度	1.9 ~ 2.0	透气性 $[(cm\cdot cm)/(S\cdot cm\cdot cmHgP)]$	0.05×10^{-9}（室温，氮气） 0.09×10^{-9}（室温，氧气） 2.5×10^{-9}（室温，氦气） 113×10^{-9}（93℃，氢气）
比热容（cal/g）	0.226 ~ 0.250 （50 ~ 150℃）	拉伸强度（psi）	1850 ~ 3800
脆化温度（℃）	−50 ~ −23	扯断伸长率（%）	20 ~ 190
与钢的摩擦系数	0.25 ~ 0.60	硬度（Shore A）	65 ~ 95
撕裂强度（psi）	1.75 ~ 27	最大连续工作温度（℃）	316
线膨胀系数（℃$^{-1}$）	2.3×10^{-4}	耐磨性能（NBS）	121
热导率 $[(btu\cdot in)/(h\cdot °F\cdot ft^2)]$	1.3 （50℃） 1.27 （100℃） 1.19 （200℃） 1.10 （300℃）	压缩变形（%）	15 ~ 40（室温） 32 ~ 54（100℃） 63 ~ 82（204℃） 63 ~ 79（260℃）
介电常数（kV/mm）	17.7	抗阳光照射性能	极好
介电常数	4.9（1000Hz）	老化影响	无
损耗因子	5×10^{-3}（1000Hz）	耐热性能	极好

在耐化学腐蚀方面，全氟橡胶几乎不受脂肪类、芳烃类、脂类、醚类、酮类、油类、润滑剂类及大部分酸类的腐蚀，但不足之处是会受到一些强氧化剂和还原剂的腐蚀。

五、适用条件

油气田常用橡胶及适用条件见表 10-4。

表10-4　油气田常用橡胶及适用条件

项目	丁腈橡胶	氢化丁腈橡胶	氟橡胶		全氟橡胶
材料码	NBR	HNBR	FKM	FEPM 或 TFE/P	FFKM
商品名称	—	Therban®	Viton®	Aflas®	Chemraz® Kalrez®
温度（℃）	−28.9 ~ 121.1	−23.3 ~ 148.9	−17.8 ~ 204.4	21.1 ~ 232.2	−1.1 ~ 232.2
物理性能	极好	好	化学稳定性好，则弹性不足		抗挤压能力差
H_2S	差 （< $10mL/m^3$）	高温性能差 （< $20mL/m^3$）	取决于材料的等级，但防 H_2S 性能也许不理想	好	
胺缓蚀剂	差		不推荐	好	
甲醇	好		差	好	
$ZnBr_2$ 水溶液	不推荐	高温性能差	好		
盐酸	稀盐酸时性能差；对于浓盐酸或高温酸，则不推荐		在高温浓酸环境下，存在一定程度的溶胀现象		即使在高温浓酸环境下，其性能也好
芳香烃	不推荐	差	好	差	好

在实际应用环境中，若橡胶密封件的使用时间很短或只是起临时性的密封作用，则对于氢化丁腈橡胶材料来说，若选择合适的材质，其性能会略有改善；对于中等温度和含 $ZnBr_2$ 的盐水环境，可选择氟橡胶材料；在无 Zn 环境下，若短时间用于高 pH 值和含缓蚀剂的盐水环境，则可选择氢化丁腈橡胶材料和丁腈橡胶材料；但对于高密度完井液，以及需实现长期密封的橡胶材料的选择，氟橡胶材料和全氟橡胶材料将是一个很好的选择。

第二节　油气田常用塑料及其适用条件

在选用塑料材料时，通常是利用塑料材料硬度高的特性。选用的塑料材料常与橡胶材料一起使用，形成具有不同功能的密封件总成。橡胶与塑料的区别在于塑料发生形变时，其变形为塑形变形，而橡胶则为弹性变形。常用的塑料材料有聚醚醚酮、聚四氟乙烯、聚苯硫醚和尼龙。

一、聚醚醚酮

聚醚醚铜是一种线性芳香高分子化合物，简称为 PEEK。聚醚醚铜大分子主链上存在大量的芳环和极性酮基，它决定了聚醚醚酮的耐热性能和强度；大分子中含有的大量醚键，则决定了聚醚醚酮的韧性，醚键越多，韧性越好。聚醚醚酮的物理力学性能（典型值）见表10-5。

表 10-5 聚醚醚酮的物理力学性能（典型值）

相对密度	1.32	悬臂梁冲击强度 （带 V 形缺口） （ft·lb/in）	1.57 (23℃)
吸水率（%）	0.5 (24h, 23℃)	热膨胀系数 [in/(in·°F)]	2.6×10^{-5} (0 ~ 290 °F) 6.1×10^{-5} (290 ~ 500 °F)
拉伸强度（psi）	14500 (23℃)	热导率 [btu·in/(h·ft²·°F)]	1.75
弹性模量（拉伸）（psi）	4.9×10^5 (23℃)	热变形温度（℃）	160 (264psi)
压缩强度（psi）	17100	极限氧指数 （%）	24
弯曲强度（psi）	24650	承销商实验室评价， SUB.94	V-O (1.45)
最大连续工作温度（℃）	260		

在耐化学腐蚀方面，聚醚醚酮不溶于所有的常规溶剂，并具有极佳的防大多数有机和无机液体腐蚀的能力。

二、聚四氟乙烯

聚四氟乙烯是由四氟乙烯经自由基聚合而成的高分子化合物，简称为 PTFE。

聚四氟乙烯的物理力学性能（典型值）见表 10-6。

表 10-6 聚四氟乙烯的物理力学性能（典型值）

相对密度	2.13 ~ 2.2	弯曲模量（psi）	0.7×10^5 ~ 1.1×10^5
吸水率（%）	0.01 (24h, 23℃)	悬臂梁冲击强度 （带 V 形缺口） （ft·lb/in）	3 (23℃)
拉伸强度（psi）	2000 ~ 6500 (23℃)	热膨胀系数 [in/ (in·°F)]	5.5×10^{-5}
压缩强度	1700	热变形温度（℃）	121 (66psi)
弯曲强度（psi）	未断裂	低温脆裂点（℃）	-268
工作温度（℃）	-29 ~ 232		

在耐化学腐蚀方面，除了熔融的碱金属、氟化介质，以及高于 300℃ 的氢氧化钠外，聚四氟乙烯几乎不受任何化学试剂的腐蚀。

三、聚苯硫醚

聚苯硫醚是一种含硫的芳香族聚合物，有支链型结构和线型结构之分，它具有线性高分子的特征，简称为 PPS。

聚苯硫醚的物理力学性能（典型值）见表 10-7。

表 10-7　聚苯硫醚的物理力学性能（典型值）

相对密度	1.34	悬臂梁冲击强度（带 V 形缺口）(ft·lb/in)	0.03　（23℃）
吸水率（%）	0.01（24h，23℃）	热膨胀系数 $[in/(in·°F)]$	$2.7 \times 10^{-5} \sim 3.0 \times 10^{-5}$
拉伸强度（psi）	10800（23℃）	热导率 $[btu·in/(h·ft^2·°F)]$	2.0
弹性模量（拉伸）（psi）	$4.8 \times 10^5 \sim 6.3 \times 10^5$（23℃）	热变形温度（℃）	135（264psi）
压缩强度（psi）	16000	极限氧指数（%）	47
弯曲模量（psi）	$11 \times 10^5 \sim 20 \times 10^5$	承销商实验室评价，SUB.94	SEO
最大工作温度（℃）	230		

在耐化学腐蚀方面，除了强氧化性酸（如浓硝酸）外，聚苯硫醚几乎可以耐所有的酸、碱，以及各种溶剂的腐蚀。

四、尼龙

尼龙，又称为聚酰胺，简称为 PA，是分子主链上含有重复酰胺基团—[NHCO]—的热塑性树脂的总称。包括脂肪族 PA，脂肪－芳香族 PA 和芳香族 PA。尼龙的物理力学性能（典型值）见表 10-8。

表 10-8　尼龙的物理力学性能（典型值）

相对密度	1.01 ~ 1.17	弯曲强度（psi）	$12.5 \times 10^3 \sim 14 \times 10^3$
吸水率（%）	0.4 ~ 1.8（24h，23℃）	悬臂梁冲击强度（带 V 形缺口）(ft·lb/in)	0.5 ~ 3.3　（23℃）
拉伸强度（psi）	$8.3 \times 10^3 \sim 12.5 \times 10^3$（23℃）	热膨胀系数 $[in/(in·°F)]$	$4.5 \times 10^{-5} \sim 5 \times 10^{-5}$
弹性模量（拉伸）（psi）	$2 \times 10^3 \sim 17 \times 10^3$（23℃）	热导率 $[btu·in/(h·ft^2·°F)]$	1.2 ~ 1.7
压缩强度（psi）	$9.7 \times 10^3 \sim 12.5 \times 10^3$	热变形温度（℃）	尼龙 6，182　（66psi） 尼龙 6/6，243（66psi） 尼龙 11，150（66psi） 尼龙 6，68 ~ 71（264psi） 尼龙 6/6，104（264psi） 尼龙 11，55（264psi）

在耐化学腐蚀方面，尼龙能防弱酸、强碱和弱碱的腐蚀，可用于大多数常规溶剂、碳氢化合物、脂类和醚类的场合。但与强酸不兼容。

五、适用条件

油气田常用塑料及其适用条件见表 10-9。

表 10—9　油气田常用塑料及适用条件

项目	聚醚醚酮	聚四氟乙烯	聚苯硫醚	尼龙
材料码	PEEK	PTFE	PPS	PA11，PA12
商品名称	PEEK™	Teflon®	Ryton®	Rislan®
使用条件	温度高于93.3℃时，对高浓度HCl溶液敏感，防HF腐蚀的能力差。否则其工作温度至少可达232.2℃	极好的化学稳定性；温度范围从低温至260℃	极好的化学稳定性；温度范围从低温至204.4℃	温度可达93.3℃。对特定的盐水，只有中等程度的防盐水能力；不适合用于酸性或甲醇环境
应用环境	橡胶支撑件	防喷管；橡胶支撑件；扶正器	橡胶支撑件	成型塑料（如电缆夹）；控制管线包裹材料

第三节　封隔器橡胶材料选择指南

在进行封隔器密封材料的选择时，应考虑环境的最大工作压差、最大/最小工作温度、井筒产出流体种类及性质，以及密封方式，即静密封、动密封、非活动密封或活动密封的影响。静密封是指当动密封移动时，在井筒内维持静止不动的密封件。在密封段内，存在周期性的温度、压力变化或周期性运动的密封环境称为活动密封，相反，则称为非活动密封。下面是 Baker oil tools（BOT）和 Halliburton 的封隔器橡胶材料及塑料的选择指南。

一、BOT 封隔器密封件选择

在封隔器橡胶密封类型的选择方面，Baker 公司的《封隔器系统》一书中给出的具体密封类型及组成如下。标准密封组合如图 10—1 所示。

标准密封组合由丁腈橡胶 V 形密封和金属隔离环组成。在密封期间，标准密封组合不得离开密封筒。粘接密封组合如图 10—2 所示。

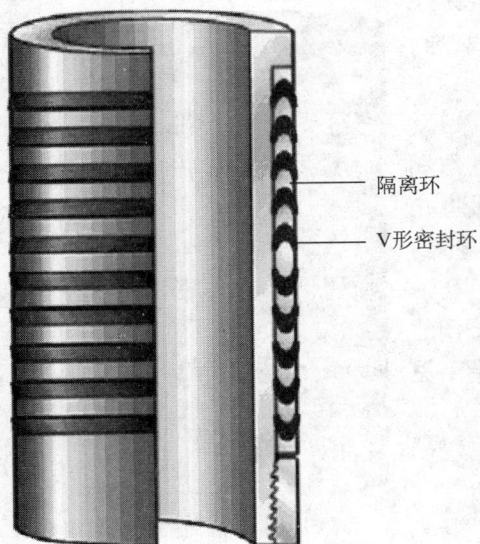

隔离环

V形密封环

图 10—1　标准密封组合

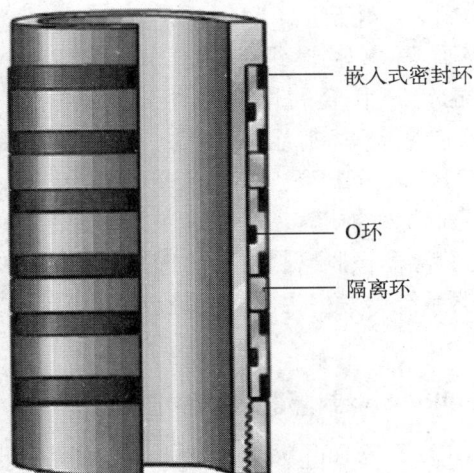

嵌入式密封环

O环

隔离环

图 10—2　粘接密封组合

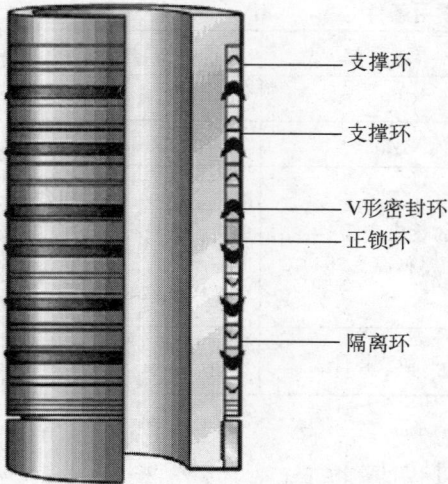

图 10-3　RYTE/HEET 密封组合

支撑环
支撑环
V形密封环
正锁环
隔离环

粘接密封组合由两组丁腈橡胶或氟橡胶密封件组成，丁腈橡胶或氟橡胶密封件分别与相应的金属槽粘接在一起。这些金属槽被金属隔离环隔离。在存在压差，且同时不能确保密封件一直停留在密封筒内的情况下，采用粘接密封组合。粘接密封组合也推荐用于低温、低压气体的密封环境。RYTE/HEET 密封组合如图 10-3 所示。

RYTE/HEET 密封组合分为六种类型，即：K-RYTE 密封组合、A-RYTE 密封组合、A-HEET 密封组合、R-RYTE 密封组合、Seal-RYTE 密封组合和 K-HEET 密封组合。

K-RYTE 密封组合由 Viton V 形密封件组成，Viton V 形密封件带有 Teflon 和 Ryton 支撑环，以及 Ryton 正锁环和金属隔离环。在密封期间，K-RYTE 密封组合不得离开密封筒。

A-RYTE 密封组合由 Aflas V 形密封件组成，Aflas V 形密封件带有 Teflon 和 Ryton 支撑环，以及 Ryton 正锁环和金属隔离环。在密封期间，A-RYTE 密封组合不得离开密封筒。

A-HEET 密封组合由 Aflas V 形密封件组成，Aflas V 形密封件带有 Teflon 和 HEET 支撑环，以及 HEET 正锁环和金属隔离环。在密封期间，A-HEET 密封组合不得离开密封筒。

R-RYTE 密封组合由 PS006 V 形密封件组成，PS006 V 形密封件带有 Teflon 和 Ryton 支撑环，以及 Ryton 正锁环和金属隔离环。在密封期间，R-RYTE 密封组合不得离开密封筒。

Seal-RYTE 密封组合由全氟弹性材料制作的 V 形密封件组成，全氟弹性材料制作的 V 形密封件带有 Teflon 和 Ryton 支撑环，以及 Ryton 正锁环和金属隔离环。在密封期间，Seal-RYTE 密封组合不得离开密封筒。

K-RYTE 和 K-HEET 密封组合由全氟弹性材料（商标为 KALREZ）制作的 V 形密封件组成，Perfluoelastomer V 形密封件带有 Teflon 和 Ryton 或 HEET 支撑环，以及 Ryton 或 HEET 正锁环和金属隔离环。在密封期间，K-RYTE 和 K-HEET 密封组合不得离开密封筒。碎屑隔离密封组合如图 10-4 所示。

碎屑隔离密封组合由 Teflon 和 Ryton 支撑环、Ryton 正锁环和金属隔离环组成。在密封件工作期间，碎屑隔离密封组件作为一个清洁环，可防止 K-RYTE、K-HEET、A-HEET 或 Seal-RYTE 密封组合受到碎屑的伤害，从而确保其密封性能。

在封隔器橡胶密封材料的选择方面，Baker 公司的《封隔器系统》一书中给出的橡胶密封材料选择指南见表 10-10。

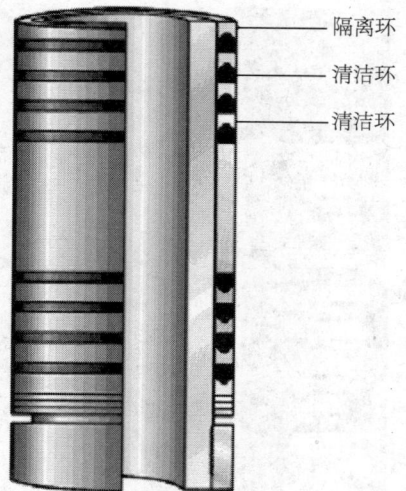

隔离环
清洁环
清洁环

图 10-4　碎屑隔离密封组合

二、Halliburton 封隔器密封件选择

图 10-5 是 Halliburton 封隔器密封组合选择指南。Halliburton 封隔器密封组合方式及含义见图 10-6。

表 10—10 Baker 橡胶封隔材料选择指南

密封类型	压差 (MPa) 无载状态	压差 (MPa) 卸载状态	温度 (℃)	H_2S (%)	与环境的兼容性[1] 油基完井液	低密度盐水完井液	溴化物盐水完井液	完井液的 pH 值大于 10	胺类缓蚀剂
丁腈橡胶 V 形密封	68.9	无	0~149	无	好	好	CaBr₂/NaBr,温度可达 79.4℃；ZnBr₂,不适合	pH > 10 不合适；pH < 10,温度可达 121.1℃	温度可达 93.3℃
70 硬质丁腈橡胶粘接密封	34.4	无	0~93	无					
90 硬丁腈橡胶粘接密封	68.9	34.4	0~149	5					
90 硬 Viton 粘接密封	68.9	34.4	0~121	15	不适合		好	不合适	不合适
V–RYTE™	103.3	无	0~149	5				好	温度可达 93.3℃
A–RYTE™	103.3	无	0~204	20	好				好
A–HEET™	103.3	无	27~149	7					
K–RYTE®	103.3	无	27~232	20					
K–HEET™	103.3	无	38~232	15					
密封式 RYTE™	103.3	无	38~288	?[3]					
密封式 HEET™	103.3	无	4~232	7					
R–RYTE™ 或 Molyglass	68.9	无	163~232[1]	7					

①橡胶密封件容易失效，橡胶密封件伴突然失效现象的发生与橡胶中的气体溶解量和橡胶的硬度有关。但不管怎样，当密封件处于工作状态时，这种现象通常很少发生。

②见 Baker《石油工具封隔器系统技术手册》。

③低于 260℃时的 H_2S 极限条件尚不清楚。

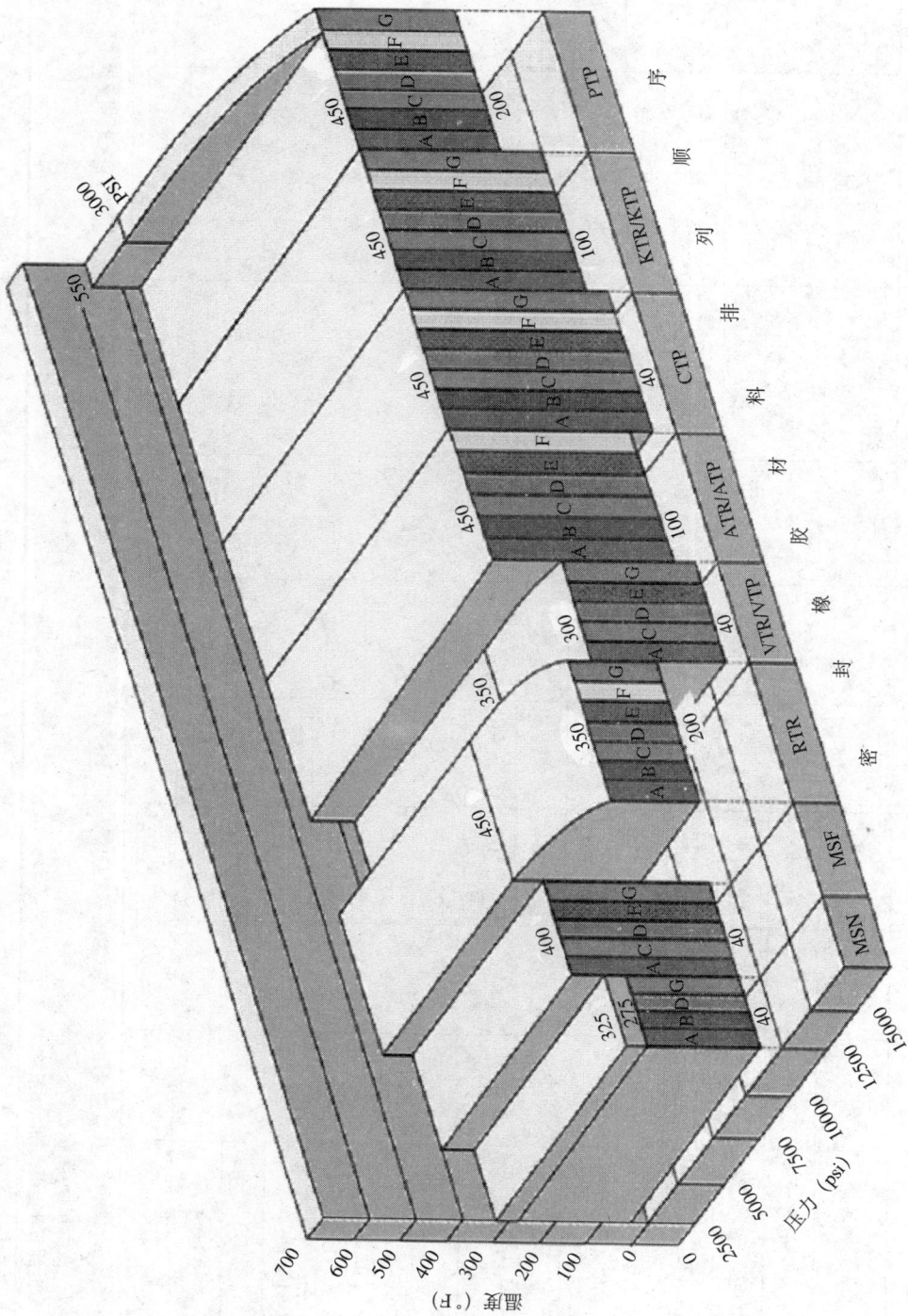

图 10—5　Halliburton 封隔器密封件选择指南

A—无硫原油；B—H$_2$S；C—ZnBr$_2$；D—蒸汽；E—CO$_2$；F—有机胺；G—柴油

MSN、MSF 若用干靠密封，使用环境温度可达 162.8℃，

MSF 和 VTP 若用干靠密封，使用环境温度可达 162.8℃，

可用于含水溶性胺（不含芳香烃）的溶液和含 CO$_2$ 的溶液

KTR	KTP	RTR
RYTON	PEEK	RYTON
TEFLON	TEFLON	TEFLON
KALREZ	KALREZ	RYTON

VTR	VTP	ATR
RYTON	TEFLON	VITON
TEFLON	TEFLON	TEFLON
VITON	VITON	AFLAS

ATP	PTP	CTP
PEEK	PEEK	PEEK
TEFLON	TEFLON	TEFLON
AFLAS	PEEK	CHEMRAZ

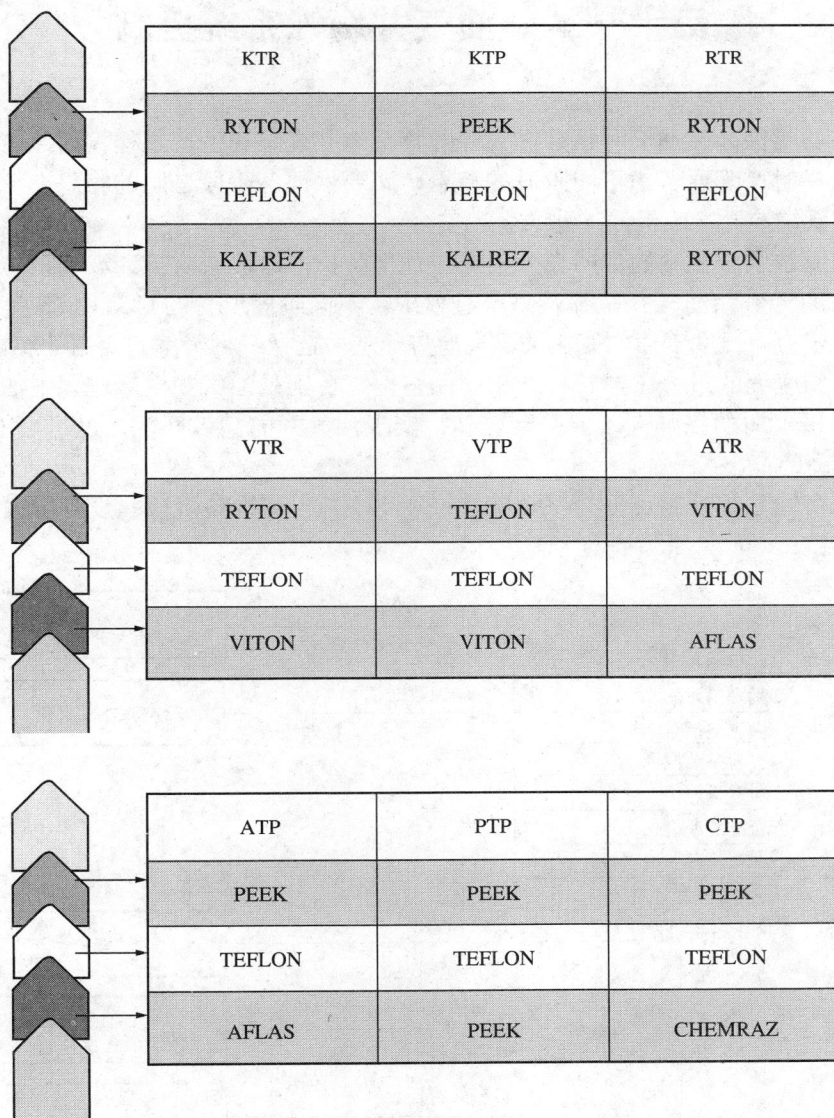

图 10-6　Halliburton 封隔器密封组合方式及含义

V— Viton（氟橡胶）；R—Ryton（聚苯硫醚）；K— Kalrez（全氟橡胶）；
T—Teflon（聚四氟乙烯）；P—Peek（聚醚醚酮）；A— Aflas（氟橡胶）；C—Chemraz（全氟橡胶）；
N—Nitrile（丁腈橡胶）；F—Fluorei（氯橡胶）；MS—Molded Seal（横压密封）

第十一章　油气井腐蚀系统控制

　　油气井的腐蚀涉及油气井钻井、完井的整个建井过程和生产过程，因此在进行腐蚀防护措施的选择时，既要考虑不同阶段的特点，又要保证各阶段之间的完整、统一，实施油气井腐蚀的系统控制，确保油气井的生产安全。

　　油气井腐蚀系统控制的目的在于根据缓蚀剂防护、涂镀层防护、玻璃钢防护和耐蚀合金防护方法的特点和油气井建井及生产过程中，不同阶段所含的 CO_2、H_2S 等腐蚀介质的含量、井筒压力、温度剖面的变化情况及趋势，从中选择一种经济、实用的腐蚀防护方法，确保从建井到废弃的过程中油气井结构的完整性，特别是油气井生产过程中油气井井筒及井口装置和采气树的完整性不会受到破坏，实现油气井的高效开发，以尽可能低的投入，获得尽可能高的产出。

　　油气井腐蚀系统控制可分为三个阶段（图 11-1），即准备阶段、设计阶段和实施及监测阶段。

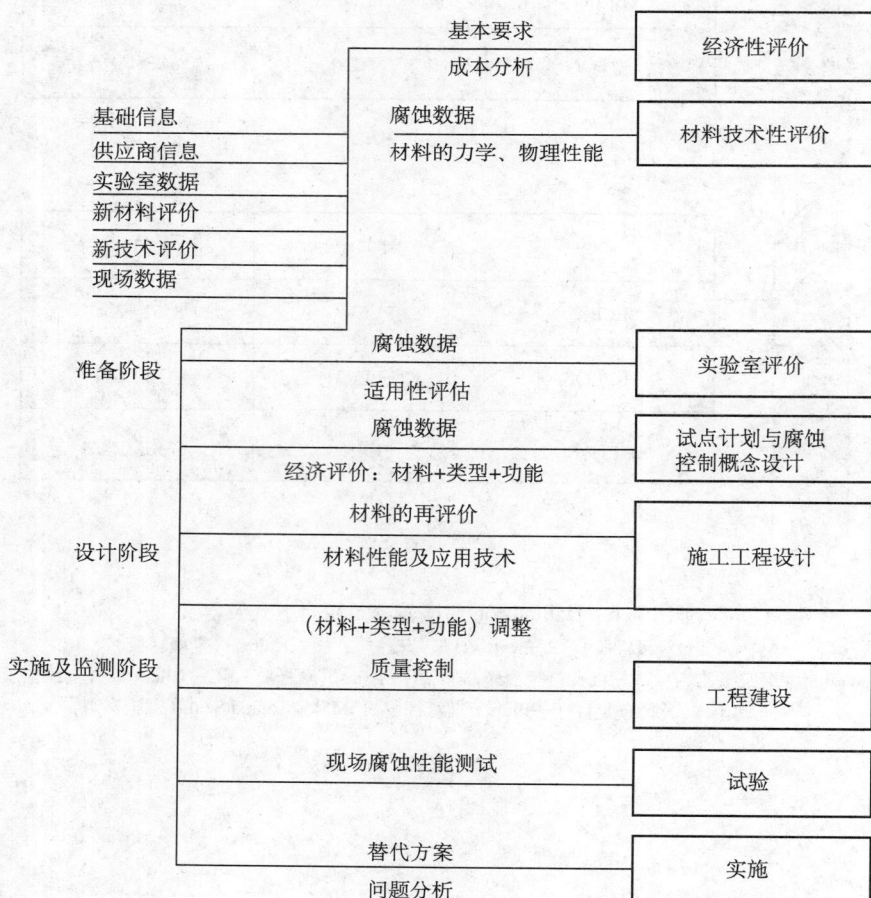

图 11-1　油气井腐蚀系统控制示意图

第一节 准 备 阶 段

在油气井腐蚀防护的准备阶段,要做好以下工作。

一是收集如下基础资料,并确保所收集资料的准确性和时效性。这些基础资料包括:井筒压力、温度及变化情况,产出流体的种类及产量,腐蚀性气体 CO_2 和 H_2S 的分压数据。通过对上述资料进行综合分析和判断,确定油气井的腐蚀变化趋势及严重程度。

二是收集现有腐蚀防护方法、防护材料的基本情况,包括:腐蚀防护方法及材料的发展情况、实验室腐蚀评价情况、现场应用资料及评估情况。通过上述相关资料的收集、分析、归纳和综合,为防腐设计方案的正确制定奠定坚实的基础。

第二节 设 计 阶 段

设计阶段要做的工作是根据油气井的腐蚀严重程度和各种腐蚀防护方法的特点及现有技术水平,并根据现场对腐蚀防护的要求及目标,从腐蚀防护的技术角度出发,初步筛选出几种技术上切实可行的技术方案,再利用经济评价的方法,最终确定一种经济、实用的腐蚀防护方法和防腐材质。同时,根据设计方案的要求和现场的实际条件,制定详细的方案实施细则和现场施工方案。

腐蚀防护设计阶段油管、套管材质选择优化流程见图 11-2。图 11-2 中,对于 O_2 腐蚀,也许需同时考虑 CO_2 和 H_2S 腐蚀。

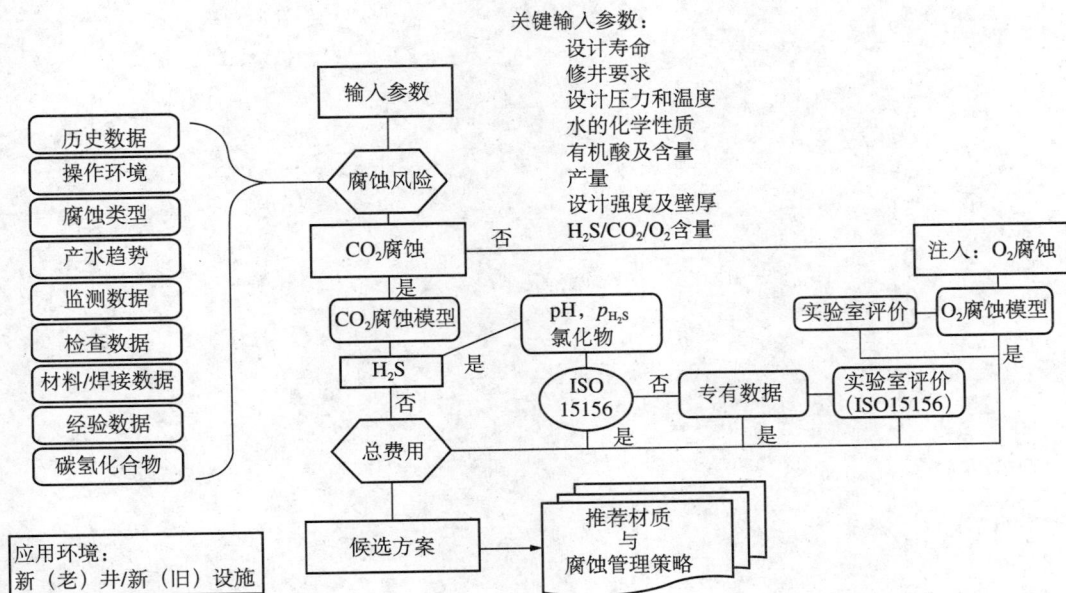

图 11-2 腐蚀防护设计阶段油管、套管材质选择优化流程

第三节 实施及监测阶段

在实施及监测阶段，应根据设计方案、现场施工方案和现场实际条件的要求，强化腐蚀防护方案实施过程中的质量管理和跟踪分析，为此应做好以下几方面的工作。

首先，根据设计方案的要求，对进场的防腐蚀材料、材质及施工设备进行现场验收，确保其符合设计方案的要求。

其次，严格按照现场施工方案的要求，确保现场施工质量。

再次，及时对防腐方案的实施效果进行跟踪监测，并对反馈回来的数据资料进行全面的分析、判断，并做出初步的评估。

最后，根据腐蚀防护方案的实施效果评估意见，及时做出相应的调整，或采取必要的补救措施，确保油气井的井筒完整性不会受到破坏，维持油气井的正常生产。

第十二章　防 CO_2/H_2S 腐蚀油管、套管性能参数

Mannesmann 和 NSC 防 H_2S 腐蚀套管示意图查询索引如下：

表 12—1　JFE 防 CO_2 腐蚀油管、套管材质性能参数（室温）

钢级	屈服强度（MPa）		拉伸强度（MPa）	伸长率（%）	最大硬度（HRC）
	最小	最大			
JFE—13Cr—80	552	655	655	API 公式	23
JFE—13Cr—85	586	689	689	API 公式	24
JFE—13Cr—95	655	758	724	API 公式	27
JFE—HP1—13Cr—95	655	758	724	API 公式	28
JFE—HP2—13Cr—95					30
JFE—HP1—13Cr—110	758	896	827	API 公式	32
JFE—HP2—13Cr—110					32
JFE—UHP—15Cr—125	862	1034	931	API 公式	37

注：1. 针对完井液／封隔液。

2. 由于井筒液体直接与油管、套管接触，因此必须小心选择井筒液体，如完井液／封隔液，通过采取一些必要的技术措施，尽量降低应力腐蚀开裂的风险。JFE 建议在选择井筒液体时，最好先咨询相关技术人员，了解所选油管、套管的材质与井筒液体的兼容性。

3. 含 Cr 石油管材储存在潮湿的环境中，容易发生点蚀，因此必须在包装、运输和储存方面特别小心，以免管材出现点蚀损伤。

表 12-2　JFE 防 H₂S 腐蚀油管、套管材质性能参数（室温）

钢级	物理性能参数			硬度要求	
	屈服强度（MPa）	最小拉伸强度（MPa）	伸长率（%）	淬火	最大硬度（HRC）
JFE-80S	552 ~ 655	655		—	22
JFE-85S	586 ~ 689	655		—	23
JFE-90S	621 ~ 724	689	符合 API5CT 的要求	—	24
JFE-95S	655 ~ 758	724		—	25
JFE-110S	758 ~ 862	827		—	31
JFE-85SS	586 ~ 689	655			23
JFE-90SS	621 ~ 724	689		最小值相当于 90% 的马氏体结构	24
JFE-95SS	655 ~ 758	724			25
JFE-110SS	758 ~ 862	827			31

注：1. 针对完井液／封隔液。

2. 由于井筒液体直接与油管、套管接触，因此必须小心选择井筒液体，如完井液／封隔液，通过采取一些必要的技术措施，尽量降低应力腐蚀开裂的风险。JFE 建议在选择井筒液体时，最好先咨询相关技术人员，了解所选油管、套管的材质与井筒液体的兼容性。

3. 含 Cr 石油管材储存在潮湿的环境中，容易发生点蚀，因此必须在包装、运输和储存方面特别小心，以免管材出现点蚀损伤。

表 12-3　Sumitomo 防 CO₂/H₂S 腐蚀油管、套管材质性能参数

使用环境	钢级	机械特性					相对密度
		屈服强度（psi）	拉伸强度（psi）	伸长率（%）	硬度		
					(HRC)	(ΔHRC)	
高抗挤和酸性环境	SM-80TS	80000 ~ 95000	≥ 100000				
	SM-90TS	90000 ~ 105000	≥ 103000				
	SM-95TS	95000 ~ 110000	≥ 105000				
	SM-110TS	110000 ~ 125000	≥ 115000				
酸性环境	SM-80S	80000 ~ 95000	≥ 100000	API 公式	15/22	—	1.000
	SM-90S	90000 ~ 105000	≥ 103000		≤ 25.4	—	
	SM-95S	95000 ~ 110000	≥ 105000		≤ 26	—	
	SM-110S	110000 ~ 125000	≥ 115000		23/30	3 ~ 6	
	SM-125S	125000 ~ 140000	≥ 130000		≤ 36	—	
高酸性环境	SM-90SS	90000 ~ 105000	≥ 100000		≤ 24	3 ~ 6	
	SM-C100	100000 ~ 115000	≥ 105000		—	3 ~ 6	
	SM-C110	110000 ~ 125000	≥ 115000		23/30	—	
CO₂ 腐蚀环境	SM13Cr-80	80000 ~ 95000	≥ 95000		≤ 23		
	SM13Cr-85	85000 ~ 100000	≥ 100000		≤ 24		
	SM13Cr-95	95000 ~ 110000	≥ 105000		≤ 27	—	
	SM13CrS-95	95000 ~ 110000	≥ 105000		≤ 28		
	SM13CrS-110	110000 ~ 125000	≥ 110000		≤ 32		
	SM13CrM-95	95000 ~ 110000	≥ 105000		≤ 28		

使用环境	钢级	机械特性					相对密度
		屈服强度（psi）	拉伸强度（psi）	伸长率（%）	硬度		
					（HRC）	（ΔHRC）	
CO_2 腐蚀环境	SM13CrM—110	110000 ~ 125000	≥ 110000	API 公式	≤ 32	—	1.000
	SM13CrI—110	110000 ~ 125000	≥ 110000		≤ 32	—	
CO_2、H_2S 腐蚀环境	SM22Cr—65	65000 ~ 100000	≥ 93000	25	≤ 26		
	SM22Cr—110	110000 ~ 140000	≥ 125000	12	≤ 36		
	SM22Cr—125	125000 ~ 145000	≥ 130000	11	≤ 37		
	SM25Cr—75	75000 ~ 100000	≥ 95000	25	≤ 26		
	SM25Cr—110	110000 ~ 140000	≥ 125000	12	≤ 36		
	SM25Cr—125	125000 ~ 145000	≥ 130000	11	≤ 37		
	SM25CrW—80	≥ 80000	≥ 116000	20	≤ 32		
	SM25CrW—125	125000 ~ 145000	≥ 130000	11	≤ 37		
CO_2、H_2S、Cl^- 腐蚀环境	SM2035—110	110000 ~ 140000	≥ 115000	11	≤ 32	—	1.032
	SM2035—125	125000 ~ 145000	≥ 130000	9	≤ 33		
	SM2535—110	110000 ~ 140000	≥ 115000	12	≤ 32		1.028
	SM2535—125	125000 ~ 145000	≥ 130000	10	≤ 34		
	SM2242—110	110000 ~ 140000	≥ 115000	13	≤ 32		1.037
	SM2242—125	125000 ~ 145000	≥ 130000	9	≤ 35		
	SM2550—110	110000 ~ 140000	≥ 120000	15	≤ 33		1.060
	SM2550—125	125000 ~ 145000	≥ 130000	13	≤ 36		
	SM2550—140	140000 ~ 160000	≥ 145000	11	≤ 39		
	SM2050—110	110000 ~ 140000	≥ 120000	16	≤ 34		1.093
	SM2050—125	125000 ~ 145000	≥ 130000	14	≤ 36		
	SM2050—140	140000 ~ 160000	≥ 145000	12	≤ 38		
	SMC276—110	110000 ~ 140000	≥ 115000	20	≤ 38		1.129
	SMC276—125	125000 ~ 145000	≥ 130000	14	≤ 38		
	SMC276—140	140000 ~ 160000	≥ 145000	10	≤ 40		

表 12—4 Tenaris 防 H_2S 腐蚀油管、套管材质性能参数

钢级	屈服强度（MPa）	最小拉伸强度（MPa）	伸长率（标距:2in）（%）	最大硬度（HRC）	NACE 方法 A 临界值（%SMYS）
TN 80 SS	551 ~ 655	655	API 公式	22	90
TN 90 SS	620 ~ 723	689		24	90
TN 95 SS	655 ~ 758	723		25	90
TN 100 SS	689 ~ 793	725		27	85
TN 110 SS	758 ~ 863	792		29	85
TN 80 HS	551 ~ 655	655		22	90
TN 95 HS	655 ~ 758	723		25	90
TN 110 HS	758 ~ 862	792		29	85
TN 55 CS	> 380	> 552	—	—	—
TN 70 CS	> 483	> 655	—	—	—
TN 75 CS	> 517	> 690	—	—	—

表 12-5 V&M 防 CO_2 腐蚀油管、套管材质性能参数

钢级	屈服强度（MPa）	最小拉伸强度（MPa）	最大硬度（HRC）	QC 控制（HRC）（# 管）
13%Cr：与 API 兼容				
VM80 13Cr	552 ~ 655	655	< 23	2/ 批次
VM90 13Cr	621 ~ 724	690	< 26	2/ 批次
VM95 13Cr	655 ~ 758	724	< 28	2/ 批次
S13%Cr：屈服强度更高、防 CO_2 腐蚀性能更好				
VM95 13CrSS	655 ~ 758	724	< 30	10%
VM110 13CrSS	758 ~ 897	828	< 34	10%
膨胀型 13%Cr: 小间隙和特殊质量检查				
VM80 13ET	552 ~ 655	655	< 23	3/ 批次

表 12-6 V&M 防 H_2S 腐蚀油管、套管材质性能参数（一）

钢级	机械特性			VM 质量控制：方法 A（SMYS）	QC 控制	
	屈服强度（MPa）	最小拉伸强度（MPa）	最大硬度（HRC）		HRC（Nb. 管）	SSC 测试
省时、高强度防硫钢级：与 HCSS 系列的化学性质相同 +85%SMYS+NACE 方法 A+30d 测试时间						
VM90HCS	621 ~ 724	690	24.0	85%	10%	无
VM95HCS	655 ~ 758	724	25.0	85%	10%	无
改进型高强度防硫钢级：与 API 兼容[①] +85%/90%SMYS+NACE 方法 A						
VM80HCSS	552 ~ 655	655	22.0	90%	10%	方法 A
VM90HCSS	621 ~ 724	690	24.0	90%	100%	方法 A
VM95HCSS	655 ~ 758	724	25.0	90%	100%	方法 A
VM110HCSS	758 ~ 862	828	30.0	85%	100%	方法 A

① VM110S 和 VM110SS-D 与 T95 采用同样的 QA/QC 控制。

表 12-7 V&M 防 H_2S 腐蚀油管、套管材质性能参数（二）

钢级	机械特性			VM 质量控制		QC 控制	
	屈服强度（MPa）	最小拉伸强度（MPa）	最大硬度（HRC）	方法 A（SMYS）	方法 D（MPa·m$^{0.5}$）	HRC（Nb. 管）	SSC 测试
省时防硫钢级：与 SS 系列的化学性质相同 +85%SMYS+NACE 方法 A+30d 测试时间							
VM90S	621 ~ 724	690	24.0	85%	—	10%	无
VM95S	655 ~ 758	724	25.0	85%	—	10%	无
改进型防硫钢级：与 API 兼容[①] +85%/90%SMYS+NACE 方法 A							
VM80SS	552 ~ 655	655	22.0	90%	—	10%	方法 A
VM90SS	621 ~ 724	690	24.0	90%	—	100%	方法 A
VM95SS	655 ~ 758	724	25.0	90%	—	100%	方法 A
VM110SS[①]	758 ~ 862	828	30.0	85%	—	100%	方法 A
NACE-D 防硫钢级：与 API 兼容[①] +85%/90%SMYS+Kissc+NACE 方法 D							
VM95SS-D	655 ~ 758	724	25.4	90%[②]	33 ~ 36	100%	方法 D
VM110SS-D[①]	758 ~ 862	828	30.0	85%	24 ~ 27	100%	方法 D

① VM110S 和 VM110SS-D 与 T95 采用同样的 QA/QC 控制。

② 对于厚壁接箍管材，方法 A 是按 85%SMYS 测试的。

表 12-8 V&M 防 CO₂/H₂S 腐蚀油管、套管材质性能参数

名称	应用条件	钢级	屈服强度（ksi）	最小拉伸强度（ksi）	最小伸长率（%）	最大硬度（HRC）
22Cr 双相不锈钢	不锈钢（CO_2、Cl^- 和少量 H_2S）	VM22 65	65～90	90	25	26
		VM22 110	110～140	125	11	36
		VM22 125	125～150	130	10	37
		VM22 140	140～160	145	9	38
25Cr 双相不锈钢		VM25 75	75～100	95	25	26
		VM25 125	125～155	130	10	37
		VM25 140	140～160	145	9	38
超级双相不锈钢		VM25 S 80	80～110	105	25	28
		VM25 S 125	125～155	130	10	37
		VM25 S 140	140～160	145	9	38
超级奥氏体	高级合金钢（CO_2、Cl^- 和 H_2S）	VM28 110	110～140	115	11	35
		VM28 125	125～150	130	10	37
		VM28 135	135～155	140	8	38
镍基合金		VM825 110	110～135	115	11	35
		VM825 120	120～145	125	10	37
		VMG3 110	110～130	115	11	35
		VMG3 125	125～145	130	10	37
		VM50 110	110～130	115	11	35
		VM50 125	125～145	130	10	37
API5CT	CO_2	L-80 9Cr	80～95	95	API	23
		L-80 13Cr	80～95	95	API	23

注：1. CRA 只针对 V&M TUBES，由 DMV.Mannesmann 公司制造。

2. 表中未列出的钢级，可与 V&M TUBES 代表处联系。

表 12-9 TPS 防 CO₂/H₂S 腐蚀油管、套管材质性能参数

钢级	热处理	屈服强度（psi）	最小拉伸强度（psi）	最大硬度（BHN）（HRC）	备注
C75 类型 1	正火、回火	75000～90000	95000	—	酸性环境
C75 类型 2	淬火、回火				
C75 类型 3	正火、回火				
C75 9Cr	淬火、回火	75000～90000	95000	22 237	CO_2 环境
C75 13Cr	淬火、回火				
L80 类型 1[①]	淬火、回火	80000～95000	95000	23 241	酸性环境
L80SS	淬火、回火				特殊酸性环境
L80 9Cr[①]	淬火、回火	80000～95000	95000	23 241	CO_2 环境
L80 13Cr[①]	淬火、回火				
C90 类型 1[①]	淬火、回火	90000～105000	100000	25.4 255	H_2S 环境
C90 类型 2[①]	淬火、回火				
C95SS	淬火、回火	95000～110000	105000	25.4 255	特殊酸性环境

钢级	热处理	屈服强度（psi）	最小拉伸强度（psi）	最大硬度（BHN）（HRC）	备注
C95 9Cr	淬火、回火	95000 ～ 110000	115000	—	CO$_2$ 环境
C95 13Cr	淬火、回火				
T95 类型 1[①]	淬火、回火	95000 ～ 110000	105000	25.4 255	H$_2$S 环境
T95 类型 2[①]	淬火、回火				
TPS TD-2205	固溶退火；若要求冷加工的话	按要求可做到 110ksi	按要求处理	按要求处理	材质采用双相不锈钢

①钢级符合 API Spec 5CT 的要求。

表 12-10　OCTG 镍基合金的机械特性参数

UNS 编号	处理条件	屈服强度（MPa）	拉伸强度（MPa）	伸长率（%）	硬度（HRC）
N04400	退火	216	542	52	60HRB
	冷加工	646	716	19	20
N05500	固溶退火和时效	672	1051	25	28
N06950	冷加工	1016	938	24.1	30
N06625	退火	479	965	54	95HRB
	冷加工	867	1037	30	33
N07716	固溶退火和时效	917	1282	32	37
N07718	固溶退火和时效	1096	1320	20	40
N07725	固溶退火和时效	916	1264	28	36
	退火和时效	1043	1375	25	42
	固溶退火、冷加工和时效	1126	1307	15	38
N07750	时效	916	1296	27	34
N08028	冷加工	875	965	17	28
N08825	退火	324	690	45	85HRB
	冷加工	786	900	15	28
N09925	固溶退火和时效	779	1214	26	36
	冷加工	889	965	17	32
	冷加工和时效	1055	1214	19	—
	铸造、固溶退火和时效	736	879	23	29
N06985	退火	285	685	54	83HRB
	冷加工	825	973	18	28
N10276	退火	359	761	64	83HRB
	冷加工	1082	1189	17	35

注：上述参数具有代表性，油管、套管的最小屈服强度可能与表中的数值不同。

表 12-11 宝钢集团防 CO_2/H_2S 腐蚀油管技术参数

外径 (in)	名义质量 (lb/ft) 带螺纹和接箍 未加厚	名义质量 (lb/ft) 带螺纹和接箍 加厚	直连型	钢级	壁厚 (in)	内径 (in)	通径直径 (in)	接箍外径 (in) 加厚 常规	接箍外径 (in) 加厚 特殊间隙	接箍外径 (in) 未加厚	挤毁压力 (psi)	内屈服压力 (psi) 平端	内屈服压力 (psi) 未加厚	内屈服压力 (psi) 带螺纹和接箍 常规	内屈服压力 (psi) 加厚 特殊间隙	管体屈服载荷	连接载荷 (lb) 未加厚	连接载荷 (lb) 带螺纹和接箍 常规	连接载荷 (lb) 加厚 特殊间隙
2.375	4.00	—		BG55S / BG55SS	0.167	2.041	1.947	—	—	2.875	7190	6770	6770	—	—	63700	41400	—	—
	4.60	4.70		BG55-1Cr	0.190	1.995	1.901	3.063	2.910		8100	7700	7700	7700	7700	71700	49400	71700	71700
	4.00	—		BG80S	0.167	2.041	1.947	—	—		9980	9840	9840	—	—	92600	60200	—	—
	4.60	4.70		BG80S-3Cr / BG80S-5Cr	0.190	1.995	1.901	3.063	2.910		11780	11200	11200	11200	11200	104300	71800	104300	104300
	5.80	5.95		BG80SS / BG80SS-3Cr / BG80SS-5Cr	0.254	1.867	1.773	3.063	2.910		15280	14970	14970	14860	11440	135400	102900	135400	135400
	4.00	—	—	BG80-1Cr	0.167	2.041	1.947	—	—		9980	9840	9840	—	—	92600	60200	—	—
	4.60	4.70		BG80-3Cr / BG80-5Cr	0.190	1.995	1.901	3.063	2.910		11780	11200	11200	11200	11200	104300	71800	104300	104300
	5.80	5.95		BG80-5Cr	0.254	1.867	1.773	3.063	2.910		15280	14970	14970	14860	11440	135400	102900	135400	135400
	4.00	—		BG90S	0.167	2.041	1.947	—	—		10940	11070	11070	—	—	104200	67700	—	—
	4.60	4.70		BG90S-3Cr / BG90S-5Cr	0.190	1.995	1.901	3.063	2.910		13250	12600	12600	12600	12600	117400	80800	117400	117400
	5.80	5.95		BG90SS / BG90SS-3Cr / BG90SS-5Cr	0.254	1.867	1.773	3.063	2.910		17190	16840	16840	16720	12870	152300	115700	152300	152300

外径 (in)	名义质量 (lb/ft) 带螺纹和接箍 未加厚	名义质量 加厚	名义质量 直连型	钢级	壁厚 (in)	内径 (in)	通径直径 (in)	螺纹和接箍外径 (in) 未加厚	加厚 常规	加厚 特殊间隙	挤毁压力 (psi)	内屈服压力 (psi) 平端	带螺纹和接箍 未加厚	加厚 常规	加厚 特殊间隙	管体屈服载荷	连接载荷 (lb) 带螺纹和接箍 未加厚	加厚 常规	加厚 特殊间隙
2.375	4.00	—	—	BG95S	0.167	2.041	1.947	2.875	3.063	2.910	11410	11690	—	—	—	110000	—	—	—
2.375	4.60	4.70	—	BG95S-3Cr BG95S-5Cr BG95SS	0.190	1.995	1.901	2.875	3.063	2.910	13980	13300	13300	13300	13300	123900	85300	123900	123900
2.375	5.80	5.95	—	BG95SS-3Cr BG95SS-5Cr	0.254	1.867	1.773	2.875	3.063	2.910	18150	17780	17780	17650	13580	160700	122200	160700	160700
2.375	4.60	4.70	—	BG110-3Cr	0.190	1.995	1.901	2.875	3.063	2.910	16130	15400	15400	15400	15400	143400	98800	143400	143400
2.375	5.80	5.95	—	BG110-5Cr	0.254	1.867	1.773	2.875	3.063	2.910	21010	20590	20590	20430	15730	186100	141500	186100	186100
2.875	6.40	6.50	—	BG55S BG55SS BG55-1Cr	0.217	2.441	2.347	3.500	3.668	3.460	7680	7260	7260	7260	7260	99700	72500	99700	99700
2.875	6.40	6.50	—	BG80S	0.217	2.441	2.347	3.500	3.668	3.460	11170	10570	10570	10570	10570	145000	105400	145000	145000
2.875	7.80	7.90	—	BG80S-3Cr BG80S-5Cr	0.276	2.323	2.229	3.500	3.668	3.460	13890	13440	13440	13440	11030	180300	140700	180300	180300
2.875	8.60	8.70	—	BG80SS	0.308	2.259	2.165	3.500	3.668	3.460	15300	15000	15000	14940	11030	198700	159200	198700	193100
2.875	9.35	9.45	—	BG80SS-3Cr BG80SS-5Cr	0.340	2.195	2.101	—	—	—	16680	16560	—	14940	11030	216600	—	216600	193100
2.875	6.40	6.50	—	BG80-1Cr	0.217	2.441	2.347	3.500	3.668	3.460	11170	10570	10570	10570	10570	145000	105400	145000	145000
2.875	7.80	7.90	—	BG80-3Cr	0.276	2.323	2.229	3.500	3.668	3.460	13890	13440	13440	13440	11030	180300	140700	180300	180300
2.875	8.60	8.70	—	BG80-5Cr	0.308	2.259	2.165	3.500	3.668	3.460	15300	15000	15000	14940	11030	198700	159200	198700	193100

外径 (in)	名义质量 (lb/ft) 带螺纹和接箍 未加厚	名义质量 加厚	直连型	钢级	壁厚 (in)	内径 (in)	通径直径 (in)	接箍外径 (in) 未加厚	加厚 常规	加厚 特殊间隙	挤毁压力 (psi)	内屈服压力 平端	内屈服 带螺纹接箍 未加厚	加厚 常规	加厚 特殊间隙	管体屈服载荷	连接载荷 (lb) 未加厚	常规	特殊间隙
2.875	6.40	6.50	—	BG90S	0.217	2.441	2.347	3.500	3.668	3.460	12380	11890	11890	11890	11890	163100	118600	163100	163100
	7.80	7.90	—	BG90S—3Cr / BG90S—5Cr	0.276	2.323	2.229	3.500	3.668	3.460	15620	15120	15120	15120	12410	202900	158300	202900	202900
	8.60	8.70	—	BG90SS	0.308	2.259	2.165	3.500	3.668	3.460	17220	16870	16870	16810	12410	223600	179100	223600	217300
	9.35	9.45	—	BG90SS—3Cr / BG90SS—5Cr	0.340	2.195	2.101	—	3.668	3.460	18770	18630	—	16810	12410	243700	—	243700	217300
	6.40	6.50	—	BG95S	0.217	2.441	2.347	3.500	3.668	3.460	12940	12550	12550	12550	12550	172100	125200	172100	172100
	7.80	7.90	—	BG95S—3Cr / BG95S—5Cr	0.276	2.323	2.229	3.500	3.668	3.460	16490	15960	15960	15960	13100	214100	167100	214100	214100
	8.60	8.70	—	BG95SS	0.308	2.259	2.165	3.500	3.668	3.460	18170	17810	17810	17740	13100	236000	189100	236000	229400
	9.35	9.45	—	BG95SS—3Cr / BG95SS—5Cr	0.340	2.195	2.101	—	3.668	3.460	19810	19660	—	17740	13100	257300	—	257300	229400
	6.40	6.50	—	BG110—3Cr	0.217	2.441	2.347	3.500	3.668	3.460	14550	14530	14530	14530	14530	199300	145000	199300	199300
	7.80	7.90	—	BG110—5Cr	0.276	2.323	2.229	3.500	3.668	3.460	19090	18480	18480	18480	15160	247900	193500	247900	247900
	8.60	8.70	—		0.308	2.259	2.165	3.500	3.668	3.460	21040	20620	20620	20540	15160	273200	218900	273200	265600
3.500	7.70	—	—	BG55S	0.216	3.068	2.943	4.250	4.500	4.180	5970	5940	5940	—	—	122500	89400	—	—
	9.20	9.30	—	BG55SS	0.254	2.992	2.867	4.250	4.500	4.180	7400	6990	6990	6990	6990	142500	109200	142500	142500
	10.20	—	—	BG55—1Cr	0.289	2.922	2.797	4.250	4.500	4.180	8330	7950	7950	—	—	160300	127200	—	—

外径 (in)	名义质量 (lb/ft) 带螺纹和接箍 未加厚	加厚	直连型	钢级	壁厚 (in)	内径 (in)	通径直径 (in)	接箍外径 未加厚	接箍外径 加厚 常规	接箍外径 加厚 特殊间隙	挤毁压力 (psi)	内屈服 平端	内屈服 未加厚	内屈服 加厚 常规	内屈服 加厚 特殊间隙	管体屈服载荷	连接载荷 未加厚	连接载荷 加厚 常规	连接载荷 加厚 特殊间隙
3.500	7.70	—	—	BG80S	0.216	3.068	2.943	4.250	—	—	7870	8640	8640	—	—	178200	130000	—	—
	9.20	9.30		BG80S—3Cr	0.254	2.992	2.867	4.250	4.500	4.180	10540	10160	10160	10160	10160	207200	158900	207200	207200
	10.20			BG80S—5Cr	0.289	2.922	2.797	4.250	—	—	12120	11560	11560	—	—	233200	185000	—	—
	12.70	12.95		BG80SS BG80SS—3Cr BG80SS—5Cr	0.375	2.750	2.625	4.250	4.500	4.180	15310	15000	15000	15000	10660	294600	246200	294600	273100
	7.70	—		BG80—1Cr	0.216	3.068	2.943	4.250	—	—	7870	8640	8640	—	—	178200	130000	—	—
	9.20	9.30		BG80—3Cr	0.254	2.992	2.867	4.250	4.500	4.180	10540	10160	10160	10160	10160	207200	158900	207200	207200
	10.20			BG80—5Cr	0.289	2.922	2.797	4.250	—	—	12120	11560	11560	—	—	233200	185000	—	—
	12.70	12.95			0.375	2.750	2.625	4.250	4.500	4.180	15310	15000	15000	15000	10660	294600	246200	294600	273100
	7.70	—		BG90S	0.216	3.068	2.943	4.250	—	—	8540	9720	9720	—	—	200500	146300	—	—
	9.20	9.30		BG90S—3Cr	0.254	2.992	2.867	4.250	4.500	4.180	11570	11430	11430	11430	11430	233100	178700	233100	233100
	10.20			BG90S—5Cr	0.289	2.922	2.797	4.250	—	—	13640	13010	13010	—	—	262400	208100	—	—
	12.70	12.95		BG90SS BG90SS—3Cr BG90SS—5Cr	0.375	2.750	2.625	4.250	4.500	4.180	17220	16880	16880	16880	11990	331400	277000	331400	307300
	7.70	—		BG95S	0.216	3.068	2.943	4.250	—	—	8850	10260	10260	—	—	211700	154400	—	—
	9.20	9.30		BG95S—3Cr	0.254	2.992	2.867	4.250	4.500	4.180	12080	12070	12070	12070	12070	246000	188700	246000	246000
	10.20			BG95S—5Cr	0.289	2.922	2.797	4.250	—	—	14390	13730	13730	—	—	276900	219600	—	—
	12.70	12.95		BG95SS BG95SS—3Cr BG95SS—5Cr	0.375	2.750	2.625	4.250	4.500	4.180	18180	17810	17810	17810	12660	349800	292400	349800	324300
	9.20	9.30		BG110—3Cr	0.254	2.992	2.867	4.250	4.500	4.180	13530	13970	13970	13970	13970	284900	218500	284900	284900
	12.70	12.95		BG110—5Cr	0.375	2.750	2.625	4.250	4.500	4.180	21050	20630	20630	20630	14660	405000	338600	405000	375500

外径 (in)	名义质量 (lb/ft) 带螺纹和接箍 未加厚	带螺纹和接箍 加厚	直连型	钢级	壁厚 (in)	内径 (in)	通径直径 (in)	螺纹和接箍 接箍外径 (in) 未加厚	加厚 常规	加厚 特殊间隙	挤毁压力 (psi)	内屈服压力 (psi) 平端	带螺纹和接箍 未加厚	加厚 常规	加厚 特殊间隙	连接载荷 (lb) 管体屈服载荷	带螺纹和接箍 未加厚	加厚 常规	加厚 特殊间隙
4.000	9.50	—	—	BG55S	0.226	3.548	3.423	4.750	—	—	5110	5440	5440	—	—	147400	99000	—	—
	—	11.00	—	BG55SS / BG55—1Cr	0.262	3.476	3.351	—	5.000	—	6590	6300	—	6300	—	169200	—	169200	—
	9.50	—	—	BG80S	0.226	3.548	3.423	4.750	—	—	6590	7910	7910	—	—	214400	144000	—	—
	—	11.00	—	BG80S—3Cr / BG80S—5Cr / BG80SS / BG80SS—3Cr / BG80SS—5Cr	0.262	3.476	3.351	—	5.000	—	8800	9170	—	9170	—	246200	—	246200	—
	9.50	—	—	BG80—1Cr / BG80—3Cr / BG80—5Cr	0.226	3.548	3.423	4.750	—	—	6590	7910	7910	—	—	214400	144000	—	—
	—	11.00	—	BG80—1Cr / BG80—3Cr / BG80—5Cr	0.262	3.476	3.351	—	5.000	—	8800	9170	—	9170	—	246200	—	246200	—
	9.50	—	—	BG90S	0.226	3.548	3.423	4.750	—	—	7080	8900	8900	—	—	241200	162000	—	—
	—	11.00	—	BG90S—3Cr / BG90S—5Cr / BG90SS / BG90SS—3Cr / BG90SS—5Cr	0.262	3.476	3.351	—	5.000	—	9590	10320	—	10320	—	276900	—	276900	—
	9.50	—	—	BG95S	0.226	3.548	3.423	4.750	—	—	7310	9390	9390	—	—	254600	171000	—	—
	—	11.00	—	BG95S—3Cr / BG95S—5Cr / BG95SS / BG95SS—3Cr / BG95SS—5Cr	0.262	3.476	3.351	—	5.000	—	9980	10890	—	10890	—	292300	—	292300	—

外径 (in)	名义质量 (lb/ft) 带螺纹和接箍 未加厚	加厚	直连型	钢级	壁厚 (in)	内径 (in)	通径直径 (in)	螺纹和接箍 接箍外径 (in) 未加厚	加厚 常规	加厚 特殊间隙	挤毁压力 (psi)	内屈服压力 (psi) 平端	带螺纹和接箍 未加厚	加厚 常规	加厚 特殊间隙	管体屈服载荷	连接载荷 (lb) 带螺纹和接箍 未加厚	加厚 常规	加厚 特殊间隙
4.500	12.60	12.75	—	BG55S / BG55SS / BG55-1Cr	0.271	3.958	3.833	5.200	5.563	—	5730	5800	5800	5800		198000	143500	198000	—
				BG80S / BG80S-3Cr / BG80S-5Cr / BG80SS / BG80SS-3Cr / BG80SS-5Cr							7500	8430	8430	8430		288000	208700	288000	
				BG80-1Cr / BG80-3Cr / BG80-5Cr							7500	8430	8430	8430		288000	208700	288000	
				BG90S / BG90S-3Cr / BG90S-5Cr / BG90SS / BG90SS-3Cr / BG90SS-5Cr							8120	9490	9490	9490		324000	234800	324000	
				BG95S / BG95S-3Cr / BG95S-5Cr / BG95SS / BG95SS-3Cr / BG95SS-5Cr							8410	10010	10010	10010		342000	247900	342000	

表 12-12　Benoit 防 CO_2 腐蚀油管技术参数（一）

规格 (in)	质量 (lb/ft)	外径 (in)	壁厚 (in)	通径 (in)	整体接头 外径 (in)	整体接头 内径 (in)	连接扭矩 (lbs·ft) 最小	最佳	最大	拉伸载荷 (lbs)	内屈服压力 (psi)	挤毁压力 (psi)	管柱长度 (SF=1.6) (ft)	整体接头拉伸效率	特殊间隙 外径 (in)	上扣长度损失 (in)
钢级：13Cr-85													扣型：BTS-8 ™			
3/4	1.20	1.050	0.113	0.672	1.327	0.687	300	338	375	28000	16010	16330	14580	158%	1.300	2.22
	1.50	1.050	0.154	0.648	1.327	0.687	300	338	375	37000	21820	21280	15420	122%	—	2.22
1	1.80	1.315	0.133	0.955	1.552	0.970	400	450	500	42000	15050	15460	14580	117%	1.525	2.22
	2.25	1.315	0.179	0.848	1.600	0.864	400	450	500	54000	20250	20000	15000	114%	—	2.22
1 1/4	2.40	1.660	0.140	1.286	1.883	1.300	600	675	750	57000	12550	13130	14840	112%	1.858	2.22
	3.02	1.660	0.191	1.184	1.927	1.218	600	675	750	75000	17120	17310	15520	103%	—	2.22
	3.24	1.660	0.198	1.170	1.927	1.200	600	675	750	77000	17740	17860	14850	104%	—	2.22
1 1/2	2.90	1.900	0.145	1.516	2.113	1.530	800	900	1000	68000	11350	11990	14660	108%	2.094	2.22
	3.64	1.900	0.200	1.406	2.162	1.440	800	900	1000	91000	15660	16010	15630	100%	—	2.22
	4.19	1.900	0.219	1.368	2.179	1.390	800	900	1000	98000	17150	17340	14620	102%	—	2.22
2 1/16	3.25	2.063	0.156	1.657	2.335	1.700	900	1013	1125	79000	11250	11880	15190	110%	2.295	2.23
	4.50	2.063	0.225	1.519	2.460	1.550	900	1013	1125	110000	16220	16520	15280	108%	2.407	2.23
2 3/8	4.70	2.375	0.190	1.901	2.700	1.945	1500	1688	1875	111000	11900	12510	14760	107%	2.655	2.31
	5.30	2.375	0.218	1.845	2.750	1.890	1500	1688	1875	126000	13650	14170	14860	105%	2.700	2.31
2 7/8	6.50	2.875	0.217	2.347	3.220	2.371	2100	2363	2625	154000	11230	11820	14810	102%	3.166	2.39
3 1/2	9.30	3.500	0.254	2.867	3.915	2.920	3000	3375	3750	220000	10800	11060	14790	106%	3.859	2.84
	10.30	3.500	0.289	2.797	3.915	2.870	3000	3375	3750	248000	12280	12880	15050	102%	3.914	2.84
4	11.00	4.000	0.262	3.351	4.405	3.395	3500	3938	4375	262000	9740	9200	14890	106%	4.359	2.89
4 1/2	12.75	4.500	0.271	3.833	4.920	3.865	4500	5063	5625	306000	8960	7820	15000	106%	4.861	2.89
	13.50	4.500	0.290	3.795	4.955	3.840	4500	5063	5625	326000	9590	8930	15090	104%	4.890	2.89
钢级：13Cr-95													扣型：BTS-8 ™			
3/4	1.20	1.050	0.113	0.672	1.327	0.687	300	338	375	32000	17890	18250	16670	158%	1.300	2.22
	1.50	1.050	0.154	0.648	1.327	0.687	300	338	375	41000	24380	23780	17080	122%	—	2.22
1	1.80	1.315	0.133	0.955	1.552	0.970	400	450	500	47000	16815	17270	16320	117%	1.525	2.22
	2.25	1.315	0.179	0.848	1.600	0.864	400	450	500	61000	22630	22340	16940	114%	—	2.22

续表

扣型: BTS-8™

规格 (in)	质量 (lb/ft)	外径 (in)	壁厚 (in)	通径 (in)	整体接头 外径(in)	整体接头 内径(in)	连接扭矩(lbs·ft) 最小	最佳	最大	拉伸载荷 (lbs)	内屈服压力 (psi)	挤毁压力 (psi)	管柱长度 (SF=1.6)(ft)	整体接头拉伸 效率	特殊间隙 外径(in)	上扣长度损失 (in)
1¼	2.40	1.660	0.140	1.286	1.883	1.300	600	675	750	64000	14020	14670	16670	112%	1.858	2.22
	3.02	1.660	0.191	1.184	1.927	1.218	600	675	750	84000	19130	19350	17380	103%	—	2.22
	3.24	1.660	0.198	1.170	1.927	1.200	600	675	750	86000	19830	19960	16590	104%	—	2.22
1½	2.90	1.900	0.145	1.516	2.113	1.530	800	900	1000	76000	12690	13190	16380	108%	2.094	2.22
	3.64	1.900	0.200	1.406	2.162	1.440	800	900	1000	101000	17500	17900	17340	100%	—	2.22
	4.19	1.900	0.219	1.368	2.179	1.390	800	900	1000	110000	19160	19380	16410	102%	—	2.22
2¹/₁₆	3.25	2.063	0.156	1.657	2.335	1.700	900	1013	1125	89000	12570	12980	17120	110%	2.295	2.23
	4.50	2.063	0.225	1.519	2.460	1.550	900	1013	1125	123000	18130	18460	17080	108%	2.407	2.23
2³/₈	4.70	2.375	0.190	1.901	2.700	1.945	1500	1688	1875	124000	13300	13980	16490	107%	2.655	2.31
	5.30	2.375	0.218	1.845	2.750	1.890	1500	1688	1875	140000	15260	15840	16510	105%	2.700	2.31
2⁷/₈	6.50	2.875	0.217	2.347	3.220	2.371	2100	2363	2625	172000	12550	12940	16540	102%	3.166	2.39
3½	9.30	3.500	0.254	2.867	3.915	2.920	3000	3375	3750	246000	12070	12080	16530	106%	3.859	2.84
	10.30	3.500	0.289	2.797	3.915	2.870	3000	3375	3750	277000	13730	14390	16810	102%	3.914	2.84
4	11.00	4.000	0.262	3.351	4.405	3.395	3500	3938	4375	292000	10890	9980	16590	106%	4.359	2.84
4½	12.75	4.500	0.271	3.833	4.920	3.865	4500	5063	5625	342000	10010	8410	16770	106%	4.861	2.89
	13.50	4.500	0.290	3.795	4.955	3.840	4500	5063	5625	364000	10710	9660	16850	104%	4.890	2.89

钢级: 13Cr-110　　扣型: BTS-8™

规格 (in)	质量 (lb/ft)	外径 (in)	壁厚 (in)	通径 (in)	整体接头 外径(in)	整体接头 内径(in)	连接扭矩(lbs·ft) 最小	最佳	最大	拉伸载荷 (lbs)	内屈服压力 (psi)	挤毁压力 (psi)	管柱长度 (SF=1.6)(ft)	整体接头拉伸 效率	特殊间隙 外径(in)	上扣长度损失 (in)
¾	1.20	1.050	0.113	0.672	1.327	0.687	300	338	375	37000	20720	21130	19270	158%	1.300	2.22
	1.50	1.050	0.154	0.648	1.327	0.687	300	338	375	48000	28230	27530	20000	122%	—	2.22
1	1.80	1.315	0.133	0.955	1.552	0.970	400	450	500	54000	19470	20000	18750	117%	1.525	2.22
	2.25	1.315	0.179	0.848	1.600	0.864	400	450	500	70000	26200	25870	19440	114%	—	2.22
1¼	2.40	1.660	0.140	1.286	1.883	1.300	600	675	750	74000	16240	16990	19270	112%	1.858	2.22
	3.02	1.660	0.191	1.184	1.927	1.218	600	675	750	97000	22150	22400	20080	103%	—	2.22
	3.24	1.660	0.198	1.170	1.927	1.200	600	675	750	100000	22960	23110	19290	104%	—	2.22
1½	2.90	1.900	0.145	1.516	2.113	1.530	800	900	1000	88000	14690	14840	18970	108%	2.094	2.22
	3.64	1.900	0.200	1.406	2.162	1.440	800	900	1000	117000	20260	20720	20090	100%	—	2.22

规格 (in)	质量 (lb/ft)	外径 (in)	壁厚 (in)	通径 (in)	整体接头外径 (in)	整体接头内径 (in)	连接扭矩 最小 (lbs·ft)	连接扭矩 最佳 (lbs·ft)	连接扭矩 最大 (lbs·ft)	拉伸载荷 (lbs)	内屈服压力 (psi)	挤毁压力 (psi)	管柱长度 (SF=1.6) (ft)	整体接头拉伸效率	特殊间隙外径 (in)	上扣长度损失 (in)
1½	4.19	1.900	0.219	1.368	2.179	1.390	800	900	1000	127000	22190	22440	18940	102%	—	2.22
2 1/16	3.25	2.063	0.156	1.657	2.335	1.700	900	1013	1125	103000	14560	14600	19810	110%	2.295	2.23
	4.50	2.063	0.225	1.519	2.460	1.550	900	1013	1125	143000	21000	21380	19860	108%	2.407	2.23
2 3/8	4.70	2.375	0.190	1.901	2.700	1.945	1500	1688	1875	143000	15400	16130	19020	107%	2.655	2.31
	5.30	2.375	0.218	1.845	2.750	1.890	1500	1688	1875	163000	17670	18350	19220	105%	2.700	2.31
2 7/8	6.50	2.875	0.217	2.347	3.220	2.371	2100	2363	2625	199000	14530	14550	19140	102%	3.166	2.39
3 1/2	9.30	3.500	0.254	2.867	3.915	2.920	3000	3375	3750	285000	13970	13530	19150	106%	3.859	2.84
	10.30	3.500	0.289	2.797	3.915	2.870	3000	3375	3750	321000	15900	16670	19480	102%	3.914	2.84
4	11.00	4.000	0.262	3.351	4.405	3.395	3500	3938	4375	338000	12610	11060	19210	106%	4.359	2.84
4 1/2	12.75	4.500	0.271	3.833	4.920	3.865	4500	5063	5625	396000	11590	9210	19410	106%	4.861	2.89
	13.50	4.500	0.290	3.795	4.955	3.840	4500	5063	5625	422000	12410	10690	19540	104%	4.890	2.89

钢级：13Cr-85 扣型：BTS-6 ™

规格 (in)	质量 (lb/ft)	外径 (in)	壁厚 (in)	通径 (in)	整体接头外径 (in)	整体接头内径 (in)	连接扭矩 最小 (lbs·ft)	连接扭矩 最佳 (lbs·ft)	连接扭矩 最大 (lbs·ft)	拉伸载荷 (lbs)	内屈服压力 (psi)	挤毁压力 (psi)	管柱长度 (SF=1.6) (ft)	整体接头拉伸效率	特殊间隙外径 (in)	上扣长度损失 (in)
2 3/8	5.95	2.375	0.254	1.773	2.906	1.805	2200	2475	2750	144000	15910	16240	15130	110%	2.782	3.05
	6.20	2.375	0.261	1.759	2.938	1.795	2200	2475	2750	147000	16350	16630	14820	109%	2.794	3.05
	7.70	2.375	0.336	1.609	3.125	1.645	2200	2475	2750	183000	21040	20650	14850	106%	3.002	3.05
2 7/8	7.90	2.875	0.276	2.229	3.438	2.265	3000	3375	3750	192000	14280	14750	15190	108%	3.312	3.04
	8.70	2.875	0.308	2.165	3.500	2.200	3000	3375	3750	211000	15940	16260	15160	108%	3.365	3.04
	9.50	2.875	0.340	2.101	3.625	2.130	3000	3375	3750	230000	17590	17730	15130	108%	3.419	3.04
	10.70	2.875	0.392	1.997	3.688	2.030	3000	3375	3750	260000	20280	20020	15190	106%	3.595	3.04
3 1/2	12.95	3.500	0.375	2.625	4.313	2.687	5500	6188	6875	313000	15940	16260	15110	119%	4.189	3.35
	15.80	3.500	0.476	2.423	4.500	2.485	5500	6188	6875	384000	20230	19980	15190	115%	4.367	3.35
4	13.40	4.000	0.330	3.215	4.625	3.275	5500	6188	6875	323000	12270	12870	15070	108%	4.514	3.32
4 1/2	15.50	4.500	0.337	3.701	5.125	3.765	6000	6750	7500	375000	11140	11670	15120	108%	5.021	3.34
	19.20	4.500	0.430	3.515	5.313	3.560	7500	8438	9375	467000	14210	14690	15200	108%	5.170	3.34
5 1/2	17.00	5.500	0.304	4.767	5.920	4.812	6500	7312	8125	422000	8220	6520	15510	100%	—	3.52
	20.00	5.500	0.361	4.653	6.000	4.698	6500	7312	8125	495000	9760	9240	15470	100%	—	3.52

规格 (in)	质量 (lb/ft)	外径 (in)	壁厚 (in)	通径 (in)	整体接头 外径 (in)	整体接头 内径 (in)	连接扭矩 (lbs·ft) 最小	连接扭矩 (lbs·ft) 最佳	连接扭矩 (lbs·ft) 最大	拉伸载荷 (lbs)	内屈服压力 (psi)	挤毁压力 (psi)	管柱长度 (SF=1.6) (ft)	整体接头拉伸效率	特殊间隙 外径 (in)	上扣长度损失 (in)
5½	23.00	5.500	0.415	4.545	6.090	4.590	6500	7312	8125	564000	11220	11820	15330	100%	—	3.52
钢级: 13Cr-95												扣型: BTS-6 ™				
2³⁄₈	5.95	2.375	0.254	1.773	2.906	1.805	2200	2475	2750	161000	17780	18150	16910	110%	2.782	3.05
	6.20	2.375	0.261	1.759	2.938	1.795	2200	2475	2750	165000	18270	18590	16630	109%	2.794	3.05
	7.70	2.375	0.336	1.609	3.125	1.645	2200	2475	2750	204000	23520	23080	16560	106%	3.002	3.05
2⁷⁄₈	7.90	2.875	0.276	2.229	3.438	2.265	3000	3375	3750	214000	15960	16490	16930	108%	3.312	3.04
	8.70	2.875	0.308	2.165	3.500	2.200	3000	3375	3750	236000	17810	18170	16950	108%	3.365	3.04
	9.50	2.875	0.340	2.101	3.625	2.130	3000	3375	3750	257000	19660	19810	16910	108%	3.419	3.04
	10.70	2.875	0.392	1.997	3.688	2.030	3000	3375	3750	290000	22670	22370	16940	106%	3.595	3.04
3½	12.95	3.500	0.375	2.625	4.313	2.687	5500	6188	6875	350000	17810	18180	16890	119%	4.189	3.35
	15.80	3.500	0.476	2.423	4.500	2.485	5500	6188	6875	430000	22610	22230	17010	115%	4.367	3.35
4	13.40	4.000	0.330	3.215	4.625	3.275	5500	6188	6875	361000	13720	14380	16840	108%	4.514	3.32
4½	15.50	4.500	0.337	3.701	5.125	3.765	6000	6750	7500	419000	12450	12760	16900	108%	5.021	3.34
	19.20	4.500	0.430	3.515	5.313	3.560	7500	8438	9375	522000	15890	16420	16990	108%	5.170	3.34
5½	17.00	5.500	0.304	4.767	5.920	4.812	7000	7875	8750	471000	9190	6940	17320	100%	—	3.52
	20.00	5.500	0.361	4.653	6.000	4.698	7000	7875	8750	554000	10910	10020	17310	100%	—	3.52
	23.00	5.500	0.415	4.545	6.090	4.590	7000	7875	8750	630000	12540	12930	17120	100%	—	3.52
钢级: 13Cr-110												扣型: BTS-6 ™				
2³⁄₈	5.95	2.375	0.254	1.773	2.906	1.805	2700	3038	3375	186000	20590	21010	19540	110%	2.782	3.05
	6.20	2.375	0.261	1.759	2.938	1.795	2700	3038	3375	191000	21160	21520	19250	109%	2.794	3.05
	7.70	2.375	0.336	1.609	3.125	1.645	2700	3038	3375	237000	27230	26720	19240	106%	3.002	3.05
2⁷⁄₈	7.90	2.875	0.276	2.229	3.438	2.265	3500	3938	4375	248000	18480	19090	19620	108%	3.312	3.04
	8.70	2.875	0.308	2.165	3.500	2.200	3500	3938	4375	273000	20620	21040	19610	108%	3.365	3.04
	9.50	2.875	0.340	2.101	3.625	2.130	5500	6188	6875	298000	22770	22940	19610	108%	3.419	3.04
	10.70	2.875	0.392	1.997	3.688	2.030	5500	6188	6875	336000	26250	25910	19630	106%	3.595	3.04
3½	12.95	3.500	0.375	2.625	4.313	2.687	7000	7875	8750	405000	20630	21050	19550	119%	4.189	3.35

规格 (in)	质量 (lb/ft)	外径 (in)	壁厚 (in)	通径 (in)	整体接头 外径 (in)	整体接头 内径 (in)	连接扭矩 (lbs·ft) 最小	连接扭矩 最佳	连接扭矩 最大	拉伸载荷 (lbs)	内屈服压力 (psi)	挤毁压力 (psi)	管柱长度 (SF=1.6)(ft)	整体接头拉伸效率	特殊间隙外径 (in)	上扣长度损失 (in)
3½	15.80	3.500	0.476	2.423	4.500	2.485	7000	7875	8750	497000	26180	25850	19660	115%	4.367	3.35
4	13.40	4.000	0.330	3.215	4.625	3.275	7000	7875	8750	419000	15880	16650	19540	108%	4.514	3.32
4½	15.50	4.500	0.337	3.701	5.125	3.765	7500	8438	9375	485000	14420	14340	19560	108%	5.021	3.34
	19.20	4.500	0.430	3.515	5.313	3.560	9500	10688	11875	605000	18390	19010	19690	108%	5.170	3.34
5½	17.00	5.500	0.304	4.767	5.920	4.812	7500	8437	9375	546000	10640	7480	20070	100%	—	3.52
	20.00	5.500	0.361	4.653	6.000	4.698	7500	8437	9375	641000	12640	11100	20030	100%	—	3.52
	23.00	5.500	0.415	4.545	6.090	4.590	7500	8437	9375	729000	14520	14540	19810	100%	—	3.52
钢级: 13Cr-85													扣型: BTS-4™			
4½	21.60	4.500	0.500	3.375	5.500	3.420	9917	11156	12396	534000	16520	16790	15451	105%	—	4.76
	24.00	4.500	0.560	3.255	5.563	3.300	10500	11813	13125	589000	18510	18520	15338	104%	—	4.76
	26.50	4.500	0.630	3.115	5.688	3.160	12000	13500	15000	651000	20820	20460	15353	104%	—	4.76
钢级: 13Cr-95													扣型: BTS-4™			
4½	21.60	4.500	0.500	3.375	5.500	3.420	10750	12094	13438	596000	18470	18760	17245	105%	—	4.76
	24.00	4.500	0.560	3.255	5.563	3.300	11500	12938	14375	658000	20680	20700	17135	104%	—	4.76
	26.50	4.500	0.630	3.115	5.688	3.160	13000	14625	16250	727000	23270	22870	17146	104%	—	4.76
钢级: 13Cr-110													扣型: BTS-4™			
4½	21.60	4.500	0.500	3.375	5.500	3.420	12000	13500	15000	691000	21380	21720	19994	105%	—	4.76
	24.00	4.500	0.560	3.255	5.563	3.300	13000	14625	16250	762000	23950	23970	19843	104%	—	4.76
	26.50	4.500	0.630	3.115	5.688	3.160	14500	16313	18125	842000	26950	26480	19858	104%	—	4.76

表 12-13　Benoit 防 CO₂ 腐蚀油管技术参数 (二)

规格 (in)	质量 (lb/ft)	平端质量 (lb/ft)	壁厚 (in)	通径 (in)	外径 (in)	整体接头内径 (in)		连接扭矩 (lbs·ft)			拉伸载荷 (lbs)	内屈服压力 (psi)	挤毁压力 (psi)	管柱长度 (SF=1.6) (ft)	整体接头拉伸效率
						阴螺纹	阳螺纹	最小	最佳	最大					
钢级: 13Cr-85														**扣型: ECHO-F4**	
2³/₈	4.70	4.43	0.190	1.901	2.375	1.941～1.995	1.941①	444	500	625	45000	9520	10010	6348	40.7%
	6.50	6.16	0.217	2.347	2.875	2.387～2.441	2.387①	711	800	1000	64000	8980	9460	6493	41.4%
2⁷/₈	7.90	7.66	0.276	2.229	2.875	2.294～2.323	2.294①	800	900	1125	100000	11420	11800	8159	52.1%
	8.70	8.44	0.308	2.165	2.875	2.230～2.259	2.230①	888	1000	1250	111000	12750	13008	8219	52.6%
	9.30	8.81	0.254	2.867	3.500	2.932～2.992	2.932①	1066	1200	1500	114000	8640	8850	8081	51.8%
3¹/₂	10.30	9.91	0.289	2.797	3.500	2.862～2.922	2.862①	1244	1400	1750	124000	9820	10300	7820	50.0%
	12.95	12.52	0.375	2.625	3.500	2.690～2.750	2.690①	1600	1800	2250	196500	12750	13008	9809	62.8%
	15.80	15.37	0.476	2.423	3.500	2.488～2.548	2.488①	1866	2100	2625	238000	16180	15980	9677	61.9%
4¹/₂	11.60	11.35	0.250	3.875	4.500	3.940～4.000	3.940①	1688	1900	2375	147000	6610	5270	8094	51.8%
	15.10	14.98	0.337	3.701	4.500	3.766～3.826	3.766①	2666	3000	3750	197000	8910	9330	8219	52.6%
5	15.00	14.87	0.296	4.283	5.000	4.348～4.408	4.348①	2666	3000	3750	195000	7050	6040	8196	52.5%
5¹/₂	17.00	16.87	0.304	4.767	5.500	4.832～4.892	4.832①	3200	3600	4500	222000	6580	5210	8224	52.5%
钢级: 13Cr-95														**扣型: ECHO-F4**	
2³/₈	4.70	4.43	0.190	1.901	2.375	1.941～1.995	1.941①	444	500	625	50400	10640	11180	7110	40.7%

规格 (in)	质量 (lb/ft)	平端质量 (lb/ft)	壁厚 (in)	通径 (in)	外径 (in)	整体接头 内径 (in) 阴螺纹	阳螺纹	连接扭矩 (lbs·ft) 最小	最佳	最大	拉伸载荷 (lbs)	内屈服压力 (psi)	挤毁压力 (psi)	管柱长度 (SF=1.6) (ft)	整体接头拉伸效率
2⅞	6.50	6.16	0.217	2.347	2.875	2.387 ~ 2.441	2.387①	711	800	1000	71200	10040	10350	7224	41.4%
	7.90	7.66	0.276	2.229	2.875	2.294 ~ 2.323	2.294①	800	900	1125	111500	12770	13190	9097	52.1%
	8.70	8.44	0.308	2.165	2.875	2.230 ~ 2.259	2.230①	888	1000	1250	124100	14250	14540	9189	52.6%
3½	9.30	8.81	0.254	2.867	3.500	2.932 ~ 2.992	2.932①	1066	1200	1500	127400	9660	9660	9038	51.8%
	10.30	9.91	0.289	2.797	3.500	2.862 ~ 2.922	2.862①	1244	1400	1750	138400	10980	11510	8728	50.0%
	12.95	12.52	0.375	2.625	3.500	2.690 ~ 2.750	2.690①	1600	1800	2250	219600	14250	14540	10962	62.8%
	15.80	15.37	0.476	2.423	3.500	2.488 ~ 2.548	2.488①	1866	2100	2625	265900	18090	17870	10812	61.9%
4½	11.60	11.35	0.250	3.875	4.500	3.940 ~ 4.000	3.940①	1688	1900	2375	164200	7390	5620	9041	51.8%
	15.10	14.98	0.337	3.701	4.500	3.766 ~ 3.826	3.766①	2666	3000	3750	220200	9960	10210	9187	52.6%
5	15.00	14.87	0.296	4.283	5.000	4.348 ~ 4.408	4.348①	2666	3000	3750	218100	7870	6470	9166	52.5%
5½	17.00	16.87	0.304	4.767	5.500	4.832 ~ 4.892	4.832①	3200	3600	4500	247500	7350	5550	9169	52.5%

钢级：13Cr—110   扣型：ECHO—F4

规格 (in)	质量 (lb/ft)	平端质量 (lb/ft)	壁厚 (in)	通径 (in)	外径 (in)	整体接头 内径 (in) 阴螺纹	阳螺纹	连接扭矩 (lbs·ft) 最小	最佳	最大	拉伸载荷 (lbs)	内屈服压力 (psi)	挤毁压力 (psi)	管柱长度 (SF=1.6) (ft)	整体接头拉伸效率
2⅜	4.70	4.43	0.190	1.901	2.375	1.941 ~ 1.995	1.941①	444	500	625	58000	12320	12900	8180	40.7%
2⅞	6.50	6.16	0.217	2.347	2.875	2.387 ~ 2.441	2.387①	711	800	1000	83000	11620	11650	8421	41.4%

规格 (in)	质量 (lb/ft)	平端质量 (lb/ft)	壁厚 (in)	通径 (in)	外径 (in)	整体接头 内径 (in) 阴螺纹	阴螺纹	连接扭矩 (lbs·ft) 最小	最佳	最大	拉伸载荷 (lbs)	内屈服压力 (psi)	挤毁压力 (psi)	管柱长度 (SF=1.6) (ft)	整体接头 拉伸效率
2⅞	7.90	7.66	0.276	2.229	2.875	2.294~2.323	2.294①	800	900	1125	129000	14780	15280	10530	52.1%
	8.70	8.44	0.308	2.165	2.875	2.230~2.259	2.230①	888	1000	1250	144000	16500	16830	10660	52.6%
3½	9.30	8.81	0.254	2.867	3.500	2.932~2.992	2.932①	1066	1200	1500	148000	11180	10830	10500	51.8%
	10.30	9.91	0.289	2.797	3.500	2.862~2.922	2.862①	1244	1400	1750	160000	12720	13340	10090	50.0%
	12.95	12.52	0.375	2.625	3.500	2.690~2.750	2.690①	1600	1800	2250	254000	16500	16830	12680	62.8%
	15.80	15.37	0.476	2.423	3.500	2.488~2.548	2.488①	1866	2100	2625	308000	20940	20680	12520	61.9%
4½	11.60	11.35	0.250	3.875	4.500	3.940~4.000	3.940①	1688	1900	2375	190000	8550	6060	10460	51.8%
	15.10	14.98	0.337	3.701	4.500	3.766~3.826	3.766①	2666	3000	3750	255000	11540	11480	10640	52.6%
5	15.00	14.87	0.296	4.283	5.000	4.348~4.408	4.348①	2666	3000	3750	253000	9120	7080	10630	52.5%
5½	17.00	16.87	0.304	4.767	5.500	4.832~4.892	4.832①	3200	3600	4500	287000	8510	5980	10630	52.5%

① 薄壁。

表 12-14　Benoit 防 CO_2 腐蚀油管技术参数（三）

规格 (in)	质量 (lb/ft)	壁厚 (in)	通径 (in)	整体接头 外径 (in)	整体接头 内径 (in)	连接扭矩 (lbs·ft) 最小	最佳	最大	拉伸载荷 (lbs)	内屈服压力 (psi)	挤毁压力 (psi)	管柱长度 (SF=1.6) (ft)	整体接头拉伸效率
钢级：13Cr-85												扣型：ECHO-SS	
1	1.80	0.133	0.955	1.552	1.000	300	337	375	42000	15050	15460	14580	113%
1¼	2.40	0.140	1.286	1.883	1.316	500	562	625	57000	12550	13130	14840	109%
	3.02	0.191	1.184	1.950	1.220	500	562	625	75000	17120	17310	15520	105%
	3.24	0.198	1.170	1.950	1.220	500	562	625	77000	17740	17860	14850	102%
1½	2.90	0.145	1.516	2.113	1.546	600	675	750	68000	11350	11990	14660	106%
2 1/16	3.25	0.156	1.656	2.330	1.715	800	900	1000	79000	11250	11880	15190	115%
	4.50	0.225	1.519	2.450	1.560	800	900	1000	110000	16220	16520	15280	109%
2 3/8	4.70	0.190	1.901	2.700	1.960	1300	1462	1625	111000	11900	12510	14760	114%
	5.30	0.218	1.845	2.700	1.905	1500	1687	1875	126000	13650	14170	14860	111%
	5.95	0.254	1.773	2.900	1.820	1700	1912	2125	144000	15910	16240	15130	112%
	6.20	0.261	1.759	2.900	1.810	1900	2137	2375	147000	16350	16630	14820	110%
	7.70	0.336	1.609	3.125	1.660	2200	2475	2750	183000	21040	20650	14850	109%
2 7/8	6.50	0.217	2.347	3.220	2.379	1800	2025	2250	154000	11230	11820	14810	115%
	7.90	0.276	2.229	3.375	2.265	2600	2925	3250	192000	14280	14750	15190	110%
	8.70	0.308	2.165	3.500	2.200	3000	3375	3750	211000	15940	16260	15160	109%
	9.50	0.340	2.101	3.625	2.133	3500	3937	4375	230000	17590	17730	15130	109%
	11.00	0.405	1.971	3.750	2.003	4000	4500	5000	267000	20950	20570	15170	107%
	11.65	0.440	1.901	3.750	1.933	4500	5062	5625	286000	22770	22040	15343	105%
3½	9.30	0.254	2.867	3.865	2.935	2600	2925	3250	220000	10800	11060	14790	114%
	10.30	0.289	2.797	3.937	2.893	3000	3375	3750	248000	12280	12880	15050	109%
	12.80	0.368	2.639	4.250	2.715	3500	3937	4375	308000	15640	15996	15039	106%
	12.95	0.375	2.625	4.250	2.702	3500	3937	4375	313000	15940	16260	15110	114%
	15.50	0.449	2.477	4.375	2.542	4500	5062	5625	366000	19082	19011	14758	106%
	15.80	0.476	2.423	4.375	2.485	4500	5062	5625	384000	20230	19980	15189	110%
钢级：13Cr-95												扣型：ECHO-SS	
1	1.80	0.133	0.955	1.552	1.000	350	395	440	47000	16815	17270	16320	113%

续表

规格（in）	质量 (lb/ft)	壁厚（in）	通径（in）	整体接头		连接扭矩（lbs·ft）			拉伸载荷（lbs）	内屈服压力（psi）	挤毁压力 (psi)	管柱长度 (SF=1.6)（ft）	整体接头拉伸效率
				外径 (in)	内径 (in)	最小	最佳	最大					
$1^1/_4$	2.40	0.140	1.286	1.883	1.316	550	620	690	64000	14020	14670	16670	109%
	3.02	0.191	1.184	1.950	1.220	550	620	690	84000	19130	19350	17380	105%
	3.24	0.198	1.170	1.950	1.220	550	620	690	86000	19830	19960	16590	102%
$1^1/_2$	2.90	0.145	1.516	2.113	1.546	700	790	875	76000	12690	13190	16380	106%
$2^1/_{16}$	3.25	0.156	1.656	2.330	1.715	900	1015	1125	89000	12570	12980	17120	115%
	4.50	0.225	1.519	2.450	1.560	900	1015	1125	123000	18130	18460	17080	109%
$2^3/_8$	4.70	0.190	1.901	2.700	1.960	1400	1575	1750	124000	13300	13980	16490	114%
	5.30	0.218	1.845	2.700	1.905	1600	1800	2000	140000	15260	15840	16510	111%
	5.95	0.254	1.773	2.900	1.820	1800	2025	2250	161000	17780	18150	16910	112%
	6.20	0.261	1.759	2.900	1.810	2000	2250	2500	165000	18270	18590	16630	110%
	7.70	0.336	1.609	3.125	1.660	2300	2590	2880	204000	23520	23080	16560	109%
$2^7/_8$	6.50	0.217	2.347	3.220	2.379	2000	2250	2500	172000	12550	12940	16540	115%
	7.90	0.276	2.229	3.375	2.265	2800	3150	3500	214000	15960	16490	16930	110%
	8.70	0.308	2.165	3.500	2.200	3300	3715	4130	236000	17810	18170	16950	109%
	9.50	0.340	2.101	3.625	2.133	3800	4280	4755	257000	19660	19810	16910	109%
	11.00	0.405	1.971	3.750	2.003	4200	4730	5255	299000	23420	22990	16988	107%
	11.65	0.440	1.901	3.750	1.933	4700	5290	5880	320000	25440	24630	17167	105%
$3^1/_2$	9.30	0.254	2.867	3.865	2.935	2800	3150	3500	246000	12070	12080	16530	114%
	10.30	0.289	2.797	3.937	2.893	3300	3715	4130	277000	13730	14390	16810	109%
	12.80	0.368	2.639	4.250	2.715	3500	3940	4380	344000	17480	17878	16796	106%
	12.95	0.375	2.625	4.250	2.702	3800	4280	4754	350000	17810	18180	16890	114%
	15.50	0.449	2.477	4.375	2.542	4800	5405	6000	409000	21327	21247	16491	106%
	15.80	0.476	2.423	4.375	2.485	4800	5405	6000	430000	22610	22330	17009	110%
钢级：13Cr−110									扣型：ECHO−SS				
1	1.80	0.133	0.955	1.552	1.000	400	450	500	54000	19470	20000	18750	113%

规格 (in)	质量 (lb/ft)	壁厚 (in)	通径 (in)	整体接头 外径 (in)	整体接头 内径 (in)	连接扭矩 (lbs·ft) 最小	连接扭矩 (lbs·ft) 最佳	连接扭矩 (lbs·ft) 最大	拉伸载荷 (lbs)	内屈服压力 (psi)	挤毁压力 (psi)	管柱长度 (SF=1.6) (ft)	整体接头拉伸效率
1¼	2.40	0.140	1.286	1.883	1.316	600	675	750	74000	16240	16990	19270	109%
	3.02	0.191	1.184	1.950	1.220	600	675	750	97000	22150	22400	20080	105%
	3.24	0.198	1.170	1.950	1.220	600	675	750	100000	22960	23110	19290	102%
1½	2.90	0.145	1.516	2.113	1.546	800	900	1000	88000	14690	14840	18970	106%
	3.25	0.156	1.656	2.330	1.715	1000	1125	1250	103000	14560	14600	19810	115%
2¹/₁₆	4.50	0.225	1.519	2.450	1.560	1000	1125	1250	143000	21000	21380	19860	109%
2³/₈	4.70	0.190	1.901	2.700	1.960	1500	1687	1875	143000	15400	16130	19010	114%
	5.30	0.218	1.845	2.700	1.905	1700	1912	2125	163000	17670	18350	19220	111%
	5.95	0.254	1.773	2.900	1.820	1900	2137	2375	186000	20590	21010	19540	112%
	6.20	0.261	1.759	2.900	1.810	2100	2362	2625	191000	21160	21520	19250	110%
	7.70	0.336	1.609	3.125	1.660	2400	2700	3000	237000	27230	26720	19240	109%
2⁷/₈	6.50	0.217	2.347	3.220	2.379	2200	2475	2750	199000	14530	14550	19140	115%
	7.90	0.276	2.229	3.375	2.265	3000	3375	3750	248000	18480	19090	19620	110%
	8.70	0.308	2.165	3.500	2.200	3500	3937	4375	273000	20620	21040	19610	109%
	9.50	0.340	2.101	3.625	2.133	4000	4500	5000	298000	22770	22940	19610	109%
	11.00	0.405	1.971	3.750	2.003	4400	4950	5500	346000	27120	26630	19659	107%
	11.65	0.440	1.901	3.750	1.933	5000	5625	6250	370000	29460	28520	19849	105%
3½	9.30	0.254	2.867	3.865	2.935	3000	3375	3750	285000	13970	13530	19150	114%
	10.30	0.289	2.797	3.937	2.893	3500	3937	4375	321000	15900	16670	19480	109%
	12.80	0.368	2.639	4.250	2.715	3700	4160	4625	398000	20240	20700	19433	106%
	12.95	0.375	2.625	4.250	2.702	4000	4500	5000	405000	20630	21050	19550	114%
	15.50	0.449	2.477	4.375	2.542	5000	5625	6250	473000	24695	24602	19072	106%
	15.80	0.476	2.423	4.375	2.485	5000	5625	6250	497000	26180	25850	19659	110%

表 12-15　宝钢集团防 CO_2/H_2S 腐蚀套管技术参数

外径 (in)	名义质量 (lb/ft) 带螺纹和接箍	钢级	壁厚 (in)	内径 (in)	通径直径 (in)	接箍外径 常规 (in)	接箍外径 特殊间隙 (in)	挤毁压力 (psi)	管体屈服载荷 (1000lb)	内屈服压力 平端	内屈服 圆螺纹 短	内屈服 圆螺纹 长	内屈服 偏梯 常规 同钢级	内屈服 偏梯 常规 高钢级	内屈服 偏梯 特殊 同钢级	内屈服 偏梯 特殊 高钢级	连接 圆螺纹 短	连接 圆螺纹 长	连接 偏梯 常规 同钢级	连接 偏梯 常规 高钢级	连接 偏梯 特殊 同钢级	连接 偏梯 特殊 高钢级
4.500	9.50	BG55S	0.205	4.090	3.965	5.000	4.875	3310	152	4380	4380	—	—	—	—	—	101	—	—	—	—	—
	10.50	BG55SS	0.224	4.052	3.927			4010	166	4790	4790	—	4790	4790	4790	4790	132	—	203	203	203	203
	11.60	BG55-1Cr	0.250	4.000	3.875			4960	184	5350	5350	5350	5350	5350	5350	5350	154	162	225	225	225	225
	11.60	BG80S	0.250	4.000	3.875			6350	267	7780	7780	7780	7780	—	7780	—	—	211	291	—	291	—
	13.50	BG80S-3Cr / BG80S-5Cr / BG80SS / BG80SS-3Cr / BG80SS-5Cr	0.290	3.920	3.795			8540	307	9020	9020	9020	9020	—	7990	—	—	256	334	—	319	—
	11.60	BG80-1Cr	0.250	4.000	3.875			6350	267	7780	7780	7780	7780	7780	7780	7780	222	222	304	304	304	304
	13.50	BG80-3Cr / BG80-5Cr	0.290	3.920	3.795			8540	307	9020	9020	9020	9020	9020	7990	9020	270	270	349	349	336	349
	11.60	BG90S	0.250	4.000	3.875			6820	300	8750	8750	8750	8750	—	8750	—	222	222	309	—	309	—
	13.50	BG90S-3Cr / BG90S-5Cr / BG90SS / BG90SS-3Cr / BG90SS-5Cr	0.290	3.920	3.795			9300	345	10150	10150	10150	10150	—	8990	—	—	270	355	—	336	—
	11.60	BG95S	0.250	4.000	3.875			7030	317	9240	9240	9240	9240	—	9240	—	234	234	325	—	325	—
	13.50	BG95S-3Cr / BG95S-5Cr / BG95SS / BG95SS-3Cr / BG95SS-5Cr	0.290	3.920	3.795			9660	364	10710	10710	10710	10710	—	9490	—	—	283	373	—	353	—
	11.60	BG110-3Cr	0.250	4.000	3.875			7580	367	10690	10690	10690	10690	10690	10690	10690	278	278	385	385	385	385
	13.50	BG110-5Cr	0.290	3.920	3.795			10690	422	12410	12410	12410	12410	12410	10990	12410	337	337	443	443	420	443
	15.10	BG110-5Cr	0.337	3.826	3.701			14340	485	14420	14420	14420	14420	14420	10990	12490	405	405	509	509	420	454

外径 (in)	名义质量 (lb/ft) 带螺纹和接箍	钢级	壁厚 (in)	内径 (in)	通径直径 (in)	接箍外径 (in) 常规	接箍外径 (in) 特殊同隙	挤毁压力 (psi)	管体屈服载荷 (1000lb)	内屈服压力 平端	内屈服压力 圆螺纹 短	内屈服压力 圆螺纹 长	内屈服压力 偏梯形 常规接箍 同钢级	内屈服压力 偏梯形 常规接箍 高钢级	内屈服压力 偏梯形 特殊同隙接箍 同钢级	内屈服压力 偏梯形 特殊同隙接箍 高钢级	连接载荷 圆螺纹 短	连接载荷 圆螺纹 长	连接载荷 偏梯形 常规接箍 同钢级	连接载荷 偏梯形 常规接箍 高钢级	连接载荷 偏梯形 特殊同隙接箍 同钢级	连接载荷 偏梯形 特殊同隙接箍 高钢级
5.000	11.50	BG55S / BG55SS	0.220	4.560	4.435	5.563	—	3060	182	4240	4240	—	—	—	—	—	—	—	—	—	—	—
	13.00	BG55-1Cr	0.253	4.494	4.369	5.563	5.375	4140	208	4870	4870	4870	4870	4870	4870	4870	133	182	252	252	252	—
	15.00	BG55-1Cr	0.296	4.408	4.283	5.563	5.375	5560	241	5700	5700	5700	5700	5700	5130	5700	169	223	293	293	287	252
	15.00	BG80S	0.296	4.408	4.283	5.563	5.375	7250	350	8290	8290	8290	8290	—	7460	—	207	295	379	—	363	293
	18.00	BG80S-3Cr / BG80S-5Cr / BG80SS / BG80SS-3Cr / BG80SS-5Cr	0.362	4.276	4.151	5.563	5.375	10490	422	10140	10140	10140	9910	—	7460	—	—	376	457	—	363	—
	15.00	BG80-1Cr	0.296	4.408	4.283	5.563	5.375	7250	350	8290	8290	8290	8290	8290	7460	8290	—	310	396	396	383	396
	18.00	BG80-3Cr / BG80-5Cr	0.362	4.276	4.151	5.563	5.375	10490	422	10140	10140	10140	9910	10140	7460	10140	—	396	477	477	383	477
	15.00	BG90S	0.296	4.408	4.283	5.563	5.375	7830	394	9320	9320	9320	9320	—	8390	—	—	310	404	—	383	—
	18.00	BG90S-3Cr / BG90S-5Cr / BG90SS / BG90SS-3Cr / BG90SS-5Cr	0.362	4.276	4.151	5.563	5.375	11520	475	11400	11400	11400	11150	—	8390	—	—	396	487	383	383	—
	15.00	BG95S	0.296	4.408	4.283	5.563	5.375	8110	416	9840	9840	9840	9840	—	8850	—	—	326	424	—	402	383
	18.00	BG95S-3Cr / BG95S-5Cr / BG95SS / BG95SS-3Cr / BG95SS-5Cr	0.362	4.276	4.151	5.563	5.375	12030	501	12040	12040	12040	11770	—	8850	—	—	416	512	—	402	—
	15.00	BG110-3Cr	0.296	4.408	4.283	5.563	5.375	8850	481	11400	11400	11400	11400	—	10250	—	388	388	503	—	478	—
	18.00	BG110-5Cr	0.362	4.276	4.151	5.563	5.375	13470	580	13940	13940	13940	13620	13940	10250	11650	495	495	606	606	478	517

续表

外径 (in)	名义质量 (lb/ft)	钢级 (带螺纹和接箍)	壁厚 (in)	内径 (in)	通径直径 (in)	接箍外径 常规 (in)	接箍外径 特殊间隙 (in)	挤毁压力 (psi)	管体屈服载荷 (1000lb)	内屈服 平端 (psi)	内屈服 圆螺纹 短	内屈服 圆螺纹 长	内屈服 偏梯形 常规接箍 同钢级	内屈服 偏梯形 常规接箍 高钢级	内屈服 偏梯形 特殊间隙接箍 同钢级	内屈服 偏梯形 特殊间隙接箍 高钢级	连接载荷 圆螺纹 短	连接载荷 圆螺纹 长	连接载荷 偏梯形 常规接箍 同钢级	连接载荷 偏梯形 常规接箍 高钢级	连接载荷 偏梯形 特殊间隙接箍 同钢级	连接载荷 偏梯形 特殊间隙接箍 高钢级
5.500	14.00	BG55S	0.244	5.012	4.887	6.050	—	3120	222	4270	4270	—	—	—	—	—	172	—	300	300	300	—
	15.50	BG55SS	0.275	4.950	4.825	6.050	5.875	4040	248	4810	4810	4810	4810	4810	4730	4810	202	217	300	300	300	300
	17.00	BG55-1Cr	0.304	4.892	4.767	6.050	5.875	4910	273	5320	5320	5320	5320	5320	4730	5320	229	247	329	329	317	329
	17.00	BG80S	0.304	4.892	4.767	6.050	5.875	6290	397	7740	7740	7740	7740	7740	6880	—	—	338	428	—	402	—
	20.00	BG80S-3Cr	0.361	4.778	4.563	6.050	5.875	8830	466	9190	9190	9190	8990	9190	6880	—	—	416	503	—	402	—
	20.00	BG80S-5Cr	0.361	4.778	4.563	6.050	5.875	8830	466	9190	9190	9190	8990	9190	6880	—	—	416	503	—	402	—
	23.00	BG80SS	0.415	4.670	4.545	6.050	5.875	11160	530	10560	9880	9880	8990	10560	6880	—	—	488	550	—	402	—
	23.00	BG80SS-3Cr	0.415	4.670	4.545	6.050	5.875	11160	530	10560	9880	9880	8990	10560	6880	—	—	488	550	—	402	—
	23.00	BG80SS-5Cr	0.415	4.670	4.545	6.050	5.875	11160	530	10560	9880	9880	8990	10560	6880	—	—	488	550	—	402	—
	17.00	BG80-1Cr	0.304	4.892	4.767	6.050	5.875	6290	397	7740	7740	7740	7740	7740	6880	7740	—	348	446	446	423	446
	20.00	BG80-3Cr	0.361	4.778	4.563	6.050	5.875	8830	466	9190	9190	9190	8990	9190	6880	9190	—	428	524	524	423	524
	23.00	BG80-5Cr	0.415	4.670	4.545	6.050	5.875	11160	530	10560	9880	9880	8990	10560	6880	9460	—	502	579	596	423	529
	17.00	BG90S	0.304	4.892	4.767	6.050	5.875	6740	447	8710	8710	8710	8710	—	7740	—	—	355	456	—	423	—
	20.00	BG90S-3Cr	0.361	4.778	4.563	6.050	5.875	9630	525	10340	10340	10340	10120	—	7740	—	—	438	536	—	423	—
	20.00	BG90S-5Cr	0.361	4.778	4.563	6.050	5.875	9630	525	10340	10340	10340	10120	—	7740	—	—	438	536	—	423	—
	23.00	BG90SS	0.415	4.670	4.545	6.050	5.875	12380	597	11880	11110	11110	10120	—	7740	—	—	514	579	—	423	—
	23.00	BG90SS-3Cr	0.415	4.670	4.545	6.050	5.875	12380	597	11880	11110	11110	10120	—	7740	—	—	514	579	—	423	—
	23.00	BG90SS-5Cr	0.415	4.670	4.545	6.050	5.875	12380	597	11880	11110	11110	10120	—	7740	—	—	514	579	—	423	—
	17.00	BG95S	0.304	4.892	4.767	6.050	5.875	6940	471	9190	9190	9190	9190	—	8170	—	—	373	480	—	444	—
	20.00	BG95S-3Cr	0.361	4.778	4.563	6.050	5.875	10020	554	10910	10910	10910	10680	—	8170	—	—	460	563	—	444	—
	20.00	BG95S-5Cr	0.361	4.778	4.563	6.050	5.875	10020	554	10910	10910	10910	10680	—	8170	—	—	460	563	—	444	—
	23.00	BG95SS	0.415	4.670	4.545	6.050	5.875	12930	630	12540	11730	11730	10680	—	8170	—	—	540	608	—	444	—
	23.00	BG95SS-3Cr	0.415	4.670	4.545	6.050	5.875	12930	630	12540	11730	11730	10680	—	8170	—	—	540	608	—	444	—
	23.00	BG95SS-5Cr	0.415	4.670	4.545	6.050	5.875	12930	630	12540	11730	11730	10680	—	8170	—	—	540	608	—	444	—
	17.00	BG110-3Cr	0.304	4.892	4.767	6.050	5.875	7480	546	10640	10640	10640	10640	10640	9460	10640	—	444	568	568	529	568
	20.00	BG110-5Cr	0.361	4.778	4.653	6.050	5.875	11100	641	12640	12640	12640	12360	12640	9460	10740	—	547	667	667	529	571
	23.00		0.415	4.670	4.545	6.050	5.875	14540	729	14530	13580	13580	12360	14050	9460	10740	—	642	724	759	529	571

外径 (in)	名义质量 (lb/ft) 带螺纹和接箍	钢级	壁厚 (in)	内径 (in)	通径直径 (in)	接箍外径-常规 (in)	接箍外径-特殊同隙 (in)	挤毁压力 (psi)	管体屈服载荷 (1000lb)	内屈服压力 圆螺纹-平端	内屈服压力 圆螺纹-短	内屈服压力 圆螺纹-长	内屈服压力 偏梯形-常规接箍-同钢级	内屈服压力 偏梯形-常规接箍-高钢级	内屈服压力 偏梯形-特殊同隙接箍-同钢级	内屈服压力 偏梯形-特殊同隙接箍-高钢级	连接载荷 圆螺纹-短	连接载荷 圆螺纹-长	连接载荷 偏梯形-常规接箍-同钢级	连接载荷 偏梯形-常规接箍-高钢级	连接载荷 偏梯形-特殊同隙接箍-同钢级	连接载荷 偏梯形-特殊同隙接箍-高钢级
6.625	20.00	BG55S	0.288	6.049	5.924	7.390	7.000	2970	315	4180	4180	4180	4180	4180	4060	4180	245	266	374	374	374	374
	24.00	BG55SS	0.352	5.921	5.796			4560	382	5110	5110	5110	5110	5110	4060	5110	314	340	453	453	390	453
	24.00	BG55-1Cr	0.352	5.921	5.796			4560	382	5110	5110	5110	5110	5110	4060	5110	314	340	453	453	390	453
	24.00	BG80S	0.352	5.921	5.796			5760	555	7440	—	7440	7440	7440	5910	5910	—	473	591	—	494	—
	28.00	BG80S-3Cr	0.417	5.791	5.666			8170	651	8810	—	8810	8810	8810	5910	—	—	576	693	—	494	—
	28.00	BG80S-5Cr	0.417	5.791	5.666			8170	651	8810	—	8810	8810	8810	5910	—	—	576	693	—	494	—
	28.00	BG80SS	0.417	5.791	5.666			8170	651	8810	—	8810	8810	8810	5910	—	—	576	693	—	494	—
	28.00	BG80SS-3Cr	0.417	5.791	5.666			8170	651	8810	—	8810	8810	8810	5910	—	—	576	693	—	494	—
	28.00	BG80SS-5Cr	0.417	5.791	5.666			8170	651	8810	—	8810	8810	8810	5910	—	—	576	693	—	494	—
	24.00	BG80-1Cr	0.352	5.921	5.796			5760	555	7440	—	7440	7440	7440	5910	5910	—	481	615	615	520	615
	28.00	BG80-3Cr	0.417	5.791	5.666			8170	651	8810	—	8810	8810	8810	5910	—	—	586	721	721	520	650
	28.00	BG80-5Cr	0.417	5.791	5.666			8170	651	8810	—	8810	8810	8810	5910	—	—	586	721	721	520	650
	24.00	BG90S	0.352	5.921	5.796			6140	624	8370	—	8370	8370	8370	6650	6650	—	519	633	—	520	—
	24.00	BG90S-3Cr	0.352	5.921	5.796			6140	624	8370	—	8370	8370	8370	6650	6650	—	519	633	—	520	—
	24.00	BG90S-5Cr	0.352	5.921	5.796			6140	624	8370	—	8370	8370	8370	6650	6650	—	519	633	—	520	—
	28.00	BG90SS	0.417	5.791	5.666			8880	732	9910	—	9910	9910	9910	6650	—	—	633	742	—	520	—
	28.00	BG90SS-3Cr	0.417	5.791	5.666			8880	732	9910	—	9910	9910	9910	6650	—	—	633	742	—	520	—
	28.00	BG90SS-5Cr	0.417	5.791	5.666			8880	732	9910	—	9910	9910	9910	6650	—	—	633	742	—	520	—
	24.00	BG95S	0.352	5.921	5.796			6310	659	8830	—	8830	8830	8830	7020	7020	—	545	665	—	546	—
	24.00	BG95S-3Cr	0.352	5.921	5.796			6310	659	8830	—	8830	8830	8830	7020	7020	—	545	665	—	546	—
	24.00	BG95S-5Cr	0.352	5.921	5.796			6310	659	8830	—	8830	8830	8830	7020	7020	—	545	665	—	546	—
	28.00	BG95SS	0.417	5.791	5.666			9220	773	10460	—	10460	10460	10460	7020	—	—	664	780	—	546	—
	28.00	BG95SS-3Cr	0.417	5.791	5.666			9220	773	10460	—	10460	10460	10460	7020	—	—	664	780	—	546	—
	28.00	BG95SS-5Cr	0.417	5.791	5.666			9220	773	10460	—	10460	10460	10460	7020	—	—	664	780	—	546	—
	24.00	BG110-3Cr	0.352	5.921	5.796			6730	763	10230	—	10230	10230	10230	8120	9230	—	641	786	786	650	702
	28.00	BG110-5Cr	0.417	5.791	5.666			10160	895	12120	—	12120	12120	12120	8120	9230	—	781	922	922	650	702

外径 (in)	名义质量 (lb/ft) 带螺纹和接箍	钢级	壁厚 (in)	内径 (in)	通径 (in)	接箍外径 (in) 常规	接箍外径 (in) 特殊间隙	挤毁压力 (psi)	管体屈服载荷 (1000lb)	内屈服压力 平端	内屈服压力 圆螺纹 短	内屈服压力 圆螺纹 长	内屈服 偏梯形 常规接箍 同钢级	内屈服 偏梯形 常规接箍 高钢级	内屈服 偏梯形 特殊间隙接箍 同钢级	内屈服 偏梯形 特殊间隙接箍 高钢级	连接载荷 圆螺纹 短	连接载荷 圆螺纹 长	连接载荷 偏梯形 常规接箍 同钢级	连接载荷 偏梯形 常规接箍 高钢级	连接载荷 偏梯形 特殊间隙接箍 同钢级	连接载荷 偏梯形 特殊间隙接箍 高钢级
7.000	20.00	BG55S	0.272	6.456	6.331	7.656	—	2270	316	3740	3740	—	—	—	—	—	234	—	—	—	—	—
	23.00	BG55SS	0.317	6.366	6.241	7.656	7.375	3270	366	4360	4360	4360	4360	4360	3950	4360	284	313	432	432	420	432
	26.00	BG55-1Cr	0.362	6.276	6.151	7.656	7.375	4330	415	4980	4980	4980	4980	4980	3950	4980	334	367	490	490	420	490
	23.00	BG80S	0.317	6.366	6.241	7.656	7.375	3830	532	6340	—	6340	6340	—	5740	—	—	435	565	—	533	—
	26.00	BG80S-3Cr BG80S-5Cr	0.362	6.276	6.151	7.656	7.375	5410	604	7240	—	7240	7240	—	5740	—	—	511	641	—	533	—
	29.00	BG80SS BG80SS-3Cr BG80SS-5Cr	0.408	6.184	6.059	7.656	7.375	7030	676	8160	—	8160	8160	—	5740	—	—	587	718	—	533	—
	23.00	BG80-1Cr	0.317	6.366	6.241	7.656	7.375	3830	532	6340	—	6340	6340	6340	5740	6340	—	442	588	588	561	588
	26.00	BG80-3Cr	0.362	6.276	6.151	7.656	7.375	5410	604	7240	—	7240	7240	7240	5740	7240	—	519	667	667	561	667
	29.00	BG80-5Cr	0.408	6.184	6.059	7.656	7.375	7030	676	8160	—	8160	8160	8160	5740	7890	—	597	746	746	561	701
	23.00	BG90S BG90S-3Cr	0.317	6.366	6.241	7.656	7.375	4030	599	7130	—	7130	7130	—	6460	—	—	479	605	—	561	—
	26.00	BG90S-5Cr	0.362	6.276	6.151	7.656	7.375	5740	679	8140	—	8140	8140	—	6460	—	—	563	687	—	561	—
	29.00	BG90SS BG90SS-3Cr BG90SS-5Cr	0.408	6.184	6.059	7.656	7.375	7580	760	9180	—	9180	9180	—	6460	—	—	648	768	—	561	—
	23.00	BG95S	0.317	6.366	6.241	7.656	7.375	4140	632	7530	—	7530	7530	7530	6810	—	—	505	636	—	589	—
	26.00	BG95S-3Cr BG95S-5Cr	0.362	6.276	6.151	7.656	7.375	5890	717	8600	—	8600	8600	8600	6810	—	—	593	722	—	589	—
	29.00	BG95SS BG95SS-3Cr BG95SS-5Cr	0.408	6.184	6.059	7.656	7.375	7840	803	9690	—	9690	9690	—	6810	—	—	683	808	—	589	—
	26.00	BG110-3Cr	0.362	6.276	6.151	7.656	7.375	6230	830	9960	—	9960	9960	9960	7890	8970	—	693	853	853	701	757
	29.00	BG110-5Cr	0.408	6.184	6.059	7.656	7.375	8530	929	11220	—	11220	11220	11220	7890	8970	—	797	955	955	701	757

表 12-16　宝钢集团防 CO_2 腐蚀油管、套管技术参数

L80-9Cr/13Cr 油管技术参数							
尺寸规格		公称质量				壁厚	
		未加厚带螺纹和接箍		外加厚带螺纹和接箍			
(in)	(mm)	(lb/ft)	(kg/m)	(lb/ft)	(kg/m)	(in)	(mm)
$2^3/_8$	60.32	4.00	5.95	—	—	0.167	4.24
		4.60	6.85	4.70	6.99	0.190	4.83
		5.80	8.63	5.95	8.85	0.254	6.45
$2^7/_8$	73.02	6.40	9.52	6.50	9.67	0.217	5.51
		7.80	11.61	7.90	11.76	0.276	7.01
		8.60	12.80	8.70	12.95	0.308	7.82
		9.35	13.91	9.45	14.06	0.340	8.64
$3^1/_2$	88.90	7.70	11.46	—	—	0.216	5.49
		9.20	13.69	9.30	13.84	0.254	6.45
		10.20	15.18	—	—	0.289	7.34
		12.70	18.90	12.95	19.27	0.375	9.53
4	101.60	9.50	14.14	—	—	0.226	5.74
		—	—	11.00	16.37	0.262	6.65
$4^1/_2$	114.30	12.60	18.75	12.75	18.97	0.271	6.88

L80-9Cr/13Cr 套管技术参数					
尺寸规格		带螺纹和接箍公称质量		壁厚	
(in)	(mm)	(lb/ft)	(kg/m)	(in)	(mm)
$4^1/_2$	114.30	11.60	17.26	0.250	6.35
		13.50	20.09	0.290	7.37
		15.10	22.47	0.337	8.56
5	127.00	15.00	22.32	0.296	7.52
		18.00	26.79	0.362	9.19
$5^1/_2$	139.70	17.00	25.30	0.304	7.72
		20.00	29.76	0.361	9.17
		23.00	34.23	0.415	10.54

化学组分（%，质量分数）					
钢级	C	Si	Mn	P	S
L80-9Cr	≤ 0.15	≤ 1.00	0.30 ~ 0.60	≤ 0.020	≤ 0.010
L80-13Cr	0.15 ~ 0.22	≤ 1.00	0.25 ~ 1.00	≤ 0.020	≤ 0.010
钢级	Cr	Mo	Ni	Cu	—
L80-9Cr	8.00 ~ 10.00	0.90 ~ 1.10	≤ 0.50	≤ 0.25	—
L80-13Cr	12.00 ~ 14.00		≤ 0.50	≤ 0.25	—

机械强度				
钢级	屈服强度（MPa）		抗拉强度（MPa）	最大硬度
	最小	最大	最小	
				(HRC)	(HBW)
L80-9Cr	552	655	655	23	241
L80-13Cr					

表 12-17 无锡西姆莱斯防 CO₂/H₂S 腐蚀油管、套管及钻杆技术参数

表12-17 无锡西姆莱斯防 CO_2/H_2S 腐蚀油管、套管及钻杆技术参数

品种	外径 (mm)	壁厚 (mm)	钢级	扣型 API	扣型 Non-API	执行标准	典型用途
经济型防 CO_2/H_2S 油管、套管	60.3 ~ 339.7	4.83 ~ 12.19	WSP-80SS 3Cr WSP-95SS 3Cr WSP-110SS 3Cr	API	WSP-1T WSP-1TC WSP-2T WSP-3T	协议	用于防腐蚀性要求较高的天然气开采环境
防 H_2S 腐蚀油管、套管	60.3 ~ 339.7	4.83 ~ 13.84	WSP-80S WSP-80SS WSP-95S WSP-95SS WSP-110S WSP-110SS		WSP-1T WSP-2T WSP-3T		用于存在硫化氢的腐蚀环境
抗挤毁防 H_2S 腐蚀油管、套管	114.3 ~ 339.7	5.21 ~ 13.84	WSP-95TS WSP-95TSS WSP-110TS WSP-110TSS		WSP-1T WSP-2T WSP-3T		用于存在硫化氢的腐蚀环境及地层压力较大的地质条件
防 CO_2 腐蚀油管、套管	60.3 ~ 177.8	4.83 ~ 19.05	WSP-13Cr80 WSP-13Cr95 WSP-13Cr110		WSP-1T WSP-2T WSP-3T		用于存在二氧化碳的腐蚀环境
防 H_2S 腐蚀钻杆	60.3 ~ 139.7	7.11 ~ 11.40	75S ~ 125S		Non-API		用于存在硫化氢的腐蚀环境
直连型钻杆	60.3 ~ 139.7	7.11 ~ 11.40	E75 ~ S135	Non-API			用于存在硫化氢的腐蚀环境

表 12-18　无锡西姆莱斯防 H₂S 腐蚀套管技术参数

钢级	外径 (mm)	壁厚 (mm)	内径 (mm)	接箍外径 (mm)	质量 (kg/m)	挤毁压力 (MPa)	拉伸载荷 (kN)	内屈服压力 (MPa)	扣型
110SS	371.48	12.19	347.1	400	107.27	12.6	10332	43.9	WSP-1T
110TSS	371.48		347.1	400	107.27	15.8	10332	43.9	
110SS	361.95		340.62	390	104.88	12.9	10236	44.3	
110TS	361.95		340.62	390	104.88	16	10236	44.3	
95SS	361.95		340.62	390	104.88	12.9	8845	38.3	
95TS	361.95		340.62	390	104.88	14.5	8845	38.3	
110SS	358.78		335.62	385	103.66	13.5	10091	44.9	
110TSS	358.78		335.62	385	103.66	16.8	10091	44.9	
95SS	358.78		335.62	385	103.66	13.5	8720	38.8	
95TSS	358.78		335.62	385	103.66	15	8720	38.8	
110TS	339.7		315.32	365.13	101.19	19	9259	47.6	
N80S	339.7	10.92	317.9	365.13	101.19	16	6923	34.6	
J55	339.7	9.65	320.4	365.13	81.1	8	4048	19	BTC
N80S	339.7	9.65	320.4	365.13	81.1	12	5890	27	WSP-1T
125TS	285.75	12.7	260.35	305	86.59	34.5	9290	66.5	WSP-2T
125TS	285.75	12.57	260.35	305	86.59	34.5	9290	66.5	
125TS	273.1	13.21	246.68	298.45	86.58	41.9	9292	73	
95SS	273.1	12.7	247.96	298.45	82.59	30	6605	53	WSP-1T
95TS	273.1		247.96	298.45	82.59	35	6605	53	
95TSS	273.1		247.96	285	82.59	35	5003	53	
110SS	273.1		247.96	285	82.59	32	5790	62	
110TSS	273.1		247.96	285	82.59	37	5790	62	
125TS	273.1		247.96	285	82.59	42	7500	60	
95SS	244.5		219.36	269.88	69.94	37	6010	59	
110SS	244.5		219.36	269.88	69.94	39	7080	69	
110TS	244.5		219.36	269.88	69.94	46	7080	69	

钢级	外径（mm）	壁厚（mm）	内径（mm）	接箍外径（mm）	质量（kg/m）	挤毁压力（MPa）	拉伸载荷（kN）	内屈服压力（MPa）	扣型
110TSS	244.5	12.57	219.36	269.88	69.94	46	7080	69	WSP-1T
95SS	244.5		220.52	269.88	69.94	35	5670	56	
110SS	244.5	11.99	220.52	269.88	69.94	37	6680	65	
110TS	244.5		220.52	269.88	69.94	43	6680	65	
110TSS	244.5		220.52	269.88	69.94	43	6680	65	WSP-2T
125TS	209.55	13.21	183.13	230	63.52	94	6990	94.2	
125TS	209.55		183.13	230	63.52	94	6990	94.2	
110SS	209.55		184.6	230	61.3	64.1	5964	80.2	WSP-1T
110TSS	209.55		184.6	230	61.3	80	5964	80.2	
95SS	209.55		184.6	230	61.3	58.5	5153	69.3	
95TS	209.55		184.6	230	61.3	73	5153	69.3	
125TS	209.55		184.6	230	61.3	90.4	6730	90.6	
110SS	209.55		184.6	230	61.3	64.1	5964	80.2	WSP-2T
110TSS	209.55		184.6	230	61.3	80	5964	80.2	
110TS	209.55	12.7	184.6	230	61.3	58.5	5153	69.3	
95SS	209.55		184.6	230	61.3	58.5	5153	69.3	
95TS	209.55		184.6	230	61.3	73	5153	69.3	
125TS	209.55		184.6	230	61.3	90.4	6730	90.6	
110SS	193.68		168.28	215.9	58.04	76	5602	87	WSP-1T
110TS	193.68		168.28	215.9	58.04	90	5602	87	
110TSS	193.68		168.28	215.9	58.04	90	5602	87	
110SS	193.68		168.28	200	58.04	76	4761	87	WSP
125TS	193.68		168.28	215.9	58.04	102	6365	98	WSP-1T
110TS	193.68		168.28	200	58.04	90	4761	87	WSP
110TSS	193.68		168.28	200	58.04	90	4761	87	
110SS	193.68		168.28	200	58.04	76	5602	87	WSP-2T
110TS	193.68		168.28	200	58.04	90	5602	87	

钢级	外径 (mm)	壁厚 (mm)	内径 (mm)	接箍外径 (mm)	质量 (kg/m)	挤毁压力 (MPa)	拉伸载荷 (kN)	内屈服压力 (MPa)	扣型
110TSS	193.68	12.7	168.28	200	58.04	90	5602	87	WSP-2T
125TS	193.68	12.7	168.28	200	58.04	102	6365	98	WSP-2T
95SS	177.8	11.51	154.78	194.46	47.62	67	3968	69	WSP-1T
110SS	177.8	11.51	154.78	194.46	47.62	74	4689	80	WSP-1T
110TS	177.8	11.51	154.78	194.46	47.62	88	4689	80	WSP-1T
110TSS	177.8	11.51	154.78	194.46	47.62	88	4689	80	WSP-2T
95SS	177.8	11.51	154.78	194.46	47.62	67	3968	69	WSP-2T
110SS	177.8	11.51	154.78	194.46	47.62	74	4689	80	WSP-2T
110TS	177.8	11.51	154.78	194.46	47.62	88	4689	80	WSP-2T
110TSS	177.8	11.51	154.78	194.46	47.62	88	4689	80	WSP-2T
125T	162	10	142	162	37.3	72.4	4114	93.1	WSP
110SS	146.3	12.34	121.62	150	40.49	117.1	2904	111.8	WSP
110TSS	146.3	12.34	121.62	150	40.49	135	2904	111.8	WSP
95SS	146.3	12.34	121.62	150	40.49	101.2	2276	96.6	WSP
95TSS	146.3	12.34	121.62	150	40.49	116.5	2276	96.6	WSP
95	146.05	12.34	121.37	150	40.46	112	2276	76	WSP
95SS	146.05	12.34	121.37	150	40.46	112	2276	76	WSP
110TSS	146.05	12.34	121.37	150	40.46	125	2904	96	WSP
95SS	139.7	10.54	118.62	146.7	34.23	89	2707	72	WSP-1T
110SS	139.7	10.54	118.62	146.7	34.23	100	3380	97	WSP-1T
95SS	139.7	10.54	118.62	146.7	34.23	89	2707	72	WSP-2T
110SS	139.7	10.54	118.62	146.7	34.23	100	3380	97	WSP-2T
P110	127	11.1	104.8	141.3	31.85	121	3206	94	WSP-1T
110TSS	127	11.1	104.8	141.3	31.85	144	3206	94	WSP-1T
P110T	127	9.19	108.62	141.3	37.87	108	2699	94	WSP-1T
125T	120.65	10	100.65	120.65	27.2	131	2995	135	WSP

表 12-19　天津钢管集团股份有限公司防 CO_2/H_2S 腐蚀套管技术参数

项　　目	防 H_2S 腐蚀套管系列		防 CO_2 腐蚀套管系列
外径（mm）	114.30 ~ 339.70	193.68	114.30 ~ 339.70
壁厚（mm）	5.21 ~ 15.88	12.7	5.21 ~ 15.88
钢级	TP80（T）S TP80（T）SS TP90（T）S TP90（T）SS TP95（T）S TP95（T）SS TP110（T）S	TP110TSS	TP80NC-3Cr TP80NC-5Cr TP80NC-13Cr TP110NC-3Cr TP110NC-5Cr TP110NC-13Cr TP95-HP13Cr TP95-SUP13Cr TP110-HP13Cr TP110-SUP13Cr
扣型	S/L/B	TP-FJ	S/L/B
执行标准	Q/TGGB21	技术协议	技术协议
典型环境	用于含 H_2S 的油气井环境		用于含 CO_2 的油气井环境

表 12-20　天津钢管集团股份有限公司防 H_2S 腐蚀套管技术参数

钢级	SSCC 性能	
	S_t[1]（SMYS）[3]（最小）	S_c[2]10ksi（最小）
TP80（T）S	0.85	12
TP80（T）SS	0.90	14
L80-IPR[4]	0.90	14
TP90（T）S	0.85	12
TP90（T）SS	0.90	13
TP95（T）S	0.85	12
TP95（T）SS	0.90	13
TP100（T）S	0.80	12
TP100（T）SS	0.85	13
TP105（T）S	0.80	12
TP105（T）SS	0.85	13
TP110（T）S	0.80	12
TP110（T）SS	0.85	13

①恒载拉伸试验轴向应力（NACE TM 0177 方法 A）。
②门槛保证值。
③三点弯曲试验轴向应力（NACE TM 0177 方法 A）。
④ L80-IPR 为出口加拿大执行 IPR 规范的油管、套管产品。

表 12-21　天钢防 H$_2$S 腐蚀套管技术参数

钢级	外径 (mm)	壁厚 (mm)	内径 (mm)	接箍外径 (mm)	质量 (kg/m)	挤毁压力 (MPa)	拉伸载荷 (kN)	内屈服压力 (MPa)	扣型
TP95SS	371.48	12.7	346.08	396.88	115.33	13.9	8907	39.2	
	368.3		342.9	393.7	113.84	14.2	8837	39.5	
	365.13		339.73	390.53	113.84	14.6	8767	39.9	
	361.95		336.55	387.35	112.36	15	8696	40.2	
	358.78		333.38	384.18	110.87	15.4	8626	40.5	TP-CQ
TP110SS	339.73	12.19	315.35	365.13	101.19	16.1	9249	47.6	
TP80SS	339.73	10.92	317.89	365.13	90.78	11.5	6181	31	
	339.73	9.65	320.43	365.13	81.1	7.9	5483	27.4	
TP95SS	285.75	12.7	260.35	305	87.06	27.5	6597	46.6	
TP110SS	285.75		260.35	305	87.06	29.3	7638	53.9	
TP100SS	273.05	13.84	245.37	280.99	88.47	39.3	5584	53.9	TP-NF
TP110TS	273.05		245.37	无接箍	88.47	39.3	4894	53.82	TP-FJ
TP100TS	273.05		245.37	无接箍	88.47	43.2	4442	48.93	
TP125SS	273.05	13.21	246.63	293.45	87.06	37.6	8761	66.7	TP-CQ
	273.05		246.63	283	84.07	37.6	7698	60	TP-NF
TP95TSS	273.05	12.57	247.91	293.45	82.91	33.4	7706	63.5	
TP95SS	273.05		247.91	293.45	82.67	33	6596	51.3	TP-CQ
	273.05		247.91	293.45	82.67	30	6596	51.3	
TP100SS	273.05		247.91	280.99	80.75	30.4	4905	53.9	TP-NF
TP100TSS	273.05		247.91	293.45	82.59	30.4	6925	55.6	
TP95SS	273.05		247.91	293.45	82.59	33.4	6925	55.6	TP-CQ
TP95	273.05		247.91	280.99	82.59	29.6	4660	52.8	
	273.05		247.91	280.99	80.75	29.6	4660	52.8	TP-NF

钢级	外径(mm)	壁厚(mm)	内径(mm)	接箍外径(mm)	质量(kg/m)	挤毁压力(MPa)	拉伸载荷(kN)	内屈服压力(MPa)	扣型
TP95S	244.48	11.99	220.5	269.9	70.01	35.1	5661	56.2	TP-CQ
	244.48	11.05	222.38	269.9	64.79	28.4	5239	51.8	TP-CQ
	244.48	11.05	222.38	269.9	64.79	30.5	6145	60	
TP110SS	209.55	13	183.54	230	88.47	67.9	6090	75.3	TP-G2
	209.55	13	184.15	230	63.25	64.4	5957	73.5	TP-CQ
TP125SS	193.68	12.7	168.28	215.9	56.68	83.1	6113	90.4	TP-CQ
	193.68	12.7	168.28	无接箍	56.68	83.1	3569	49.2	TP-FJ
TP110TSS	193.68	12.7	168.28	215.9	58.09	84	5476	87	TP-CQ
TP110TS	193.68	12.7	168.28	215.9	58.09	84	5476	87	
TP110SS	193.68	12.7	168.28	215.9	58.09	76.4	5476	87	
TP110TSS	193.68	12.7	168.28	无接箍	58.04	82.5	3121	43.3	TP-FJ
TP125SS	177.8	11.51	154.78	194.46	47.2	80.7	4739	89.2	TP-CQ
TP110TS	177.8	11.51	154.78	194.46	47.66	81.8	4170	80.3	
TP110SS	177.8	11.51	154.78	194.46	47.66	74.3	4170	80.3	
TP125SS	149.23	13.93	121.37	无接箍	46.51	146	2847	98.6	
TP95SS	146.05	12.34	121.37	无接箍	40.7	133.4	2462	89.2	TP-FJ
	146.05	12.34	121.37	无接箍	40.7	101.4	1857	71.5	
TP110T	127	11.1	104.8	141.3	31.88	133.1	2535	94	TP-CQ
P110	127	11.1	104.8	无接箍	31.73	121	1704	87	TP-FJ

表 12-22　Mannesmann 防 H₂S 腐蚀套管（Big Omega 螺纹）技术参数

公称外径 D (in)	质量 W (lb/ft)	通径 d (in)	壁厚 t (in)	接箍外径 D_c (in)	接箍外径（特殊间隙或倒角）D_sc (in)	管壁临界横截面积 A_t (in²)	接箍临界横截面积 A_c (in²)	上扣长度损失 L_m (in)	最小连接强度 (ksi)	
									MW-100SS	MW-110SS
13.625	88.2	12.250	0.625	14.625	14.375	25.525	25.525	4.815	2438	2672

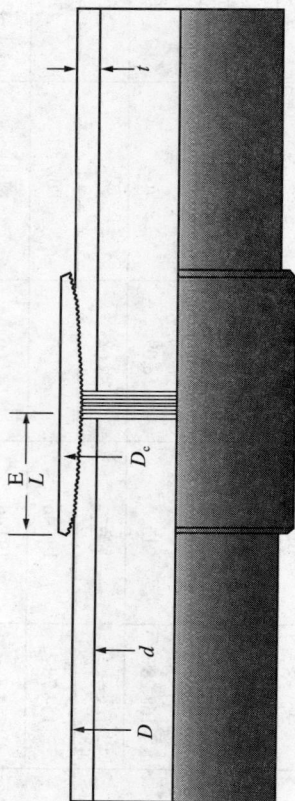

图 12-1　Mannesmann 防 H₂S 腐蚀套管（Big Omega 螺纹）示意图

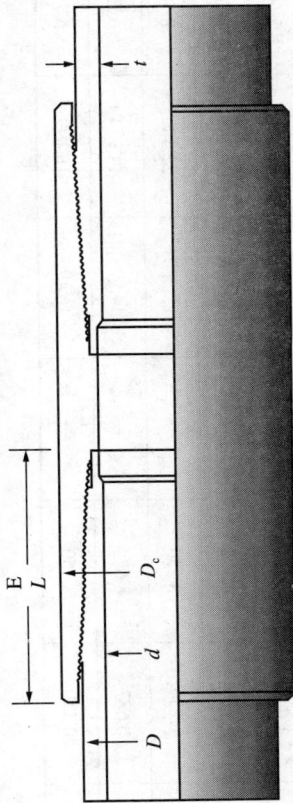

图 12-2　Mannesmann 防 H₂S 腐蚀套管（HPC 螺纹）示意图

表 12-23　Mannesmann 防 H_2S 腐蚀套管（HPC 螺纹）技术参数

公称外径 D (in)	质量 W (lb/ft)	通径 d (in)	壁厚 t (in)	接箍外径 D_c (in)	接箍外径（特殊间隙或倒角）D_{sc} (in)	管壁临界横截面积 A_t (in²)	接箍临界横截面积 A_c (in²)	上扣长度损失 L_m (in)	最小连接强度 (ksi) MW-100SS	最小连接强度 (ksi) MW-110SS
5.000	27.0	3.755	0.560	5.750	—	7.811	7.811	6.750	816	890
5.000	29.2	3.625	0.625	5.875	—	8.590	8.590	6.750	898	979
5.000	31.6	3.501	0.687	6.000	—	9.309	9.309	6.750	973	1061
5.500	32.6	4.125	0.625	6.375	—	9.572	9.572	6.750	1000	1091
5.500	35.3	4.001	0.687	6.500	—	10.388	10.388	6.750	1086	1184
5.500	38.0	3.875	0.750	6.500	—	11.192	11.192	6.750	1170	1276
5.500	40.5	3.751	0.812	6.500	—	11.959	11.959	6.750	1250	1363
5.500	43.1	3.625	0.875	6.500	—	12.714	12.714	7.488	1329	1449
6.625	40.2	5.250	0.625	7.500	—	11.781	11.781	6.750	1231	1343
6.625	43.7	5.126	0.687	7.625	—	12.816	12.816	6.750	1339	1461

公称外径 D (in)	质量 W (lb/ft)	通径 d (in)	壁厚 t (in)	接箍外径 D_c (in)	接箍外径(特殊间隙或倒角)D_sc (in)	管壁临界横截面积 A_t (in²)	接箍临界横截面积 A_c (in²)	上扣长度损失 L_m (in)	最小连接强度 (ksi) MW-100SS	MW-110SS
6.625	47.1	5.000	0.750	7.625	—	13.843	13.843	6.750	1447	1578
6.625	50.4	4.876	0.812	7.625	—	14.829	14.829	7.488	1550	1690
6.625	53.7	4.750	0.875	7.625	—	15.806	15.806	7.488	1652	1802
6.625	56.8	4.626	0.937	7.750	—	16.744	16.744	7.488	1750	1909
6.625	63.2	4.376	1.062	8.000	—	18.560	18.560	8.500	1940	2116
6.625	65.8	4.250	1.125	8.000	—	19.439	19.439	8.500	2031	2216
6.625	71.4	4.000	1.250	8.000	—	21.108	21.108	8.500	2206	2406
7.000	46.0	5.535	0.670	8.000	—	13.324	13.324	6.750	1392	1519
7.000	50.1	5.375	0.750	8.000	—	14.726	14.258	6.750	1490	1625
7.000	53.6	5.251	0.812	8.000	—	15.785	15.785	6.750	1650	1800
7.000	57.1	5.125	0.875	8.000	—	16.837	16.837	7.488	1759	1919
7.000	60.5	5.001	0.937	8.125	—	17.847	17.847	8.500	1865	2035
7.000	66.6	4.781	1.047	8.125	—	19.581	19.581	8.500	2046	2232
7.000	70.3	4.625	1.125	8.125	—	20.764	20.764	8.500	2170	2367
7.000	76.3	4.375	1.250	8.250	—	22.580	22.580	8.500	2360	2574
7.625	51.2	6.126	0.687	8.625	—	14.974	14.974	6.750	1565	1707
7.625	55.3	6.000	0.750	8.750	—	16.199	16.199	6.750	1693	1847

公称外径 D (in)	质量 W (lb/ft)	通径 d (in)	壁厚 t (in)	接箍外径 D_c (in)	接箍外径（特殊间隙或倒角）D_{sc} (in)	管壁临界横截面积 A_t (in²)	接箍临界横截面积 A_c (in²)	上扣长度损失 L_m (in)	最小连接强度 (ksi) MW-100SS	最小连接强度 (ksi) MW-110SS
7.625	59.2	5.876	0.812	8.750	—	17.380	17.380	6.750	1816	1981
7.625	63.2	5.750	0.875	8.750	—	18.555	18.555	7.488	1939	2115
7.625	66.9	5.626	0.937	8.875	—	19.687	19.687	7.488	2057	2244
7.625	70.7	5.500	1.000	8.875	—	20.813	20.813	8.500	2175	2373
7.625	74.8	5.376	1.062	8.875	—	21.897	21.897	8.500	2288	2496
7.625	77.9	5.250	1.125	8.875	—	22.973	22.973	8.500	2401	2619
7.625	82.1	5.100	1.200	8.875	—	24.222	24.222	8.500	2531	2761
7.625	84.8	5.000	1.250	8.875	—	25.035	25.035	8.500	2616	2854
8.000	58.5	6.375	0.750	9.125	—	17.082	17.082	6.750	1785	1947
8.000	62.7	6.251	0.812	9.125	—	18.336	18.336	6.750	1916	2090
8.000	66.9	6.125	0.875	9.125	—	19.586	19.586	7.488	2047	2233
8.000	71.0	6.001	0.937	9.125	—	20.791	20.791	7.488	2173	2370
8.625	58.7	7.126	0.687	9.750	—	17.132	17.132	6.750	1790	1953
8.625	68.1	6.876	0.812	9.750	—	19.931	19.931	6.750	2083	2272
8.625	72.7	6.750	0.875	9.750	—	21.304	21.304	7.488	2226	2429
8.625	81.5	6.500	1.000	9.750	—	23.955	23.955	8.500	2503	2731
8.625	86.1	6.374	1.063	9.750	—	25.253	25.253	8.500	2639	2879

公称外径 D (in)	质量 W (lb/ft)	通径 d (in)	壁厚 t (in)	接箍外径 D_c (in)	接箍外径(特殊间隙或倒角)D_{sc} (in)	管壁临界横截面积 A_t (in²)	接箍临界横截面积 A_c (in²)	上扣长度损失 L_m (in)	最小连接强度 (ksi)	
									MW-100SS	MW-110SS
8.625	90.0	6.250	1.125	9.750	—	26.507	26.507	8.500	2770	3022
9.625	64.9	8.125	0.672	10.750	—	18.901	18.901	6.750	1975	2155
9.625	70.3	8.001	0.734	10.750	—	20.502	20.502	6.750	2142	2337
9.625	71.8	7.969	0.750	10.750	—	20.911	20.911	6.750	2185	2384
9.625	75.6	7.875	0.797	10.750	—	22.104	22.104	6.750	2310	2520
9.625	80.8	7.751	0.859	10.750	—	23.656	23.656	7.488	2472	2697
9.625	86.0	7.624	0.922	10.875	—	25.209	25.209	7.488	2634	2874
9.625	92.0	7.469	1.000	10.875	—	27.096	27.096	7.488	2832	3089
10.000	67.5	8.500	0.672	11.125	—	19.693	19.693	6.750	2058	2245
10.000	68.9	8.500	0.688	11.125	—	20.127	20.127	6.750	2103	2294
10.750	73.2	9.250	0.672	11.875	—	21.276	21.276	6.750	2223	2425
10.750	79.2	9.126	0.734	12.000	—	23.096	23.096	6.750	2414	2633
10.750	85.3	9.000	0.797	12.000	—	24.921	24.921	6.750	2604	2841
10.750	97.1	8.750	0.922	12.000	—	28.467	28.467	7.488	2975	3245
10.750	108.7	8.500	1.047	12.000	—	31.916	31.916	8.500	3335	3638
11.750	79.0	10.282	0.656	12.875	—	22.863	22.863	6.750	2389	2606
11.750	83.0	10.212	0.691	12.875	—	24.007	24.007	6.750	2509	2737

公称外径 D (in)	质量 W (lb/ft)	通径 d (in)	壁厚 t (in)	接箍外径 D_c (in)	接箍外径(特殊间隙或倒角) D_{sc} (in)	管壁临界横截面积 A_t (in²)	接箍临界横截面积 A_c (in²)	上扣长度损失 L_m (in)	最小连接强度 (ksi) MW-100SS	最小连接强度 (ksi) MW-110SS
11.750	99.0	9.898	0.848	13.000	—	29.044	29.044	6.750	3035	3311
11.750	109.9	9.694	0.950	12.125	—	32.233	32.233	7.488	3368	3675
12.750	84.1	11.375	0.625	13.875	—	23.807	23.807	6.750	2488	2714
13.375	92.0	11.879	0.670	14.500	—	26.742	26.742	6.750	2795	3049
13.375	96.0	11.819	0.700	14.500	—	27.874	27.874	6.750	2913	3178
13.375	116.5	11.479	0.870	14.625	—	34.178	34.178	6.750	3572	3896
13.375	122.7	11.379	0.920	14.625	—	35.998	35.998	7.488	3762	4104
14.000	103.5	12.337	0.720	15.250	—	30.039	30.039	6.750	3139	3424
14.000	110.0	12.250	0.772	15.250	—	32.082	32.082	6.750	3353	3657
14.000	120.0	12.077	0.850	15.250	—	35.115	35.115	7.488	3670	4003
14.000	127.0	12.001	0.906	15.250	—	37.269	37.269	7.488	3895	4249
16.000	118.0	14.341	0.715	17.250	—	34.334	34.334	6.750	3588	3914
16.000	128.0	12.229	0.781	17.375	—	37.341	37.341	6.750	3902	4257
16.000	138.0	14.075	0.850	17.250	—	40.456	40.456	7.488	4228	4612
16.000	147.0	14.000	0.906	17.375	—	42.962	42.962	7.488	4490	4898

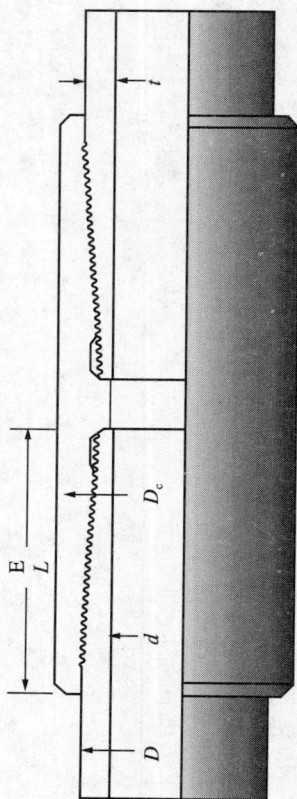

图 12-3 Mannesmann 防 H_2S 腐蚀套管 (MAT 螺纹) 示意图

表 12-24 Mannesmann 防 H_2S 腐蚀套管 (MAT 螺纹) 技术参数

公称外径 D (in)	质量 W (lb/ft)	通径 d (in)	壁厚 t (in)	接箍外径 D_c (in)	接箍外径 (特殊间隙或倒角) D_{sc} (in)	管壁临界横截面积 A_t (in²)	接箍临界横截面积 A_c (in²)	上扣长度损失 L_m (in)	最小连接强度 (ksi)	
									MW-100SS	MW-110SS
5.000	15.0	4.283	0.296	5.563	5.375	4.374	4.374	3.825	457	499
5.000	18.0	4.151	0.362	5.563	5.375	5.275	5.101	3.825	533	606
5.000	21.4	4.001	0.437	5.563	5.375	6.264	5.101	3.825	533	606
5.000	23.2	3.919	0.478	5.563	5.375	6.791	5.101	3.825	533	606
5.000	24.1	3.875	0.500	5.563	5.375	7.069	5.101	3.825	533	606
5.500	15.5	4.825	0.275	6.050	5.875	4.514	4.514	4.736	—	—
5.500	17.0	4.767	0.304	6.050	5.875	4.962	4.962	4.736	519	589
5.500	20.0	4.653	0.361	6.050	5.875	5.828	5.828	4.736	609	692
5.500	23.0	4.545	0.415	6.050	5.875	6.630	6.630	4.736	693	787
5.500	26.8	4.375	0.500	6.050	5.875	7.854	6.914	4.736	723	821
5.500	28.4	4.315	0.530	6.050	5.875	8.275	6.914	4.736	723	821

公称外径 D (in)	质量 W (lb/ft)	通径 d (in)	壁厚 t (in)	接箍外径 D_c (in)	接箍外径(特殊间隙或倒角) D_sc (in)	管壁临界横载面积 A_t (in²)	接箍临界横载面积 A_c (in²)	上扣长度损失 L_m (in)	最小连接强度 (ksi)	
									MW-100SS	MW-110SS
5.500	29.7	4.251	0.562	6.050	5.875	8.718	6.914	4.736	723	821
6.625	20.0	5.924	0.288	7.390	7.000	5.734	5.734	4.921	—	—
6.625	24.0	5.796	0.352	7.390	7.000	6.937	6.937	4.921	725	824
6.625	28.0	5.666	0.417	7.390	7.000	8.133	8.133	4.921	850	966
6.625	32.0	5.550	0.475	7.390	7.000	9.177	9.101	4.921	951	1081
7.000	23.0	6.250	0.317	7.656	7.375	6.655	6.656	5.110	695	790
7.000	26.0	6.151	0.362	7.656	7.375	7.549	7.549	5.110	789	896
7.000	29.0	6.059	0.408	7.656	7.375	8.449	8.449	5.110	883	1003
7.000	32.0	6.000	0.453	7.656	7.375	9.317	8.451	5.110	883	1004
7.000	35.0	5.879	0.498	7.656	7.375	10.172	8.451	5.110	883	1004
7.000	38.0	5.795	0.540	7.656	7.375	10.959	8.451	5.110	883	1004
8.625	49.0	7.386	0.557	9.625	9.125	14.118	14.118	5.606	1475	1677
9.625	43.5	8.625	0.435	10.625	10.125	12.559	9.314	5.606	973	1106
10.750	45.5	9.875	0.400	11.750	11.250	13.006	13.006	5.606	—	—
10.750	51.0	9.694	0.450	11.750	11.250	14.561	14.561	5.606	1522	1729
10.750	55.5	9.625	0.495	11.750	11.250	15.947	15.947	5.606	1667	1894
11.750	47.0	10.844	0.375	12.750	11.937	13.401	11.461	5.606	1198	1361

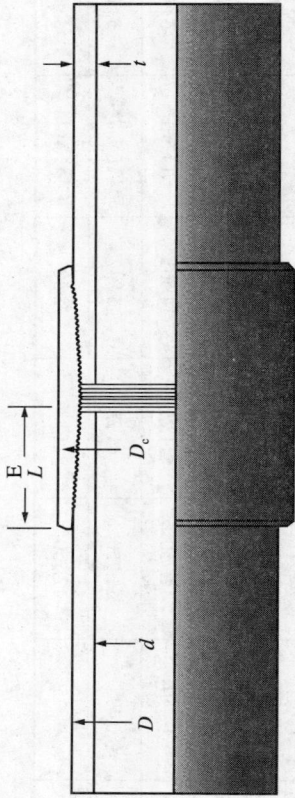

图 12—4 Mannesmann 防 H$_2$S 腐蚀套管 (Mid Omega 螺纹) 示意图

表 12—25 Mannesmann 防 H$_2$S 腐蚀套管 (Mid Omega 螺纹) 技术参数

公称外径 D (in)	质量 W (lb/ft)	通径 d (in)	壁厚 t (in)	接箍外径 D_c (in)	接箍外径 (特殊间隙或倒角) D_{sc} (in)	管壁临界升横载面积 A_t (in^2)	接箍临界升横载面积 A_c (in^2)	上扣长度损失 L_m (in)	最小连接强度 (ksi) MW-100SS	最小连接强度 (ksi) MW-110SS
9.625	36.0	8.765	0.352	10.625	—	10.254	10.254	5.722	—	—
9.625	40.0	8.750	0.395	10.625	—	11.454	11.454	5.722	1197	1306
9.625	43.5	8.625	0.435	10.625	—	12.559	12.559	5.722	1312	1432
9.625	47.0	8.625	0.472	10.625	—	13.572	13.572	5.722	1418	1547
9.625	53.5	8.500	0.545	10.625	—	15.546	15.546	5.722	1625	1772
9.625	58.4	8.375	0.595	10.625	—	16.879	16.879	5.722	1764	1924
9.625	59.4	8.251	0.609	10.625	—	17.250	17.250	5.722	1803	1966
9.625	61.1	8.219	0.625	10.625	—	17.671	17.671	5.722	1847	2015
9.625	64.9	8.125	0.672	10.625	—	18.901	18.901	5.722	1975	2155
9.625	70.3	8.001	0.734	10.625	—	20.502	19.650	5.722	2053	2240
9.750	59.2	8.500	0.595	10.625	—	17.113	17.113	5.722	1788	1951

公称外径 D (in)	质量 W (lb/ft)	通径 d (in)	壁厚 t (in)	接箍外径 D_c (in)	接箍外径(特殊间隙或倒角) D_{sc} (in)	管壁临界横截面积 A_t (in²)	接箍临界横截面积 A_c (in²)	上扣长度损失 L_m (in)	最小连接强度 (ksi) MW-100SS	最小连接强度 (ksi) MW-110SS
9.875	62.6	8.500	0.625	10.625	—	18.162	18.162	5.722	1898	2071
10.000	54.3	8.782	0.531	11.000	—	15.796	15.796	5.722	1651	1801
10.000	60.3	8.654	0.595	11.000	—	17.580	17.580	5.722	1837	2004
10.000	62.2	8.608	0.618	11.000	—	18.215	18.215	5.722	1903	2077
10.000	67.5	8.500	0.672	11.000	—	19.693	19.693	5.722	2058	2245
10.000	68.9	8.500	0.688	11.000	—	20.127	20.127	5.722	2103	2294
10.750	40.5	9.894	0.350	11.750	—	11.435	11.435	5.722	—	—
10.750	45.5	9.875	0.400	11.750	—	13.006	13.006	5.722	—	—
10.750	51.0	9.694	0.450	11.750	—	14.561	14.561	5.722	1522	1660
10.750	55.5	9.625	0.495	11.750	—	15.947	15.947	5.722	1667	1818
10.750	60.7	9.504	0.545	11.750	—	17.473	17.473	5.722	1826	1992
10.750	65.7	9.500	0.595	11.750	—	18.982	18.982	5.722	1984	2164
10.750	68.8	9.322	0.636	11.750	—	20.208	20.208	5.722	2112	2304
10.750	73.2	9.250	0.672	11.750	—	21.276	21.276	5.722	2223	2425
10.750	79.2	9.126	0.734	11.750	—	23.096	23.096	5.722	2414	2633
11.750	47.0	10.844	0.375	12.750	—	13.401	13.401	5.722	1400	1528
11.750	54.0	10.724	0.435	12.750	—	15.463	15.463	5.722	1616	1763
11.750	60.0	10.625	0.489	12.750	—	17.300	17.300	5.722	1808	1972
11.750	65.0	10.625	0.534	12.750	—	18.816	18.816	5.722	1966	2145

公称外径 D (in)	质量 W (lb/ft)	通径 d (in)	壁厚 t (in)	接箍外径 D_c (in)	接箍外径（特殊间隙或倒角）D_{sc} (in)	管壁临界横截面积 A_t (in²)	接箍临界横截面积 A_c (in²)	上扣长度损失 L_m (in)	最小连接强度 (ksi) MW-100SS	最小连接强度 (ksi) MW-110SS
11.750	71.0	10.430	0.582	12.750	—	20.420	20.420	5.722	2134	2328
11.750	75.0	10.358	0.618	12.750	—	21.613	21.613	5.722	2259	2464
11.875	71.8	10.625	0.582	12.750	—	20.648	20.648	5.722	2158	2354
12.000	68.0	10.750	0.547	13.000	—	19.681	19.681	5.722	2057	2244
12.000	73.0	10.666	0.589	13.000	—	21.115	21.115	5.722	2207	2407
12.000	76.0	10.624	0.610	13.000	—	21.827	21.827	5.722	2281	2488
12.000	86.5	10.430	0.707	13.000	—	25.083	25.083	5.722	2621	2859
12.875	66.6	11.750	0.495	13.875	—	19.252	19.252	5.722	2012	2195
13.375	54.5	12.459	0.380	14.375	—	15.513	15.513	5.722	—	—
13.375	61.0	12.359	0.430	14.375	—	17.487	17.487	5.722	1827	1994
13.375	68.0	12.259	0.480	14.375	—	19.445	19.445	5.722	2032	2217
13.375	72.0	12.250	0.514	14.375	—	20.768	20.768	5.722	2170	2368
13.375	77.0	12.119	0.550	14.375	—	22.160	22.160	5.722	2316	2526
13.375	80.7	12.059	0.580	14.375	—	23.314	23.314	5.722	2436	2658
13.375	85.0	12.003	0.608	14.375	—	24.386	24.386	5.722	2548	2780
13.375	86.0	12.000	0.625	14.375	—	25.035	25.035	5.722	2616	2854
13.500	81.4	12.250	0.580	14.375	—	23.542	23.542	5.722	2460	2684
13.625	88.2	12.250	0.625	14.625	—	25.525	25.525	5.722	2667	2910
13.625	105.0	12.000	0.760	14.625	—	30.717	30.717	5.722	3210	3502

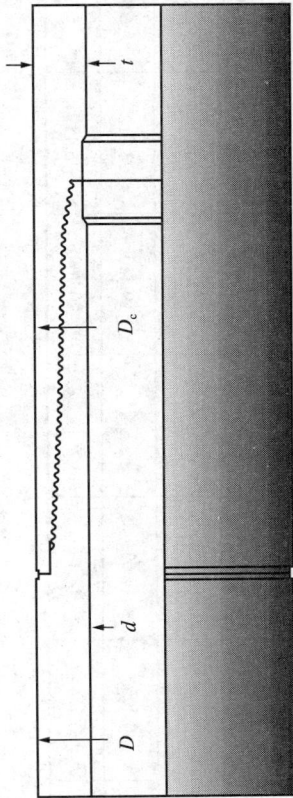

图 12-5 Mannesmann 防 H_2S 腐蚀套管 (MUST 螺纹) 示意图

表 12-26 Mannesmann 防 H_2S 腐蚀套管 (MUST 螺纹) 技术参数

公称外径 D (in)	质量 W (lb/ft)	通径 d (in)	壁厚 t (in)	整体接头外径 D_c (in)	整体接头外径 (特殊间隙或倒角) D_{sc} (in)	管壁临界横截面积 A_t (in²)	整体接头临界横截面积 A_c (in²)	上扣长度损失 L_m (in)	最小连接强度 (ksi) MW-100SS	最小连接强度 (ksi) MW-110SS
5.500	32.0	4.151	0.612	5.500	—	9.398	4.892	4.528	511	558
7.625	53.0	6.000	0.712	7.625	—	15.463	9.689	5.984	1013	1105
7.625	59.0	5.879	0.811	7.625	—	17.361	9.689	5.984	1013	1105
8.625	85.8	6.000	1.062	8.976	—	25.233	14.707	6.665	1537	1677
10.750	109.0	8.500	1.033	10.750	—	31.534	18.214	6.177	1903	2076
10.750	109.0	8.500	1.033	11.025	—	31.534	15.965	6.177	1756	1916

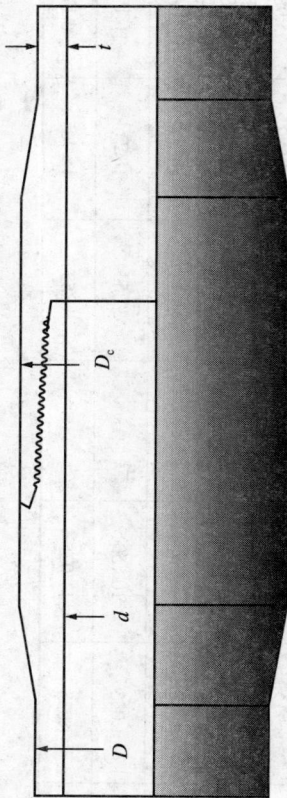

图 12-6 Mannesmann 防 H₂S 腐蚀套管 (PRC 螺纹) 示意图

表 12-27 Mannesmann 防 H₂S 腐蚀套管 (PRC 螺纹) 技术参数

公称外径 D (in)	质量 W (lb/ft)	通径 d (in)	壁厚 t (in)	整体接头外径 D_c (in)	整体接头外径(特殊间隙或倒角)D_{sc} (in)	管壁临界横截面积 A_t (in²)	整体接头临界横截面积 A_c (in²)	上扣长度损失 L_m (in)	最小连接强度 (ksi) MW-100SS	最小连接强度 (ksi) MW-110SS
8.625	46.4	7.500	0.500	9.655	—	12.763	16.516	5.598	1334	1455
9.750	61.2	8.413	0.606	10.625	—	17.408	19.163	6.024	1819	1985
11.000	67.3	9.733	0.571	12.031	—	18.708	23.212	6.024	1955	2133
11.000	69.7	9.660	0.595	12.031	—	19.450	23.212	6.024	2033	2217
13.375	75.0	12.250	0.514	14.400	—	20.768	26.431	5.787	2170	2368

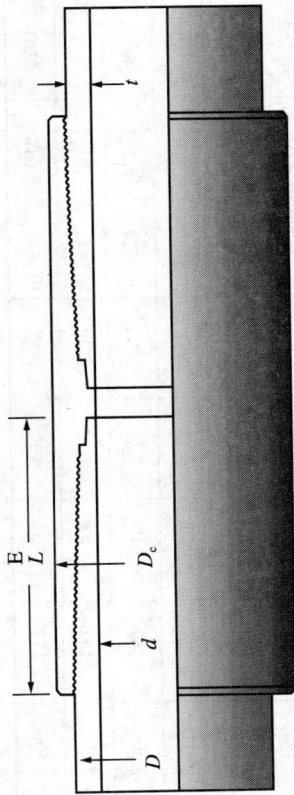

图 12-7　NSC 防 H_2S 腐蚀套管（NS-CC 螺纹）示意图

表 12-28　NSC 防 H_2S 腐蚀套管（NS-CC 螺纹）技术参数

公称外径 D (in)	质量 W (lb/ft)	通径 d (in)	壁厚 t (in)	接箍外径 D_c (in)	接箍外径(特殊间隙或倒角) D_{sc} (in)	管壁临界横截面积 A_t (in²)	上扣长度损失 L_m (in)	最小连接强度 (ksi)							
								NT-125DS	NT-140DS	NT-150DS	NT-95HS	NT-110HS	NT-80SS	NT-90SS	NT-95SS
5.000	15.0	4.408	0.296	5.563	—	4.374	4.69	565	610	651	441	503	379	404	424
5.000	18.0	4.276	0.362	5.563	—	5.275	4.69	681	735	785	532	606	457	487	512
5.000	21.4	4.126	0.437	5.563	—	6.264	4.69	745	798	852	586	665	506	532	559
5.000	23.2	4.044	0.478	5.563	—	6.791	4.69	745	798	852	586	665	506	532	559
5.000	24.1	4.000	0.500	5.563	—	7.069	4.69	745	798	852	586	665	506	532	559
5.500	17.0	4.892	0.304	6.050	5.907	4.962	4.75	638	690	736	498	568	428	456	480
5.500	20.0	4.778	0.361	6.050	5.907	5.828	4.75	749	810	865	585	667	503	536	563
5.500	23.0	4.670	0.415	6.050	5.907	6.630	4.75	805	862	919	632	718	546	575	603

公称外径 D (in)	质量 W (lb/ft)	通径 d (in)	壁厚 t (in)	接箍外径 D_c (in)	接箍同隙或特殊倒角 D_{sc} (in)	管壁临界横截面积 A_t (in²)	上扣长度损失 L_m (in)	最小连接强度 (ksi)							
								NT-125DS	NT-140DS	NT-150DS	NT-95HS	NT-110HS	NT-80SS	NT-90SS	NT-95SS
5.500	26.0	4.548	0.476	6.050	—	7.513	4.75	805	862	919	632	718	546	575	603
5.500	28.4	4.440	0.530	6.050	—	8.275	4.75	805	862	919	632	718	546	575	603
6.626	24.0	5.921	0.352	7.390	7.028	6.938	4.94	884	958	1023	689	787	592	633	665
6.626	28.0	5.791	0.417	7.390	7.028	8.134	4.94	1037	1123	1199	808	922	694	742	780
6.626	32.0	5.676	0.475	7.390	7.028	9.179	4.94	1170	1267	1353	912	1041	783	837	880
7.000	23.0	6.366	0.317	7.656	7.407	6.655	5.13	846	917	979	659	752	565	605	636
7.000	26.0	6.276	0.362	7.656	7.407	7.549	5.13	959	1040	1110	747	853	641	687	722
7.000	29.0	6.184	0.408	7.656	7.407	8.449	5.13	1074	1164	1243	836	955	718	768	808
7.000	32.0	6.094	0.453	7.656	7.407	9.317	5.13	1184	1283	1370	922	1053	791	847	891
7.000	35.0	6.004	0.498	7.656	7.407	10.172	5.13	1218	1305	1392	957	1087	826	870	913
7.000	38.0	5.920	0.540	7.656	7.407	10.959	5.13	1218	1305	1392	957	1087	826	870	913
7.000	41.0	5.820	0.590	7.656	—	11.881	5.13	1218	1305	1392	957	1087	826	870	913
7.000	42.7	5.750	0.625	7.656	—	12.517	5.13	1218	1305	1392	957	1087	826	870	913
7.000	44.0	5.720	0.640	7.656	—	12.788	5.13	1218	1305	1392	957	1087	826	870	913
7.625	26.4	6.969	0.328	8.500	8.157	7.519	5.32	951	1032	1102	740	845	635	681	716
7.625	29.7	6.875	0.375	8.500	8.157	8.541	5.32	1080	1172	1252	841	960	721	773	813
7.625	33.7	6.765	0.430	8.500	8.157	9.720	5.32	1229	1334	1424	957	1093	820	880	925
7.625	39.0	6.625	0.500	8.500	8.157	11.192	5.32	1415	1536	1640	1101	1258	945	1013	1065

公称外径 D (in)	质量 W (lb/ft)	通径 d (in)	壁厚 t (in)	接箍外径 D_c (in)	接箍外径(特殊间隙或倒角) D_sc (in)	管壁临界横截面积 A_t (in²)	上扣长度损失 L_m (in)	最小连接强度 (ksi)							
								NT-125DS	NT-140DS	NT-150DS	NT-95HS	NT-110HS	NT-80SS	NT-90SS	NT-95SS
7.625	42.8	6.501	0.562	8.500	—	12.470	5.32	1577	1711	1827	1227	1402	1053	1129	1187
7.625	45.3	6.435	0.595	8.500	—	13.141	5.32	1661	1803	1926	1293	1477	1109	1189	1251
7.625	47.1	6.375	0.625	8.500	—	13.744	5.32	1725	1848	1971	1353	1540	1160	1232	1294
8.625	36.0	7.825	0.400	9.625	9.157	10.336	5.64	1296	1409	1506	1008	1152	864	928	976
8.625	40.0	7.725	0.450	9.625	9.157	11.557	5.64	1450	1576	1683	1127	1288	966	1038	1092
8.625	44.0	7.625	0.500	9.625	9.157	12.763	5.64	1601	1740	1859	1244	1423	1066	1146	1206
8.625	49.0	7.511	0.557	9.625	9.157	14.118	5.64	1771	1925	2056	1377	1574	1180	1268	1334
8.625	52.0	7.435	0.595	9.625	—	15.010	5.64	1883	2047	2186	1464	1673	1254	1348	1418
9.625	40.0	8.835	0.395	10.625	10.157	11.454	5.64	1425	1552	1658	1106	1266	947	1021	1074
9.625	43.5	8.755	0.435	10.625	10.157	12.559	5.64	1563	1702	1818	1213	1388	1038	1119	1178
9.625	47.0	8.681	0.472	10.625	10.157	13.572	5.64	1689	1839	1965	1311	1500	1122	1210	1273
9.625	53.5	8.535	0.545	10.625	10.157	15.546	5.64	1934	2107	2251	1502	1718	1285	1386	1458
9.625	58.4	8.435	0.595	10.625	—	16.879	5.64	2100	2287	2444	1631	1865	1396	1505	1583
9.625	59.4	8.407	0.609	10.625	—	17.250	5.64	2146	2338	2498	1666	1906	1426	1538	1618
9.875	62.8	8.625	0.625	10.875	—	18.162	5.64	2255	2457	2626	1750	2003	1498	1616	1700
9.875	66.8	8.519	0.678	10.875	—	19.590	5.64	2433	2650	2832	1888	2160	1616	1743	1833
9.875	68.8	8.475	0.700	10.875	—	20.177	5.64	2505	2688	2868	1944	2225	1664	1792	1882
10.750	45.5	9.950	0.400	11.750	11.281	13.006	5.64	1604	1750	1870	1243	1423	1063	1149	1209

公称外径 D (in)	质量 W (lb/ft)	通径 d (in)	壁厚 t (in)	接箍外径 D_c (in)	接箍外径(特殊间隙或倒角) D_{sc} (in)	管壁临界横截面积 A_t (in²)	上扣长度损失 L_m (in)	最小连接强度 (ksi)							
								NT-125DS	NT-140DS	NT-150DS	NT-95HS	NT-110HS	NT-80SS	NT-90SS	NT-95SS
10.750	51.0	9.850	0.450	11.750	11.281	14.561	5.64	1795	1959	2094	1392	1594	1190	1287	1354
10.750	55.5	9.760	0.495	11.750	11.281	15.947	5.64	1966	2146	2293	1524	1745	1303	1409	1483
10.750	60.7	9.660	0.545	11.750	11.281	17.473	5.64	2154	2351	2513	1670	1912	1428	1544	1625
10.750	65.7	9.560	0.595	11.750	11.281	18.982	5.64	2340	2554	2730	1814	2077	1551	1677	1765
10.750	75.9	9.350	0.700	11.750	11.281	22.101	5.64	2723	2917	3111	2112	2419	1806	1945	2042
11.750	47.0	11.000	0.375	12.750	—	13.401	5.64	1639	1792	1915	1269	1454	1084	1175	1237
11.750	54.0	10.880	0.435	12.750	—	15.463	5.64	1891	2068	2210	1464	1677	1250	1356	1427
11.750	60.0	10.772	0.489	12.750	—	17.300	5.64	2116	2313	2473	1638	1877	1399	1517	1596
11.750	65.0	10.682	0.534	12.750	—	18.816	5.64	2301	2516	2689	1781	2041	1521	1650	1736
12.063	78.1	10.781	0.641	13.092	—	23.001	5.64	2806	3070	3281	2171	2488	1854	2012	2117
13.375	54.5	12.615	0.380	14.375	—	15.513	5.64	1872	2053	2195	1446	1659	1233	1343	1414
13.375	61.0	12.515	0.430	14.375	—	17.487	5.64	2110	2314	2474	1630	1870	1389	1514	1594
13.375	68.0	12.415	0.480	14.375	—	19.445	5.64	2346	2573	2752	1812	2079	1545	1683	1772
13.375	72.0	12.347	0.514	14.375	—	20.768	5.64	2506	2748	2939	1935	2221	1650	1797	1893
14.000	82.5	12.876	0.562	15.000	—	23.726	5.64	2848	3127	3344	2198	2523	1872	2043	2152

表 12－29 NSC 防 CO_2/H_2S 腐蚀套管 (NS-CC 螺纹) 技术参数

公称外径 D (in)	质量 W (lb/ft)	通径 d (in)	壁厚 t (in)	接箍外径 D_c (in)	接箍外径（特殊间隙或倒角）D_{sc} (in)	管壁临界横截面积 A_t (in²)	上扣长度损失 L_m (in)	最小连接强度 (ksi)							
								NT-100SS	NT-105SS	NT-110SS	NT-13Cr-80	NT-13Cr-90	NT-13Cr-95	NT-CrS-95	NT-CrSS-110
5.000	15.0	4.408	0.296	5.563	—	4.374	4.69	445	466	486	379	404	424	424	486
5.000	18.0	4.276	0.362	5.563	—	5.275	4.69	537	561	586	457	487	512	512	586
5.000	21.4	4.126	0.437	5.563	—	6.264	4.69	586	612	639	506	532	559	559	639
5.000	23.2	4.044	0.478	5.563	—	6.791	4.69	586	612	639	506	532	559	559	639
5.000	24.1	4.000	0.500	5.563	—	7.069	4.69	586	612	639	506	532	559	559	639
5.500	17.0	4.892	0.304	6.050	5.907	4.962	4.75	503	526	550	428	456	480	480	550
5.500	20.0	4.778	0.361	6.050	5.907	5.828	4.75	591	618	646	503	536	563	563	646
5.500	23.0	4.670	0.415	6.050	5.907	6.630	4.75	632	661	690	546	575	603	603	690
5.500	26.0	4.548	0.476	6.050	—	7.513	4.75	632	661	690	546	575	603	603	690
5.500	28.4	4.440	0.530	6.050	—	8.275	4.75	632	661	690	546	575	603	603	690
6.626	24.0	5.921	0.352	7.390	7.028	6.938	4.94	698	730	763	592	633	665	665	763
6.626	28.0	5.791	0.417	7.390	7.028	8.134	4.94	818	856	894	694	742	780	780	894
6.626	32.0	5.676	0.475	7.390	7.028	9.179	4.94	923	966	1009	783	837	880	880	1009
7.000	23.0	6.366	0.317	7.656	7.407	6.655	5.13	668	699	730	565	605	636	636	730
7.000	26.0	6.276	0.362	7.656	7.407	7.549	5.13	757	792	828	641	687	722	722	828

公称外径 D (in)	质量 W (lb/ft)	通径 d (in)	壁厚 t (in)	接箍外径 D_c (in)	接箍外径(特殊间隙或倒角) D_sc (in)	管壁临界横截面积 A_t (in²)	上扣长度损失 L_m (in)	最小连接强度 (ksi)							
								NT-100SS	NT-105SS	NT-110SS	NT-13Cr-80	NT-13Cr-90	NT-13Cr-95	NT-CrS-95	NT-CrSS-110
7.000	29.0	6.184	0.408	7.656	7.407	8.449	5.13	847	887	927	718	768	808	808	927
7.000	32.0	6.094	0.453	7.656	7.407	9.317	5.13	935	978	1022	791	847	891	891	1022
7.000	35.0	6.004	0.498	7.656	7.407	10.172	5.13	957	1000	1044	826	870	913	913	1044
7.000	38.0	5.920	0.540	7.656	7.407	10.959	5.13	957	1000	1044	826	870	913	913	1044
7.000	41.0	5.820	0.590	7.656	—	11.881	5.13	957	1000	1044	826	870	913	913	1044
7.000	42.7	5.750	0.625	7.656	—	12.517	5.13	957	1000	1044	826	870	913	913	1044
7.000	44.0	5.720	0.640	7.656	—	12.788	5.13	957	1000	1044	826	870	913	913	1044
7.625	26.4	6.969	0.328	8.500	8.157	7.519	5.32	751	786	821	635	681	716	716	821
7.625	29.7	6.875	0.375	8.500	8.157	8.541	5.32	853	893	933	721	773	813	813	933
7.625	33.7	6.765	0.430	8.500	8.157	9.720	5.32	970	1016	1061	820	880	925	925	1061
7.625	39.0	6.625	0.500	8.500	8.157	11.192	5.32	1117	1170	1222	945	1013	1065	1065	1222
7.625	42.8	6.501	0.562	8.500	—	12.470	5.32	1245	1303	1362	1053	1129	1187	1187	1362
7.625	45.3	6.435	0.595	8.500	—	13.141	5.32	1312	1373	1435	1109	1189	1251	1251	1435
7.625	47.1	6.375	0.625	8.500	—	13.744	5.32	1355	1417	1478	1160	1232	1294	1294	1478

公称外径 D (in)	质量 W (lb/ft)	通径 d (in)	壁厚 t (in)	接箍外径 D_c (in)	接箍外径（特殊倒角或同隙角）D_sc (in)	管壁临界横截面积 A_t (in²)	上扣长度损失 L_m (in)	最小连接强度 (ksi)							
								NT-100SS	NT-105SS	NT-110SS	NT-13Cr-80	NT-13Cr-90	NT-13Cr-95	NT-CrS-95	NT-CrSS-110
8.625	36.0	7.825	0.400	9.625	9.157	10.336	5.64	1025	1073	1121	864	928	976	976	1121
8.625	40.0	7.725	0.450	9.625	9.157	11.557	5.64	1146	1199	1253	966	1038	1092	1092	1253
8.625	44.0	7.625	0.500	9.625	9.157	12.763	5.64	1265	1325	1384	1066	1146	1206	1206	1384
8.625	49.0	7.511	0.557	9.625	9.157	14.118	5.64	1399	1465	1531	1180	1268	1334	1334	1531
8.625	52.0	7.435	0.595	9.625	—	15.010	5.64	1488	1558	1628	1254	1348	1418	1418	1628
9.625	40.0	8.835	0.395	10.625	10.157	11.454	5.64	1127	1180	1233	947	1021	1074	1074	1233
9.625	43.5	8.755	0.435	10.625	10.157	12.559	5.64	1236	1294	1352	1038	1119	1178	1178	1352
9.625	47.0	8.681	0.472	10.625	10.157	13.572	5.64	1336	1399	1462	1122	1210	1273	1273	1462
9.625	53.5	8.535	0.545	10.625	10.157	15.546	5.64	1530	1602	1674	1285	1386	1458	1458	1674
9.625	58.4	8.435	0.595	10.625	—	16.879	5.64	1661	1739	1818	1396	1505	1583	1583	1818
9.625	59.4	8.407	0.609	10.625	—	17.250	5.64	1698	1778	1858	1426	1538	1618	1618	1858
9.625	62.8	8.625	0.625	10.875	—	18.162	5.64	1784	1868	1952	1498	1616	1700	1700	1952
9.875	66.8	8.519	0.678	10.875	—	19.590	5.64	1924	2015	2106	1616	1743	1833	1833	2106
9.875	68.8	8.475	0.700	10.875	—	20.177	5.64	1971	2061	2151	1664	1792	1882	1882	2151
10.750	45.5	9.950	0.400	11.750	11.281	13.006	5.64	1269	1329	1390	1063	1149	1209	1209	1390

公称外径 D (in)	质量 W (lb/ft)	通径 d (in)	壁厚 t (in)	接箍外径 D_c (in)	接箍外径(特殊间隙或倒角) D_{sc} (in)	管壁临界横截面积 A_t (in²)	上扣长度损失 L_m (in)	最小连接强度 (ksi)							
								NT-100SS	NT-105SS	NT-110SS	NT-13Cr-80	NT-13Cr-90	NT-13Cr-95	NT-CrS-95	NT-CrSS-110
10.750	51.0	9.850	0.450	11.750	11.281	14.561	5.64	1421	1488	1556	1190	1287	1354	1354	1556
10.750	55.5	9.760	0.495	11.750	11.281	15.947	5.64	1556	1630	1704	1303	1409	1483	1483	1704
10.750	60.7	9.660	0.545	11.750	11.281	17.473	5.64	1705	1786	1867	1428	1544	1625	1625	1867
10.750	65.7	9.560	0.595	11.750	11.281	18.982	5.64	1853	1940	2028	1551	1677	1765	1765	2028
10.750	75.9	9.350	0.700	11.750	11.281	22.101	5.64	2139	2236	2334	1806	1945	2042	2042	2334
11.750	47.0	11.000	0.375	12.750	—	13.401	5.64	1298	1360	1422	1084	1175	1237	1237	1422
11.750	54.0	10.880	0.435	12.750	—	15.463	5.64	1498	1569	1640	1250	1356	1427	1427	1640
11.750	60.0	10.772	0.489	12.750	—	17.300	5.64	1676	1756	1835	1399	1517	1596	1596	1835
11.750	65.0	10.682	0.534	12.750	—	18.816	5.64	1823	1910	1996	1521	1650	1736	1736	1996
12.063	78.1	10.781	0.641	13.092	—	23.001	5.64	2223	2329	2435	1854	2012	2117	2117	2435
13.375	54.5	12.615	0.380	14.375	—	15.513	5.64	1485	1556	1627	1233	1343	1414	1414	1627
13.375	61.0	12.515	0.430	14.375	—	17.487	5.64	1674	1754	1834	1389	1514	1594	1594	1834
13.375	68.0	12.415	0.480	14.375	—	19.445	5.64	1861	1950	2039	1545	1683	1772	1772	2039
13.375	72.0	12.347	0.514	14.375	—	20.768	5.64	1988	2083	2178	1650	1797	1893	1893	2178
14.000	82.5	12.876	0.562	15.000	—	23.726	5.64	2260	2369	2477	1872	2043	2152	2152	2477

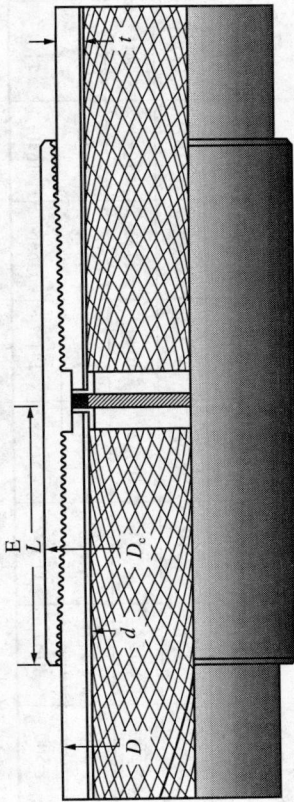

图 12-8 NSC 防 H$_2$S 腐蚀套管（NS-CC-FGL 螺纹）示意图

表 12-30 NSC 防 H$_2$S 腐蚀套管（NS-CC-FGL 螺纹）技术参数

公称外径 D (in)	质量 W (lb/ft)	通径 d (in)	壁厚 t (in)	接箍外径 D$_c$ (in)	接箍外径（特殊间隙或倒角）D$_{sc}$ (in)	管壁临界横截面积 A$_t$ (in^2)	上扣长度损失 L$_m$ (in)	NT-125DS	NT-140DS	NT-150DS	NT-95HS	NT-110HS	NT-80SS	NT-90SS	NT-95SS
								最小连接强度（ksi）							
5.000	15.0	4.408	0.296	5.563	—	4.374	4.69	565	610	651	441	503	379	404	424
5.000	18.0	4.276	0.362	5.563	—	5.275	4.69	681	735	785	532	606	457	487	512
5.000	21.4	4.126	0.437	5.563	—	6.264	4.69	745	798	852	586	665	506	532	559
5.000	23.2	4.044	0.478	5.563	—	6.791	4.69	745	798	852	586	665	506	532	559
5.000	24.1	4.000	0.500	5.563	—	7.069	4.69	745	798	852	586	665	506	532	559
5.500	17.0	4.892	0.304	6.050	5.907	4.962	4.75	638	690	736	498	568	428	456	480
5.500	20.0	4.778	0.361	6.050	5.907	5.828	4.75	749	810	865	585	667	503	536	563
5.500	23.0	4.670	0.415	6.050	5.907	6.630	4.75	805	862	919	632	718	546	575	603

公称外径 D (in)	质量 W (lb/ft)	通径 d (in)	壁厚 t (in)	接箍外径 D_c (in)	接箍外径(特殊间隙或倒角) D_sc (in)	管壁临界横截面积 A_t (in²)	上扣长度损失 L_m (in)	最小连接强度 (ksi)							
								NT-125DS	NT-140DS	NT-150DS	NT-95HS	NT-110HS	NT-80SS	NT-90SS	NT-95SS
5.500	26.0	4.548	0.476	6.050	—	7.513	4.75	805	862	919	632	718	546	575	603
5.500	28.4	4.440	0.530	6.050	—	8.275	4.75	805	862	919	632	718	546	575	603
6.626	24.0	5.921	0.352	7.390	7.028	6.938	4.94	884	958	1023	689	787	592	633	665
6.626	28.0	5.791	0.417	7.390	7.028	8.134	4.94	1037	1123	1199	808	922	694	742	780
6.626	32.0	5.676	0.475	7.390	7.028	9.179	4.94	1170	1267	1353	912	1041	783	837	880
7.000	23.0	6.366	0.317	7.656	7.407	6.655	5.13	846	917	979	659	752	565	605	636
7.000	26.0	6.276	0.362	7.656	7.407	7.549	5.13	959	1040	1110	747	853	641	687	722
7.000	29.0	6.184	0.408	7.656	7.407	8.449	5.13	1074	1164	1243	836	955	718	768	808
7.000	32.0	6.094	0.453	7.656	7.407	9.317	5.13	1184	1283	1370	922	1053	791	847	891
7.000	35.0	6.004	0.498	7.656	7.407	10.172	5.13	1218	1305	1392	957	1087	826	870	913
7.000	38.0	5.920	0.540	7.656	7.407	10.959	5.13	1218	1305	1392	957	1087	826	870	913
7.000	41.0	5.820	0.590	7.656	—	11.881	5.13	1218	1305	1392	957	1087	826	870	913
7.000	42.7	5.750	0.625	7.656	—	12.517	5.13	1218	1305	1392	957	1087	826	870	913
7.000	44.0	5.720	0.640	7.656	—	12.788	5.13	1218	1305	1392	957	1087	826	870	913
7.625	26.4	6.969	0.328	8.500	8.157	7.519	5.32	951	1032	1102	740	845	635	681	716
7.625	29.7	6.875	0.375	8.500	8.157	8.541	5.32	1080	1172	1252	841	960	721	773	813
7.625	33.7	6.765	0.430	8.500	8.157	9.720	5.32	1229	1334	1424	957	1093	820	880	925
7.625	39.0	6.625	0.500	8.500	8.157	11.192	5.32	1415	1536	1640	1101	1258	945	1013	1065

公称外径 D (in)	质量 W (lb/ft)	通径 d (in)	壁厚 t (in)	接箍外径 D_c (in)	接箍外径(特殊间隙或倒角) D_{sc} (in)	管壁临界横截面积 A_t (in²)	上扣长度损失 L_m (in)	最小连接强度 (ksi) NT-125DS	NT-140DS	NT-150DS	NT-95HS	NT-110HS	NT-80SS	NT-90SS	NT-95SS
7.625	42.8	6.501	0.562	8.500	—	12.470	5.32	1577	1711	1827	1227	1402	1053	1129	1187
7.625	45.3	6.435	0.595	8.500	—	13.141	5.32	1661	1803	1926	1293	1477	1109	1189	1251
7.625	47.1	6.375	0.625	8.500	—	13.744	5.32	1725	1848	1971	1353	1540	1160	1232	1294
8.625	36.0	7.825	0.400	9.625	9.157	10.336	5.64	1296	1409	1506	1008	1152	864	928	976
8.625	40.0	7.725	0.450	9.625	9.157	11.557	5.64	1450	1576	1683	1127	1288	966	1038	1092
8.625	44.0	7.625	0.500	9.625	9.157	12.763	5.64	1601	1740	1859	1244	1423	1066	1146	1206
8.625	49.0	7.511	0.557	9.625	9.157	14.118	5.64	1771	1925	2056	1377	1574	1180	1268	1334
8.625	52.0	7.435	0.595	9.625	—	15.010	5.64	1883	2047	2186	1464	1673	1254	1348	1418
9.625	40.0	8.835	0.395	10.625	10.157	11.454	5.64	1425	1552	1658	1106	1266	947	1021	1074
9.625	43.5	8.755	0.435	10.625	10.157	12.559	5.64	1563	1702	1818	1213	1388	1038	1119	1178
9.625	47.0	8.681	0.472	10.625	10.157	13.572	5.64	1689	1839	1965	1311	1500	1122	1210	1273
9.625	53.5	8.535	0.545	10.625	10.157	15.546	5.64	1934	2107	2251	1502	1718	1285	1386	1458
9.625	58.4	8.435	0.595	10.625	—	16.879	5.64	2100	2287	2444	1631	1865	1396	1505	1583
9.625	59.4	8.407	0.609	10.625	—	17.250	5.64	2146	2338	2498	1666	1906	1426	1538	1618
9.875	62.8	8.625	0.625	10.875	—	18.162	5.64	2255	2457	2626	1750	2003	1498	1616	1700
9.875	66.8	8.519	0.678	10.875	—	19.590	5.64	2433	2650	2832	1888	2160	1616	1743	1833
9.875	68.8	8.475	0.700	10.875	—	20.177	5.64	2505	2688	2868	1944	2225	1664	1792	1882
10.750	45.5	9.950	0.400	11.750	11.281	13.006	5.64	1604	1750	1870	1243	1423	1063	1149	1209

公称外径 D (in)	质量 W (lb/ft)	通径 d (in)	壁厚 t (in)	接箍外径 D_c (in)	接箍外径(特殊间隙或倒角) D_{sc} (in)	管壁临界横截面积 A_t (in²)	上扣长度损失 L_m (in)	最小连接强度 (ksi)							
								NT－125DS	NT－140DS	NT－150DS	NT－95HS	NT－110HS	NT－80SS	NT－90SS	NT－95SS
10.750	51.0	9.850	0.450	11.750	11.281	14.561	5.64	1795	1959	2094	1392	1594	1190	1287	1354
10.750	55.5	9.760	0.495	11.750	11.281	15.947	5.64	1966	2146	2293	1524	1745	1303	1409	1483
10.750	60.7	9.660	0.545	11.750	11.281	17.473	5.64	2154	2351	2513	1670	1912	1428	1544	1625
10.750	65.7	9.560	0.595	11.750	11.281	18.982	5.64	2340	2554	2730	1814	2077	1551	1677	1765
10.750	75.9	9.350	0.700	11.750	11.281	22.101	5.64	2723	2917	3111	2112	2419	1806	1945	2042
11.750	47.0	11.000	0.375	12.750	—	13.401	5.64	1639	1792	1915	1269	1454	1084	1175	1237
11.750	54.0	10.880	0.435	12.750	—	15.463	5.64	1891	2068	2210	1464	1677	1250	1356	1427
11.750	60.0	10.772	0.489	12.750	—	17.300	5.64	2116	2313	2473	1638	1877	1399	1517	1596
11.750	65.0	10.682	0.534	12.750	—	18.816	5.64	2301	2516	2689	1781	2041	1521	1650	1736
12.063	78.1	10.781	0.641	13.092	—	23.001	5.64	2806	3070	3281	2171	2488	1854	2012	2117
13.375	54.5	12.615	0.380	14.375	—	15.513	5.64	1872	2053	2195	1446	1659	1233	1343	1414
13.375	61.0	12.515	0.430	14.375	—	17.487	5.64	2110	2314	2474	1630	1870	1389	1514	1594
13.375	68.0	12.415	0.480	14.375	—	19.445	5.64	2346	2573	2752	1812	2079	1545	1683	1772
13.375	72.0	12.347	0.514	14.375	—	20.768	5.64	2506	2748	2939	1935	2221	1650	1797	1893
14.000	82.5	12.876	0.562	15.000	—	23.726	5.64	2848	3127	3344	2198	2523	1872	2043	2152

表 12-31 NSC 防 CO_2/H_2S 腐蚀套管 (NS-CC-FGL 螺纹) 技术参数

公称外径 D (in)	质量 W (lb/ft)	通径 d (in)	壁厚 t (in)	接箍外径 D_c (in)	接箍外径(特殊间隙或倒角) D_{sc} (in)	管壁临界横截面积 A_t (in²)	上扣长度损失 L_m (in)	最小连接强度 (ksi)							
								NT-100SS	NT-105SS	NT-110SS	NT-13Cr-80	NT-13Cr-90	NT-13Cr-95	NT-CrS-95	NT-CrSS-110
5.000	15.0	4.408	0.296	5.563	—	4.374	4.69	445	466	486	379	404	424	424	486
5.000	18.0	4.276	0.362	5.563	—	5.275	4.69	537	561	586	457	487	512	512	586
5.000	21.4	4.126	0.437	5.563	—	6.264	4.69	586	612	639	506	532	559	559	639
5.000	23.2	4.044	0.478	5.563	—	6.791	4.69	586	612	639	506	532	559	559	639
5.000	24.1	4.000	0.500	5.563	—	7.069	4.69	586	612	639	506	532	559	559	639
5.500	17.0	4.892	0.304	6.050	5.907	4.962	4.75	503	526	550	428	456	480	480	550
5.500	20.0	4.778	0.361	6.050	5.907	5.828	4.75	591	618	646	503	536	563	563	646
5.500	23.0	4.670	0.415	6.050	5.907	6.630	4.75	632	661	690	546	575	603	603	690
5.500	26.0	4.548	0.476	6.050	—	7.513	4.75	632	661	690	546	575	603	603	690
5.500	28.4	4.440	0.530	6.050	—	8.275	4.75	632	661	690	546	575	603	603	690
6.626	24.0	5.921	0.352	7.390	7.028	6.938	4.94	698	730	763	592	633	665	665	763
6.626	28.0	5.791	0.417	7.390	7.028	8.134	4.94	818	856	894	694	742	780	780	894
6.626	32.0	5.676	0.475	7.390	7.028	9.179	4.94	923	966	1009	783	837	880	880	1009
7.000	23.0	6.366	0.317	7.656	7.407	6.655	5.13	668	699	730	565	605	636	636	730
7.000	26.0	6.276	0.362	7.656	7.407	7.549	5.13	757	792	828	641	687	722	722	828

公称外径 D (in)	质量 W (lb/ft)	通径 d (in)	壁厚 t (in)	接箍外径 D_c (in)	接箍外径（特殊间隙或倒角）D_sc (in)	管壁临界横截面积 A_t (in²)	上扣长度损失 L_m (in)	最小连接强度（ksi）							
								NT-100SS	NT-105SS	NT-110SS	NT-13Cr-80	NT-13Cr-90	NT-13Cr-95	NT-CrS-95	NT-CrSS-110
7.000	29.0	6.184	0.408	7.656	7.407	8.449	5.13	847	887	927	718	768	808	808	927
7.000	32.0	6.094	0.453	7.656	7.407	9.317	5.13	935	978	1022	791	847	891	891	1022
7.000	35.0	6.004	0.498	7.656	7.407	10.172	5.13	957	1000	1044	826	870	913	913	1044
7.000	38.0	5.920	0.540	7.656	7.407	10.959	5.13	957	1000	1044	826	870	913	913	1044
7.000	41.0	5.820	0.590	7.656	—	11.881	5.13	957	1000	1044	826	870	913	913	1044
7.000	42.7	5.750	0.625	7.656	—	12.517	5.13	957	1000	1044	826	870	913	913	1044
7.000	44.0	5.720	0.640	7.656	—	12.788	5.13	957	1000	1044	826	870	913	913	1044
7.625	26.4	6.969	0.328	8.500	8.157	7.519	5.32	751	786	821	635	681	716	716	821
7.625	29.7	6.875	0.375	8.500	8.157	8.541	5.32	853	893	933	721	773	813	813	933
7.625	33.7	6.765	0.430	8.500	8.157	9.720	5.32	970	1016	1061	820	880	925	925	1061
7.625	39.0	6.625	0.500	8.500	8.157	11.192	5.32	1117	1170	1222	945	1013	1065	1065	1222
7.625	42.8	6.501	0.562	8.500	—	12.470	5.32	1245	1303	1362	1053	1129	1187	1187	1362
7.625	45.3	6.435	0.595	8.500	—	13.141	5.32	1312	1373	1435	1109	1189	1251	1251	1435
7.625	47.1	6.375	0.625	8.500	—	13.744	5.32	1355	1417	1478	1160	1232	1294	1294	1478
8.625	36.0	7.825	0.400	9.625	9.157	10.336	5.64	1025	1073	1121	864	928	976	976	1121

公称外径 D (in)	质量 W (lb/ft)	通径 d (in)	壁厚 t (in)	接箍外径 Dc (in)	接箍外径（特殊间隙或倒角）Dsc (in)	管壁临界横截面积 At (in²)	上扣长度损失 Lm (in)	最小连接强度 (ksi)							
								NT-100SS	NT-105SS	NT-110SS	NT-13Cr-80	NT-13Cr-90	NT-13Cr-95	NT-CrS-95	NT-CrSS-110
8.625	40.0	7.725	0.450	9.625	9.157	11.557	5.64	1146	1199	1253	966	1038	1092	1092	1253
8.625	44.0	7.625	0.500	9.625	9.157	12.763	5.64	1265	1325	1384	1066	1146	1206	1206	1384
8.625	49.0	7.511	0.557	9.625	9.157	14.118	5.64	1399	1465	1531	1180	1268	1334	1334	1531
8.625	52.0	7.435	0.595	9.625	—	15.010	5.64	1488	1558	1628	1254	1348	1418	1418	1628
9.625	40.0	8.835	0.395	10.625	10.157	11.454	5.64	1127	1180	1233	947	1021	1074	1074	1233
9.625	43.5	8.755	0.435	10.625	10.157	12.559	5.64	1236	1294	1352	1038	1119	1178	1178	1352
9.625	47.0	8.681	0.472	10.625	10.157	13.572	5.64	1336	1399	1462	1122	1210	1273	1273	1462
9.625	53.5	8.535	0.545	10.625	10.157	15.546	5.64	1530	1602	1674	1285	1386	1458	1458	1674
9.625	58.4	8.435	0.595	10.625	—	16.879	5.64	1661	1739	1818	1396	1505	1583	1583	1818
9.625	59.4	8.407	0.609	10.625	10.157	17.250	5.64	1698	1778	1858	1426	1538	1618	1618	1858
9.875	62.8	8.625	0.625	10.875	—	18.162	5.64	1784	1868	1952	1498	1616	1700	1700	1952
9.875	66.8	8.519	0.678	10.875	—	19.590	5.64	1924	2015	2106	1616	1743	1833	1833	2106
9.875	68.8	8.475	0.700	10.875	—	20.177	5.64	1971	2061	2151	1664	1792	1882	1882	2151
10.750	45.5	9.950	0.400	11.750	11.281	13.006	5.64	1269	1329	1390	1063	1149	1209	1209	1390
10.750	51.0	9.850	0.450	11.750	11.281	14.561	5.64	1421	1488	1556	1190	1287	1354	1354	1556

公称外径 D (in)	质量 W (lb/ft)	通径 d (in)	壁厚 t (in)	接箍外径 D_c (in)	接箍外径(特殊间隙或倒角) D_{sc} (in)	管壁临界横截面积 A_t (in²)	上扣长度损失 L_m (in)	最小连接强度 (ksi)							
								NT-100SS	NT-105SS	NT-110SS	NT-13Cr-80	NT-13Cr-90	NT-13Cr-95	NT-CrS-95	NT-CrSS-110
10.750	55.5	9.760	0.495	11.750	11.281	15.947	5.64	1556	1630	1704	1303	1409	1483	1483	1704
10.750	60.7	9.660	0.545	11.750	11.281	17.473	5.64	1705	1786	1867	1428	1544	1625	1625	1867
10.750	65.7	9.560	0.595	11.750	11.281	18.982	5.64	1853	1940	2028	1551	1677	1765	1765	2028
10.750	75.9	9.350	0.700	11.750	11.281	22.101	5.64	2139	2236	2334	1806	1945	2042	2042	2334
11.750	47.0	11.000	0.375	12.750	—	13.401	5.64	1298	1360	1422	1084	1175	1237	1237	1422
11.750	54.0	10.880	0.435	12.750	—	15.463	5.64	1498	1569	1640	1250	1356	1427	1427	1640
11.750	60.0	10.772	0.489	12.750	—	17.300	5.64	1676	1756	1835	1399	1517	1596	1596	1835
11.750	65.0	10.682	0.534	12.750	—	18.816	5.64	1823	1910	1996	1521	1650	1736	1736	1996
12.063	78.1	10.781	0.641	13.092	—	23.001	5.64	2223	2329	2435	1854	2012	2117	2117	2435
13.375	54.5	12.615	0.380	14.375	—	15.513	5.64	1485	1556	1627	1233	1343	1414	1414	1627
13.375	61.0	12.515	0.430	14.375	—	17.487	5.64	1674	1754	1834	1389	1514	1594	1594	1834
13.375	68.0	12.415	0.480	14.375	—	19.445	5.64	1861	1950	2039	1545	1683	1772	1772	2039
13.375	72.0	12.347	0.514	14.375	—	20.768	5.64	1988	2083	2178	1650	1797	1893	1893	2178
14.000	82.5	12.876	0.562	15.000	—	23.726	5.64	2260	2369	2477	1872	2043	2152	2152	2477

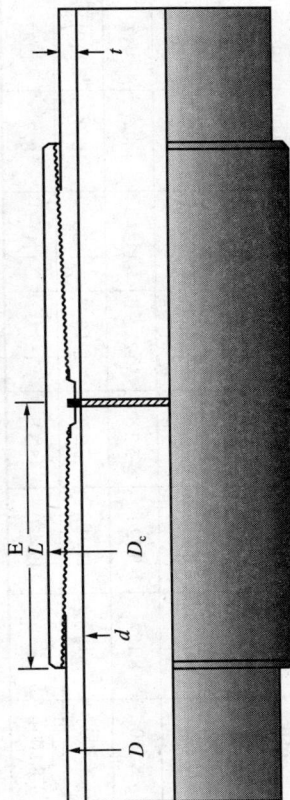

图 12-9 NSC 防 H₂S 腐蚀套管 (NS—CC—K1 螺纹) 示意图

表 12-32 NSC 防 H₂S 腐蚀套管 (NS—CC—K1 螺纹) 技术参数

公称外径 D (in)	质量 W (lb/ft)	通径 d (in)	壁厚 t (in)	接箍外径 D_c (in)	接箍外径(特殊间隙或倒角) D_{sc} (in)	管壁临界横截面积 A_t (in²)	上扣长度损失 L_m (in)	最小连接强度 (ksi)							
								NT－125DS	NT－140DS	NT－150DS	NT－95HS	NT－110HS	NT－80SS	NT－90SS	NT－95SS
5.000	15.0	4.408	0.296	5.563	—	4.374	4.69	565	610	651	441	503	379	404	424
5.000	18.0	4.276	0.362	5.563	—	5.275	4.69	681	735	785	532	606	457	487	512
5.000	21.4	4.126	0.437	5.563	—	6.264	4.69	745	798	852	586	665	506	532	559
5.000	23.2	4.044	0.478	5.563	—	6.791	4.69	745	798	852	586	665	506	532	559
5.000	24.1	4.000	0.500	5.563	—	7.069	4.69	745	798	852	586	665	506	532	559
5.500	17.0	4.892	0.304	6.050	5.907	4.962	4.75	638	690	736	498	568	428	456	480
5.500	20.0	4.778	0.361	6.050	5.907	5.828	4.75	749	810	865	585	667	503	536	563
5.500	23.0	4.670	0.415	6.050	5.907	6.630	4.75	805	862	919	632	718	546	575	603
5.500	26.0	4.548	0.476	6.050	—	7.513	4.75	805	862	919	632	718	546	575	603

公称外径 D (in)	质量 W (lb/ft)	通径 d (in)	壁厚 t (in)	接箍外径 D_c (in)	接箍外径（特殊间隙或倒角）D_{sc} (in)	管壁临界横截面积 A_t (in²)	上扣长度损失 L_m (in)	最小连接强度 (ksi)							
								NT-125DS	NT-140DS	NT-150DS	NT-95HS	NT-110HS	NT-80SS	NT-90SS	NT-95SS
5.500	28.4	4.440	0.530	6.050	—	8.275	4.75	805	862	919	632	718	546	575	603
6.626	24.0	5.921	0.352	7.390	7.028	6.938	4.94	884	958	1023	689	787	592	633	665
6.626	28.0	5.791	0.417	7.390	7.028	8.134	4.94	1037	1123	1199	808	922	694	742	780
6.626	32.0	5.676	0.475	7.390	7.028	9.179	4.94	1170	1267	1353	912	1041	783	837	880
7.000	23.0	6.366	0.317	7.656	7.407	6.655	5.13	846	917	979	659	752	565	605	636
7.000	26.0	6.276	0.362	7.656	7.407	7.549	5.13	959	1040	1110	747	853	641	687	722
7.000	29.0	6.184	0.408	7.656	7.407	8.449	5.13	1074	1164	1243	836	955	718	768	808
7.000	32.0	6.094	0.453	7.656	7.407	9.317	5.13	1184	1283	1370	922	1053	791	847	891
7.000	35.0	6.004	0.498	7.656	7.407	10.172	5.13	1218	1305	1392	957	1087	826	870	913
7.000	38.0	5.920	0.540	7.656	7.407	10.959	5.13	1218	1305	1392	957	1087	826	870	913
7.000	41.0	5.820	0.590	7.656	—	11.881	5.13	1218	1305	1392	957	1087	826	870	913
7.000	42.7	5.750	0.625	7.656	—	12.517	5.13	1218	1305	1392	957	1087	826	870	913
7.000	44.0	5.720	0.640	7.656	—	12.788	5.13	1218	1305	1392	957	1087	826	870	913
7.625	26.4	6.969	0.328	8.500	8.157	7.519	5.32	951	1032	1102	740	845	635	681	716
7.625	29.7	6.875	0.375	8.500	8.157	8.541	5.32	1080	1172	1252	841	960	721	773	813
7.625	33.7	6.765	0.430	8.500	8.157	9.720	5.32	1229	1334	1424	957	1093	820	880	925
7.625	39.0	6.625	0.500	8.500	8.157	11.192	5.32	1415	1536	1640	1101	1258	945	1013	1065
7.625	42.8	6.501	0.562	8.500	—	12.470	5.32	1577	1711	1827	1227	1402	1053	1129	1187

公称外径 D (in)	质量 W (lb/ft)	通径 d (in)	壁厚 t (in)	接箍外径 D_c (in)	接箍外径（特殊倒隙或倒角）D_{sc} (in)	管壁临界横截面积 A_t (in²)	上扣长度损失 L_m (in)	最小连接强度（ksi）							
								NT-125DS	NT-140DS	NT-150DS	NT-95HS	NT-110HS	NT-80SS	NT-90SS	NT-95SS
7.625	45.3	6.435	0.595	8.500	—	13.141	5.32	1661	1803	1926	1293	1477	1109	1189	1251
7.625	47.1	6.375	0.625	8.500	—	13.744	5.32	1725	1848	1971	1353	1540	1160	1232	1294
8.625	36.0	7.825	0.400	9.625	9.157	10.336	5.64	1296	1409	1506	1008	1152	864	928	976
8.625	40.0	7.725	0.450	9.625	9.157	11.557	5.64	1450	1576	1683	1127	1288	966	1038	1092
8.625	44.0	7.625	0.500	9.625	9.157	12.763	5.64	1601	1740	1859	1244	1423	1066	1146	1206
8.625	49.0	7.511	0.557	9.625	9.157	14.118	5.64	1771	1925	2056	1377	1574	1180	1268	1334
8.625	52.0	7.435	0.595	9.625	—	15.010	5.64	1883	2047	2186	1464	1673	1254	1348	1418
9.625	40.0	8.835	0.395	10.625	10.157	11.454	5.64	1425	1552	1658	1106	1266	947	1021	1074
9.625	43.5	8.755	0.435	10.625	10.157	12.559	5.64	1563	1702	1818	1213	1388	1038	1119	1178
9.625	47.0	8.681	0.472	10.625	10.157	13.572	5.64	1689	1839	1965	1311	1500	1122	1210	1273
9.625	53.5	8.535	0.545	10.625	10.157	15.546	5.64	1934	2107	2251	1502	1718	1285	1386	1458
9.625	58.4	8.435	0.595	10.625	—	16.879	5.64	2100	2287	2444	1631	1865	1396	1505	1583
9.625	59.4	8.407	0.609	10.625	—	17.250	5.64	2146	2338	2498	1666	1906	1426	1538	1618
9.625	62.8	8.625	0.625	10.875	—	18.162	5.64	2255	2457	2626	1750	2003	1498	1616	1700
9.875	66.8	8.519	0.678	10.875	—	19.590	5.64	2433	2650	2832	1888	2160	1616	1743	1833
9.875	68.8	8.475	0.700	10.875	—	20.177	5.64	2505	2688	2868	1944	2225	1664	1792	1882
10.750	45.5	9.950	0.400	11.750	11.281	13.006	5.64	1604	1750	1870	1243	1423	1063	1149	1209
10.750	51.0	9.850	0.450	11.750	11.281	14.561	5.64	1795	1959	2094	1392	1594	1190	1287	1354

公称外径 D (in)	质量 W (lb/ft)	通径 d (in)	壁厚 t (in)	接箍外径 D_c (in)	接箍外径(特殊间隙或倒角) D_sc (in)	管壁临界横截面积 A_t (in²)	上扣长度损失 L_m (in)	最小连接强度 (ksi)							
								NT-125DS	NT-140DS	NT-150DS	NT-95HS	NT-110HS	NT-80SS	NT-90SS	NT-95SS
10.750	55.5	9.760	0.495	11.750	11.281	15.947	5.64	1966	2146	2293	1524	1745	1303	1409	1483
10.750	60.7	9.660	0.545	11.750	11.281	17.473	5.64	2154	2351	2513	1670	1912	1428	1544	1625
10.750	65.7	9.560	0.595	11.750	11.281	18.982	5.64	2340	2554	2730	1814	2077	1551	1677	1765
10.750	75.9	9.350	0.700	11.750	11.281	22.101	5.64	2723	2917	3111	2112	2419	1806	1945	2042
11.750	47.0	11.000	0.375	12.750	—	13.401	5.64	1639	1792	1915	1269	1454	1084	1175	1237
11.750	54.0	10.880	0.435	12.750	—	15.463	5.64	1891	2068	2210	1464	1677	1250	1356	1427
11.750	60.0	10.772	0.489	12.750	—	17.300	5.64	2116	2313	2473	1638	1877	1399	1517	1596
11.750	65.0	10.682	0.534	12.750	—	18.816	5.64	2301	2516	2689	1781	2041	1521	1650	1736
12.063	78.1	10.781	0.641	13.092	—	23.001	5.64	2806	3070	3281	2171	2488	1854	2012	2117
13.375	54.5	12.615	0.380	14.375	—	15.513	5.64	1872	2053	2195	1446	1659	1233	1343	1414
13.375	61.0	12.515	0.430	14.375	—	17.487	5.64	2110	2314	2474	1630	1870	1389	1514	1594
13.375	68.0	12.415	0.480	14.375	—	19.445	5.64	2346	2573	2752	1812	2079	1545	1683	1772
13.375	72.0	12.347	0.514	14.375	—	20.768	5.64	2506	2748	2939	1935	2221	1650	1797	1893
14.000	82.5	12.876	0.562	15.000	—	23.726	5.64	2848	3127	3344	2198	2523	1872	2043	2152

表 12-33 NSC 防 CO$_2$/H$_2$S 腐蚀套管 (NS-CC-K1 螺纹) 技术参数

公称外径 D (in)	质量 W (lb/ft)	通径 d (in)	壁厚 t (in)	接箍外径 D$_c$ (in)	接箍外径 (特殊间隙或倒角) D$_{sc}$ (in)	管壁临界横截面积 A$_t$ (in²)	上扣长度损失 L$_m$ (in)	最小连接强度 (ksi)							
								NT-100SS	NT-105SS	NT-110SS	NT-13Cr-80	NT-13Cr-90	NT-13Cr-95	NT-CrS-95	NT-CrSS-110
5.000	15.0	4.408	0.296	5.563	—	4.374	4.69	445	466	486	379	404	424	424	486
5.000	18.0	4.276	0.362	5.563	—	5.275	4.69	537	561	586	457	487	512	512	586
5.000	21.4	4.126	0.437	5.563	—	6.264	4.69	586	612	639	506	532	559	559	639
5.000	23.2	4.044	0.478	5.563	—	6.791	4.69	586	612	639	506	532	559	559	639
5.000	24.1	4.000	0.500	5.563	—	7.069	4.69	586	612	639	506	532	559	559	639
5.500	17.0	4.892	0.304	6.050	5.907	4.962	4.75	503	526	550	428	456	480	480	550
5.500	20.0	4.778	0.361	6.050	5.907	5.828	4.75	591	618	646	503	536	563	563	646
5.500	23.0	4.670	0.415	6.050	5.907	6.630	4.75	632	661	690	546	575	603	603	690
5.500	26.0	4.548	0.476	6.050	—	7.513	4.75	632	661	690	546	575	603	603	690
5.500	28.4	4.440	0.530	6.050	—	8.275	4.75	632	661	690	546	575	603	603	690
6.626	24.0	5.921	0.352	7.390	7.028	6.938	4.94	698	730	763	592	633	665	665	763
6.626	28.0	5.791	0.417	7.390	7.028	8.134	4.94	818	856	894	694	742	780	780	894
6.626	32.0	5.676	0.475	7.390	7.028	9.179	4.94	923	966	1009	783	837	880	880	1009
7.000	23.0	6.366	0.317	7.656	7.407	6.655	5.13	668	699	730	565	605	636	636	730
7.000	26.0	6.276	0.362	7.656	7.407	7.549	5.13	757	792	828	641	687	722	722	828
7.000	29.0	6.184	0.408	7.656	7.407	8.449	5.13	847	887	927	718	768	808	808	927

公称外径 D (in)	质量 W (lb/ft)	通径 d (in)	壁厚 t (in)	接箍外径 D_c (in)	接箍外径（特殊间隙或倒角）D_sc (in)	管壁临界横截面积 A_t (in²)	上扣长度损失 L_m (in)	最小连接强度 (ksi)							
								NT-100SS	NT-105SS	NT-110SS	NT-13Cr-80	NT-13Cr-90	NT-13Cr-95	NT-CrS-95	NT-CrSS-110
7.000	32.0	6.094	0.453	7.656	7.407	9.317	5.13	935	978	1022	791	847	891	891	1022
7.000	35.0	6.004	0.498	7.656	7.407	10.172	5.13	957	1000	1044	826	870	913	913	1044
7.000	38.0	5.920	0.540	7.656	7.407	10.959	5.13	957	1000	1044	826	870	913	913	1044
7.000	41.0	5.820	0.590	7.656	—	11.881	5.13	957	1000	1044	826	870	913	913	1044
7.000	42.7	5.750	0.625	7.656	—	12.517	5.13	957	1000	1044	826	870	913	913	1044
7.000	44.0	5.720	0.640	7.656	—	12.788	5.13	957	1000	1044	826	870	913	913	1044
7.625	26.4	6.969	0.328	8.500	8.157	7.519	5.32	751	786	821	635	681	716	716	821
7.625	29.7	6.875	0.375	8.500	8.157	8.541	5.32	853	893	933	721	773	813	813	933
7.625	33.7	6.765	0.430	8.500	8.157	9.720	5.32	970	1016	1061	820	880	925	925	1061
7.625	39.0	6.625	0.500	8.500	8.157	11.192	5.32	1117	1170	1222	945	1013	1065	1065	1222
7.625	42.8	6.501	0.562	8.500	—	12.470	5.32	1245	1303	1362	1053	1129	1187	1187	1362
7.625	45.3	6.435	0.595	8.500	—	13.141	5.32	1312	1373	1435	1109	1189	1251	1251	1435
7.625	47.1	6.375	0.625	8.500	—	13.744	5.32	1355	1417	1478	1160	1232	1294	1294	1478
8.625	36.0	7.825	0.400	9.625	9.157	10.336	5.64	1025	1073	1121	864	928	976	976	1121
8.625	40.0	7.725	0.450	9.625	9.157	11.557	5.64	1146	1199	1253	966	1038	1092	1092	1253
8.625	44.0	7.625	0.500	9.625	9.157	12.763	5.64	1265	1325	1384	1066	1146	1206	1206	1384

公称外径 D (in)	质量 W (lb/ft)	通径 d (in)	壁厚 t (in)	接箍外径 D_c (in)	接箍外径(特殊间隙或倒角) D_{sc} (in)	管壁临界横截面积 A_t (in²)	上扣长度损失 L_m (in)	最小连接强度 (ksi)							
								NT-100SS	NT-105SS	NT-110SS	NT-13Cr-80	NT-13Cr-90	NT-13Cr-95	NT-CrSS-95	NT-CrSS-110
8.625	49.0	7.511	0.557	9.625	9.157	14.118	5.64	1399	1465	1531	1180	1268	1334	1334	1531
8.625	52.0	7.435	0.595	9.625	—	15.010	5.64	1488	1558	1628	1254	1348	1418	1418	1628
9.625	40.0	8.835	0.395	10.625	10.157	11.454	5.64	1127	1180	1233	947	1021	1074	1074	1233
9.625	43.5	8.755	0.435	10.625	10.157	12.559	5.64	1236	1294	1352	1038	1119	1178	1178	1352
9.625	47.0	8.681	0.472	10.625	10.157	13.572	5.64	1336	1399	1462	1122	1210	1273	1273	1462
9.625	53.5	8.535	0.545	10.625	10.157	15.546	5.64	1530	1602	1674	1285	1386	1458	1458	1674
9.625	58.4	8.435	0.595	10.625	—	16.879	5.64	1661	1739	1818	1396	1505	1583	1583	1818
9.625	59.4	8.407	0.609	10.625	—	17.250	5.64	1698	1778	1858	1426	1538	1618	1618	1858
9.875	62.8	8.625	0.625	10.875	—	18.162	5.64	1784	1868	1952	1498	1616	1700	1700	1952
9.875	66.8	8.519	0.678	10.875	—	19.590	5.64	1924	2015	2106	1616	1743	1833	1833	2106
9.875	68.8	8.475	0.700	10.875	—	20.177	5.64	1971	2061	2151	1664	1792	1882	1882	2151
10.750	45.5	9.950	0.400	11.750	11.281	13.006	5.64	1269	1329	1390	1063	1149	1209	1209	1390
10.750	51.0	9.850	0.450	11.750	11.281	14.561	5.64	1421	1488	1556	1190	1287	1354	1354	1556
10.750	55.5	9.760	0.495	11.750	11.281	15.947	5.64	1556	1630	1704	1303	1409	1483	1483	1704
10.750	60.7	9.660	0.545	11.750	11.281	17.473	5.64	1705	1786	1867	1428	1544	1625	1625	1867
10.750	65.7	9.560	0.595	11.750	11.281	18.982	5.64	1853	1940	2028	1551	1677	1765	1765	2028

公称外径 D (in)	质量 W (lb/ft)	通径 d (in)	壁厚 t (in)	接箍外径 D_c (in)	接箍外径(特殊间隙或倒角) D_sc (in)	管壁临界横截面积 A_t (in²)	上扣长度损失 L_m (in)	最小连接强度 (ksi)							
								NT-100SS	NT-105SS	NT-110SS	NT-13Cr-80	NT-13Cr-90	NT-13Cr-95	NT-CrS-95	NT-CrSS-110
10.750	75.9	9.350	0.700	11.750	11.281	22.101	5.64	2139	2236	2334	1806	1945	2042	2042	2334
11.750	47.0	11.000	0.375	12.750	—	13.401	5.64	1298	1360	1422	1084	1175	1237	1237	1422
11.750	54.0	10.880	0.435	12.750	—	15.463	5.64	1498	1569	1640	1250	1356	1427	1427	1640
11.750	60.0	10.772	0.489	12.750	—	17.300	5.64	1676	1756	1835	1399	1517	1596	1596	1835
11.750	65.0	10.682	0.534	12.750	—	18.816	5.64	1823	1910	1996	1521	1650	1736	1736	1996
12.063	78.1	10.781	0.641	13.092	—	23.001	5.64	2223	2329	2435	1854	2012	2117	2117	2435
13.375	54.5	12.615	0.380	14.375	—	15.513	5.64	1485	1556	1627	1233	1343	1414	1414	1627
13.375	61.0	12.515	0.430	14.375	—	17.487	5.64	1674	1754	1834	1389	1514	1594	1594	1834
13.375	68.0	12.415	0.480	14.375	—	19.445	5.64	1861	1950	2039	1545	1683	1772	1772	2039
13.375	72.0	12.347	0.514	14.375	—	20.768	5.64	1988	2083	2178	1650	1797	1893	1893	2178
14.000	82.5	12.876	0.562	15.000	—	23.726	5.64	2260	2369	2477	1872	2043	2152	2152	2477

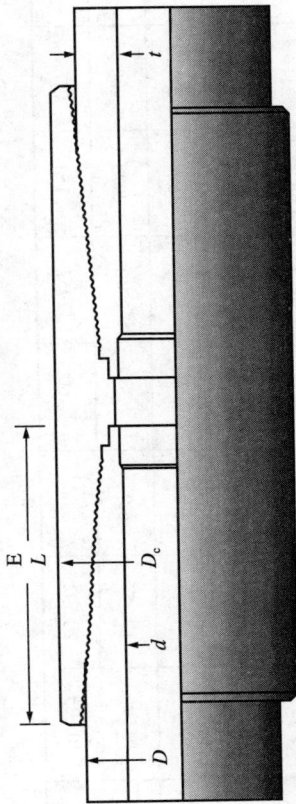

图 12-10 NSC 防 H$_2$S 腐蚀套管 (NS-HC 螺纹) 示意图

表 12-34 NSC 防 H$_2$S 腐蚀套管 (NS-HC 螺纹) 技术参数

公称外径 D (in)	质量 W (lb/ft)	通径 d (in)	壁厚 t (in)	接箍外径 D$_c$ (in)	管壁临界横截面积 A$_t$ (in²)	上扣长度损失 L$_m$ (in)	最小连接强度 (ksi)							
							NT-125DS	NT-140DS	NT-150DS	NT-95HS	NT-110HS	NT-80SS	NT-90SS	NT-95SS
5.500	30.9	4.330	0.585	6.054	9.033	5.30	1201	1287	1373	944	1073	815	858	901
5.500	31.4	4.308	0.596	6.054	9.182	5.30	1222	1310	1397	960	1091	829	873	917
5.500	32.0	4.276	0.612	6.054	9.398	5.30	1253	1342	1431	984	1118	850	895	939
6.625	41.4	5.346	0.640	7.390	12.034	5.59	1609	1723	1838	1264	1436	1092	1149	1206
6.625	43.7	5.251	0.687	7.390	12.816	5.59	1718	1841	1964	1350	1534	1166	1227	1289
6.625	46.7	5.154	0.736	7.390	13.617	5.59	1830	1961	2092	1438	1634	1242	1307	1373
7.000	44.9	5.685	0.657	7.700	13.092	5.80	1752	1878	2003	1377	1565	1189	1252	1314
7.000	45.4	5.660	0.670	7.700	13.324	5.80	1785	1912	2040	1402	1594	1211	1275	1339
7.000	46.4	5.626	0.687	7.700	13.625	5.80	1827	1958	2088	1436	1631	1240	1305	1370

公称外径 D (in)	质量 W (lb/ft)	通径 d (in)	壁厚 t (in)	接箍外径 Dc (in)	管壁临界横截面积 At (in²)	上扣长度损失 Lm (in)	最小连接强度 (ksi)							
							NT-125DS	NT-140DS	NT-150DS	NT-95HS	NT-110HS	NT-80SS	NT-90SS	NT-95SS
7.000	49.5	5.540	0.730	7.700	14.379	5.80	1933	2071	2209	1519	1726	1311	1380	1449
7.000	50.1	5.500	0.750	7.700	14.726	5.80	1981	2123	2264	1557	1769	1344	1415	1486
7.000	51.8	5.447	0.776	7.700	15.173	5.80	2038	2183	2329	1601	1820	1383	1456	1528
7.625	51.2	6.251	0.687	8.500	14.974	6.05	2009	2152	2296	1578	1793	1363	1435	1507
7.625	52.8	6.201	0.712	8.500	15.463	6.05	2077	2226	2374	1632	1855	1410	1484	1558
7.625	55.3	6.125	0.750	8.500	16.199	6.05	2180	2336	2492	1713	1947	1479	1557	1635
7.625	59.2	6.001	0.812	8.500	17.380	6.05	2345	2513	2681	1843	2094	1592	1675	1759
7.625	63.2	5.875	0.875	8.500	18.555	6.05	2510	2689	2869	1972	2241	1703	1793	1883
7.625	64.2	5.856	0.885	8.500	18.739	6.05	2536	2717	2898	1992	2264	1721	1811	1902
8.625	58.7	7.251	0.687	9.625	17.132	6.07	2299	2464	2628	1807	2053	1560	1642	1724
8.625	63.5	7.125	0.750	9.625	18.555	6.07	2498	2677	2855	1963	2231	1695	1785	1874
8.625	68.1	7.001	0.812	9.625	19.931	6.07	2691	2883	3076	2114	2403	1826	1922	2018
8.625	72.7	6.875	0.875	9.625	21.304	6.07	2883	3089	3295	2265	2574	1957	2060	2163
8.625	77.1	6.751	0.937	9.625	22.631	6.07	3069	3288	3508	2411	2740	2083	2192	2302
9.625	66.1	8.269	0.678	10.625	19.057	6.08	2557	2740	2923	2009	2283	1735	1827	1918
9.625	70.3	8.157	0.734	10.625	20.502	6.08	2760	2957	3154	2168	2464	1873	1971	2070

公称外径 D (in)	质量 W (lb/ft)	通径 d (in)	壁厚 t (in)	接箍外径 Dc (in)	管壁临界横截面积 At (in²)	上扣长度损失 Lm (in)	最小连接强度 (ksi)							
							NT-125DS	NT-140DS	NT-150DS	NT-95HS	NT-110HS	NT-80SS	NT-90SS	NT-95SS
9.625	71.8	8.125	0.750	10.625	20.911	6.08	2817	3018	3219	2213	2515	1911	2012	2113
9.625	75.6	8.031	0.797	10.625	22.104	6.08	2984	3197	3410	2344	2664	2025	2131	2238
9.625	80.8	7.907	0.859	10.625	23.656	6.08	3201	3430	3658	2515	2858	2172	2287	2401
9.625	84.0	7.844	0.891	10.625	24.448	6.08	3312	3549	3785	2602	2957	2247	2366	2484
10.750	79.2	9.282	0.734	11.825	23.096	6.08	3110	3332	3554	2443	2777	2110	2221	2332
10.750	80.8	9.250	0.750	11.825	23.562	6.08	3175	3402	3629	2495	2835	2154	2268	2381
10.750	85.3	9.156	0.797	11.825	24.921	6.08	3365	3606	3846	2644	3005	2284	2404	2524
10.750	91.2	9.032	0.859	11.825	26.692	6.08	3613	3871	4129	2839	3226	2452	2581	2710
10.750	97.1	8.906	0.922	11.825	28.467	6.08	3862	4138	4413	3034	3448	2620	2758	2896
10.750	102.9	8.782	0.984	11.825	30.190	6.08	4103	4396	4689	3224	3663	2784	2931	3077
10.750	108.7	8.656	1.047	11.825	31.916	6.08	4188	4487	4786	3290	3739	2842	2991	3141

表 12-35　NSC 防 CO_2/H_2S 腐蚀套管（NS-HC 螺纹）技术参数

公称外径 D (in)	质量 W (lb/ft)	通径 d (in)	壁厚 t (in)	接箍外径 D_c (in)	管壁临界横截面积 A_t (in²)	上扣长度损失 L_m (in)	最小连接强度 (ksi)							
							NT-100SS	NT-105SS	NT-110SS	NT-13Cr-80	NT-13Cr-90	NT-13Cr-95	NT-CrS-95	NT-CrSS-110
5.500	30.9	4.330	0.585	6.054	9.033	5.30	944	987	1030	815	858	901	901	1030
5.500	31.4	4.308	0.596	6.054	9.182	5.30	960	1004	1048	829	873	917	917	1048
5.500	32.0	4.276	0.612	6.054	9.398	5.30	984	1029	1074	850	895	939	939	1074
6.625	41.4	5.346	0.640	7.390	12.034	5.59	1264	1321	1379	1092	1149	1206	1206	1379
6.625	43.7	5.251	0.687	7.390	12.816	5.59	1350	1411	1473	1166	1227	1289	1289	1473
6.625	46.7	5.154	0.736	7.390	13.617	5.59	1438	1503	1569	1242	1307	1373	1373	1569
7.000	44.9	5.685	0.657	7.700	13.092	5.80	1377	1439	1502	1189	1252	1314	1314	1502
7.000	45.4	5.660	0.670	7.700	13.324	5.80	1402	1466	1530	1211	1275	1339	1339	1530
7.000	46.4	5.626	0.687	7.700	13.625	5.80	1436	1501	1566	1240	1305	1370	1370	1566
7.000	49.5	5.540	0.730	7.700	14.379	5.80	1519	1588	1657	1311	1380	1449	1449	1657
7.000	50.1	5.500	0.750	7.700	14.726	5.80	1557	1627	1698	1344	1415	1486	1486	1698
7.000	51.8	5.447	0.776	7.700	15.173	5.80	1601	1674	1747	1383	1456	1528	1528	1747
7.625	51.2	6.251	0.687	8.500	14.974	6.05	1578	1650	1722	1363	1435	1507	1507	1722
7.625	52.8	6.201	0.712	8.500	15.463	6.05	1632	1706	1780	1410	1484	1558	1558	1780
7.625	55.3	6.125	0.750	8.500	16.199	6.05	1713	1791	1869	1479	1557	1635	1635	1869
7.625	59.2	6.001	0.812	8.500	17.380	6.05	1843	1927	2010	1592	1675	1759	1759	2010
7.625	63.2	5.875	0.875	8.500	18.555	6.05	1972	2062	2151	1703	1793	1883	1883	2151
7.625	64.2	5.856	0.885	8.500	18.739	6.05	1992	2083	2174	1721	1811	1902	1902	2174

公称外径 D (in)	质量 W (lb/ft)	通径 d (in)	壁厚 t (in)	接箍外径 Dc (in)	管壁临界横截面积 At (in²)	上扣长度损失 Lm (in)	最小连接强度 (ksi)							
							NT-100SS	NT-105SS	NT-110SS	NT-13Cr-80	NT-13Cr-90	NT-13Cr-95	NT-CrS-95	NT-CrSS-110
8.625	58.7	7.251	0.687	9.625	17.132	6.07	1807	1889	1971	1560	1642	1724	1724	1971
8.625	63.5	7.125	0.750	9.625	18.555	6.07	1963	2052	2142	1695	1785	1874	1874	2142
8.625	68.1	7.001	0.812	9.625	19.931	6.07	2114	2211	2307	1826	1922	2018	2018	2307
8.625	72.7	6.875	0.875	9.625	21.304	6.07	2265	2368	2471	1957	2060	2163	2163	2471
8.625	77.1	6.751	0.937	9.625	22.631	6.07	2411	2521	2631	2083	2192	2302	2302	2631
9.625	66.1	8.269	0.678	10.625	19.057	6.08	2009	2101	2192	1735	1827	1918	1918	2192
9.625	70.3	8.157	0.734	10.625	20.502	6.08	2168	2267	2365	1873	1971	2070	2070	2365
9.625	71.8	8.125	0.750	10.625	20.911	6.08	2213	2314	2414	1911	2012	2113	2113	2414
9.625	75.6	8.031	0.797	10.625	22.104	6.08	2344	2451	2558	2025	2131	2238	2238	2558
9.625	80.8	7.907	0.859	10.625	23.656	6.08	2515	2629	2744	2172	2287	2401	2401	2744
9.625	84.0	7.844	0.891	10.625	24.448	6.08	2602	2721	2839	2247	2366	2484	2484	2839
10.750	79.2	9.282	0.734	11.825	23.096	6.08	2443	2554	2665	2110	2221	2332	2332	2665
10.750	80.8	9.250	0.750	11.825	23.562	6.08	2495	2608	2721	2154	2268	2381	2381	2721
10.750	85.3	9.156	0.797	11.825	24.921	6.08	2644	2764	2884	2284	2404	2524	2524	2884
10.750	91.2	9.032	0.859	11.825	26.692	6.08	2839	2968	3097	2452	2581	2710	2710	3097
10.750	97.1	8.906	0.922	11.825	28.467	6.08	3034	3172	3310	2620	2758	2896	2896	3310
10.750	102.9	8.782	0.984	11.825	30.190	6.08	3224	3370	3517	2784	2931	3077	3077	3517
10.750	108.7	8.656	1.047	11.825	31.916	6.08	3290	3440	3590	2842	2991	3141	3141	3590

表 12-36　VAM 防 H_2S 腐蚀高强度套管性能参数

外径 (in)	公称质量 (lb/ft)	公称壁厚 (in)	高挤毁压力（psi）			
			80ksi HCSS	90ksi HCS，HCSS	95ksi HCS，HCSS	110ksi HCSS
$4^1/_2$	11.60	0.250	7490	8230	8580	9590
	13.50	0.290	9280	10260	11090	12100
	15.10	0.337	11390	12640	13260	15050
5	15.00	0.296	8220	9060	9470	10620
	18.00	0.362	10890	12080	12660	14350
$5^1/_2$	17.00	0.304	7430	8160	8520	9510
	20.00	0.361	9520	10530	11410	12440
	23.00	0.415	11500	12770	13390	15210
	26.00	0.500	14550	16300	17130	19570
$6^5/_8$	24.00	0.352	7000	7680	8000	8910
	28.00	0.417	8980	9920	10370	11680
	32.00	0.475	10740	11910	12490	14150
7	23.00	0.317	5420	5880	6110	6110
	26.00	0.362	6720	7350	7740	8510
	29.00	0.408	8040	8850	9400	10370
	32.00	0.453	9340	10320	11160	12180
	35.00	0.498	10630	11790	12910	13990
	38.00	0.540	11840	13160	13800	15690
	41.00	0.590	13280	14790	15530	17700
	42.70	0.625	14290	15930	16740	19120
$7^5/_8$	26.40	0.328	4960	5210	5210	5210
	29.70	0.375	6200	6770	7040	7800
	33.70	0.430	7660	8420	8790	9830
	39.00	0.500	9510	10520	11010	12420
	41.00	0.537	10490	11620	12180	13790
	42.80	0.562	11150	12370	12970	14720
	45.30	0.595	12020	13360	14020	15940
	47.10	0.625	12810	14260	14970	17050
$7^3/_4$	46.10	0.595	11770	13070	13710	15580

外径 (in)	公称质量 (lb/ft)	公称壁厚 (in)	高挤毁压力（psi）			
			80ksi HCSS	90ksi HCS，HCSS	95ksi HCS，HCSS	110ksi HCSS
8⁵/₈	36.00	0.400	5640	6130	6370	6580
	40.00	0.450	6810	7460	7770	8640
	44.00	0.500	7980	8780	9170	10280
	49.00	0.537	9310	10290	10770	12140
	52.00	0.595	10200	11300	11830	13390
9⁵/₈	40.00	0.395	4480	4480	4480	4480
	43.50	0.435	5400	5680	6080	6080
	47.00	0.472	6180	6740	7090	7570
	53.50	0.545	7710	8470	8950	9900
	58.40	0.595	8570	9660	10360	11360
	59.40	0.609	9050	9990	10450	11770
	61.10	0.625	9380	10370	10850	12240
	64.90	0.672	10370	11490	12030	13620
	70.30	0.734	11660	12960	13590	15440
9³/₄	59.20	0.595	8590	9480	9910	11140
9⁷/₈	62.60	0.625	9050	10000	10780	11780
10	54.30	0.531	7000	7670	7990	8900
	60.30	0.595	8290	9130	9540	10710
	68.90	0.688	10160	11250	11790	13330
10³/₄	51.00	0.450	4730	4790	4790	4790
	55.50	0.495	5570	6060	6290	6440
	60.70	0.545	6510	7120	7410	8220
	65.70	0.595	7450	8180	8530	9540
	68.80	0.636	8220	9050	9460	10610
	73.20	0.672	8890	9820	10270	11560
	79.20	0.734	10060	11130	11660	13190
11³/₄	54.00	0.435	3280	3280	3280	3280
	60.00	0.489	4680	4710	4710	4710
	65.00	0.534	5450	5920	6140	6180
	71.00	0.582	6280	6850	7130	7890
	75.00	0.618	6890	7550	7870	8760

外径 (in)	公称质量 (lb/ft)	公称壁厚 (in)	高挤毁压力（psi）			
			80ksi HCSS	90ksi HCS，HCSS	95ksi HCS，HCSS	110ksi HCSS
$11^7/_8$	71.80	0.582	6170	6730	7000	7750
12	68.00	0.547	5480	5950	6170	6240
	73.00	0.589	6190	6750	7020	7770
	76.00	0.610	6540	7150	7440	8260
	86.50	0.707	8170	9000	9400	10540
$12^3/_4$	57.60	0.433	2520	2520	2520	2520
	65.10	0.492	3730	3730	3730	3730
	70.10	0.531	4690	4720	4720	4720
$12^7/_8$	66.60	0.495	3690	3690	3690	3690
$13^3/_8$	61.00	0.430	2130	2130	2130	2130
	68.00	0.480	2980	2980	2980	2980
	72.00	0.514	3900	3900	3900	3900
	77.00	0.550	4540	4540	4540	4540
	80.70	0.580	5030	5350	5350	5350
	86.00	0.625	5710	6210	6450	6560
$13^1/_2$	81.40	0.580	4950	5190	5190	5190
$13^5/_8$	88.20	0.625	5540	6010	6240	6370
	105.00	0.760	7540	8280	8640	9660
14	82.50	0.562	4210	4210	4210	4210
	94.80	0.656	5740	6240	6480	6790
	99.30	0.688	6200	6770	7030	7780
	103.50	0.720	6660	7290	7590	8430
	110.00	0.772	7410	8140	8590	9480
16	75.00	0.438	1300	1300	1300	1300
	84.00	0.495	1890	1890	1890	1890
	94.50	0.562	2790	2790	2790	2790
	109.00	0.656	4500	4500	4500	4500
	118.00	0.715	5300	5750	5870	5870
	128.00	0.781	6130	6690	6950	7690
	147.00	0.906	7710	8470	8840	9900

表 12-37 Special Metals 防腐蚀油管、套管性能参数

外径 (mm)	壁厚 (mm)	名义质量 （带螺纹和接箍） (kg/m)	平式油管质量（计算值） (kg/m)		屈服强度： 758MPa		屈服强度： 862MPa		屈服强度： 896MPa	
			INCOLOY 合金 825 INCOLOY 合金 G-3	INCOLOY 合金 C-276	挤毁 压力 (MPa)	内屈服 压力 (MPa)	挤毁 压力 (MPa)	内屈服 压力 (MPa)	挤毁 压力 (MPa)	内屈服 压力 (MPa)
60.3	4.83	6.85	6.85	7.47	111.2	106.2	123.4	120.7	127.4	125.5
	6.45	8.63	8.88	9.70	144.9	142.0	164.7	161.3	171.2	167.8
	8.53	11.46	11.30	12.34	184.2	187.7	209.3	213.4	217.7	222.0
73.0	5.51	9.52	9.49	10.37	100.3	100.2	110.8	113.8	114.2	118.4
	7.01	11.61	11.83	12.92	131.6	127.4	149.6	144.8	155.6	150.6
	7.82	12.80	13.04	14.23	145.1	142.2	164.9	161.5	171.5	168.0
	8.64	14.14	14.20	15.51	158.2	157.0	179.8	178.4	186.9	185.5
	11.18	17.34	17.66	19.29	196.6	203.1	223.4	233.3	232.4	240.1
88.9	6.45	13.69	13.59	14.84	93.3	96.3	102.7	109.4	105.7	113.8
	7.34	15.18	15.28	16.70	114.9	109.6	130.6	124.5	134.9	129.5
	9.52	18.90	19.32	21.09	145.1	142.2	164.9	161.6	171.5	168.0
	12.09	23.51	23.74	25.91	178.2	180.5	202.6	205.1	210.6	213.3
101.6	6.65	16.37	16.15	17.63	76.3	86.9	82.9	91.9	85.0	99.3
	8.38	19.94	19.97	21.80	114.8	109.5	130.5	124.5	134.7	129.4
	10.54	23.65	24.54	26.80	141.1	137.7	160.2	156.4	166.7	162.7
	12.70	28.28	28.87	31.52	165.9	165.9	188.5	188.5	196.1	196.1
114.3	6.88	18.75	18.90	20.64	63.5	79.9	68.2	90.8	69.6	94.5
	7.37	20.09	20.12	21.97	73.6	85.6	80.0	97.2	81.9	101.1
	8.56	23.07	23.13	25.25	98.9	99.4	109.2	112.9	112.5	117.5
	10.92	28.57	28.87	31.52	131.1	126.8	149.0	144.1	154.9	149.9
	12.70	32.14	32.99	36.01	136.5	132.7	155.1	150.9	161.3	156.9
	14.22	36.61	36.39	39.73	165.3	165.2	187.8	187.7	195.2	185.0

外径 (mm)	壁厚 (mm)	名义质量 （带螺纹和接箍） （kg/m）	平式油管质量（计算值） （kg/m）		屈服强度： 758MPa		屈服强度： 862MPa		屈服强度： 896MPa	
			INCOLOY 合金 825 INCOLOY 合金 G-3	INCOLOY 合金 C-276	挤毁 压力 （MPa）	内屈服 压力 （MPa）	挤毁 压力 （MPa）	内屈服 压力 （MPa）	挤毁 压力 （MPa）	内屈服 压力 （MPa）
127.0	6.43	19.35	19.81	21.62	40.3	67.2	41.7	76.3	42.5	79.4
	7.52	22.32	22.96	25.08	61.0	78.6	65.4	89.3	66.6	92.9
	9.19	26.79	27.69	30.24	92.9	96.1	102.2	109.2	105.1	113.6
	10.72	30.95	31.86	34.79	117.2	112.0	133.2	127.3	138.5	132.4
	12.14	34.53	35.66	38.93	131.1	126.9	149.5	144.2	155.0	150.0
	12.70	35.86	37.11	40.52	136.5	132.7	155.1	150.9	161.3	156.9
	14.22	40.18	41.00	44.76	150.9	148.7	171.4	168.9	178.3	175.7
139.7	6.98	23.07	23.69	25.86	38.8	66.4	40.6	75.4	41.3	78.5
	7.72	25.30	26.04	28.44	51.6	73.4	54.4	83.4	55.2	86.7
	9.17	29.76	30.60	33.41	76.5	87.1	83.3	99.0	85.4	102.9
	10.54	34.23	34.81	37.99	100.3	100.1	110.7	113.8	114.1	118.4
168.3	7.32	29.76	30.11	32.87	27.8	57.7	28.8	65.6	29.0	68.2
	8.94	35.72	36.42	39.76	46.4	70.5	48.4	80.1	48.9	83.4
	10.59	41.67	42.71	46.62	70.1	83.6	75.8	94.9	77.6	98.7
	12.06	47.62	48.20	52.62	91.0	95.2	100.3	108.1	103.1	112.5
177.8	6.91	29.76	30.18	32.96	20.5	51.6	20.5	58.6	20.5	61.0
	8.05	34.23	34.96	38.16	30.6	60.1	32.1	68.3	32.3	71.0
	9.19	38.69	39.63	43.28	43.0	68.6	44.5	78.0	44.7	81.1
	10.36	43.16	44.36	48.44	58.8	77.4	62.8	87.9	63.9	91.4
	11.51	47.62	48.92	53.41	74.3	85.9	80.7	97.6	82.7	101.5
	12.65	52.09	53.41	58.31	89.8	94.4	98.7	107.3	101.4	111.6
	13.72	56.55	57.53	62.82	104.2	102.4	115.6	116.3	119.0	121.0

注：计算挤毁压力、内屈服压力时，壁厚按 87.5% 计。

表 12-38　宝钢集团防腐蚀油管（圆螺纹）上扣力矩参数

规格 (in)	规格 (mm)	公称质量（带螺纹和接箍，lb/ft） NU	公称质量（带螺纹和接箍，lb/ft） EU	钢级	上扣力矩 (lbf·ft) 平式 最佳	平式 最小	平式 最大	加厚 最佳	加厚 最小	加厚 最大
$2\frac{3}{8}$	60.32	4.00	—	BG55S　BD55SS	610	460	760	—	—	—
		4.60	4.70	BG55-1Cr	730	550	910	1290	970	1610
		4.00	—	BG80S	830	620	1040	—	—	—
		4.60	4.70	BG80S-3Cr　BG80S-5Cr	990	740	1240	1760	1320	2200
		5.80	5.95	BG80SS　BG80SS-3Cr　BG80SS-5Cr	1420	1070	1780	2190	1640	2740
		4.00	—	BG80-1Cr	850	640	1060	—	—	—
		4.60	4.70	BG80-3Cr	1020	770	1280	1800	1350	2250
		5.80	5.95	BG80-5Cr	1460	1100	1830	2240	1680	2800
		4.00	—	BG90S	910	680	1140	—	—	—
		4.60	4.70	BG90S-3Cr　BG90S-5Cr	1080	810	1350	1920	1440	2400
		5.80	5.95	BG90SS　BG90SS-3Cr　BG90SS-5Cr	1550	1160	1940	2390	1790	2990
		4.00	—	BG95S	960	720	1200	—	—	—
		4.60	4.70	BG95S-3Cr　BG95S-5Cr	1140	860	1430	2030	1520	2540
		5.80	5.95	BG95SS　BG95SS-3Cr　BG95SS-5Cr	1640	1230	2050	2520	1890	3150
		4.00	—	BG110S　BD110SS	1090	820	1360	—	—	—
		4.60	4.70		1300	980	1630	2300	1730	2880
		5.80	5.95		1860	1140	2330	2860	2150	3580
		4.00	—		1120	840	1400	—	—	—
		4.60	4.70	BG110-3Cr	1340	1010	1680	2380	1790	2980
		5.80	5.95	BG110-5Cr	1920	1440	2400	2950	2210	3690

规格 (in)	规格 (mm)	公称质量 (带螺纹和接箍, lb/ft) NU	公称质量 (带螺纹和接箍, lb/ft) EU	钢级	上扣力矩 (lbf·ft) 平式 最佳	上扣力矩 (lbf·ft) 平式 最小	上扣力矩 (lbf·ft) 平式 最大	上扣力矩 (lbf·ft) 加厚 最佳	上扣力矩 (lbf·ft) 加厚 最小	上扣力矩 (lbf·ft) 加厚 最大
$2\frac{7}{8}$	73.02	6.40	6.50	BG55S / BD55SS / BG55-1Cr	1050	790	1310	1650	1240	2060
		6.40	6.50	BG80S	1430	1070	1790	2250	1690	2180
		7.80	7.90	BG80S-3Cr / BG80S-5Cr	1910	1430	2390	2710	2030	3390
		8.60	8.70	BG80SS / BG80SS-3Cr / BG80SS-5Cr	2160	1620	2700	2950	2210	3690
		6.40	6.50	BG80-1Cr	1470	1100	1840	2300	1730	2880
		7.80	7.90	BG80-3Cr	1960	1470	2450	2770	2080	3460
		8.60	8.70	BG80-5Cr	2210	1660	2760	3020	2270	3780
		6.40	6.50	BG90S	1570	1180	1960	2460	1850	3080
		7.80	7.90	BG90S-3Cr / BG90S-5Cr	2090	1570	2610	2970	2230	3710
		8.60	8.70	BG90SS / BG90SS-3Cr	2370	1780	2960	3230	2420	4040
		—	9.45	BG90SS-5Cr	—	—	—	3480	2610	4350
		6.40	6.50	BG95S	1650	1240	2060	2600	1950	3250
		7.80	7.90	BG95S-3Cr	2200	1650	2750	3120	2340	3900
		8.60	8.70	BG95S-5Cr	2490	1870	3110	3400	2550	4250
		—	9.45	BG95SS / BG95SS-3Cr / BG95SS-5Cr	—	—	—	3670	2750	4590
		6.40	6.50	BG110S	1870	1400	2340	2950	2210	3690
		7.80	7.90	BD110S	2500	1880	3130	3550	2660	4440
		8.60	8.70	BD110SS	2830	2120	3540	3860	2900	4830
		6.40	6.50	BG110-3Cr	1930	1450	2410	3040	2280	3800
		7.80	7.90	BG110-5Cr	2580	1940	3230	3660	2750	4580
		8.60	8.70		2920	2190	3650	3980	2990	4980

规格 (in)	(mm)	公称质量（带螺纹和接箍，lb/ft） NU	EU	钢级	上扣力矩（lbf·ft） 平式 最佳	平式 最小	平式 最大	最佳	加厚 最小	加厚 最大
3½	88.90	7.70	—	BG55S	1210	910	1510	—	—	—
		9.20	9.30	BD55SS	1480	1110	1850	2280	1710	2850
		10.20	—	BG55—1Cr	1720	1290	2150	—	—	—
		7.70	—	BG80S	1660	1250	2080	—	—	—
		9.20	9.30	BG80S—3Cr	2030	1520	2540	3130	2350	3910
		10.20	—	BG80S—5Cr	2360	1770	2950	—	—	—
		12.70	12.95	BG80SS	3140	2360	3930	4200	3150	5250
		7.70	—	BG80SS—3Cr	1700	1280	2130	—	—	—
		9.20	9.30	BG80SS—5Cr	2070	1550	2590	3200	2400	4000
		10.20	—	BG80—1Cr	2410	1810	3010	—	—	—
		12.70	12.95	BG80—3Cr	3210	2410	4010	4290	3220	5360
		7.70	—	BG80—5Cr	1820	1370	2280	—	—	—
		9.20	9.30	BG90S	2220	1670	2780	3430	2570	4290
		10.20	—	BG90S—3Cr	2590	1940	3240	—	—	—
		12.70	12.95	BG90S—5Cr	3440	2580	4300	4610	3460	5760
		7.70	—	BG90SS	1920	1440	2400	—	—	—
		9.20	9.30	BG90SS—3Cr	2340	1760	2930	3620	2720	4530
		10.20	—	BG90SS—5Cr	2720	2040	3400	—	—	—
		12.70	12.95	BG95S	3630	2720	4540	4850	3640	6060
		9.20	9.30	BG95S—3Cr	2660	2000	3330	4110	3080	5140
		12.70	12.95	BG95S—5Cr	4120	3090	5150	5520	4140	6900
		9.20	9.30	BG95SS	2740	2060	3430	4230	3170	5290
		12.70	12.95	BG95SS—3Cr	4240	3180	5300	5680	4260	7100
		9.20	9.30	BG95SS—5Cr						
		12.70	12.95	BG110S						
		9.20	9.30	BD110SS						
		12.70	12.95	BG110—3Cr						
				BG110—5Cr						

规格		公称质量（带螺纹和接箍，lb/ft）		钢级	上扣力矩（lbf·ft）					
					平式			加厚		
(in)	(mm)	NU	EU		最佳	最小	最大	最佳	最小	最大
4	101.60	9.50	—	BG55S	1240	930	1550	—	—	—
		—	11.00	BD55SS	—	—	—	2560	1920	3200
		9.50	—	BG55-1Cr	1710	1280	2140	—	—	—
		—	11.00	BG80S	—	—	—	3530	2650	4410
		—	—	BG80S-3Cr BG80S-5Cr						
		—	—	BG80SS						
		—	—	BG80SS-3Cr BG80SS-5Cr						
		9.50	—	BG80-1Cr	1740	1310	2180	—	—	—
		—	11.00	BG80-3Cr	—	—	—	3600	2700	4500
		—	—	BG80-5Cr						
		9.50	—	BG90S	1870	1400	2340	—	—	—
		—	—	BG90S-3Cr BG90S-5Cr						
		—	11.00	BG90SS	—	—	—	3870	2900	4840
		—	—	BG90SS-3Cr BG90SS-5Cr						
		9.50	—	BG95S	1970	1480	2460	—	—	—
		—	—	BG95S-3Cr BG95S-5Cr						
		—	11.00	BG95SS	—	—	—	4080	3060	5100
		—	—	BG95SS-3Cr BG95SS-5Cr						
		9.50	—	BG110S	2250	1690	2810	—	—	—
		—	11.00	BD110SS	—	—	—	4640	3480	5800
		9.50	—	BG110-3Cr	2310	1730	2890	—	—	—
		—	11.00	BG110-5Cr	—	—	—	4770	3580	5960

规格 (in)	规格 (mm)	公称质量 (带螺纹和接箍), lb/ft NU	公称质量 (带螺纹和接箍), lb/ft EU	钢级	上扣力矩 (lbf·ft) 平式 最佳	平式 最小	平式 最大	上扣力矩 (lbf·ft) 加厚 最佳	加厚 最小	加厚 最大
4½	114.30	12.60	12.75	BG55S	1740	1310	2180	2860	2150	3580
				BD55SS						
				BG55-1Cr						
		12.60	12.75	BG80S	2400	1800	3000	3940	2960	4930
				BG80S-3Cr						
				BG80S-5Cr						
				BG80SS						
				BG80SS-3Cr						
				BG80SS-5Cr						
		12.60	12.75	BG80-1Cr	2440	1830	3050	4020	3020	5030
				BG80-3Cr						
				BG80-5Cr						
		12.60	12.75	BG90S	2630	1970	3290	4330	3250	5410
				BG90S-3Cr						
				BG90S-5Cr						
				BG90SS						
				BG90SS-3Cr						
				BG90SS-5Cr						
		12.60	12.75	BG95S	2780	2090	3480	4560	3420	5700
				BG95S-3Cr						
				BG95S-5Cr						
				BG95SS						
				BG95SS-3Cr						
				BG95SS-5Cr						
		12.60	12.75	BG110S	3160	2370	3950	5200	3900	6500
				BD110SS						
		12.60	12.75	BG110-3Cr	3250	4060	4060	5340	4010	6680
				BG110-5Cr						

表12-39 宝钢集团防腐蚀套管上扣力矩参数

规格 (in)	(mm)	公称质量(带螺纹和接箍, lb/ft) NU	钢级	上扣力矩 (lbf·ft) 短圆螺纹 最佳	最小	最大	长圆螺纹 最佳	最小	最大
4½	114.30	11.6	BG55S	1540	1160	1930	1620	1220	2030
		13.5	BD55SS	1860	1400	2330	1960	1470	2450
		15.1	BG55-1Cr	2240	1680	2800	2360	1770	2950
		11.6	BG80S	2120	1590	2650	2230	1670	2790
		13.5	BG80S-3Cr	2570	1930	3210	2710	2030	3390
		15.1	BG80S-5Cr / BG80SS / BG80SS-3Cr / BG80SS-5Cr	3090	2320	3860	3250	2440	4060
		11.6	BG80-1Cr	2160	1620	2700	2280	1710	2850
		13.5	BG80-3Cr	2620	1970	3280	2760	2070	3450
		15.1	BG80-5Cr	3150	2360	3940	3310	2480	4140
		11.6	BG90S	2330	1750	2910	2450	1840	3060
		13.5	BG90S-3Cr	2830	2120	3540	2970	2230	3710
		15.1	BG90S-5Cr / BG90SS / BG90SS-3Cr / BG90SS-5Cr	3390	2540	4240	3570	2680	4460
		11.6	BG95S	2460	1850	3080	2580	1940	3230
		13.5	BG95S-3Cr	2980	2240	3730	3130	2350	3910
		15.1	BG95S-5Cr / BG95SS / BG95SS-3Cr / BG95SS-5Cr	3580	2690	4480	3760	2820	4700
		11.6	BG110S	2800	2100	3500	2940	2210	3680
		13.5	BD110SS	3390	2540	4240	3570	2680	4460
		15.1		4070	3050	5090	4280	3210	5350
		11.6	BG110-3Cr	2870	2150	3590	3020	2270	3780
		13.5	BG110-5Cr	3480	2610	4350	3660	2750	4580
		15.1		4180	3140	5230	4400	3300	5500

规格 (in)	(mm)	公称质量（带螺纹和接箍，lb/ft） NU	钢级	上扣力矩 (lbf·ft)					
				短圆螺纹			长圆螺纹		
				最佳	最小	最大	最佳	最小	最大
5	127.00	15.00	BG55S	2070	1550	2590	2230	1670	2790
		18.00	BD55SS	2630	1970	3290	2840	2130	3550
		15.00	BG55—1Cr	2860	2150	3580	3080	2310	3850
		18.00	BG80S BG80S-3Cr BG80S-5Cr BG80SS BG80SS-3Cr BG80SS-5Cr	3640	2730	4550	3930	2950	4910
		15.00	BG80-1Cr	2910	2180	3640	3140	2360	3930
		18.00	BG80-3Cr BG80-5Cr	3710	2780	4640	4000	3000	5000
		15.00	BG90S	3140	2360	3930	3380	2540	4230
		18.00	BG90S-3Cr BG90S-5Cr BG90SS BG90SS-3Cr BG90SS-5Cr	4000	3000	5000	4310	3230	5390
		15.00	BG95S	3310	2480	4140	3560	2670	4450
		18.00	BG95S-3Cr BG95S-5Cr BG95SS BG95SS-3Cr BG95SS-5Cr	4220	3170	5280	4550	3410	5690
		15.00	BG110S	3770	2830	4710	4060	3050	5080
		18.00	BD110SS	4810	3610	6010	5180	3890	6480
		15.00	BG110-3Cr	3870	2900	4840	4170	3130	5210
		18.00	BG110-5Cr	4930	3700	6160	5310	3980	6640

规格 (in)	规格 (mm)	公称质量（带螺纹和接箍，lb/ft）NU	钢级	上扣力矩 (lbf·ft) 短圆螺纹 最佳	短圆螺纹 最小	短圆螺纹 最大	长圆螺纹 最佳	长圆螺纹 最小	长圆螺纹 最大
5½	139.70	17.00	BG55S	2290	1720	2860	2470	1850	3090
		20.00	BD55SS	2820	2120	3530	3040	2280	3800
		23.00	BG55-1Cr	3310	2480	4140	3560	2670	4450
		17.00	BG80S	3170	2380	3960	3410	2560	4260
		20.00	BG80S-3Cr, BG80S-5Cr	3910	2930	4890	4200	3150	5250
		23.00	BG80SS, BG80SS-3Cr, BG80SS-5Cr	4590	3440	5740	4930	3700	6160
		17.00	BG80-1Cr	3230	2420	4040	3480	2610	4350
		20.00	BG80-3Cr	3980	2990	4980	4280	3210	5350
		23.00	BG80-5Cr	4670	3500	5840	5020	3770	6280
		17.00	BG90S	3490	2620	4360	3750	2810	4690
		20.00	BG90S-3Cr, BG90S-5Cr	4300	3230	5380	4620	3470	5780
		23.00	BG90SS, BG90SS-3Cr, BG90SS-5Cr	5050	3790	6310	5430	4070	6790
		17.00	BG95S	3680	2760	4600	3960	2970	4950
		20.00	BG95S-3Cr, BG95S-5Cr	4530	3400	5660	4870	3650	6090
		23.00	BG95SS, BG95SS-3Cr, BG95SS-5Cr	5320	3990	6650	5720	4290	7150
		17.00	BG110S	4200	3150	5250	4510	3380	5640
		20.00	BD110SS	5170	3880	6460	5550	4160	6940
		23.00		6070	4550	7590	6520	4890	8150
		17.00	BG110-3Cr	4300	3230	5380	4620	3470	5780
		20.00	BG110-5Cr	5290	3970	6610	5690	4270	7110
		23.00		6210	4660	7760	6680	5010	8350

规格 (in)	规格 (mm)	公称质量 (带螺纹和接箍, lb/ft) NU	钢级	上扣力矩 (lbf·ft) 短圆螺纹 最佳	短圆螺纹 最小	短圆螺纹 最大	长圆螺纹 最佳	长圆螺纹 最小	长圆螺纹 最大
7	177.80	23.00	BG55S	2840	2130	3550	3130	2350	3910
		26.00	BD55SS	3340	2510	4180	3670	2750	4590
		29.00	BG55-1Cr	3840	2880	4800	4230	3170	5290
		23.00	BG80S	3960	2970	4950	4350	3260	5440
		26.00	BG80S-3Cr	4650	3490	5810	5110	3830	6390
		29.00	BG80S-5Cr / BG80SS / BG80SS-3Cr / BG80SS-5Cr	5350	4010	6690	5870	4400	7340
		23.00	BG80-1Cr	4020	3020	5030	4420	3320	5530
		26.00	BG80-3Cr	4720	3540	5900	5190	3890	6490
		29.00	BG80-5Cr	5430	4070	6790	5970	4480	7460
		23.00	BG90S	4370	3280	5460	4790	3590	5990
		26.00	BG90S-3Cr	5130	3850	6410	5630	4220	7040
		29.00	BG90S-5Cr / BG90SS / BG90SS-3Cr / BG90SS-5Cr	5900	4430	7380	6480	4860	8100
		23.00	BG95S	4600	3450	5750	5050	3790	6310
		26.00	BG95S-3Cr	5410	4060	6760	5930	4450	7410
		29.00	BG95S-5Cr / BG95SS / BG95SS-3Cr / BG95SS-5Cr	6220	4670	7780	6830	5120	8540
		23.00	BG110S	5260	3950	6580	5770	4330	7210
		26.00	BG110S	6180	4640	7730	6780	5090	8480
		29.00	BD110SS	7100	5330	8880	7800	5850	9750
		23.00	BG110-3Cr	5370	4030	6710	5900	4430	7380
		26.00	BG110-5Cr	6310	4730	7890	6930	5200	8660
		29.00		7260	5450	9080	7970	5980	9960

表 12—40　宝钢集团 9Cr/13Cr 材质油管、套管上扣力矩参数

规格 (in)	规格 (mm)	公称质量 (lb/ft)	壁厚 (in)	壁厚 (mm)	上扣力矩 (lbf·ft) L80—9Cr/13Cr 最小	L80—9Cr/13Cr 最佳	L80—9Cr/13Cr 最大	BG95—9Cr/13Cr 最小	BG95—9Cr/13Cr 最佳	BG95—9Cr/13Cr 最大
2 3/8	60.33	4.60	0.190	4.83	1530	1660	1790	1550	1690	1820
		5.80	0.254	6.45	1690	1840	1990	1780	1940	2090
2 7/8	73.02	6.40	0.217	5.51	1900	2070	2240	2010	2190	2370
		7.80	0.276	7.01	2200	2390	2580	2370	2580	2790
		8.60	0.308	7.82	2450	2660	2870	2670	2900	3130
3 1/2	88.90	9.20	0.254	6.45	2900	3150	3400	2980	3240	3500
		10.20	0.289	7.34	3120	3390	3660	3210	3490	3770
		12.70	0.375	9.53	3490	3790	4090	4030	4380	4730
4	101.60	9.5	0.226	5.74	3040	3300	3560	3350	3640	3930
4 1/2	114.30	12.60	0.271	6.88	3690	4010	4330	3860	4200	4540
		13.50	0.290	7.37	4000	4350	4700	4360	4740	5120
		15.20	0.337	8.56	4570	4970	5370	4880	5310	5730
5	127.00	15.00	0.296	7.52	3380	3590	3810	3970	4230	4480
		18.00	0.362	9.19	4340	4620	4890	4800	5100	5410
		21.40	0.437	11.10	4850	5160	5470	5270	5610	5940
		23.20	0.478	12.14	5040	5360	5680	5480	5830	6180
		24.10	0.500	12.70	5150	5480	5809	5640	6000	6360
5 1/2	139.70	15.50	0.275	6.98	3380	3590	3810	3830	4080	4320
		17.00	0.304	7.72	4070	4330	4590	4670	4960	5260
		20.00	0.361	9.17	5250	5580	5920	6000	6390	6770
		23.00	0.415	10.54	5710	6070	6430	6610	7030	7450

注：2 3/8、2 7/8、3 1/2、4、4 1/2 是油管尺寸；5、5 1/2 是套管尺寸。

表 12-41 酸性油气井用 VAM TOP 扣上扣力矩参数（一）

外径 (in)	公称质量 (lb/ft)	壁厚 (in)	55			65		
			最小	最佳	最大	最小	最佳	最大
			(lbf·ft)					
2³/₈	4.60	0.190	—	—	—	960	1010	1060
	5.10	0.218	—	—	—	1190	1250	1310
	5.80	0.254	—	—	—	1560	1640	1720
	6.30	0.280	—	—	—	1790	1880	1970
	6.60	0.295	—	—	—	1900	2000	2100
	7.35	0.336	—	—	—	2280	2390	2500
2⁷/₈	6.40	0.217	—	—	—	1530	1610	1690
	7.80	0.276	—	—	—	2170	2280	2390
	8.60	0.308	—	—	—	2510	2640	2770
	9.35	0.340	—	—	—	2890	3040	3190
	9.80	0.362	—	—	—	3120	3280	3440
	10.50	0.392	—	—	—	3440	3620	3800
	10.70	0.405	—	—	—	3520	3700	3880
	11.50	0.440	—	—	—	3970	4170	4370
3¹/₂	6.50	0.170	—	—	—	1290	1350	1410
	7.70	0.216	—	—	—	2040	2140	2240
	9.20	0.254	—	—	—	2630	2760	2890
	10.20	0.289	—	—	—	3210	3370	3530
	12.70	0.375	—	—	—	4660	4900	5140
	13.70	0.413	—	—	—	5200	5470	5740
	14.30	0.430	—	—	—	5440	5720	6000
	14.70	0.449	—	—	—	5700	6000	6300
	15.50	0.476	—	—	—	6020	6330	6640
	16.70	0.510	—	—	—	6470	6810	7150
4	8.20	0.190	—	—	—	1940	2040	2140
	9.50	0.226	—	—	—	2670	2810	2950
	10.90	0.262	—	—	—	3390	3560	3730
	12.10	0.299	—	—	—	4140	4350	4560
	13.20	0.330	—	—	—	4750	4990	5230
	14.80	0.380	—	—	—	5910	6220	6530
	16.10	0.415	—	—	—	6650	6990	7330
	16.50	0.430	—	—	—	6920	7280	7640
	18.90	0.500	—	—	—	8030	8450	8870
	22.20	0.610	—	—	—	9900	10400	10900

外径 (in)	公称质量 (lb/ft)	壁厚 (in)	55			65		
			最小	最佳	最大	最小	最佳	最大
			(lbf·ft)					
$4^1/_2$	10.50	0.224	—	—	—	2890	3040	3190
	11.60	0.250	—	—	—	3440	3620	3800
	12.60	0.271	—	—	—	3890	4090	4290
	13.50	0.290	—	—	—	4370	4600	4830
	15.10	0.337	—	—	—	5490	5770	6060
	17.00	0.380	—	—	—	6880	7240	7600
	17.70	0.402	—	—	—	7500	7890	8280
	18.90	0.430	—	—	—	8270	8700	9140
	21.50	0.500	—	—	—	10100	10600	1110
	23.70	0.560	—	—	—	11350	11900	12450
5	13.00	0.253	3000	3330	3660	3330	3690	4050
	15.00	0.296	3910	4340	4770	4230	4700	5170
	18.00	0.362	4560	5060	5560	4880	5420	5960
	20.30	0.408	5540	6150	6760	5860	6510	7160
	20.80	0.422	5860	6510	7160	6510	7230	7950
	21.40	0.437	6190	6870	7550	6840	7590	8340
	23.20	0.478	7170	7960	8750	8150	9050	9950
	24.10	0.500	8010	8900	9790	8730	9700	10670
$5^1/_2$	14.00	0.244	3190	3540	3890	3590	3980	4370
	15.50	0.275	3590	3980	4370	4230	4700	5170
	17.00	0.304	3910	4340	4770	4560	5060	5560
	20.00	0.361	4880	5420	5960	5220	5790	6360
	23.00	0.415	6190	6870	7550	6840	7590	8340
	26.00	0.476	7830	8700	9570	8780	9750	10720
	26.80	0.500	8730	9700	10670	9700	10700	11700
	28.40	0.530	9750	10750	11750	10750	11850	12950
	29.70	0.562	10600	11700	12800	11750	13050	14350
$5^3/_4$	18.10	0.304	4370	4850	5330	5540	6150	6760
$6^5/_8$	20.00	0.288	4230	4700	5170	4880	5420	5960
	23.20	0.330	4560	5060	5560	5220	5790	6360
	24.00	0.352	4880	5420	5960	5540	6150	6760
	28.00	0.417	7170	7960	8750	7830	8700	9570
	32.00	0.475	8780	9750	10720	9500	10500	11500
	36.70	0.562	11700	13000	14300	12700	14100	15500

外径 (in)	公称质量 (lb/ft)	壁厚 (in)	55			65		
			最小	最佳	最大	最小	最佳	最大
			(lbf·ft)					
7	23.00	0.317	5540	6150	6760	6190	6870	7550
	26.00	0.362	6190	6870	7550	6840	7590	8340
	29.00	0.408	7170	7960	8750	7830	8700	9570
	32.00	0.453	8460	9400	10340	9150	10150	11150
	35.00	0.498	9850	10850	11850	11100	12300	13500
	38.00	0.540	11450	12650	13850	12700	14100	15500
	41.00	0.590	13050	14450	15850	15050	16650	18250
	42.70	0.625	15050	16650	18250	16300	18100	19900
7⁵/₈	26.40	0.328	6510	7230	7950	7170	7960	8750
	29.70	0.375	7170	7960	8750	7830	8700	9570
	33.70	0.430	7830	8700	9570	8460	9400	10340
	35.80	0.465	9150	10150	11150	10100	11200	12300
	39.00	0.500	10450	11550	12650	11700	13000	14300
	42.80	0.562	13700	15200	16700	14650	16250	17850
	45.30	0.595	15050	16650	18250	16300	18100	19900
	47.10	0.625	16300	18100	19900	18000	19900	21800
7³/₄	46.10	0.595	15050	16650	18250	17000	18800	20600
8⁵/₈	36.00	0.400	7170	7960	8750	7470	8300	9130
	40.00	0.450	9150	10150	11150	10450	11550	12650
	44.00	0.500	11700	13000	14300	13400	14800	16200
	49.00	0.557	15050	16650	18250	17000	18800	20600
	52.00	0.595	17000	18800	20600	18900	21000	23100
9⁵/₈	40.00	0.395	7170	7960	8750	7830	8700	9570
	43.50	0.435	9850	10850	11850	10450	11550	12650
	47.00	0.472	11700	13000	14300	13050	14450	15850
	53.50	0.545	16300	18100	19900	18250	20250	22250
	58.40	0.595	19600	21700	23800	20850	23150	25450
9⁷/₈	62.80	0.625	20850	23150	25450	20850	23150	25450
	65.30	0.650	20850	23150	25450	20850	23150	25450
	66.40	0.661	20850	23150	25450	20850	23150	25450
	66.90	0.668	20850	23150	25450	20850	23150	25450
	67.50	0.678	22800	25300	27800	22800	25300	27800
	68.00	0.694	24800	27500	30200	24800	27500	30200
	68.90	0.700	24800	27500	30200	24800	27500	30200
	70.50	0.720	27000	30000	33000	27000	30000	33000
	72.00	0.725	27000	30000	33000	27000	30000	33000

外径 (in)	公称质量 (lb/ft)	壁厚 (in)	55			65		
			最小	最佳	最大	最小	最佳	最大
			(lbf·ft)					
10	67.20	0.672	25400	28200	31000	27000	30000	33000
	68.70	0.688	26700	29650	32600	27000	30000	33000
	71.80	0.722	27000	30000	33000	27000	30000	33000
$10^3/_4$	45.50	0.400	7830	8700	9570	8780	9750	10720
	51.00	0.450	11100	12300	13500	13050	14450	15850
	55.50	0.495	14400	15900	17400	16300	18100	19900
	60.70	0.545	18250	20250	22250	20200	22400	24600
	65.70	0.595	20850	23150	25450	20850	23150	25450
	71.10	0.650	20850	23150	25450	20850	23150	25450
$11^3/_4$	54.00	0.435	11100	12300	13500	12450	13750	15050
	60.00	0.489	15050	16650	18250	17600	19500	21400
	65.00	0.534	18900	21000	23100	20850	23150	25450
	71.00	0.582	20850	23150	25450	20850	23150	25450
$11^7/_8$	67.80	0.550	20850	23150	25450	20850	23150	25450
	71.80	0.582	20850	23150	25450	20850	23150	25450
$13^3/_8$	61.00	0.430	11700	13000	14300	13050	14450	15850
	68.00	0.480	17000	18800	20600	18900	21000	23100
	72.00	0.514	19600	21700	23800	20850	23150	25450
	77.00	0.550	20850	23150	25450	20850	23150	25450
	80.70	0.580	20850	23150	25450	20850	23150	25450
	85.00	0.608	20850	23150	25450	20850	23150	25450
	86.00	0.625	20850	23150	25450	20850	23150	25450
$13^5/_8$	88.20	0.625	27000	30000	33000	27000	30000	33000
	118.20	0.850	27000	30000	33000	27000	30000	33000
14	86.00	0.600	22550	24950	27350	25750	28550	31350
	93.00	0.650	27000	30000	33000	27000	30000	33000
	100.00	0.700	27000	30000	33000	27000	30000	33000
	106.00	0.750	27000	30000	33000	27000	30000	33000
	112.00	0.797	27000	30000	33000	27000	30000	33000
	114.00	0.800	27000	30000	33000	27000	30000	33000
	120.00	0.850	27000	30000	33000	27000	30000	33000
15	92.50	0.578	30000	33300	36600	30000	33300	36600

表 12-42 酸性油气井用 VAM TOP 扣上扣力矩（参数二）

外径 (in)	公称质量 (lb/ft)	壁厚 (in)	75-80-85			90-95-100		
			最小	最佳	最大	最小	最佳	最大
			(lbf·ft)					
$2\frac{3}{8}$	4.60	0.190	1110	1160	1210	1170	1290	1410
	5.10	0.218	1360	1430	1500	1430	1580	1730
	5.80	0.254	1680	1760	1840	1800	1990	2180
	6.30	0.280	1940	2040	2140	2070	2290	2510
	6.60	0.295	2090	2190	2290	2210	2450	2690
	7.35	0.336	2490	2620	2750	2640	2930	3220
$2\frac{7}{8}$	6.40	0.217	1670	1850	2030	1800	1990	2180
	7.80	0.276	2360	2620	2880	2670	2960	3250
	8.60	0.308	2750	3050	3350	3090	3430	3770
	9.35	0.340	3150	3490	3830	3520	3910	4300
	9.80	0.362	3420	3800	4180	3830	4250	4670
	10.50	0.392	3780	4190	4600	4240	4710	5180
	10.70	0.405	3900	4330	4760	4410	4900	5390
	11.50	0.440	4200	4660	5120	4790	5320	5850
$3\frac{1}{2}$	6.50	0.170	1380	1530	1680	1440	1590	1740
	7.70	0.216	2040	2260	2480	2130	2360	2590
	9.20	0.254	2610	2900	3190	2720	3020	3320
	10.20	0.289	3200	3550	3900	3330	3700	4070
	12.70	0.375	4950	5500	6050	5310	5890	6470
	13.70	0.413	5610	6230	6850	6020	6680	7340
	14.30	0.430	5900	6550	7200	6340	7040	7740
	14.70	0.449	6210	6890	7570	6690	7430	8170
	15.50	0.476	6670	7410	8150	7310	8120	8930
	16.70	0.510	7160	7950	8740	7880	8750	9620
4	8.20	0.190	2020	2240	2460	2110	2340	2570
	9.50	0.226	2660	2950	3240	2780	3080	3380
	10.90	0.262	3380	3750	4120	3520	3910	4300
	12.10	0.299	4130	4580	5030	4310	4780	5250
	13.20	0.330	4730	5250	5770	4940	5480	6020
	14.80	0.380	6250	6940	7630	6530	7250	7970
	16.10	0.415	7070	7850	8630	7380	8190	9000
	16.50	0.430	7400	8220	9040	7740	8600	9460
	18.90	0.500	9000	9900	10800	9800	10800	11800
	22.20	0.610	11000	12200	13400	12300	13600	14900

外径 (in)	公称质量 (lb/ft)	壁厚 (in)	75—80—85			90—95—100		
			最小	最佳	最大	最小	最佳	最大
			(lbf·ft)					
$4\frac{1}{2}$	10.50	0.224	2890	3210	3530	3150	3490	3830
	11.60	0.250	3500	3880	4260	3800	4220	4640
	12.60	0.271	4000	4440	4880	4340	4820	5300
	13.50	0.290	4450	4940	5430	4830	5360	5890
	15.10	0.337	5550	6160	6770	6010	6670	7330
	17.00	0.380	6620	7350	8080	7140	7930	8720
	17.70	0.402	7190	7980	8770	7740	8600	9460
	18.90	0.430	7920	8800	9680	8550	9500	10450
	21.50	0.500	9950	11050	12150	10400	11500	12600
	23.70	0.560	11450	12650	13850	11750	13050	14350
5	13.00	0.253	3710	4120	4530	4230	4700	5170
	15.00	0.296	4560	5060	5560	5220	5790	6360
	18.00	0.362	5220	5790	6360	5540	6150	6760
	20.30	0.408	6510	7230	7950	7170	7960	8750
	20.80	0.422	7170	7960	8750	7830	8700	9570
	21.40	0.437	7470	8300	9130	8460	9400	10340
	23.20	0.478	8780	9750	10720	9500	10500	11500
	24.10	0.500	9900	11000	12100	11050	12250	13450
$5\frac{1}{2}$	14.00	0.244	4040	4480	4920	4560	5060	5560
	15.50	0.275	4560	5060	5560	5220	5790	6360
	17.00	0.304	4880	5420	5960	5540	6150	6760
	20.00	0.361	5860	6510	7160	6510	7230	7950
	23.00	0.415	7470	8300	9130	8150	9050	9950
	26.00	0.476	9850	10850	11850	10850	11950	13050
	26.80	0.500	11000	12200	13400	12400	13700	15000
	28.40	0.530	12200	13500	14800	13650	15150	16650
	29.70	0.562	13500	14900	16300	15200	16800	18400
$5\frac{3}{4}$	18.10	0.304	6250	6940	7630	7170	7960	8750
$6\frac{5}{8}$	20.00	0.288	5540	6150	6760	6190	6870	7550
	23.20	0.330	5860	6510	7160	6510	7230	7950
	24.00	0.352	6190	6870	7550	6840	7590	8340
	28.00	0.417	8460	9400	10340	9150	10150	11150
	32.00	0.475	10850	11950	13050	11700	13000	14300
	36.70	0.562	14400	15900	17400	16000	17700	19400

外径 (in)	公称质量 (lb/ft)	壁厚 (in)	75—80—85			90—95—100		
			最小	最佳	最大	最小	最佳	最大
			(lbf·ft)					
7	23.00	0.317	6840	7590	8340	7470	8300	9130
	26.00	0.362	7470	8300	9130	8150	9050	9950
	29.00	0.408	8460	9400	10340	9150	10150	11150
	32.00	0.453	10100	11200	12300	11100	12300	13500
	35.00	0.498	12100	13400	14700	13700	15200	16700
	38.00	0.540	14050	15550	17050	15650	17350	19050
	41.00	0.590	16300	18100	19900	18250	20250	22250
	42.70	0.625	18250	20250	22250	20850	23150	25450
7⁵/₈	26.40	0.328	8150	9050	9950	9150	10150	11150
	29.70	0.375	8460	9400	10340	9850	10850	11850
	33.70	0.430	9150	10150	11150	10450	11550	12650
	35.80	0.465	11100	12300	13500	12450	13750	15050
	39.00	0.500	13050	14450	15850	14400	15900	17400
	42.80	0.562	17000	18800	20600	18900	21000	23100
	45.30	0.595	18900	21000	23100	20850	23150	25450
	47.10	0.625	20200	22400	24600	20850	23150	25450
7³/₄	46.10	0.595	18250	20250	22250	20850	23150	25450
8⁵/₈	36.00	0.400	8150	9050	9950	9150	10150	11150
	40.00	0.450	11100	12300	13500	12450	13750	15050
	44.00	0.500	15050	16650	18250	16300	18100	19900
	49.00	0.557	18900	21000	23100	20200	22400	24600
	52.00	0.595	20850	23150	25450	20850	23150	25450
9⁵/₈	40.00	0.395	8460	9400	10340	9150	10150	11150
	43.50	0.435	11700	13000	14300	13050	14450	15850
	47.00	0.472	14400	15900	17400	15650	17350	19050
	53.50	0.545	20850	23150	25450	20850	23150	25450
	58.40	0.595	20850	23150	25450	20850	23150	25450
9⁷/₈	62.80	0.625	20850	23150	25450	20850	23150	25450
	65.30	0.650	20850	23150	25450	20850	23150	25450
	66.40	0.661	20850	23150	25450	20850	23150	25450
	66.90	0.668	20850	23150	25450	20850	23150	25450
	67.50	0.678	22800	25300	27800	22800	25300	27800
	68.00	0.694	24800	27500	30200	24800	27500	30200
	68.90	0.700	24800	27500	30200	24800	27500	30200
	70.50	0.720	27000	30000	33000	27000	30000	33000
	72.00	0.725	27000	30000	33000	27000	30000	33000

外径 (in)	公称质量 (lb/ft)	壁厚 (in)	75−80−85			90−95−100		
			最小	最佳	最大	最小	最佳	最大
			(lbf·ft)					
10	67.20	0.672	27000	30000	33000	27000	30000	33000
	68.70	0.688	27000	30000	33000	27000	30000	33000
	71.80	0.722	27000	30000	33000	27000	30000	33000
10³/₄	45.50	0.400	9850	10850	11850	10450	11550	12650
	51.00	0.450	14400	15900	17400	15650	17350	19050
	55.50	0.495	18250	20250	22250	20850	23150	25450
	60.70	0.545	20850	23150	25450	20850	23150	25450
	65.70	0.595	20850	23150	25450	20850	23150	25450
	71.10	0.650	20850	23150	25450	20850	23150	25450
11³/₄	54.00	0.435	17000	18800	20600	18900	21000	23100
	60.00	0.489	20850	23150	25450	20850	23150	25450
	65.00	0.534	20850	23150	25450	20850	23150	25450
	71.00	0.582	20850	23150	25450	20850	23150	25450
11⁷/₈	67.80	0.550	20850	23150	25450	20850	23150	25450
	71.80	0.582	20850	23150	25450	20850	23150	25450
13³/₈	61.00	0.430	15050	16650	18250	17000	18800	20600
	68.00	0.480	20850	23150	25450	20850	23150	25450
	72.00	0.514	20850	23150	25450	20850	23150	25450
	77.00	0.550	20850	23150	25450	20850	23150	25450
	80.70	0.580	20850	23150	25450	20850	23150	25450
	85.00	0.608	20850	23150	25450	20850	23150	25450
	86.00	0.625	20850	23150	25450	20850	23150	25450
13⁵/₈	88.20	0.625	27000	30000	33000	27000	30000	33000
	118.20	0.850	27000	30000	33000	27000	30000	33000
14	86.00	0.600	22550	24950	27350	25750	28550	31350
	93.00	0.650	27000	30000	33000	27000	30000	33000
	100.00	0.700	27000	30000	33000	27000	30000	33000
	106.00	0.750	27000	30000	33000	27000	30000	33000
	112.00	0.797	27000	30000	33000	27000	30000	33000
	114.00	0.800	27000	30000	33000	27000	30000	33000
	120.00	0.850	27000	30000	33000	27000	30000	33000
15	92.50	0.578	30000	33300	36600	30000	33300	36600

表 12—43 酸性油气井用 VAM TOP 扣上扣力矩参数（三）

外径 (in)	公称质量 (lb/ft)	壁厚 (in)	105—110—115			120—125—130		
			最小	最佳	最大	最小	最佳	最大
			(lbf·ft)					
$2^3/_8$	4.60	0.190	1240	1370	1500	1310	1450	1590
	5.10	0.218	1520	1680	1840	1560	1730	1900
	5.80	0.254	1950	2160	2370	2050	2270	2490
	6.30	0.280	2230	2470	2710	2340	2600	2860
	6.60	0.295	2390	2650	2910	2520	2790	3060
	7.35	0.336	2840	3150	3460	2980	3310	3640
$2^7/_8$	6.40	0.217	1860	2060	2260	1920	2130	2340
	7.80	0.276	2830	3140	3450	3000	3330	3660
	8.60	0.308	3290	3650	4010	3480	3860	4240
	9.35	0.340	3740	4150	4560	3960	4390	4820
	9.80	0.362	4060	4510	4960	4290	4760	5230
	10.50	0.392	4500	4990	5480	4750	5270	5790
	10.70	0.405	4680	5190	5700	4940	5480	6020
	11.50	0.440	5290	5870	6450	5580	6190	6800
$3^1/_2$	6.50	0.170	1500	1660	1820	1540	1710	1880
	7.70	0.216	2220	2460	2700	2350	2610	2870
	9.20	0.254	2860	3170	3480	3030	3360	3690
	10.20	0.289	3500	3880	4260	3710	4120	4530
	12.70	0.375	5510	6120	6730	5680	6310	6940
	13.70	0.413	6230	6920	7610	6440	7150	7860
	14.30	0.430	6570	7300	8030	6790	7540	8290
	14.70	0.449	6930	7700	8470	7170	7960	8750
	15.50	0.476	7790	8650	9510	8060	8950	9840
	16.70	0.510	8420	9350	10280	8690	9650	10610
4	8.20	0.190	2190	2430	2670	2260	2510	2760
	9.50	0.226	2950	3270	3590	3140	3480	3820
	10.90	0.262	3740	4150	4560	3980	4420	4860
	12.10	0.299	4570	5070	5570	4860	5400	5940
	13.20	0.330	5220	5790	6360	5550	6160	6770
	14.80	0.380	6770	7520	8270	7000	7770	8540
	16.10	0.415	7650	8500	9350	7880	8750	9620
	16.50	0.430	8010	8900	9790	8280	9200	10120
	18.90	0.500	10150	11250	12350	10500	11600	12700
	22.20	0.610	13100	14500	15900	13550	14950	16350

外径 (in)	公称质量 (lb/ft)	壁厚 (in)	105—110—115			120—125—130		
			最小	最佳	最大	最小	最佳	最大
			(lbf·ft)					
$4^1/_2$	10.50	0.224	3390	3760	4130	3620	4020	4420
	11.60	0.250	4090	4540	4990	4380	4860	5340
	12.60	0.271	4680	5200	5720	5010	5560	6110
	13.50	0.290	5200	5770	6340	5560	6170	6780
	15.10	0.337	6460	7170	7880	6890	7650	8410
	17.00	0.380	7650	8500	9350	8150	9050	9950
	17.70	0.402	8280	9200	10120	8900	9800	10700
	18.90	0.430	9200	10200	11200	9850	10850	11850
	21.50	0.500	11150	12350	13550	11800	13100	14400
	23.70	0.560	12600	14000	15400	13450	14850	16250
5	13.00	0.253	4560	5060	5560	5220	5790	6360
	15.00	0.296	5860	6510	7160	6510	7230	7950
	18.00	0.362	6190	6870	7550	6840	7590	8340
	20.30	0.408	8150	9050	9950	8780	9750	10720
	20.80	0.422	8780	9750	10720	9500	10500	11500
	21.40	0.437	9150	10150	11150	9850	10850	11850
	23.20	0.478	10850	11950	13050	12100	13400	14700
	24.10	0.500	12300	13600	14900	13500	14900	16300
$5^1/_2$	14.00	0.244	5080	5640	6200	5670	6290	6910
	15.50	0.275	5860	6510	7160	6510	7230	7950
	17.00	0.304	6190	6870	7550	6840	7590	8340
	20.00	0.361	6840	7590	8340	7470	8300	9130
	23.00	0.415	9500	10500	11500	10100	11200	12300
	26.00	0.476	12450	13750	15050	13700	15200	16700
	26.80	0.500	13700	15200	16700	15200	16800	18400
	28.40	0.530	15250	16850	18450	16800	18600	20400
	29.70	0.562	16850	18650	20450	18600	20600	22600
$5^3/_4$	18.10	0.304	7830	8700	9570	8460	9400	10340
$6^5/_8$	20.00	0.288	7170	7960	8750	7830	8700	9570
	23.20	0.330	7470	8300	9130	8150	9050	9950
	24.00	0.352	7830	8700	9570	8460	9400	10340
	28.00	0.417	10100	11200	12300	11100	12300	13500
	32.00	0.475	13050	14450	15850	14400	15900	17400
	36.70	0.562	17650	19550	21450	19600	21700	23800

外径 (in)	公称质量 (lb/ft)	壁厚 (in)	105—110—115			120—125—130		
			最小	最佳	最大	最小	最佳	最大
			(lbf·ft)					
7	23.00	0.317	8460	9400	10340	9150	10150	11150
	26.00	0.362	9150	10150	11150	9850	10850	11850
	29.00	0.408	10450	11550	12650	11100	12300	13500
	32.00	0.453	12450	13750	15050	13400	14800	16200
	35.00	0.498	15050	16650	18250	16300	18100	19900
	38.00	0.540	17000	18800	20600	18900	21000	23100
	41.00	0.590	19600	21700	23800	20850	23150	25450
	42.70	0.625	20850	23150	25450	20850	23150	25450
7⅝	26.40	0.328	10450	11550	12650	11450	12650	13850
	29.70	0.375	11100	12300	13500	11700	13000	14300
	33.70	0.430	11700	13000	14300	12450	13750	15050
	35.80	0.465	13700	15200	16700	15050	16650	18250
	39.00	0.500	16300	18100	19900	18250	20250	22250
	42.80	0.562	20850	23150	25450	20850	23150	25450
	45.30	0.595	20850	23150	25450	20850	23150	25450
	47.10	0.625	20850	23150	25450	20850	23150	25450
7¾	46.10	0.595	20850	23150	25450	20850	23150	25450
8⅝	36.00	0.400	9850	10850	11850	10450	11550	12650
	40.00	0.450	13700	15200	16700	15050	16650	18250
	44.00	0.500	18250	20250	22250	19600	21700	23800
	49.00	0.557	20850	23150	25450	20850	23150	25450
	52.00	0.595	20850	23150	25450	20850	23150	25450
9⅝	40.00	0.395	10450	11550	12650	11100	12300	13500
	43.50	0.435	14400	15900	17400	15650	17350	19050
	47.00	0.472	18250	20250	22250	19600	21700	23800
	53.50	0.545	20850	23150	25450	20850	23150	25450
	58.40	0.595	20850	23150	25450	20850	23150	25450
9⅞	62.80	0.625	20850	23150	25450	20850	23150	25450
	65.30	0.650	20850	23150	25450	20850	23150	25450
	66.40	0.661	20850	23150	25450	20850	23150	25450
	66.90	0.668	20850	23150	25450	20850	23150	25450
	67.50	0.678	22800	25300	27800	22800	25300	27800
	68.00	0.694	24800	27500	30200	24800	27500	30200
	68.90	0.700	24800	27500	30200	24800	27500	30200
	70.50	0.720	27000	30000	33000	27000	30000	33000
	72.00	0.725	27000	30000	33000	27000	30000	33000

外径 (in)	公称质量 (lb/ft)	壁厚 (in)	105—110—115			120—125—130		
			最小	最佳	最大	最小	最佳	最大
			(lbf·ft)					
10	67.20	0.672	27000	30000	33000	27000	30000	33000
	68.70	0.688	27000	30000	33000	27000	30000	33000
	71.80	0.722	27000	30000	33000	27000	30000	33000
10³/₄	45.50	0.400	11700	13000	14300	13050	14450	15850
	51.00	0.450	17600	19500	21400	19600	21700	23800
	55.50	0.495	20850	23150	25450	20850	23150	25450
	60.70	0.545	20850	23150	25450	20850	23150	25450
	65.70	0.595	20850	23150	25450	20850	23150	25450
	71.10	0.650	20850	23150	25450	20850	23150	25450
11³/₄	54.00	0.435	17000	18800	20600	18900	21000	23100
	60.00	0.489	20850	23150	25450	20850	23150	25450
	65.00	0.534	20850	23150	25450	20850	23150	25450
	71.00	0.582	20850	23150	25450	20850	23150	25450
11⁷/₈	67.80	0.550	20850	23150	25450	20850	23150	25450
	71.80	0.582	20850	23150	25450	20850	23150	25450
13³/₈	61.00	0.430	18900	21000	23100	20850	23150	25450
	68.00	0.480	20850	23150	25450	20850	23150	25450
	72.00	0.514	20850	23150	25450	20850	23150	25450
	77.00	0.550	20850	23150	25450	20850	23150	25450
	80.70	0.580	20850	23150	25450	20850	23150	25450
	85.00	0.608	20850	23150	25450	20850	23150	25450
	86.00	0.625	20850	23150	25450	20850	23150	25450
13⁵/₈	88.20	0.625	27000	30000	33000	27000	30000	33000
	118.20	0.850	27000	30000	33000	27000	30000	33000
14	86.00	0.600	22550	24950	27350	25750	28550	31350
	93.00	0.650	27000	30000	33000	27000	30000	33000
	100.00	0.700	27000	30000	33000	27000	30000	33000
	106.00	0.750	27000	30000	33000	27000	30000	33000
	112.00	0.797	27000	30000	33000	27000	30000	33000
	114.00	0.800	27000	30000	33000	27000	30000	33000
	120.00	0.850	27000	30000	33000	27000	30000	33000
15	92.50	0.578	30000	33300	36600	30000	33300	36600

表 12-44　酸性油气井用 VAM TOP 扣上扣力矩参数（四）

外径 (in)	公称质量 (lb/ft)	壁厚 (in)	135-140			145-150-155		
			最小	最佳	最大	最小	最佳	最大
			(lbf·ft)					
2³/₈	4.60	0.190	1340	1480	1620	1350	1500	1650
	5.10	0.218	1590	1760	1930	1620	1790	1960
	5.80	0.254	2120	2350	2580	2180	2420	2660
	6.30	0.280	2430	2690	2950	2510	2780	3050
	6.60	0.295	2600	2880	3160	2680	2970	3260
	7.35	0.336	3070	3410	3750	3170	3520	3870
2⁷/₈	6.40	0.217	1960	2170	2380	1990	2210	2430
	7.80	0.276	3060	3390	3720	3110	3450	3790
	8.60	0.308	3540	3930	4320	3600	4000	4400
	9.35	0.340	4040	4480	4920	4110	4560	5010
	9.80	0.362	4370	4850	5330	4450	4940	5430
	10.50	0.392	4840	5370	5900	4930	5470	6010
	10.70	0.405	5040	5590	6140	5130	5690	6250
	11.50	0.440	5760	6400	7040	5950	6610	7270
3¹/₂	6.50	0.170	1570	1740	1910	1620	1800	1980
	7.70	0.216	2440	2710	2980	2530	2810	3090
	9.20	0.254	3150	3490	3830	3260	3620	3980
	10.20	0.289	3860	4280	4700	3990	4430	4870
	12.70	0.375	5800	5440	7080	5900	6550	7200
	13.70	0.413	6570	7290	8010	6680	7420	8160
	14.30	0.430	6920	7680	8440	7040	7820	8600
	14.70	0.449	7300	8110	8920	7440	8260	9080
	15.50	0.476	8240	9150	10060	8370	9300	10230
	16.70	0.510	8950	9850	10750	9000	10000	11000
4	8.20	0.190	2350	2610	2870	2440	2710	2980
	9.50	0.226	3260	3620	3980	3380	3750	4120
	10.90	0.262	4140	4600	5060	4300	4770	5240
	12.10	0.299	5050	5610	6170	5240	5820	6400
	13.20	0.330	5760	6400	7040	5970	6630	7290
	14.80	0.380	7130	7920	8710	7320	8130	8940
	16.10	0.415	8060	8950	9840	8240	9150	10060
	16.50	0.430	8420	9350	10280	8640	9600	10560
	18.90	0.500	10700	11800	12900	10850	12050	13250
	22.20	0.610	13750	15250	16750	14000	15500	17000

外径 （in）	公称质量 （lb/ft）	壁厚 （in）	135—140			145—150—155		
			最小	最佳	最大	最小	最佳	最大
			(lbf·ft)					
4¹/₂	10.50	0.224	3780	4200	4620	3940	4370	4800
	11.60	0.250	4570	5070	5570	4760	5280	5800
	12.60	0.271	5220	5800	6380	5430	6030	6630
	13.50	0.290	5790	6430	7070	6030	6690	7350
	15.10	0.337	7180	7970	8760	7470	8290	9110
	17.00	0.380	8460	9400	10340	8780	9750	10720
	17.70	0.402	9200	10200	11200	9550	10550	11550
	18.90	0.430	10150	11250	12350	10550	11650	12750
	21.50	0.500	12300	13600	14900	12650	14050	15450
	23.70	0.560	13950	15450	16950	14400	16000	17600
5	13.00	0.253	5540	6150	6760	5860	6510	7160
	15.00	0.296	6840	7590	8340	7170	7960	8750
	18.00	0.362	7170	7960	8750	7830	8700	9570
	20.30	0.408	9500	10500	11500	10100	11200	12300
	20.80	0.422	10450	11550	12650	11100	12300	13500
	21.40	0.437	10850	11950	13050	11700	13000	14300
	23.20	0.478	12700	14100	15500	13700	15200	16700
	24.10	0.500	14400	16000	17600	15400	17100	18800
5¹/₂	14.00	0.244	6120	6800	7480	6510	7230	7950
	15.50	0.275	7170	7960	8750	7470	8300	9130
	17.00	0.304	7470	8300	9130	7830	8700	9570
	20.00	0.361	8150	9050	9950	8460	9400	10340
	23.00	0.415	11100	12300	13500	11700	13000	14300
	26.00	0.476	15050	16650	18250	15650	17350	19050
	26.80	0.500	16300	18100	19900	17500	19400	21300
	28.40	0.530	18050	20050	22050	19400	21500	23600
	29.70	0.562	20000	22200	24400	20850	23150	25450
5³/₄	18.10	0.304	8780	9750	10720	9150	10150	11150
6⁵/₈	20.00	0.288	8640	9400	10340	9150	10150	11150
	23.20	0.330	8780	9750	10720	9500	10500	11150
	24.00	0.352	9150	10150	11150	9850	10850	11850
	28.00	0.417	11700	13000	14300	12450	13750	15050
	32.00	0.475	15300	17000	18700	16300	18100	19900
	36.70	0.562	20850	23150	25450	20850	23150	25450

外径 (in)	公称质量 (lb/ft)	壁厚 (in)	135—140			145—150—155		
			最小	最佳	最大	最小	最佳	最大
			(lbf·ft)					
7	23.00	0.317	10100	11200	12300	10850	11950	13050
	26.00	0.362	10850	11950	13050	11450	12650	13850
	29.00	0.408	11700	13000	14300	12450	13750	15050
	32.00	0.453	14400	15900	17400	15050	16650	18250
	35.00	0.498	17600	19500	21400	18900	21000	23100
	38.00	0.540	20200	22400	24600	20850	23150	25450
	41.00	0.590	20850	23150	25450	20850	23150	25450
	42.70	0.625	20850	23150	25450	20850	23150	25450
7⁵/₈	26.40	0.328	12450	13750	15050	13450	14850	16250
	29.70	0.375	12700	14100	15500	13700	15200	16700
	33.70	0.430	13400	14800	16200	14400	15900	17400
	35.80	0.465	16300	18100	19900	17600	19500	21400
	39.00	0.500	19600	21700	23800	20850	23150	25450
	42.80	0.562	20850	23150	25450	20850	23150	25450
	45.30	0.595	20850	23150	25450	20850	23150	25450
	47.10	0.625	20850	23150	25450	20850	23150	25450
7³/₄	46.10	0.595	20850	23150	25450	20850	23150	25450
8⁵/₈	36.00	0.400	11100	12300	13500	11700	13000	14300
	40.00	0.450	16300	18100	19900	17600	19500	21400
	44.00	0.500	20850	23150	25450	20850	23150	25450
	49.00	0.557	20850	23150	25450	20850	23150	25450
	52.00	0.595	20850	23150	25450	20850	23150	25450
9⁵/₈	40.00	0.395	11700	13000	14300	12450	13750	15050
	43.50	0.435	16650	18450	20250	17600	19500	21400
	47.00	0.472	20850	23150	25450	20850	23150	25450
	53.50	0.545	20850	23150	25450	20850	23150	25450
	58.40	0.595	20850	23150	25450	20850	23150	25450
9⁷/₈	62.80	0.625	20850	23150	25450	20850	23150	25450
	65.30	0.650	20850	23150	25450	20850	23150	25450
	66.40	0.661	20850	23150	25450	20850	23150	25450
	66.90	0.668	20850	23150	25450	20850	23150	25450
	67.50	0.678	22800	25300	27800	22800	25300	27800
	68.00	0.694	24800	27500	30200	24800	27500	30200
	68.90	0.700	24800	27500	30200	24800	27500	30200
	70.50	0.720	27000	30000	33000	27000	30000	33000
	72.00	0.725	27000	30000	33000	27000	30000	33000

外径 (in)	公称质量 (lb/ft)	壁厚 (in)	135—140			145—150—155		
			最小	最佳	最大	最小	最佳	最大
			(lbf·ft)					
10	67.20	0.672	27000	30000	33000	27000	30000	33000
	68.70	0.688	27000	30000	33000	27000	30000	33000
	71.80	0.722	27000	30000	33000	27000	30000	33000
10³/₄	45.50	0.400	13700	15200	16700	27000	30000	33000
	51.00	0.450	20200	22400	24600	14400	15900	17400
	55.50	0.495	20850	23150	25450	20850	23150	25450
	60.70	0.545	20850	23150	25450	20850	23150	25450
	65.70	0.595	20850	23150	25450	20850	23150	25450
	71.10	0.650	20850	23150	25450	20850	23150	25450
11³/₄	54.00	0.435	20200	22400	24600	20850	23150	25450
	60.00	0.489	20850	23150	25450	20850	23150	25450
	65.00	0.534	20850	23150	25450	20850	23150	25450
	71.00	0.582	20850	23150	25450	20850	23150	25450
11⁷/₈	67.80	0.550	20850	23150	25450	20850	23150	25450
	71.80	0.582	20850	23150	25450	20850	23150	25450
13³/₈	61.00	0.430	20850	23150	25450	20850	23150	25450
	68.00	0.480	20850	23150	25450	20850	23150	25450
	72.00	0.514	20850	23150	25450	20850	23150	25450
	77.00	0.550	20850	23150	25450	20850	23150	25450
	80.70	0.580	20850	23150	25450	20850	23150	25450
	85.00	0.608	20850	23150	25450	20850	23150	25450
	86.00	0.625	20850	23150	25450	20850	23150	25450
13⁵/₈	88.20	0.625	27000	30000	33000	27000	30000	33000
	118.20	0.850	27000	30000	33000	27000	30000	33000
14	86.00	0.600	22550	24950	27350	25750	28550	31350
	93.00	0.650	27000	30000	33000	27000	30000	33000
	100.00	0.700	27000	30000	33000	27000	30000	33000
	106.00	0.750	27000	30000	33000	27000	30000	33000
	112.00	0.797	27000	30000	33000	27000	30000	33000
	114.00	0.800	27000	30000	33000	27000	30000	33000
	120.00	0.850	27000	30000	33000	27000	30000	33000
15	92.50	0.578	30000	33300	36600	30000	33300	36600

附　录

附录一　油管、套管强度计算

一、挤毁压力

（一）屈服强度挤毁压力公式

屈服强度挤毁压力并不是真正的挤毁压力，它实际上是使管子内壁产生最小屈服强度 Y_p 而施加的外压力 p_Y，由式（1）计算：

$$p_Y = 2Y_p \left[\frac{(D/t)-1}{(D/t)^2} \right] \tag{1}$$

式中　D——公称外径，in；

t——公称壁厚，in；

Y_p——管子最小屈服强度，psi；

p_Y——最小屈服强度挤毁压力，psi。

计算屈服强度挤毁压力公式（1）适用的 D/t 范围为：$D/t \leqslant (D/t)_{Y_p}$，其中 $(D/t)_{Y_p}$ 由式（1）与塑性挤毁压力公式（3）共同决定的公式（2）计算：

$$(D/t)_{Y_p} = \frac{\sqrt{(A-2)^2 + 8(B+C/Y_p)} + (A-2)}{2(B+C/Y_p)} \tag{2}$$

屈服强度挤毁压力公式适用的 D/t 范围见附表 1。

附表 1　屈服强度挤毁压力公式适用的 D/t 范围

钢　级	D/t 范围	钢　级	D/t 范围
H−40	≤ 16.40	P−110	≤ 12.44
−50	≤ 15.24	−120	≤ 12.21
J−K−55	≤ 14.81	Q−125	≤ 12.11
−60	≤ 14.44	−130	≤ 12.02
−70	≤ 13.85	S−135	≤ 11.92
C−E−75	≤ 13.60	−140	≤ 11.84
L−N−80	≤ 13.38	−150	≤ 11.67
C−90	≤ 13.01	−155	≤ 11.59
C−T−X−95	≤ 12.85	−160	≤ 11.52
−100	≤ 12.70	−170	≤ 11.37
P−G−105	≤ 12.57	−180	≤ 11.23

注：表中未给出字母符号的钢级不是 API 规格钢级，而是正在使用或考虑使用的钢级规格，供参考。

（二）塑性挤毁压力公式

最小塑性挤毁压力 p_p 由式（3）计算：

$$p_p = Y_p\left[\frac{A}{(D/t)} - B\right] - C \tag{3}$$

式中　p_p——最小塑性挤毁压力，psi。

最小塑性挤毁压力公式适用的 D/t 范围为：$(D/t)_{Y_p} < D/t < (D/t)_{p_T}$，其中 $(D/t)_{Y_p}$ 由式（2）计算，$(D/t)_{p_T}$ 由式（3）与过渡挤毁压力公式（5）共同确定的式（4）计算：

$$(D/t)_{p_T} = \frac{Y_p(A - F)}{C + Y_p(B - G)} \tag{4}$$

式中　p_T——最小塑性／弹性过渡挤毁压力，psi。

塑性挤毁压力公式系数和 D/t 范围见附表 2。

附表 2　塑性挤毁压力公式系数和 D/t 范围

钢　级	公式系数			D/t 范围
	A	B	C	
H—40	2.950	0.0465	754	16.40 ~ 27.01
—50	2.976	0.0515	1056	15.24 ~ 25.63
J—K—55	2.991	0.0541	1206	14.81 ~ 15.01
—60	3.005	0.0566	1356	14.44 ~ 24.42
—70	3.037	0.0617	1656	13.85 ~ 23.38
C—E—75	3.054	0.0642	1806	13.60 ~ 22.91
—N—80	3.071	00667	1955	13.38 ~ 22.47
C—90	3.106	0.0718	2254	13.01 ~ 21.69
C—T—X—95	3.124	0.0743	2404	12.85 ~ 21.33
—100	3.143	0.0768	2553	12.70 ~ 21.00
P—G—105	3.162	0.0794	2702	12.57 ~ 20.70
P—110	3.181	0.0819	2852	12.44 ~ 20.41
—120	3.219	0.0870	3151	12.21 ~ 19.88
Q—125	3.239	0.0895	3301	12.11 ~ 19.63
—130	3.258	0.0920	3451	12.02 ~ 19.40
S—135	3.278	0.0946	3601	11.92 ~ 19.18
—140	3.297	0.0971	3751	11.84 ~ 18.97
—150	3.336	0.1021	4053	11.67 ~ 18.57
—155	3.356	0.1047	4204	11.59 ~ 18.37
—160	3.375	0.1072	4356	11.52 ~ 18.19
—170	3.412	0.1123	4660	11.37 ~ 17.82
—180	3.449	0.1173	4966	11.23 ~ 17.47

注：表中未给出字母符号的钢级不是 API 规格钢级，而是正在使用或考虑使用的钢级规格，供参考。

（三）过渡挤毁压力公式

最小塑性／弹性挤毁压力 p_T 由式（5）计算：

$$p_T = Y_p \left[\frac{F}{(D/t)} - G \right] \tag{5}$$

过渡挤毁压力公式适用的 D/t 范围为 $(D/t)_{p_T} < (D/t) < (D/t)_{T_E}$，其中 $(D/t)_{p_T}$ 由式（4）计算，$(D/t)_{T_E}$ 由式（5）与弹性挤毁压力式（7）共同确定的式（6）计算：

$$(D/t)_{T_E} = \frac{2 + B/A}{3(B/A)} \tag{6}$$

过渡挤毁压力公式系数和 D/t 范围见附表3。

附表3　过渡挤毁压力公式系数和 D/t 范围

钢　　级	公式系数		D/t 范围
	F	G	
H－40	2.063	0.0325	27.01 ～ 42.64
－50	2.003	0.0347	25.63 ～ 38.83
J－K－55	1.989	0.0360	25.01 ～ 37.21
－60	1.983	0.0373	24.42 ～ 35.73
－70	1.984	0.0403	23.38 ～ 33.17
C－E－75	1.990	0.0418	22.19 ～ 32.05
L－N－80	1.998	0.0434	22.47 ～ 31.02
C－90	2.017	0.0466	21.69 ～ 29.18
C－T－X－95	2.029	0.0482	21.33 ～ 28.36
－100	2.040	0.0499	21.00 ～ 27.60
P－G－105	2.053	0.0515	20.70 ～ 26.89
P－110	2.066	0.0532	20.41 ～ 26.22
－120	2.092	0.0565	19.88 ～ 25.01
Q－125	2.106	0.0582	19.63 ～ 24.46
－130	2.119	0.0599	19.40 ～ 23.94
S－135	2.133	0.0615	19.18 ～ 23.44
－140	2.146	0.0532	18.97 ～ 22.98
－150	2.174	0.0666	18.57 ～ 22.11
－155	2.188	0.0683	18.37 ～ 21.70
－160	2.202	0.0700	18.19 ～ 21.32
－170	2.231	0.0734	17.82 ～ 20.60
－180	2.261	0.0769	17.47 ～ 19.93

注：表中未给出字母符号的钢级不是 API 规格钢级，而是正在使用或考虑使用的钢级规格，供参考。

（四）弹性挤毁压力公式

最小弹性挤毁压力 p_E 由式（7）计算：

$$p_E = \frac{46.95 \times 10^6}{(D/t)\left[(D/t)-1\right]^2} \tag{7}$$

弹性挤毁压力公式的 D/t 范围见附表4。

附表4　弹性挤毁压力公式的 D/t 范围

钢　级	D/t 范围	钢　级	D/t 范围
H—40	≥ 42.64	P—110	≥ 26.22
—50	≥ 38.83	—120	≥ 25.01
J—K—55	≥ 37.21	Q—125	≥ 24.46
—60	≥ 35.73	—130	≥ 23.94
—70	≥ 33.17	S—135	≥ 23.44
C—E—75	≥ 32.05	—140	≥ 22.98
L—N—80	≥ 31.02	—150	≥ 22.11
C—90	≥ 29.18	—155	≥ 21.70
C—T—X—95	≥ 28.36	—160	≥ 21.32
—100	≥ 27.60	—170	≥ 20.60
P—G—105	≥ 26.89	—180	≥ 19.93

注：表中未给出字母符号的钢级不是 API 规格钢级，而是正在使用或考虑使用的钢级规格，供参考。

（五）轴向拉伸应力下的屈服强度

轴向应力作用下的屈服强度 Y_{pa} 由式（8）计算：

$$Y_{pa} = \left[\sqrt{1 - 0.75\left(\frac{S_a}{Y_p}\right)^2} - 0.5\frac{S_a}{Y_p}\right]Y_p \tag{8}$$

式中　S_a——轴向应力（拉伸为正，压缩为负），psi；

Y_p——管子最小屈服强度，psi；

Y_{pa}——轴向应力作用下的屈服强度，psi。

（六）内压对挤毁的影响

外部压力与内部压力共同作用下的等效外部压力 p_e 由式（9）确定。即：

$$p_e = p_o - \left[1 - \frac{2}{(D/t)}\right]p_i \tag{9}$$

式中　p_e——等效外部压力，psi；

p_i——内压力，psi；

p_o——外压力，psi。

挤毁压力公式中 A、B、F、C 和 G 的计算

$$A = 2.8762 + 0.10679 \times 10^{-6} Y_p + 0.21301 \times 10^{-10} Y_p^2 - 0.53132 \times 10^{-16} Y_p^3 \tag{10}$$

$$B = 0.026233 + 0.50609 \times 10^{-6} Y_p \tag{11}$$

$$C = -465.93 + 0.030867 Y_p - 0.10483 \times 10^{-7} Y_p^2 + 0.36989 \times 10^{-13} Y_p^3 \tag{12}$$

$$F = \frac{46.95 \times 10^6 \left[\dfrac{3(B/A)}{2+(B/A)} \right]^3}{Y_p \left[\dfrac{3(B/A)}{2+(B/A)} - \dfrac{B}{A} \right] \left[1 - \dfrac{3(B/A)}{2+(B/A)} \right]^2} \tag{13}$$

$$G = FB/A \tag{14}$$

二、管子屈服载荷

管子屈服载荷由式（15）计算：

$$P_Y = 0.7854 \left(D^2 - d^2 \right) Y_p \tag{15}$$

式中　P_Y——管子屈服载荷，lb，圆整到最接近的 1000lb；

　　　Y_p——管子最小屈服强度，psi；

　　　D——公称外径，in；

　　　d——公称内径，in。

三、内屈服压力

1. 管子内屈服压力

管子的内屈服压力由式（16）计算：

$$p = 0.875 \left(\frac{2 Y_p t}{D} \right) \tag{16}$$

式中　p——管子最小内屈服压力，psi；

　　　Y_p——管子最小屈服强度，psi；

　　　D——公称外径，in；

　　　t——公称壁厚，in。

2. 接箍内屈服压力

接箍内屈服压力由式（17）计算：

$$p = Y_c \left(\frac{W - d_1}{W} \right) \tag{17}$$

式中　p——接箍最小内屈服压力，psi；

　　　Y_c——接箍材料最小屈服强度，psi；

W——公称外径，in；

d_1——机紧状态下，与外螺纹端面对应处接箍螺纹根部的直径，圆整到最接近的 0.001in。

对于圆螺纹套管和油管：

$$d_1 = E_1 - (L_1 + A)T + H - 2S_{\mathrm{m}} \tag{18}$$

式中　E_1——手紧面中径，in；

　　　L_1——外螺纹管端至手紧面的长度，in；

　　　A——手紧紧密距，in；

　　　T——锥度，0.0625in/in；

　　　H——齿高，0.08660in(10 牙 /in)，0.10825in(8 牙 /in)；

　　　S_{m}——0.014in(10 牙 /in)，0.017in(8 牙 /in)。

对于偏梯形螺纹：

$$d_1 = E_7 - (L_7 + I)T + 0.062 \tag{19}$$

式中　E_7——中径，in；

　　　L_7——完整螺纹长度，in；

　　　I、T 值——见附表 5。

附表 5　I、T 取值表

套管外径（in）	$4\,^1/_2$	$5 \sim 13\,^3/_8$	$> 13\,^3/_8$
I	0.400	0.500	0.375
T	0.0625	0.0625	0.0833

四、连接载荷

（一）圆螺纹套管连接载荷

圆螺纹套管连接载荷取式（20）和式（21）中的较小值。

断裂载荷：

$$P_{\mathrm{j}} = 0.95 A_{\mathrm{jP}} U_{\mathrm{p}} \tag{20}$$

滑脱载荷：

$$P_{\mathrm{j}} = 0.95 A_{\mathrm{jP}} L \left(\frac{0.74 D^{-0.59} U_{\mathrm{p}}}{0.5L + 0.14D} + \frac{Y_{\mathrm{p}}}{L + 0.14D} \right) \tag{21}$$

式中　P_{j}——最小连接载荷，lb；

　　　A_{jP}——最后一完整螺纹处管子的横截面积，对于 8 牙 /in 的圆螺纹，$A_{\mathrm{jP}} = 0.7854 \left[(D - 0.1425)^2 - d^2 \right]$，in²；

　　　D——公称外径，in；

d——公称内径，in；

L——螺纹齿合长度，in；

U_p——管子最小拉伸强度，psi；

Y_p——管子最小屈服强度，psi。

接箍断裂载荷：

$$P_j = 0.95 A_{jC} U_C \tag{22}$$

$$A_{jC} = 0.7854 \left(W^2 - d_1^2 \right) \tag{23}$$

式中　A_{jC}——接箍横截面积，in²；

W——接箍外径，in；

d_1——机紧状态下，与外螺纹端面对应处接箍螺纹根部的直径，圆整到最接近的 0.001in；

U_C——接箍最小拉伸强度，psi。

（二）偏梯形螺纹套管连接载荷

偏梯形螺纹套管连接载荷取式（24）和式（25）中的较小值。

管子螺纹连接载荷：

$$P_j = 0.95 A_p U_p \left[1.008 - 0.0396 D \left(1.083 - \frac{Y_p}{U_p} \right) \right] \tag{24}$$

接箍螺纹连接载荷：

$$P_j = 0.95 A_C U_C \tag{25}$$

式中　P_j——最小连接载荷，lb；

Y_p——管子最小屈服强度，psi；

U_p——管子最小拉伸强度，psi；

U_C——接箍最小拉伸强度，psi；

$$A_P = 0.7854 \left(W^2 - d^2 \right) \tag{26}$$

A_P——平端管的横截面积，in²；

$$A_C = 0.7854 \left(W^2 - d_1^2 \right) \tag{27}$$

A_C——接箍的横截面积，in²；

D——管子外径，in；

W——接箍外径，in；

d——管子内径，in；

d_1——机紧状态下，与外螺纹端面对应处接箍螺纹根部的直径，圆整到最接近的 0.001in。

（三）平式油管连接载荷

对于平式油管的连接载荷，是以螺纹根部面积为基础，由式(28)计算：

$$P_j = 0.7854\left[\left(D_4 - 2h_S\right)^2 - d^2\right]Y_p \tag{28}$$

（四）加厚油管连接载荷

对于加厚油管的连接载荷，是以管体横截面积为基础，由式（29）计算：

$$P_j = 0.7854\left(D^2 - d^2\right)Y_p \tag{29}$$

式中　　P_j——最小连接载荷，lb；

　　　　Y_p——公称最小屈服强度，psi；

　　　　D——外径，in；

　　　　D_4——大径，in；

　　　　h_S——齿高，0.05560in（10牙/in），0.07125in（8牙/in）；

　　　　d——公称内径，in。

附录二　常用计算与单位换算

一、H_2S 和 CO_2 分压计算

（一）H_2S 分压计算

$$p_{H_2S} = p\frac{X}{1000000} \tag{30}$$

式中　　p_{H_2S}——H_2S 分压，psi；

　　　　X——H_2S 的含量，mL/m³；

　　　　p——系统压力，psi。

（二）CO_2 分压计算

$$p_{CO_2} = p\frac{x}{100} \tag{31}$$

式中　　p_{CO_2}——CO_2 分压，psi；

　　　　x——CO_2 的摩尔分数，%；

　　　　p——系统压力，psi。

二、H_2S 浓度换算

H_2S 浓度可利用 H_2S 在每立方米气体体积中的含量来进行计算，其计算公式如下：

$$C = 22.4X/M \tag{32}$$

式中　　X——每立方米的气体体积中所含 H_2S 的质量，mg/m³；

　　　　C——H_2S 的体积分数，mL/m³；

　　　　M——H_2S 的相对分子质量。

三、单位换算

（一）温度

温度换算见附表6。

附表 6　温度换算

℃	°F	℃	°F	℃	°F	℃	°F
−62.2	−80	−80	−112.0	73.9	165	165	329.0
−56.7	−70	−70	−94.0	76.7	170	170	338.0
−51.1	−60	−60	−76.0	79.4	175	175	347.0
−45.6	−50	−50	−58.0	82.2	180	180	356.0
−40.0	−40	−40	−40.0	85.0	185	185	365.0
−34.4	−30	−30	−22.0	87.8	190	190	374.0
−31.7	−25	−25	−13.0	90.6	195	195	383.0
−28.9	−20	−20	−4.0	93.3	200	200	392.0
−26.1	−15	−15	5.0	96.1	205	205	401.0
−23.3	−10	−10	14.0	98.9	210	210	410.0
−20.6	−5	−5	23.0	101.7	215	215	419.0
−17.8	0	0	32.0	104.4	220	220	428.0
−15.0	5	5	41.0	107.2	225	225	437.0
−12.2	10	10	50.0	110.0	230	230	446.0
−9.4	15	15	59.0	112.8	235	235	455.0
−6.7	20	20	68.0	115.6	240	240	464.0
−3.9	25	25	77.0	118.3	245	245	473.0
−1.1	30	30	86.0	121.1	250	250	482.0
1.7	35	35	95.0	126.7	260	260	500.0
4.4	40	40	104.0	132.2	270	270	518.0
7.2	45	45	113.0	137.8	280	280	536.0
10.0	50	50	122.0	143.3	290	290	554.0
12.8	55	55	131.0	148.9	300	300	572.0
15.6	60	60	140.0	154.4	310	310	590.0
18.3	65	65	149.0	160.0	320	320	608.0
21.1	70	70	158.0	165.6	330	330	626.0
23.9	75	75	167.0	171.1	340	340	644.0
26.7	80	80	176.0	176.7	350	350	662.0
29.4	85	85	185.0	182.2	360	360	680.0
32.2	90	90	194.0	187.8	370	370	698.0
35.0	95	95	203.0	193.3	380	380	716.0
37.8	100	100	212.0	198.9	390	390	734.0
40.6	105	105	221.0	204.4	400	400	752.0
43.3	110	110	230.0	210.0	410	410	770.0
46.1	115	115	239.0	215.6	420	420	788.0
48.9	120	120	248.0	221.1	430	430	806.0
51.7	125	125	257.0	226.7	440	440	824.0
54.4	130	130	266.0	232.2	450	450	842.0
57.2	135	135	275.0	237.8	460	460	860.0
60.0	140	140	284.0	243.3	470	470	878.0
62.8	145	145	293.0	248.9	480	480	896.0
65.6	150	150	302.0	254.4	490	490	914.0
68.3	155	155	311.0	260.0	500	500	932.0
71.1	160	160	320.0				

注：°F=1.8(℃+17.8)，℃=(5/9)（°F−32)，1℃=1.8°F。

（二）压力

压力单位换算系数见附表 7。

附表 7　压力单位换算系数

	MPa	atm	psi	bar
MPa	1	9.86923	1.450377×10^2	1.00×10^1
atm	1.01325×10^{-1}	1	1.46959×10^1	1.01325
psi	6.894757×10^{-3}	6.80460×10^{-2}	1	6.89475×10^{-2}
bar	0.1	9.86923×10^{-1}	1.450377×10^1	1

（三）密度

$1lb/ft^3 = 0.0624280kg/m^3$，$1lb/in^3 = 0.0361273g/cm^3$，$1lb/UK\ gal = 10.0224g/cm^3$，$1lb/US\ gal = 8.34540g/cm^3$。

（四）体积

$1m^3 = 0.159bbl = 42gal(US)$，$1gal(US) = 3.785 \times 10^{-3}m$，$1gal(UK) = 4.546 \times 10^{-3}m$。

（五）其他

$1lb = 0.454kg$，$1m = 3.281ft$，$1in = 25.4mm$，$1g/cm^3 = 0.1198lb/gal$，$1S.G = 8.34lb/gal$，$1mm = 0.0254mil$。

四、腐蚀速度换算系数

腐蚀速度换算系数见附表 8。

附表 8　腐蚀速度换算系数

材料/反应	腐蚀电流密度（$\mu A/cm^2$）	单位时间单位面积失重质量（mdd）	单位时间平均腐蚀速度	
			(mm/y)	(mpy)
$Fe \rightarrow Fe^{2+}+2e$		2.51	1.16×10^{-2}	0.46
$Cu \rightarrow Cu^{2+}+2e$		2.84	1.17×10^{-2}	
$Zn \rightarrow Zn^{2+}+2e$	1	2.93	1.5×10^{-2}	0.59
$Ni \rightarrow Ni^{2+}+2e$		2.63	1.08×10^{-2}	0.43
$Al \rightarrow Al^{3+}+3e$		0.81	1.09×10^{-2}	
$Mg \rightarrow Mg^{2+}+2e$		1.09	2.2×10^{-2}	0.89

注：1mdd=1mg/(dm²·d)，1mpy=0.001in/y。

附录三　酸性环境焊接硬度控制

API 5L 管线钢应用于含 H_2S 的酸性环境时，必须考虑焊接对其整体防腐蚀性能的影响，确保焊接后整个管线的防腐蚀性能，为此其焊接硬度须符合附图 1 中所规定的要求。

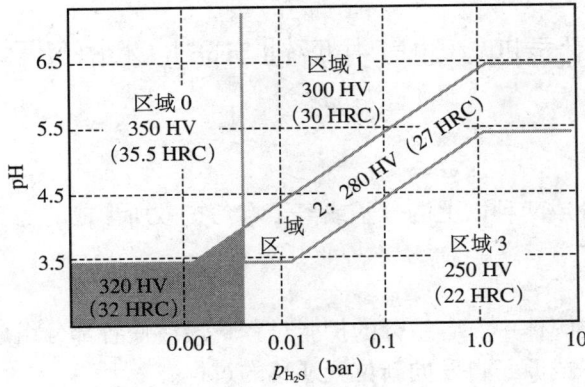

附图 1   酸性环境下 API 5L 管线钢焊接硬度要求

图中所标注的硬度数值为该区域的最大硬度值。

2005 年版的 ASTM "standard hardness conversion tables for metals for relationship among Brinell Hardness, Vickers Hardness, Rockwell Hardness, Superficial Hardness, Knoop Hardness, and Scleroscope Hardness" 给出了维氏硬度与洛氏硬度的换算关系（附表 9）。

附表 9   维氏硬度与洛氏硬度换算（奥氏体合金钢除外）

洛氏硬度 HRC	维氏硬度 HV	洛氏硬度 HRC	维氏硬度 HV	洛氏硬度 HRC	维氏硬度 HV
68	940	51	528	34	336
67	900	50	513	33	327
66	865	49	498	32	318
65	832	48	484	31	310
64	800	47	471	30	302
63	772	46	458	29	294
62	746	45	446	28	286
61	720	44	434	27	279
60	697	43	423	26	272
59	674	42	412	25	266
58	653	41	402	24	260
57	633	40	392	23	254
56	613	39	382	22	248
55	595	38	372	21	243
54	577	37	363	20	238
53	560	36	354	—	—
52	544	35	345	—	—

附录四 油气井腐蚀与防护术语解释

溶液（solution）

在化学上，指两种或两种以上的分子或离子均匀扩散所形成的稳定体系。

扩散（diffusion）

（1）气体、液体或固体中，各组分的扩张过程，最终使各部分组成趋于一致；

（2）物质中的分子或原子自发向新位置迁移的过程。

pH 值

衡量溶液酸碱度的一个指标。在温度为 25℃ 时，当 pH 值为 7.0 时是中性值；当 pH 值低于 7.0 时，越小则说明溶液的酸性越强；当 pH 值大于 7.0 时，越大则说明溶液的碱性越强。

酸（acid）

当其溶解于水时，能产生 H^+ 的化学物质。

碱（base）

当其溶解于水时，能产生 OH^- 的化学物质。

盐水（brine）

无机盐的含量高于普通海水含量的无机盐水溶液。

封隔液（packer fluid）

位于封隔器上部的环空保护液。

腐蚀（corrosion）

材料（通常为金属）与其周围的环境之间发生化学或电化学反应，导致材料本体及其性能恶化的现象。

无硫气腐蚀（sweet corrosion）

油管、套管及完井工具因同 CO_2 或类似于 CO_2 的腐蚀性介质（H_2S 除外）接触，导致金属性能劣化的现象。其典型腐蚀形式为点蚀或失重腐蚀。

酸气腐蚀（sour corrosion）

H_2S 溶解于水或地层水后产生的腐蚀现象。存在 H_2S 气体的酸性环境中，若同时存在 CO_2 气体，则会因 CO_2 和 H_2S 分压的比值不同，产生三种不同的腐蚀形式：CO_2 腐蚀、H_2S 腐蚀、CO_2 和 H_2S 混合腐蚀。H_2S 腐蚀的主要形式是：氢脆、硫化物应力开裂和 / 或应力腐蚀开裂。

腐蚀系统（corrosion system）

由一种或一种以上的金属与影响腐蚀的各种环境因素组成的系统。

等腐蚀图（isocorrosion diagram）

随着溶液（环境）的组分和温度变化，反映其腐蚀速度不变的曲线图。

腐蚀产物（corrosion product）

因腐蚀原因而生成的物质。

腐蚀速度（corrosion rate，CR）

在单位时间内，腐蚀对金属的影响程度。腐蚀速度的大小取决于技术系统和腐蚀类型。腐蚀速度可表示为单位时间内腐蚀深度的增加值（穿透速度，mil/y），或表示为单位时间、单位面积内腐蚀产物所引起的金属质量损失 [质量损失，$g/(m^2·y)$]。腐蚀程度会随着腐蚀持续时间的变化而变化，且在不同的腐蚀部位其腐蚀速度可以不同。

腐蚀电位（corrosion potential）

电极腐蚀表面的电位，它与参比电极有关，也称为静态电位、开路电位或无腐蚀电位。

加速腐蚀测试（accelerated corrosion test）

通过提高介质的浓度来加快腐蚀速度的一种切实可行的试验方法。但是过高的介质浓度会导致试验环境与真实环境条件的过大差异，从而影响试验结果的真实性和实用性，因此对介质的浓度应有一定限制，且不宜过高。其目的是通过较短的时间来反映正常条件下的长期腐蚀情况。

全面腐蚀（uniform corrosion）

（1）金属表面的腐蚀痕迹呈均匀分布；
（2）在整个金属表面的腐蚀速度几乎相同。

局部腐蚀（localized corrosion）

发生在金属表面的腐蚀区域呈相互孤立状态，互不相连。

点蚀（pitting）

金属表面的局部腐蚀，腐蚀状态呈点状或腐蚀区域很小，腐蚀区域以空隙或蚀坑的形式出现。

临界点蚀电位（critical pitting potential）

导致点蚀产生和生长的最低氧化电位值。其值的大小取决于所使用的试验方法。

临界点蚀温度（critical pitting temperature）

导致点蚀产生和生长的临界温度，通常定义为腐蚀电流密度等于 $100\mu A/cm^2$ 时的温度。当环境温度低于该数值时，形成的点蚀是不稳定的；只有当环境温度大于该数值时，才能形成稳定的点蚀，也就是说，当环境温度大于该数值时，才开始出现点蚀现象。

缝隙腐蚀（crevice corrosion）

局部腐蚀的一种形式。当金属和另一种材料的表面密切接触时，经常发生在二者之间隐蔽部位的一种腐蚀现象。

腐蚀脆化（corrosion embrittlement）

金属因腐蚀原因导致自身的延展性严重削弱，通常是晶间腐蚀，且常无法从外观上进行观察。

腐蚀冲蚀（corrosion-erosion）

在腐蚀和冲蚀的共同作用下，导致金属性能恶化的现象。腐蚀冲蚀随着流体中的金属或其他材料的磨蚀作用而加剧。通常是指流体中悬浮的固体颗粒或其他物质。

疲劳腐蚀（corrosion fatigue）

金属在发生腐蚀的同时，存在周期性的低应力周期载荷或其载荷变化周期低于无腐蚀环境所要求周期状态的条件下，金属出现过早开裂的一种现象。

气蚀（cavitation）

液体中出现快速、剧烈的压力变化，导致无数的空穴或空腔不断形成和破裂的现象。通过超声波产生的空穴有时可用来产生剧烈的局部搅拌作用。由严重的流体紊流状态产生的空穴常会导致空穴伤害。

沉积腐蚀（deposit attack）

形成浓差电池的金属表面沉积物引起的点蚀。

冲蚀（erosion）

由于流体的磨蚀作用导致金属或其他材料性能恶化的现象。通常流体中固体颗粒或悬浮物质的出现会加剧其磨蚀作用。若在磨蚀的过程中同时存在腐蚀，则常用冲蚀腐蚀来代替。

冲击腐蚀（impingement corrosion）

腐蚀的一种形式。通常在腐蚀的同时伴随着高速流体的冲击现象。流体的冲击面为固体的表面。

晶间腐蚀（intergranular corrosion）

优先在晶粒边界发生的腐蚀，通常指发生在晶粒之间的轻微腐蚀现象。

穿晶腐蚀（transgranular corrosion）

发生在晶粒内部或贯穿晶粒本体的腐蚀现象。

电化学电池 （electrochemical cell）

通过导线连接的阳极和阴极，以及浸入阳极和阴极的电解液所形成的电化学系统。电化学系统中的阳极和阴极可以是不同的金属，也可以是同一金属表面的不同区域。

电化学腐蚀 （electrochemical corrosion）

在金属表面的阳极区和阴极区之间的电子转移过程中所引起的腐蚀现象。

电化学电位 （electrochemical potential）

在所有因素保持恒定的条件下，系统的总电化学自由能对其摩尔分数的偏导数。除了在自由能中考虑了电子的影响和化学因素外，电化学电位类似于系统的化学电位。在电解液中，相对于参比电极的电极电位可在开路条件下测得。

电偶腐蚀 （galvanic corrosion）

在电解质溶液中，两种不同电位的金属之间，因电连接而导致活泼金属腐蚀加剧的现象。

电偶 （galvanic couple）

电偶腐蚀中的一对存在电位差和电连接的导电体，通常是两种活性不同的金属，它们构成原电池的两极。

电偶电流 （galvanic current）

在电偶腐蚀过程中，在金属或导电的非金属之间流动的电流。

电偶序 （galvanic series）

根据给定的腐蚀性环境，对金属和合金的相对腐蚀电位进行大小排序的序列。金属和合金在电偶序中所在的位置，反映其在给定腐蚀环境中腐蚀倾向的相对大小和电偶极性。

钝化 （passivation）

（1）受金属表面反应产物控制的金属腐蚀现象；
（2）强氧化电位区内，具有低腐蚀率特征的金属表面所处的状态；
（3）其活性比它在电动势序列中所处位置应具有的活性更不活泼时的金属状态，这仅是一种表面现象。

电极 （electrode）

（1）与电解质实现电接触的电子导体；
（2）同离子导体接触的电子导体。

开路电位 （open-circuit potential）

在不存在电流通路的条件下，基于参比电极或其他电极测得的电极电位。

电极反应 (electrode reaction)

发生在电子和离子导体之间的界面反应，等同于二者之间的电荷迁移。

电极电位 (electrode potential)

在电解液中，参考参比电极测得的电位。电极电位不包括电解质溶液或外部电路的电阻损失。它反映了通过溶液将单位电荷从电极表面迁移到参比电极的可逆过程。

阳极 (anode)

存在某些物质出现氧化或腐蚀的电极。电子从阳极流出，进入外部电路。

阳极膜 (anode film)

（1）与阳极直接接触的部分溶液，若溶液的浓度梯度变化很大，则特别明显；
（2）阳极本身的外涂层。

阳极反应 (anodic reaction)

等同于从电子导体转化为离子导体时所发生的正电荷迁移现象。阳极反应是氧化反应。在腐蚀过程中，通常存在如下反应：

$$M \rightarrow Me^{n+} + ne$$

阳极腐蚀 (anode corrosion)

作为阳极的金属发生溶解的现象。

阳极抑制剂 (anodic inhibitor)

一种或几种化学物质的混合物，它的加入可通过物理、物理－化学或化学作用来避免或削弱阳极的反应速率或氧化反应速率。

阳极保护 (anodic protection)

在一定的条件下，通过钝化处理使阳极的电极电位进入并维持在钝化区域，从而降低金属表面腐蚀速度的技术。通过施加外加电位可避免金属受到腐蚀攻击。

阴极 (cathode)

在电解电池中，还原反应占主导地位的电极，电子通过外部电路流向阴极。

阴极膜 (cathode film)

在电解的过程中，同阴极直接接触的部分溶液。

阴极反应 (cathodic reaction)

等同于从电子导体转化为离子导体时所发生的负电荷迁移现象。阴极反应是还原反应。

阴极腐蚀（cathodic corrosion）

通常是由两性金属同电解的碱性产物反应引起的腐蚀现象，它是发生在阴极区域内的腐蚀现象。

阴极抑制剂（cathodic inhibitor）

一种或几种化学物质的混合物，它的加入可通过物理、物理－化学或化学作用来避免或削弱阴极的反应速率或还原反应速率。

阴极保护（cathodic protection）

（1）通过施加外部电动势，使电极的腐蚀电位向更小的氧化电位方向移动，降低腐蚀速度；

（2）要么施加电偶电流，要么施加外部电流，通过使之成为阴极的方法，部分或完全避免金属的腐蚀。

氧化（oxidation）

因失去电子而导致化合价升高的一种反应。

还原（reduction）

因获得电子而导致化合价降低的一种反应。

腐蚀保护（corrosion protection）

对腐蚀系统进行改进，以便降低腐蚀损害程度的技术措施或方法。

防腐性能（corrosion resistance）

在给定腐蚀系统中，金属抵抗系统腐蚀的能力。

添加剂（additive）

因特殊的目的，向液体中加入的数量不大的化学物质，例如，降阻剂、缓蚀剂等。

缓蚀剂（inhibitor）

一种或几种化学物质，它的出现可避免或降低金属的腐蚀速度，而不会与周围的物质发生明显的化学反应。

开裂（cracking）

存在于金属体表面的、长度和宽度大小不一的各种细小的裂纹。在材料的加工或使用过程中，都可能发生金属的开裂现象。

脆化（embrittlement）

材料的韧性或延展性或二者均受到严重削弱的现象，材料通常是指金属或合金。大多数金属或合金的脆化现象会导致其产生脆性断裂，并且多发生在热处理或高温环境中（热致脆）。影响钢性能的脆化现象包括蓝脆化、475℃脆化、淬火时效脆裂、σ相脆化、应变时效脆化、回火脆化、回火马氏体脆化和热脆化。另外，钢和其他金属及合金会出现环境致脆的现象。环境导致的脆化现象包括酸脆化、碱脆化、腐蚀脆化、蠕变破裂脆化、氢脆化、液态金属脆化、中子脆化、焊接脆化、固态金属脆化和应力腐蚀开裂。

氢脆（hydrogen embrittlement，HE）

由于氢原子的出现，导致金属的韧性或延展性受到削弱的现象。氢脆通常分为两种类型。

（1）内部氢脆：在凝固过程结束后，因氢进入熔态金属导致氢的过饱和现象。

（2）环境氢脆：氢被固态金属吸附的现象。

氢脆发生的环境包括高温热处理、电镀、接触维修用的化学品、腐蚀反应、阴极保护和高压氢环境。在不存在残余应力或外部载荷的情况下，环境氢脆以不同的形式表现出来，例如，鼓泡、内部开裂、氢化物和延展性变差。当拉伸应力或应力强化因素超过特定的数值时，氢原子与金属的相互作用会引发导致金属断裂的亚临界裂纹生长。若不存在腐蚀反应条件，则称为氢致开裂（HAC）或氢应力开裂（HSC）；若存在活跃的腐蚀反应现象，通常是点蚀或缝隙腐蚀，则发生的开裂常称为应力腐蚀开裂（SCC），但更恰当的名称是氢致应力腐蚀开裂（HSCC）。氢应力开裂（HSC）和电化学阳极应力腐蚀开裂可单独产生，或同时伴随着氢致应力腐蚀开裂。对于某些金属来说，例如，高强度钢，发生的破坏现象全部或几乎全部都是氢应力开裂。

酸脆化（acid embrittlement）

氢脆的一种形式，此种破坏是由酸引起的。

环境开裂（environmental cracking）

环境的腐蚀性是导致普通延性材料脆性断裂的原因之一。环境开裂是一个总术语，它涉及腐蚀疲劳开裂，高温氢腐蚀开裂、氢鼓泡开裂、氢脆开裂、液态金属脆化开裂、固态金属脆化开裂、应力腐蚀开裂和硫化物应力开裂。曾经使用过的与环境开裂相关的术语包括：碱脆开裂、延迟开裂、季节性开裂、静态疲劳开裂、阶梯性开裂、硫化物腐蚀开裂和硫化物应力腐蚀开裂，但其使用频率正在逐渐下降。

应力腐蚀开裂（stress-corrosion cracking，SCC）

在腐蚀和拉伸应力共同作用下的开裂现象。这不包括因快速断裂失效导致的腐蚀变薄现象，也不包括晶间腐蚀或穿晶腐蚀，其原因在于它是发生在无应力存在情况下的一种合金破裂现象。应力腐蚀开裂也可同氢脆一起发生。

硫化物应力开裂（sulfide stress cracking，SSC）

在存在水和 H_2S 的环境中，因拉伸应力和腐蚀的共同作用，引起金属材料脆性断裂的现象。它是氢应力开裂的一种形式。硫化物应力开裂最初被称为硫化物应力腐蚀开裂（SSCC）。

氯化物应力腐蚀开裂（chloride stress corrosion cracking，CSCC）

在电解质（通常是水）、氯化物和拉伸应力的共同作用下，金属开裂的现象。

鼓泡（blister）

一个隆起的区域，其形状为穹状。是保护层或沉积物与衬底金属之间的黏附力消失所致；或因在接近金属表层下的积聚气体膨胀压力作用下产生的分离成层现象所致。很小的鼓泡现象也称为针头鼓泡或胡椒鼓泡。

氢鼓泡（hydrogen blistering）

由于存在过大的氢压力，在金属表面或金属表面下形成的气泡；或由内部氢压力导致韧性金属表面类似于鼓胀的气泡。氢的来源有：清洗、电镀、腐蚀等。

氢应力开裂（hydrogen stress cracking，HSC）

由进入金属的氢与拉伸应力的共同作用下，导致金属开裂的现象。发生氢应力开裂现象的最常见金属材料是高强度合金钢。

活化（activation）

金属表面由钝化状态转化为化学活化状态的现象。

活性（active）

(1) 金属存在腐蚀的一种趋势，电极电位越负，金属越易受到腐蚀攻击；
(2) 反应产物对腐蚀现象无明显影响的金属状态。

正火（normalizing）

加热铁基合金，使其温度高于相变区间温度，然后在空气中将其冷却到温度低于相变区间温度的热处理过程。

时效（aging）

热加工或热处理（铁基合金的淬火时效、铁基和非铁基体合金的自然或人工时效），以及冷加工（应变时效）后，某些金属和合金在大气环境或中等温度条件下的性质变化。性质的变化常常是，但并非总是相变化（沉淀作用）的结果，且绝不会出现金属或合金组分改变的现象。

时效硬化（age hardening）

通常在快速冷却或冷加工后，通过时效处理使金属硬度增大的热处理过程。

淬火（quench）

从适当的高温状态下，对金属（通常是钢）进行的快速冷却过程。这通常是通过将其浸泡在水、油、聚合物溶液或盐中来完成，虽然有时也采用人工通风的方式。

淬火时效（quench aging）

进行固溶热处理后，通过快速冷却产生的时效特性。

淬火时效脆化 （quench–age embrittlement）

因在错边位置析出溶质碳，以及在不同温度下，铁素体中碳固溶体之间的差异导致的沉积硬化所引起的低碳钢脆化现象。淬火时效脆化通常是在温度略低于奥氏体开始形成温度时，因钢的快速冷却所致，但可通过低温淬火使其发生的概率最小化。

淬火硬化 （quench hardening）

（1）通过固溶处理和淬火对合适的 α–β 合金进行硬化处理，以便产生类似的马氏体结构；

（2）对于铁基合金，通过奥氏体化硬化处理，然后按一定的冷却速度进行冷却处理，以便使一定数量的奥氏体转化成马氏体。

淬透性 （hardenability）

在温度高于上限临界温度的条件下，进行淬火处理时，铁基合金形成马氏体结构的相对能力。淬透性的测量通常在位于淬火表面下方特定深度处进行，在该特定深度处，金属具有特殊的硬度（如 50HRC），或在显微结构中含有特定数量的马氏体。

σ 相脆化 （sigma–phase embrittlement）

因长时间暴露在接近 560 ~ 980℃ 的温度区间，导致硬脆性金属间 σ 相在晶界处的沉淀作用所引起的铁–铬合金脆化的现象。σ 相脆化将严重削弱金属的韧性和延展性，导致发生脆化的材料更容易发生晶间腐蚀。

应变硬化 （strain hardening）

温度低于再结晶温度区间的情况下，由材料的塑性变形所导致的硬度和强度增加的现象。

表面硬化 （case hardening）

涉及与钢有关的几个处理过程，即通过吸碳、氮或两者的混合物，改变金属表层的化学组分；通过扩散产生浓度梯度。金属的外层明显比内层或中心部位的硬度高。通常使用的处理方法是渗碳和淬火硬化；氰化、硝化处理及渗碳氮化处理。可根据所使用的特殊处理过程来进行命名。

加工硬化 （work hardening）

与应变硬化相同。

退火 （annealing）

一个热处理术语，是指将金属加热到合适的温度，并维持一段时间，再按一定的速度进行冷却的热处理过程，主要用来软化金属材料，但在退火的过程中，也伴随着金属材料的其他性质或显微结构发生预期的变化。出现这些变化的目的是改善金属的加工性能、便于进行冷加工、改善其机械性质或化学性质和 / 或增强金属尺寸的稳定性，但并不仅限于此。使用该术语而未加其他说明时，则是指完全退火。当仅限于应力释放时，则其处理过程称为应力释放或应力释放退火。

回火（temper）

将淬火钢或淬火铸铁再次加热到某一低于共析温度的温度，降低淬火钢或淬火铸铁的硬度，增加其韧性的热处理过程。

回火马氏体脆化（tempered martensite embrittlement）

在 400 ~ 750℃ 的高温范围内回火引起极高强度钢脆化的现象，也称为 350℃ 脆化。回火马氏体是在先期形成的马氏体晶界或交接区域的渗碳体沉积和奥氏体晶界杂质分离的共同作用下产生的。

回火脆化（temper embrittlement）

在低于相变温度区间的某一温度区域内回火或从回火温度缓慢冷却通过该温度区域时，引起合金钢脆化的现象。脆化是由发生在杂质（例如，砷、锑、磷和锡）晶界处的分离现象所致。通常可根据延展性－脆性过渡温度的上移来加以判断。可通过再回火后快速冷却来消除回火脆化的影响，但再回火的温度应高于临界温度区间。

韧性（toughness）

金属在开裂前，吸收能量和产生塑性变形的能力。

马氏体（martensite）

一个有关非扩散相变形成显微结构的术语，在发生非扩散相变的过程中，母相和产出相之间存在特殊的晶体关系。马氏体是铁基和非铁基合金的显微结构所具有的针状特征。在合金中，溶质原子占据马氏体晶格（如铁中的碳）的间隙位置，这种结构具有硬度高、应变性能好的特点；但当溶质原子占据置换位置（如铁中的镍）时，形成的马氏体结构既软又有延展性。在冷却的过程中，形成马氏体高温相的数量在很大程度上取决于能达到多大的低温程度，它存在一个相当明显的起始温度，在该起始温度下，其相变过程实际上已结束。

奥氏体（austenite）

存在于面心立方铁中的一种或多种元素的固溶体。除非有特殊目的（如镍基奥氏体），否则溶质一般是碳。

奥氏体化（austenitizing）

通过将铁基合金的温度加热到相变温度区间（部分奥氏体化）或高于相变温度区间（完全奥氏体化），形成奥氏体的热处理过程。未特别说明，则指完全奥氏体化。

贝氏体（bainite）

温度低于珠光体形成的温度区间，但高于马氏体形成的温度时，奥氏体转化产生的铁素体和碳化铁的马氏体聚集。在贝氏体转化温度区间的上段形成的贝氏体表面呈羽毛状，而在贝氏体转化温度区间的下段形成的贝氏体表面则类似于回火马氏体，其表面呈针状。

铁素体（ferrite）

（1）体心立方铁内存在的一种或多种元素的固溶体。除非有特殊说明（如铬铁素体），否则，固溶体通常指碳。在某些平衡图中，存在被奥氏体区域分隔开的两个铁素体区域。下部的铁素体区域是 α 铁素体，上部的铁素体区域则是 δ 铁素体。若无特殊说明，通常指 α 铁素体。

（2）存在磁性的情况下，物质的通式是 $M^{2+}O \cdot M_2^{3+}O_3$，三价金属常是铁。

珠光体（pearlite）

在温度高于贝氏体温度区间的条件下，因奥氏体的部分转化而产生的铁素体和碳化铁的马氏体层状聚集现象。

碳化铁（cementite）

铁和碳的一种混合物，其化学名为碳化铁，化学分子式类似于 Fe_3C，具有正交晶体结构。当碳化铁在钢材中作为单独相存在时，其化学组分会因锰和其他碳化物的出现而发生改变。

稳定化处理（stabilizing treatment）

（1）在最后成型前，将钢材反复加热到温度等于或略高于正常工作温度的条件下，随后再冷却至室温，从而确保其在使用过程中的尺寸稳定性；

（2）使淬火钢内的残留奥氏体发生相变，通常采用冷处理的方式；

（3）把固溶处理稳定级的奥氏体不锈钢加热到 870 ~ 900℃，使所有的碳沉淀析出，如 TiC、NbC 或 TaC，以消除其高温敏感性。

固溶退火（solution anneal）

将金属加热到合适的温度，并保持足够长的时间，以确保一种或一种以上的组分进入固溶体，然后将其迅速冷却，使已进入固溶体的组分继续保留其中。固溶退火也称为固溶热处理（solution heat treatment）。

热处理（hot treatment）

为了获得所希望的性能，对固态金属或合金进行加热和冷却的过程。但只针对热加工而进行的加热行为则不认为是热处理。

热加工（hot working）

在再积晶与变形同时发生的温度和应变率的条件下，使金属出现塑性变形的过程，从而避免金属发生应变硬化。

冷加工（cold working）

在引起应变硬化的温度和应变率的条件下，使金属出现塑性变形的过程。通常（但不一定）在室温下进行。

易切削 (free machining)

合金的机械加工性能，由于添加了不同的合金元素，使其具有如下特征：切削片小、动力消耗小、较好的表面加工性能、较长的工具寿命；添加剂中的硫或铅用于钢，铅用于黄铜，铅和铋用于铝，硫或硒用于不锈钢。

晶粒 (grain)

多晶体金属或合金内的单个晶体。它既可以包含孪生晶体和亚晶体，也可不包含孪生晶体和亚晶体。

晶界 (grain boundary)

金属内部的一个狭长地带，经过该狭长地带，从一种晶体取向过渡到另一种晶体取向，实现晶粒之间的分离。每一种晶粒内的原子排列井然有序。相邻晶粒之间的不规则接触形成的接触界面称为晶界。

硬度 (hardness)

金属防止塑性变形的能力，金属表面压痕塑性变形深度的深浅则反映了金属的硬度大小。压痕塑性变形深度越浅，金属的硬度越大，反之亦然。

洛氏硬度 (Rockwell hardness)

对一个顶角为 120° 的金刚石圆锥体或直径为 1.59mm 或 3.18mm 的钢球施加一定的载荷，将其压入测试材料的表面，通过材料的压痕深度所确定的硬度值。根据测试材料的硬度不同，采用 HRA (施加的载荷为 60kg)、HRB (施加的载荷为 100kg) 和 HRC (施加的载荷为 150kg) 三种不同的标度来表示洛氏硬度。

维氏硬度 (Vickers hardness)

以小于或等于 120kg 的载荷，将顶角为 136° 的金刚石方形锥体压入被测试材料表面，然后利用材料压痕凹坑的表面积除以所施加的载荷值所得的商。

失效 (failure)

用于说明如下情况的一个通用术语。
(1) 完全不能使用；
(2) 仍然能够使用，但使用效果不能令人满意；
(3) 性能严重恶化，继续使用可靠性差或不安全。

疲劳 (fatigue)

在小于材料拉伸强度的周期性拉伸应力或不稳定的拉伸应力作用下，导致材料产生裂纹的现象。在非恒定应力的作用下，疲劳开裂的过程是渐进式进行的。

平面应变应力强度因子 (K_{ISCC})

在给定环境条件下，特定材料因应力腐蚀开裂导致裂纹生长的能力。

主应力 [principal stress (normal)]

基于分析平面的所有可能方向，所考虑的平面上某点正常应力的最大或最小值。在主平面上的剪切应力为零。在三个相互垂直的平面上存在三个主应力。平面上某点的主应力可以是：

（1）单轴向应力，在该状态下，三个主应力中的两个主应力为零；

（2）双轴向应力，在该状态下，三个主应力中仅有一个主应力为零；

（3）三轴向应力，在该状态下，三个主应力都不为零。

多轴向应力可参考双轴向或三轴向应力。

拉伸强度（tensile strength）

拉伸测试过程中，最大拉伸载荷与原始截面积的比值，也称为极限（拉伸）强度。

屈服点（yield point）

通常是指材料在应力未变的情况下，应变增加时的应力，它通常小于最大可达到的应力。只有某些金属才具有这一特征，它是指从弹性变形到塑性变形转化过程中的一种局部的、非均质的过渡区域。若发生屈服变形后出现应力下降，则上、下屈服点是可以区分开来的。在应变曲线上，出现应力突然减少时的屈服点称为上屈服点；在应变曲线上，保持应力不变的屈服点称为下屈服点。

屈服强度（yield strength）

特定的偏离应力与应变比例关系曲线的应力。通常将该偏离点定为 0.2%。

屈服应力（yield stress）

材料的应力大于或等于屈服强度，但小于极限强度的应力值，如塑性范围内的应力。

无硫气（sweet gas）

产出流体中不含 H_2S 气体，同时 CO_2 气体含量不大的天然气。

无硫井（sweet well）

产出流体中不含 H_2S 气体的井。

酸气（sour gas）

油气藏中含有的两种气体，即 CO_2 和 H_2S 气体。这两种气体是与钻井和生产有关的酸性气体。

含硫井（sour well）

产出流体中含有 H_2S 气体的井。

钢（steel）

以铁为主要元素，含碳量一般不大于 2%，以及含有其他元素的材料。在铬钢中含碳量可能大于 2%，但 2% 通常是钢和铸铁的分界限。

碳钢 (carbon steel, CS)

含碳量一般为 0.02% ~ 2%，并含有少量锰、硅、磷、硫和其他微量残余元素的铁碳合金。但基于除氧目的，而特意加入的除氧元素（通常是铝和/或硅）则除外。根据含碳量的多少，碳钢又分为低碳钢、中碳钢和高碳钢三类。另外，需注意的是用于石油工业的碳钢，其含碳量通常低于 0.8%。

合金钢 (alloy steel, AS)

为了改善钢在某些方面的性能，增加钢中的硅含量使之超过碳钢的规定值，或增加钢中的锰含量使之超过碳钢的规定值，或向钢中加入其他某种元素或多种元素作为合金添加剂后所形成的材料。

低合金钢 (low alloy steel, LAS)

合金元素总量小于 5%，但大于碳钢规定含量的合金钢。

不锈钢 (stainless steel, SS)

铬含量不低于 12% 的铁基合金。

铁素体不锈钢 (ferritic stainless steel, FSS)

铁素体不锈钢的铬含量在 11% ~ 30%，如 430 和 409。铁素体不锈钢一般不含镍，含碳量极低，并且未进行热处理，但其防腐蚀能力优于马氏体不锈钢。

马氏体不锈钢 (martensitic stainless steel, MSS)

铬含量在 11% ~ 18% 的不锈钢，但其含碳量（0.1% ~ 1.0%）比铁素体不锈钢高，铬含量普遍低于铁素体不锈钢，如 410 和 416 的铬含量为 12%。

奥氏体不锈钢 (austenitic stainless steel, ASS)

铬含量在 16% ~ 30%，镍含量在 8% ~ 10%，常温下具有奥氏体组织的不锈钢。

双相不锈钢 (duplex stainless steel, DSS)

铬含量在 18% ~ 28%，镍含量在 3% ~ 10%，具有包含奥氏体和铁素体混合显微结构的不锈钢。

双相不锈钢分为 22%Cr、25%Cr 和超级双相不锈钢。

沉淀硬化不锈钢 (precipitation hardening stainless steel)

具有很高的拉伸强度，且同时含铬和镍的不锈钢。最常用的型号是 17-4 PH，也称为 630，化学组分为 17% 铬、4% 镍、4% 铜和 0.3% 铌。

镍基合金 (nickel base alloy)

镍为主要合金元素的镍-铬-铁合金、镍-铬-钼合金、镍-铬-铁-钼合金。

耐蚀合金（corrosion resistant alloy，CRA）

应用于腐蚀环境中的一种合金材料，通过调整合金中 Cr、Ni、Mo 等合金元素的质量分数，可改善其防腐性能，以适应各种不同的腐蚀环境。耐蚀合金广泛应用于含 CO_2、H_2S、Cl^- 等腐蚀介质的油气生产环境，并可根据环境的腐蚀程度选择不同防腐蚀等级的耐蚀合金。

复合金属（clad metal）

由两层或两层以上的金属构成的多层结构的金属体。

查 询 索 引

术　语	页码	术　语	页码
活化（activation）	379	易切削（free machining）	383
正火（normalizing）	379	晶粒（grain）	383
时效硬化（age hardening）	379	硬度（hardness）	383
淬火时效（quench aging）	379	维氏硬度（Vickers hardness）	383
活性（active）	379	疲劳（fatigue）	383
时效（aging）	379	晶界（grain boundary）	383
淬火（quench）	379	洛氏硬度（Rockwell hardness）	383
淬火时效脆化（quench-age embrittlement）	380	失效（failure）	383
淬火硬化（quench hardening）	380	平面应变应力强度因子（K_{ISCC}）	383
σ 相脆化（sigma-phase embrittlement）	380	主应力 [principal stress (normal)]	384
表面硬化（case hardening）	380	屈服点（yield point）	384
退火（annealing）	380	屈服应力（yield stress）	384
淬透性（hardenability）	380	无硫井（sweet well）	384
应变硬化（strain hardening）	380	含硫井（sour well）	384
加工硬化（work hardening）	380	拉伸强度（tensile strength）	384
回火（temper）	381	屈服强度（yield strength）	384
回火马氏体脆化（tempered martensite embrittlement）	381	无硫气（sweet gas）	384
韧性（toughness）	381	酸气（sour gas）	384
奥氏体（austenite）	381	钢（steel）	384
贝氏体（bainite）	381	碳钢（carbon steel）	385
回火脆化（temper embrittlement）	381	低合金钢（low alloys steel，LAS）	385
马氏体（martensite）	381	铁素体不锈钢（ferritic stainless steel，FSS）	385
奥氏体化（austenitizing）	381	奥氏体不锈钢（austenitic stainless steel，ASS）	385
铁素体（ferrite）	382	沉淀硬化不锈钢（precipitation hardening stainless steel）	385
珠光体（pearlite）	382	合金钢（alloy steel，As）	385
稳定化处理（stabilizing treatment）	382	不锈钢（stainless steel，SS）	385
热处理（hot treatment）	382	马氏体不锈钢（martensitic stainless steel，MSS）	385
冷加工（cold treatment）	382	双相不锈钢（duplex stainless steel，DSS）	385
碳化铁（cementite）	382	镍基合金（nickel base alloy）	385
固溶退火（solution annealed）	382	耐蚀合金（corrosion resistant alloy，CRA）	386
热加工（hot working）	382	复合金属（clad metal）	386

参 考 文 献

[1] http://www.corrosionsource.com/handbook/glossary

[2] http://www.glossary.oilfield.slb.com/

[3] 叶庆全，袁敏.油气田开发常用名词解释 [M]. 北京：石油工业出版社，2002

[4] 孙喜平，何晓敏.热处理工艺入门 [M].北京：化学工业出版社，2008

[5] Denis Brondel，Randy Edwards，Andrew Hayman，et al. Corrosion in Oil Industry[J]. Oilfield Overview，April 1994

[6] http://octane.nmt.edu/waterquality/corrosion/

[7] Benjamin D Craig，Richard A Lane，David H Rose. Corrosion Pervention and Control:A Program Management Guide for Selection Materials[R]. AMMTIAC，september 2006

[8] Kane R D，Cayard M S. Roles of H_2S in the Behavior of Engineering Alloys: A Review of Literature and Experience[C]. Corrosion，1998，paper NO.98274，NACE International，March22—27，1998，San Diego Ca

[9] IPS—E—TP—740. Engineering Standard for Corrosion Consideration in Material Selection[S]，1997

[10] IPS—E—TP—760. Engineering Standard for Corrosion Consideration in Design[S]，1997

[11] 姚晓.CO_2 对油气井管材腐蚀的预测与防护 [J]. 石油钻采工艺，1998，20（3）

[12] V&M 13%Cr&Super13—13%CR plaquette 4v[ED/OL].http://www.Vamservices.com/library/files/13CR.pdf

[13] C de Waard，CorCon，Netherlands，et al. Modelling Corrosion Rates in Oil Production Tubing[J]. EuROCORR 2001，Riva del Garda，Italy，October 2001:254

[14] Bruce Brown，Kun—Lin Lee，Srdjan Nesic. Corrosion in Multiphase Flow Containing Small Amounts of H_2S[C]. Corrosion，2003

[15] DAS G，S，KHANNA A，S. Parametric Study of CO_2/H_2S Corrosion of Carbon Steel Used for Pipeline Application[EB/OL]. http//mme.iitm.ac.in/isrs04/cd/content/papers/ED/PO—ED—3.pdf ISRS—2004

[16] Hibner E L，Tassen C S，Rice P W. High—strength Corrosion Resistant Nickel—base Alloys for Oilfield Application[A].EFC26，Advances in Corrosion Control and Materials in Oil and Gas Production[C]，1999

[17] 熊颖，陈大均，王君，等.油气开采中 H_2S 腐蚀的影响因素研究 [J].石油化工腐蚀与防护，2007，24（6）

[18] Sridhar Srinivasan，Vishal Lagad.ICDA: A Quantitative Framework to Prevent Corrosion Failures and Protect Pipelines[C]. Corrosion，2006，paper NO.06198，Marvh12—16，2006，San Diego Ca

[19] Liane Smith，Bruce Craig. Practical Corrosion Control Measures for Elemental Sulfur Containing Environments[C]. Corrosion，2005，paper NO.05646，NACE International，April 3—7，2005，Houston，Tx

[20] 刘祥康，胡振英，左柯庆，等.含硫化氢油气井井下作业推荐作法 [M]. 北京：石油工

业出版社，2005

[21] Mesa D H，Toro A，Sinatora A，et al.The Effect of Testing Temperature on Corrosion-erosion Resistance of Martensitic Stainless Steels[ED/OL].http://www.pmt.usp.ba/ocademics/antschip/dairo.pdf

[22] 刘明球，周天鹏，敬祖佑，等.高压高产气田完井采气工艺技术研究——以克拉2气田开采配套工艺技术的推荐方案为例[J].天然气地球科学，2003，14（2）

[23] 张启阳.镍磷镀层在胜利油田的应用[J].油气田地面工程，2006，25（3）

[24] 叶春艳，王占榜，任呈强，等.J55油管钢及其镍磷镀层的抗CO_2腐蚀性能研究[J].石油矿场机械，2004，33（2）

[25] 张清，李全安，文九巴，等.CO_2/H_2S对油气管材的腐蚀规律及研究进展[J].腐蚀与防护，2003，24（7）

[26] 陈飞，峣文艺.高压气井、凝析气井CO_2腐蚀机理及防腐技术[J].石油天然气学报，2005，27（1）

[27] 蒲仁瑞，刘唯贤，李敏，等.气井管柱腐蚀机理研究及防治[J].内蒙古石油化工，2002，3

[28] 徐进.高温高压高产腐蚀气井完井管柱及井口装置损坏机理研究[C].西南石油学院，2005

[29] 冯星安，黄柏宗，高光第.对四川罗家寨气田高含CO_2、H_2S腐蚀的分析及防腐设计初探[J].石油工程建设，2004，1

[30] 路旭民.H_2S腐蚀机理、规律、选材和控制措施[A].塔里木油田－开发技术研讨会文集[C].塔里木油田分公司开发事业部，2004

[31] 许文研.塔里木油田油套管腐蚀及对策[A].塔里木油田开发－技术研讨会文集[C].塔里木油田分公司开发事业部，2004

[32] 赵平，安成强.H_2S腐蚀的影响因素（Ⅰ）[J].全面腐蚀控制，2002，16（2）

[33] 赵平.H_2S腐蚀的影响因素（Ⅱ）[J].全面腐蚀控制，2002，16（3）

[34] 万里平，孟英峰，梁发书.油气田开发中的二氧化碳腐蚀及影响因素[J].全面腐蚀控制，2003，17（2）

[35] Einar Bardal.Corrosion and Protection[M]. Springer-Verlag London Limited 2004

[36] Smith L. Control of Corrosion in Oil and Gas Production Tubing[J].Brith Corrosion Journal，1999，34（4）

[37] http://www.sumitomometals.co.jp/e/business/sm-series.pdf

[38] Hibner E L，Tassen C S，Skogsberg J W. Effect of Alloy Nickel Content vs Pitting Resistance Equivalent Number（PREN）on the Selection of Austenitic Oil Country Tubular Goods for Sour Gas Service[A]. EFC26，Advances in Corrosion Control and Materials in Oil and Gas Production[C]，1999

[39] Predict 4.0 help file[Z]

[40] Socrates 8.0 help file[Z]

[41] Influence of Alloys[ED/OL].http://www.smst-tubes.com/fileadmin/media/pdf_materials/Homepage_v3_Alloys_e.pdf

[42] Gretchen A Jacobson. Corrosion-A Natural but Controllable Process[ED/OL].http://events.

nace.org/library/articles/corrosion101.asp

[43] Crag B D, Anderson D S. Corrosion Resistant Alloys and the Influence of Alloy Elements[ED/OL].http://www.corrosionsource.com/events/intercorr/techsess/asm/asm2.htm

[44] Stainless Steels—Introduction to the Grades and Families[ED/OL].http://www.azom/details.asp?ArticleID=470

[45] 冠杰，梁发春，陈婧. 油气管道腐蚀与防护 [M]. 北京：中国石化出版社，2008

[46] Benjamin D Craig, Richard A Lane, David H Rose. Corrosion Pervention and Control:A Program Management Guide for Selection Materials[M].AMMTIAC. 2006

[47] JFE Steel Corporation OCTG[Z]

[48] Mitsuo Kimura, Yukio Miyata, Takaaki Toyooka. Corrosion Performance of Martenstic Stainless Steel Seamless Pipe for Linepipe Application[C]. Corrosion, 1999, paper NO.99582, NACE International, April 25—30, 1999, San Antonin, Tx

[49] Gan Pavapootanont, Ekkarut Viyanit, Gobboon Lothongkum.Effect of Various Nickel on Corrosion Behavior of Nickel Steels in 3.5 wt% NaCl Solution[ED/OL]. http://www.mtec.or.th/Th/seminar/Msativ/pdf/M14.pdf

[50] Aness U Malik, Ismail N Andijani, Nadeem A Siddiqi. Corrosion Behavior of Some Conventional and High Alloy Stainless Steels in GULF Seawater[ED/OL]. http://www.swcc.gov.sa/files%5Cassets%5CResearch%5CTechnical%20Papers%5CCorrosion/CORROSION%20BEHAVIOR%20OF%20SOME%20CONVENTIONALAND%20HIGH%20ALLOY%20STAINL.pdf

[51] Takabe H, Amaya H, Hirata H, et al. Corrosion Resistance of Weldable Modified 13Cr Stainless Steel for CO_2 Applications[A]. EFC26, Advances in Corrosion Control and Materials in Oil and Gas Production[C], 1999

[52] Hitoshi Asahi, Takuya Hara. Development of Sour—Resistant 13% Cr Oil—Country Tubular Goods with Improved CO_2—corrosion Resistance[R]. Nippon Steel Technical Report NO.72, January 1997

[53] 马文海，裴晓含，高飞，等. N80 钢在模拟深层气井水溶液中的 CO_2 腐蚀行为 [J]. 中国腐蚀与防腐学报，2007，27（1）

[54] Mur Salo N, Robinson FPA. The corrosion Beahavior of Mild Steel, 3CR12, and AISI Type 31bL in Synthetic Minewaters[J]. J.S.Afr.Inst.Min.Metall, 1988, 88（8）

[55] Ueda M, Takabe H. Effect of Environmental Factors and Microstructure on CO_2 Corrosion of Carbon and Cr—Bearing Steels[A]. EFC26, Advances in Corrosion Control and Materials in Oil and Gas Production[C], 1999

[56] Asahi H, Hara T, Sakamoto S. Corrosion Properties and Application Limit of Sour Resistant 13%Cr Chromium Steel Tubing with Improved CO_2 Corrosion Resistance[A]. EFC26, Advances in Corrosion Control and Materials in Oil and Gas Production[C], 1999

[57] Vitale D D. Effect of Hydrogen Sulfide Partial Pressure, pH and Chloride Content on the SSC Resistance of Martensitic Stainless Steels and Martensitic Precipitation Hardening Stainless steels[A]. EFC26. Advances in Corrosion Control and Materials in Oil and Gas Production[C]. 1999

[58] Cayard M S, Kane R D. Serviceability of 13% Chromium Tubulars in Oil and Gas Production Environments[A]. EFC26, Advances in Corrosion Control and Materials in Oil and Gas Production[C], 1999

[59] Denpo K, Ogawa H. Fluid Flow Effects on CO_2 Corrosion Resistance of Oil Well Materials[J]. Corrosion, June 1993, 49 (6)

[60] Hara T, Asahi H, Suehiro Y, et al. Effect of Flow Velocity on Carbon Dioxide Corrosion Behavior in Oil and Gas Environments[J].Corrosion, August 2000, 56 (8)

[61] Mitsuo Kimura, Yukio Miyata, Kei Sakata. Corrosion Resistance of Martensitic Stainless Steel OCTG in High Temperature and High CO_2 Environment[C]. Corrosion, 2004, paper NO.04118, NACE International, March 28—April1, 2004, New Orleans, LA

[62] Mitsuo Kimura, Takanori Tamari, Yoshio Yamazaki, et al. Development of New 15Cr Stainless Steel OCTG with Superior Corrosion Resistance[C]. Corrosion, 2005, paper NO.05108, NACE International, April 3—7, 2005, Houston, Tx

[63] McCoy S A, Puckett B C, Hibner E L. High Performance Age—hardenable Nickel Alloys Solve Problems in Sour Oil and Gas Service[ED/OL].http://www.specialmetals.com/ documents /High%20Performance% 20Age—Hardenable% 20Nickel% 20Alloys% 20Solve% 20Problems% 20in% 20Sour% 20Oil% 20&% 20Gas% 20Service.pdf

[64] Ravindranath K. High Performance Alloys in the Petroleum Refining Industry[ED/OL]. http://www.arabschool.org/pdf_notes/17_HIGH_PERFORMANCE_ALLOYS.pdf

[65] Kaneko M, Isaacs H S. Effect of Mo on Pitting Corrosion of Ferritic Steels in Bromide and Chloride Solutions[ED/OL].http://www.osti.gov/bridge/purl.cover. jsp;jsessionid=0F698F05DA7684836892EB2F4E074A4F?purl=/562518—xOt6He/ webviewable/

[66] Hitoshi Yashiro, Daichi Hirayasu, Naoaki Kumagai. Effect of Nitrogen Alloying on the Pitting of Type 310 Stainless steel[J]. ISIJ Int (Iron Steel Inst Jpn), 2002, 42 (12): 1471 ~ 1482

[67] Refaey S A M, Taha F, Abd El—Malak A M. Corrosion and Inhibition of 316L Stainless Steel in Neutral Medium by 2—Mercaptobenzimidazole[J]. Int J Electrochem Sci, 2006, (1): 80—91

[68] Ajit K Roy, Dennis L Fleming, Steven R Gordon. Effect of Chloride Concentration and pH on Pitting Corrosion of Waste Package Container Materials[ED/OL]. http:// www.osti. gov/bridge/servlets/purl/562325—CJQcmz/webviewable/562325.pdf

[69] Gagnepain J C, Charles J, Coudreuse L, et al. A New High Nitrogen Super Austenitic Stainless Steel with Improved Structure Stability and Corrosion Resistance Properties[C]. Corrosion' 1996, paper NO.96414, NACE International, March 24—29, 1996, Penver, Co

[70] Edward L Hibner, Brett C Puckett. Comparison of Corrosion Resistance of Nickel—Base Alloys for OCTG' S and Mechanical Tubing in Severe Sour Service Conditions[C]. Corrosion' 2004, paper NO.04110, NACE International, March 28—April 1, 2004, New Oleans, LA

[71] Curtis W Kovach. High—performance stainless steels[ED/OL].http://www.stainless—steel—

world.net/pdf/11021.pdf

[72] Special Metals Corporation. Corrosion—resistant Alloys for Oil and Gas Production[Z]

[73] Special Metals Corporation. Corrosion—resistant Alloys from Special Metals Corporation[Z]

[74] Kimura M，Miyata Y，Yamane Y，et al. Corrosion Resistance of High—Strength Modified 13%Cr Steel[J]. Corrosion，August 1999，55（8）

[75] Kimura Mitsuo，Tamari Takanori，Shimamoto Ken. High Cr Stainless Steel OGTG with High Strength and Superior Corrosion Resistance[R]. Jfe Technical Report，2006（7）

[76] Rhodes P R. Environment—Assisted Cracking of Corrosion—Resistant Alloys in Oil and Gas Production Environments: A Review[J]. Corrosion，November 2001，57（11）

[77] Rhodes P R，Skogsberg L A，Tuttle R N. Pushing the Limits of Metals in Corrosive Oil and Gas Well Environments[J]. Corrosion，January 2007，63（1）

[78] Cottis R A，Newman R C. Stress Corrosion Cracking Resistance of Duplex Stainless Steels—review[ED/OL]. http://www.hse.gov.uk/research/othpdf/400—499/oth440.pdf

[79] Deshimaru Shinichi T，et al.Steakahashi Kazuhide，Endo Shigeru. Steels for Production，Transportation，and Storage of Energy[R].Jfe Technical Report，2004，（2）

[80] Anna Juhlin，Daniel Leander，Ulf Kivisakk，et al. Modified Alloy28（UNS N08028）with Increased Resistance to Localized Corrosion in Sour Environments[C]. Corrosion' 2007，paper NO.07101，NACE International，March 11—15，2007，Nashville，Tennessee

[81] Scoppio L，Barteri M，Cumino G. Sulphide Stress Cracking Resistance of Supermartensitic Stainless Steel for OCTG[C]. Corrosion' 1997，paper NO.970233，NACE International，March 9—14，1997，New Oleans，LA

[82] Swales G L and Todd B. Nickel—containing Alloy Piping for Offshore Oil and Gas Production[Z]. NiDI Technical Series NO.10033

[83] Schillmoller C M. Selection of Corrosion—resistant Alloy Tubulars for Offshore Applications[Z].NiDI Technical Series No.10035

[84] Schillmoller C M. Selection and Use of Stainless Steels and Nickel—bearing Alloys in Organic Acids[Z].NiDI Technical Series No.10063

[85] Smith L M，Fowler C M.Performance of Duplex Stainless in Hydrogen Sulphide—Containing Environments[J]. Duplex Stainless Steel，1997

[86] 天化工机械及自动化研究设计院. 腐蚀与防护手册－耐蚀金属材料及防蚀技术 [M]. 北京：化学工业出版社，2008

[87] 宋文杰，等 .2205 双相不锈钢在克拉 2 工程中的应用技术 [M]. 北京：石油工业出版社，2007

[88] The Atlas Specialty Metals Technical Services Department. The Atlas Specialty Metals Technical Handbook of Stainless Steels[ED/OL].http://www.hazmetal.com/f/kutu/1236776379.pdf

[89] John E Oddo. Method Predicts Well Bore Scale[ED/OL].http://www.ogj.com/articles/save—screen.cfm?ARTICLE—ID=21611

[90] 翁永基 . 材料腐蚀通论－腐蚀科学与工程基础 [M]. 北京：石油工业出版社，2004

[91] Pao Chen. 高温高压及酸性环境中的金属材质选择 [A].// 中石油－哈里顿－华油油气战

略联盟会议既高温高压（酸性）气井完井技术研讨会讲义汇编. 成都，2008

[92] Sergio Cerruti. An Overview of Corrosion Resistant Alloy Steel Selection and Requirements for Oil and Gas Industry[ED/OL].http://www.gruppofrattura.it/pdf/conveyni/14/001.pdf

[93] Jonathan Bellarby. Well Completion Design[M]. Elsevier，2009

[94] Edward L Hibner，Curtis S Tassen. Corrosion Resistant OCTG'S for a Range of Sour Gas Service Conditions[C]. Corrosion'2000，paper NO.00149，NACE International，March 26-31，2000，Orlando，FI

[95] Bruce D Craig. Selection Guidelines for Corrosion Resistant Alloys in the Oil and Gas Industry[ED/OL].http://stainless-steel-world.net/pdf/10073.pdf

[96]TECHNICAL [ED/OL].http：//www.documentation.emer son process.com/groups/pubic/documents/reference/d351798x012 09.pdf

[97] Milliams D E，Tuttle R N. ISO 15156/NACE MR 0175-A New International Standard for Metallic Materials for Use in Oil and Gas Production in Sour Environments[C]. Corrosion'2003，paper NO.03090，NACE International，March，2003，San Diego Ca

[98] Eisinger N C，Crum J R，Shoemaker L E. An Enhanced Superaustenitic Stainless Steel Offers Resistance to Aggressive Media[ED/OL].http://www.specialmetals.com/documents/An%20Enhanced%20Superaustenitic%20Stainless%20Steel%20Offers%20Resistance%20to%20Aggressive%20Media.pdf

[99] NACE MR0175. Petroleum and Natural Gas Industries-Materials for Use in H_2S-containing Environments in Oil and Gas Production[S]，2003

[100] Wolfe C，Arnvig P-E，Wasielewska W. Hydrogen Sulphide Resistance of Highly-Alloyed Austenitic Stainless Steels[Z]. acom N0.2-97

[101] 《海上油气田完井手册》编委会. 海上油气田完井手册 [M]. 北京：石油工业出版社，1998

[102] Stress Engineering Services，Inc. Best Practices for Prevention and Management of Sustained Casing Pressure[R]. Joint Industry Project Report，2001

[103] Norsok Standard. Materials Selection [S]. M-001. Rev.3，2002

[104] Vallourec & Mannesmann Tubes Oil & Gas Division.V&M Steel Grades for Sour Service[Z]

[105] Sood L K，et al. Design of Surface Facilities for Khuff Gas[J]. SPE Production Engineering，1986

[106] 张斌，文志熊，辜志宏，等. 井口装置与采油树规范 [S]. 北京：石油工业出版社，2002

[107] 闫相祯，等. 用可靠性理论解析 API 套管强度的计算公式 [J]. 石油学报，2007，28（1）

[108] Sumitomo Metal Industries，Ltd. Special Handling Procedure of Sumitomo's High Alloy Materials with VAM Connection[Z].

[109] International Standard. NACE MR0175/ISO 15156-1: Petroleum and Natural Gas Industries Materials for Use in H_2S Containing Environments in Oil and Gas Production[S]，2001

[110]International Standard.NACE MR0175/ISO 15156-2：Petroleum and natura gas Industries-

Materials for use in H$_2$S containing environments in oil and gas prducton[S]，2003

[111]International Standard.NACE MR0175/ISO 15156-3：Petroleum and natura gas Industries-Materials for use in H$_2$S containing environments in oil and gas prducton[S]，2003

[112] Mitsuo Kimura. Martensitic Stainless Steel Tubulars[ED/OL].http://technical-symposium. com/Presentations/2006/Mitsuo%20Kimura%20ChemiMetallurgy%202006%20Presentation. pdf

[113] Menezes M A M，Valle M L M，Dweck J，et al. Temperature Dependence of Corrosion Inhibition of Steels Used in Oil Well Stimulation Using Acetylenic Compound and Halide Ion Salt Mixtures[J]. Brazilian Journal of Petroleum and Gas，2007，1（1）

[114]《油气田腐蚀与防护技术手册》编委会. 油气田腐蚀与防护手册（上、下）[M]. 北京：石油工业出版社，1999

[115] 宝钢集团. L80-9Cr/13Cr 耐 CO$_2$ 腐蚀油、套管产品手册 [Z]，2006

[116] 宝钢集团. 耐腐蚀系列油、套管产品手册 [Z]，2006

[117] 万仁溥. 现代完井工程 [M]. 第 3 版. 北京：石油工业出版社，2008

[118] James Lea，Henry V Nickens，Michael Wells.Gas Well Deliquification-Solutions to Gas Well Liquid Loading Problems[M].copytight©2003，Elsevier（USA）

[119] Sathuvalli U B，Suryanarayana P V，Asbill W T，et al. Stress Engineering Services，Inc. Best Practices for Prevention and Management of Sustained Casing Pressure[R]. Stress Engineering Services，Inc，October，2001

[120] Daniel Ghidina，Fabian Benedetto.Evaluación Integral del Campo Petrolero y Desarrollo de Productos:Herramientas Indispensables para la Innovación Tecnológica[Z]，2004

[121] http://www.tenaris.com/materials selectors

[122]Manuel N Maligas，Lillian A Skogsberg. Material selection for deep water wellhead application[C]. Corrosion，2001，paper NO.01001，NACE International，March 11-16，2001，Houston，Tx

[123] Siv Howard. Formate Brines Compatibility with Metals[ED/OL]. http://www.formatebrines. com/portals/2/Reports/compatibility-with-metals.pdf

[124] 李晓源，文九巴，李全安. 油气田井下油管的防腐技术 [J]. 腐蚀科学与防护技术，2003，15（5）

[125] 张国安，陈长风，路旭明，等. 油气田中 CO$_2$ 腐蚀的预测模型 [J]. 中国腐蚀与防护学报，2003，15（5）

[126] 张宝平，蒋蕡，刘立云，等. 油藏增产措施 [M]. 北京：石油工业出版社，2002

[127] CABOT. Corrosion-Brine choice matters[Z]，2006

[128] 陈平. 钻井与完井工程 [M]. 北京：石油工业出版社，2005

[129] 徐同台，赵忠举. 国外钻井液与完井液技术 [M]. 北京：石油工业出版社，2006

[130] 冀成楼，路金宽. 盐水完井液的腐蚀与防护 [J]. 钻井液与完井液，1990，7（3）

[131] 陈乐亮，汪桂娟. 甲酸盐基钻井液完井液体系综述 [J]. 钻井液与完井液，2003，20（1）

[132] 陈乐亮，汪桂娟. 甲酸盐基钻井液完井液体系综述（续）[J]. 钻井液与完井液，2003，20（2）

[133] 季川疆. 新型高温酸化缓蚀剂 HS-6 研制及应用 [J]. 新疆石油学院学报，2004，16（2）

[134] Mohd Zaki Ibrahim, Neil Hudson, Kasim Selamat, et al. Corrosion Behavior of Super 13Cr Martensitic Stainless Steels in Completion Fluids[C]. Corrosion, 2003, paper NO.03097, NACE International, Marvh, 2003, San Diego Ca

[135] Carlos Jose Bandeira de Mello Joia, Rosane Fernandes Brito, Benicio Claudino Barbosa, et al.Performance of Corrosion Inhibitors for Acidizing Jobs in Horizontal Wells Completed with CRA Laboratory Tests[C]. Corrosion, 2001, paper NO.01007, NACE International, March 11−16, 2001, Houston, Tx

[136] Boyun Guo, William C Lyons, Ali Ghalambor.Petroleum production engineering: A Computer−assisted Approach[M]. Elsevier Science & Technology Books, 2007

[137] Masakatsu Ueda, Akio Ikeda. Effect of Microstructure and Cr Content in Steel on CO_2 Corrosion[C].Corrosion, 1996, paper NO.96013, NACE International, March 24−29 1996, Denver, Co

[138] Popperlirrg R, Nlederhoff K A, Fliethmarm J, et al. Cr 13 LC Steels for OCTG, Flowline and Pipeline Applications[C].Corrosion, 1997, NO.97038, NACE International, 9−14 1997, March NEW orleans, LA

[139] Mamdouh M Salama.An Alternative to API 14E Erosional Velocity Limits for Sand Laden Fluids[J]. Journal of Energy Resources Technology, 2000, 122

[140] Bijan Kermani, KeyTech, Camberley, et al. Materials Design Strategy: Effects of H_2S/CO_2 Corrosion on Materials Selection[C]. Corrosion, 2006, paper NO.06121, NACE International, March 12−16, 2006, San Diego Ca

[141] Kermani M B, Crolet J L, Fassina P, et al.Limits of Linepipe Weld Hardness for Domains of Sour Service in Oil and Gas Production[C]. Corrosion, 2000, paper NO.00157, NACE International, March 26−31, 2009, Orlando, FI

[142] Smith L M. Engineering with clad steel[Z]. NiDI Technical Series NO.10064

[143] 何生厚. 高含硫化氢和二氧化碳天然气田开发工程技术 [M]. 北京：中国石化出版社，2008

[144] Special Metals Corporation.Corrosion Resistant Alloys for Oil and Gas Production[Z], 2003

[145] Smith S C, Dufour J D, Wehner E S. NACE MR0175−2003 Impact on API 6A Equipment and Customers[C]. OTC 16394, 2004

[146] Paul H Javora, Mingjie Ke, Richard Stevens, et al. Understanding the Impact of Completion Brine Packer Fluids on Cracking Susceptibility of CRA Materials for Deepwater Application[C]. OTC 19210, 2008

[147] Oberndorfer M, Kaestenbauer M, Thayer K. Application Limits of Stainless Steels in the Petroleum Industry[C]. SPE 56805, 1999

[148] de Waard C, Corcon, Aerdenhout. The Influence of Crude Oils on Well Tubing Corrosion Rates[C].Corrosion, 2003, paper NO.03629, NACE International, March, 2003, San Diego Ca

[149] Schillmoller C M, Brian Todd. Opportunities for nickel in the oil and gas market[Z]. NiDI Technical Series No.10013

[150] 朱春鸣，谢勇．内覆或衬里耐腐蚀合金复合钢管规范 [S]．北京：石油工业出版社，2005

[151] Rashmi B Bhavsar，Edward L Hibner.Evaluation of Corrosion Testing Techniques for Selection of Corrosion Resistant Alloys for Sour Gas Wervice[C].Corrosion，1996，paper NO.96059，NACE International，March 24—29，1996，Denver，Co

[152] Kermani M B，Morshed A. Carbon Dioxide Corrosion in Oil and Gas Production—A Compendium[J].Corrosion，August 2003，59（8）

[153] 四川石油管理局和西南石油学院《钻井测试手册》编写组．钻井测试手册 [Z]，1975

[154] Marchebois H，Leyer J，Orlans—Joliet B，et al.SSC Performance of a Super 13% Cr Martensitic Stainless Steel: Influence of P_{H_2S}，pH，and Chloride Content[C].SPE 100646

[155] ECE.help file[Z]

[156] Koichi Nose，Hitoshi Asahi，Perry Ian Nice. Corrosion Properties of 3% Cr Steels in Oil and Gas Environments[C]. Corrosion，2001，paper NO.01082，NACE International，March 11—16，2001，Houston，Tx

[157] Pigliacampo L，Gonzales J C，Turconi G L，et al. window of application and operational track record of low carbon 3Cr steel tubular[C]. Corrosion，2006，paper NO.06133，NACE International，March 12—16，2006，San Diego Ca

[158] Baker Oil Tools. Packer systems[Z]

[159] 王德禧．聚苯硫醚的特性及应用 [J]．塑料，2002，31（2）

[160] 廖俊杰，陈福林，岑兰，等．丁腈橡胶的应用研究进展 [J]．特种橡胶制品，2007，28（5）

[161] 蔡明树．氟橡胶的性能和加工要点 [J]．化工新型材料，1998，26（12）

[162] 孙玉红．聚四氟乙烯的性能与应用 [J]．科技资讯，2008，（12）

[163] 唐毅．全氟橡胶的性能及应用 [J]．化工新型材料，2004，32（11）

[164] 胡海化，王林，王振化，等．氢化丁腈橡胶性能对比 [J]．特种橡胶制品，2007，28（5）

[165] Perry Ian Nice，John William Martin. Application Limits for Super Martensitic and Precipitation hardened stainless steel bar—stock materials[C]. Corrosion，2005，paper NO.05091，NACE International，April 3—7，2005，Houston，Tx

[166] Mitsuo Kimura，Kei Sakata，Ken Shimamoto.Corrosion Resistance of Martensitic Stainless Steel OCTG in Severe Corrosion Environments[C]. Corrosion，2007，paper NO.07087，NACE International，March 11—15，2007，Nashville，Tennessee

[167] Herve Marchebois，Jean Leyer.SSC Performance of a Super 13%Cr Martensitic Stainless Steel for OCTG: Three—dimensional Fitness—for—purpose Mapping According to p_{H_2S}，pH and Chloride Content[C]. Corrosion，2007，paper NO.07090，NACE International，March 11—15，Nashville，Tennessee

[168] Joachim Haberl，Gergor Mori，Markus Oberndorfer，et al.Influence of Impact Angles on Penetration Rates of CRA Exposed to a High Velocity Multiphase Flow[C]. Corrosion，2008，paper NO.08096，NACE International，March 16—20，2008，New Orleans，LA

[169] Jianfeng Chen，John R.Shadley，Hernan Rincon，et al.Effects of Temperature on Erosion—corrosion of 13Cr[C]. Corrosion，2003，paper NO.03320，NACE International，March，2003，San Diego Ca

[170] Sridhar Srinivasan, Russell D Kane.Prediction of Corrosivity of CO_2/H_2S Production Environments[C]. Corrosion, 1996, paper NO.96011, NACE International, March 24—29, 1996, Denver, Co

[171] http://www.smt.sandvik.com/

[172] Hibner E L, Tassen C S. Corrosion Resistant OCTG's and Matching Age—hardenable Bar Products for a Range of Sour Gas Service Conditions[Z]. http://www.specialmetals.com/'

[173] 金属热处理工艺术语 [S].GB/T 7232—1999

[174] 曾德智，林清松，谷坛，等.双金属复合管防腐技术研究进展 [J].油气田地面工程，2008，27（12）

[175] Binder Singh, Tom Folk, Paul Jukes, et al. Engineering Pragmatic Solutions for CO_2 Corrosion Problems[C]. Corrosion, 2007, paper NO.07310, NACE International, March 11—15, 2007, Nashville, Tennessee

[176] Wilhelm S M. Galvanic Corrosion in Oil and Gas Production: Part 1——Laboratory Studies[J]. Corrosion, August 1992, 48（8）

[177] Lucrezia Scoppio, Perry Lan Nice. Material Selection for Turnaround Wells an Evaluation of the Impact upon Downhole Materials when Mixing Produced Water and Seawater[C]. Corrosion, 2008, paper NO.08089, NACE International, March 16—20, 2008, New Orleans, LA

[178] Proposed Nace Technical Committee Report. Corrosion—Resistant Alloys （CRAs） in Oil and Gas Production[Z]. http://content.nace.org/Technical/Balloting/Documents/TG%20328.pdf

[179] Schillmoller C M. Nickle's Contribution in Air Pollution Abatement[Z]. NiDI Technical Series No.10007

[180] Submersible Pump Handbook[Z]. Centrilift, A Baker Hughes Company

[181] Philip A Schweitzer. Fundamentals of Metallic Corrosion: Atmospheric and Media Corrosion of Metals[M]. by Taylor and Francis Group, LLC, CRC Press is an imprint of Taylor & Francis Group, an Informa business, 2007

[182] 史交齐，解学东，方伟，等.石油天然气工业套管、油管、钻杆和管线管性能公式及计算 [S].北京：石油工业出版社，2007

[183] Robert Baboian, Treseder R S. Nace Corrosion Engineer's Reference Book[M]. 3rd ed. Nace International, 2002

[184] http://www.worldoil.com/

[185] Philip A Schweitzer, P E. Encyclopedia of Corrosion Technology[M]. 2nd ed. Marcel Dekker, Inc, 2004

[186] 唐一凡，滕长岭，栾燕，等.钢及合金术语 [S]. GB/T 20566—2006

[187] Wei Sun, Srdjan Nesic. A mechanistic model of H_2S corrosion of mild steel[J]. Corrosion 2007, paper NO.07655, NACE International, March 11—15, 2007, Nashville, Tennessee

[188] Li Quan'an, Bai Zhenquan, Huang Dezhi et al. Predictive Model for Corrosion Rate of Oil Tubes in CO_2/H_2S Coexistent Environment Part Ⅰ：Building of Model[J]. Journal of Southwest Jiaotong Univerity, Nov.2004, Vol.12 No.2